예제로 따라하면서 완성하는 LabVIEW 칼라판 학습서

공학도가 알아야 할

LabVIEW 입문

성기안 저

신화 MB

머리말
Preface

LabVIEW는 자연과학 및 공학 여러 분야에서 신호 계측 및 시스템 제어에 전 세계적으로 많이 사용되는 PC 기반 그래픽 프로그래밍 언어이며, National Instruments (NI) 사의 하드웨어를 결합한 LabVIEW 솔루션은 여러 가지 문제 해결에 선두적인 위치에 있다고 본다.

LabVIEW 프로그래밍에 많은 관심은 있으나 어디서부터 어떻게 학습할지 두려운 초보자부터 기초 연구 또는 공학적 응용분야에 종사하는 과학자 및 엔지니어까지, 유용하고 실질적인 VI 응용 프로그램을 개발할 수 있도록 레이아웃과 골격처럼 많이 쓰이는 구조들에 대하여 단계적 설명과 예제를 곁들여 본문을 쉽게 기술하였다.

이 책은 보다 효율적으로 LabVIEW 프로그래밍 학습이 이루어질 수 있도록 총 7장으로 구성되어 있으며, 1장에서 4장까지는 DAQ 하드웨어 디바이스 없이도 따라하면서 VI 프로그래밍을 실습할 수 있도록 구성하였고, 5장부터 일부 예제에서는 외부신호(아날로그/디지털) 입출력 실습을 위하여 NI DAQ 디바이스가 설치 되어있어야 한다.

각 장에 대해 간단히 나열하면 :

- 1장 LabVIEW 맛보기 편은 LabVIEW를 전체적으로 이해하는 부분이고,
- 2장 VI Programming 편은 기초적인 함수와 루프에 대해 설명하였고,
- 3장 배열과 클러스터 편은 데이터 처리에 필수적인 항목이고,
- 4장 Sub VI & File I/O 편은 간결한 VI와 데이터 입출력에 도움이 되고,
- 5장 DAQ 1단계 편은 신호 소스와 측정 유형에 대해 살펴보았고,
- 6장 DAQ 2단계 편은 디바이스 세팅 및 초급 DAQ 시작에 대한 것이고,
- 7장 DAQ 3단계 편은 실전에 많이 사용되는 여러 가지 계측방법에 대해 예제를 곁들여 기술하였다.

끝으로, 최선을 다했지만 오류가 있으리라 생각되니 이 점 독자께 양해를 구하며, 계속 수정 보완하여 좋은 책이 되도록 노력하겠습니다. 아울러 출판되기까지 애써 주신 도서출판 신화전산기획 직원 여러분께 사의를 표하며, 저술하는 동안 옆에서 격려를 준 아내에게 깊은 감사를 드립니다.

2010년 10월
저자 씀

▸▸ 차례
Contents

Chapter 04 Sub VI & File I/O

Chapter 05 DAQ (Data Acquisition) 1단계

Chapter 06 DAQ (Data Acquisition) 2단계

Chapter 07 DAQ (Data Acquisition) 3단계

Chapter 01

LabVIEW 맛보기

이 장에서는 LabVIEW를 처음 입문하는 공학도를 위해서 LabVIEW 코드 구성 요소, 기초적인 문법 및 함수 등을 설명한다. 프로그램 작성에 필요한 여러 가지 요소 (VI open, Front Panel, Block Diagram, Icon & Connector, Functions, Controls)들이 어떻게 연결되고 작동하는지를 배운다. NI DAQ 디바이스 같은 하드웨어가 필요 없는 예제를 통해 단순한 VI를 생성하고 실행하여 기본적 개념을 습득한다.

Focuses

1. LabVIEW Code 구성
2. Front Panel
3. Block Diagram
4. 데이터 처리 흐름
5. 간단한 VI 프로그램 연습
6. Express VI 소개
7. Express VI 프로그램 연습
8. LabVIEW 온라인 도움말

1. LabVIEW Code 구성

LabVIEW는 스탠드얼론(단독)으로 동작하는 계측기 또는 제어기 장비처럼, PC 기반에서 제어 · 계측 솔루션을 제공하는 가상제어계측시스템(Virtual Instrument)을 개발하는 그래픽 기반 프로그램 언어이다.

NI(National Instruments Corporation)가 제공하는 하드웨어 장치와 이와 연동된 LabVIEW 프로그램으로 공학 및 자연과학 분야에서 많이 활용되는 데이터 수집, 신호처리, 분석, 디스플레이, 데이터 저장 및 액추에이터 동작 등을 수행할 수 있다.

LabVIEW의 소스파일의 형식은 *.vi이며, 프로젝트 파일 (*.lvproj)로 다수의 vi 소스와 라이브러리 등을 묶어 사용할 수 있다.

VI 시작

LabVIEW를 시작하면 New 와 Open으로 구분된 왼쪽 단락과 Latest from ni.com, Online Support 및 Help로 구성된 오른쪽 단락으로 양분된 Getting Started 창이 열리고, 새로운 vi 또는 프로젝트 파일을 생성하거나 기본적으로 제공되는 탬플릿에서 vi 파일을 가져올 수 있다. Getting Started 창은 기존의 소스 파일을 열거나 새롭게 생성하면 사라진다.

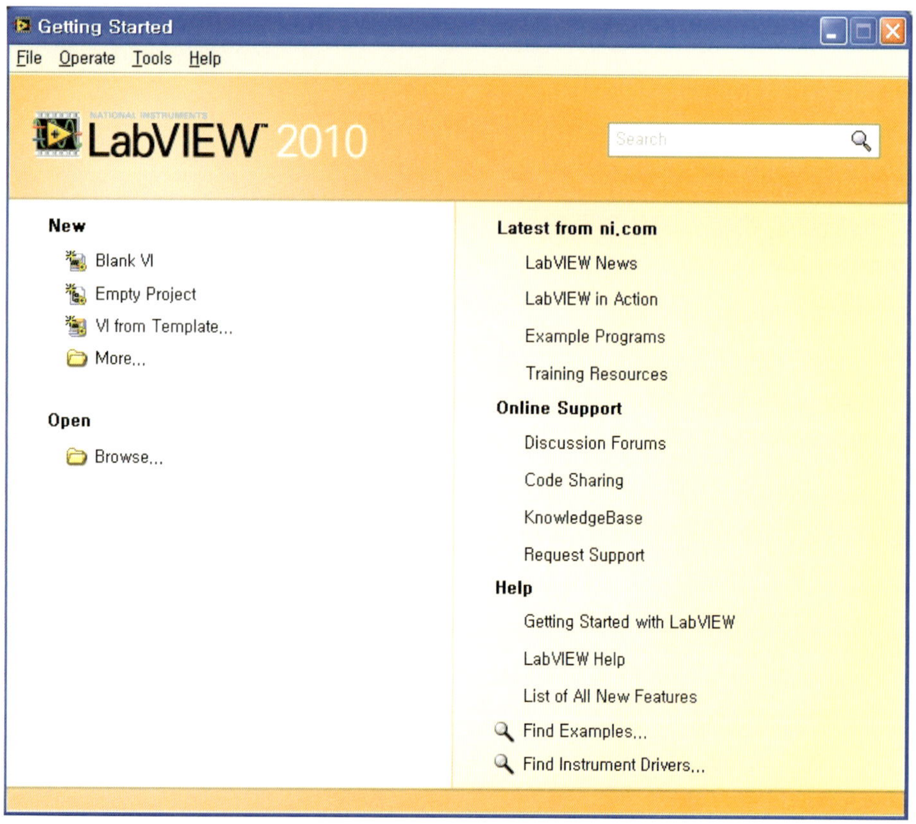

Fig. 1-1 LabVIEW Getting Started Window

한 개의 VI 구조 :

Blank VI를 선택하면 2개의 창 (Front Panel과 Block Diagram)이 기본적으로 생성된다.

- ▶ Front Panel : 입출력 터미널 요소들 (입력 컨트롤, 출력 인디케이터)
- ▶ Block Diagram : 계산, 논리, 흐름 함수들 (루프함수, 연산함수 등)

추후 프로그램 개발이 완료되면, Block Diagram창은 open 할 필요는 없고 Front Panel 창 만 open하여 유저 인터페이스 통한 프로그램을 제어한다.

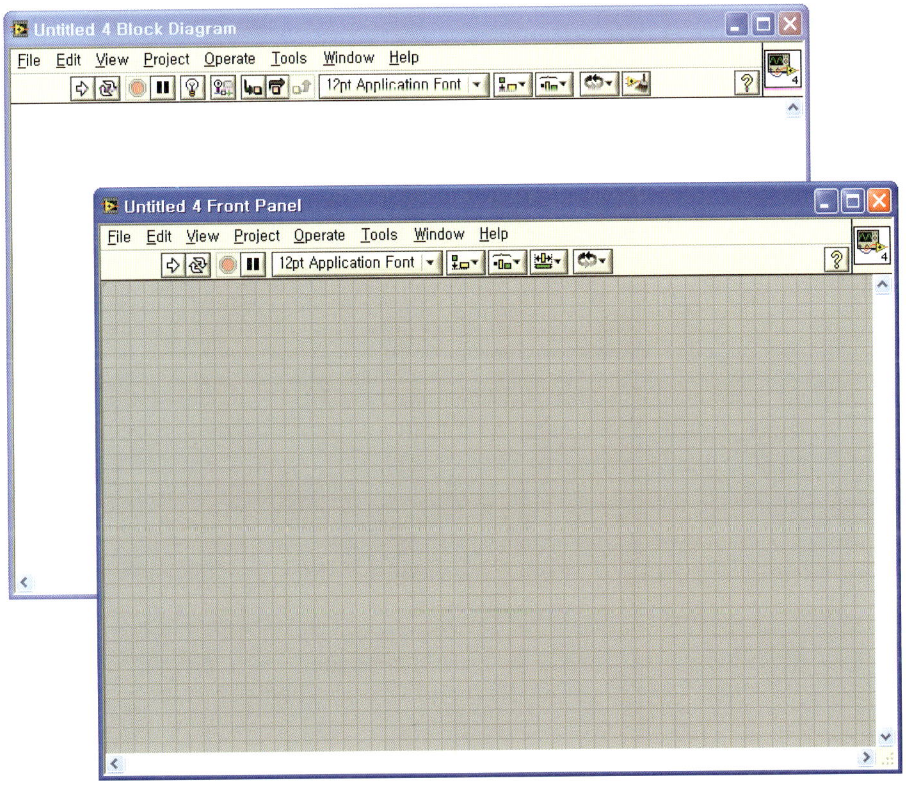

Fig. 1-2 Blank VI를 새롭게 생성한 경우

프로그램 편집과정 중, Front Panel에서 Block Diagram 또는 Block Diagram에서 Front Panel으로 윈도우 전환 방법은

- ▶ 윈도우 도구모음 메뉴의 Window 〉 Show Block Diagram 또는 Show Front Panel 이다.
- ▶ 윈도우 전환 단축키는 Ctrl+E 이며 토글로 동작한다.

하나의 VI도 빌드 작업을 통하여 독립 실행 어플리케이션(*.exe) 또는 설치 프로그램 등으로 개발할 수 있다.

다수의 VI 구조 :

Empty Project를 open할 경우, 다수의 VI 소스와 라이브러리 및 공유변수 등을 하나로 묶어 빌드 작업을 통하여 독립 실행 어플리케이션(*.exe) 또는 설치 프로그램 등으로 개발할 수 있다.
또한, 독립 실행 어플리케이션(*.exe) 또는 설치 프로그램으로 전환하지 않고 프로젝트 내의 VI 소스를 실행시킬 수 있다.

NI CompactRIO 같은 원격 타겟을 사용하는 Real-Time 및 FPGA 등을 개발할 경우 반드시 프로젝트를 사용해야 한다.

아래의 프로젝트는 3개의 단독 VI, 라이브러리(vi.lib) 및 네트웍 하드웨어 디바이스 등을 하나로 묶어 새로운 프로젝트 파일을 구성하였다.

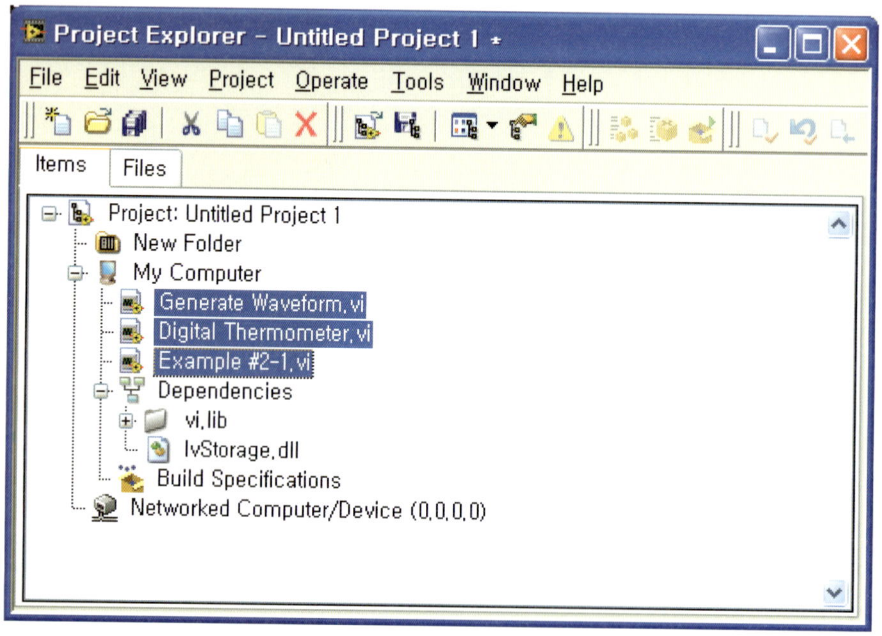

Fig. 1-3 Blank Project를 새롭게 생성한 경우

2. Front Panel

새로운 LabVIEW 파일(*.vi)을 생성하면 Front Panel과 Block Diagram이 기본적으로 생성된다.

프론트 패널의 기능은 사용자 인터페이스 (데이터 입력 및 출력) 화면이며, 실제 계측기 조작 화면처럼 꾸며지고 동작한다.

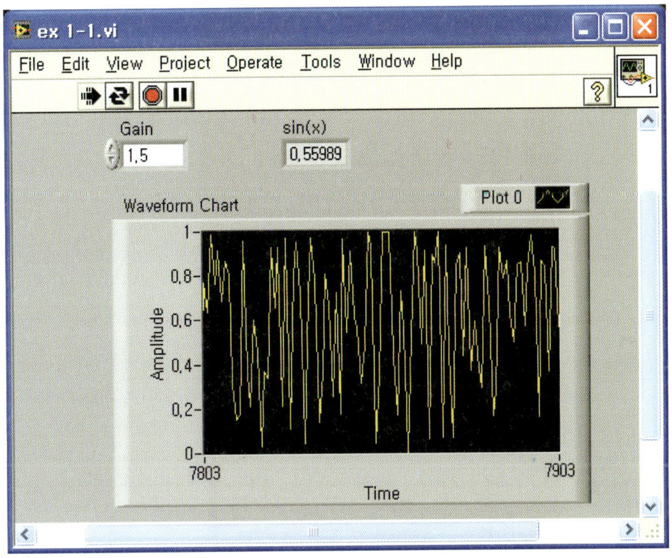

Fig. 1-4 vi 프론트 패널 윈도우

프론트 패널은 다음과 같은 도구 모음을 가지고 있으며 프론트 패널의 편집, 터미널 정렬 및 완성된 코드의 실행 등을 수행하며, 프로그램에 오류가 있거나 실행하는 상태 등을 표시한다.

 Vi 소스 코드에 오류가 없으면 실행하는 버튼

 VI가 실행 중, 실행되는 VI가 최상위 레벨인 경우

 VI에 오류가 있을 경우

 강제적으로 연속 실행 중

 강제 종료 버튼

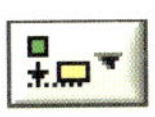 오브젝트의 정렬 메뉴

Controls Palette & Indicator Palette

컨트롤 메뉴는 프론트 패널 창 위에서 마우스 오른쪽 버튼을 누르면 팝업창으로 메뉴가 나타나며, 여러 형식의 입력 터미널(스위치, 노브, 숫자 입력창, 다이얼 등)들을 가지고 있다.

Controls 메뉴 창에서 원하는 터미널 오브젝트(아이템)를 선택하고, 이 터미널 오브젝트를 마우스로 드래그하여 프론트 패널에 놓은 후 크기, 모양, 폰트, 색상, 위치 등을 쉽게 조절할 수 있다.

인디케이터는 프로그램 중간과정 또는 완료되었을 때 데이터의 결과를 디스플레이하는 여러 가지 출력 터미널(LED, 차트 그래프, 메터, 시간 등) 이다.
인디케이터 또한 해당 터미널 오브젝트를 마우스로 드래그하여 프론트 패널에 놓고 크기 등을 자유자재로 조절할 수 있다.

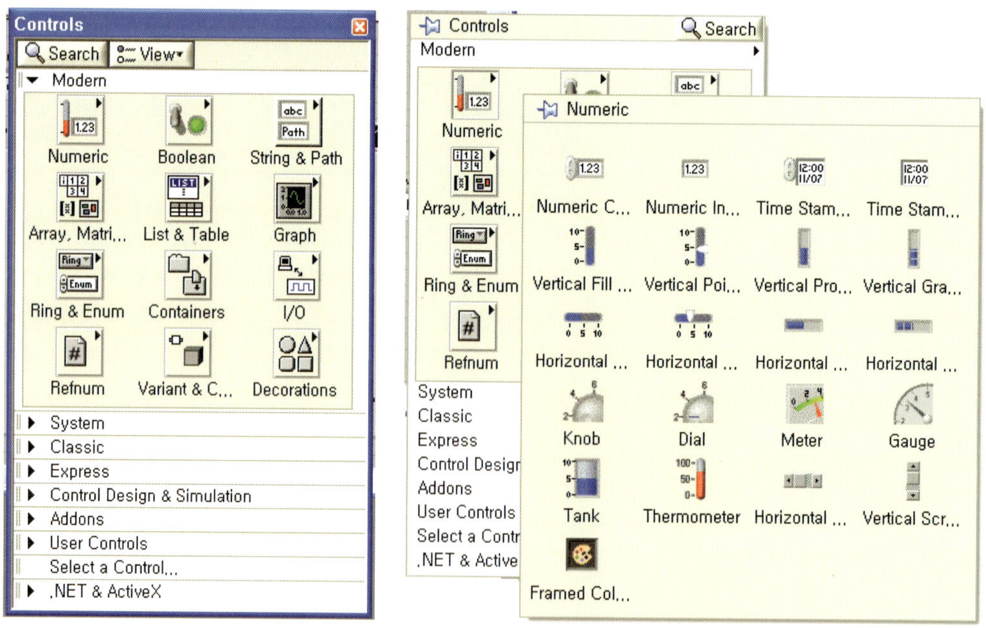

Fig. 1-5 Controls 팔레트와 Numeric Controls의 서브 팔레트

모든 컨트롤과 인디케이터는 종속적 데이터 타입을 가지고 있으며, 일반적으로 많이 사용되는 데이터 타입은 숫자(Numeric), 문자(String) 및 불리언(Boolean) 이다.

예를 들어, 아래와 같이 Front Panel에 숫자형 컨트롤과 숫자형 인디케이터 터미널을 생성하면 Numeric_IN은 숫자형 컨트롤이고 Numeric_OUT은 숫자형 인디케이터가 된다.

해당 터미널 오브젝트를 블록 다이어그램에서 보면, 오른쪽으로 와이어가 연결되면 컨트롤이고 왼쪽으로 연결되면 인디케이터 이다.

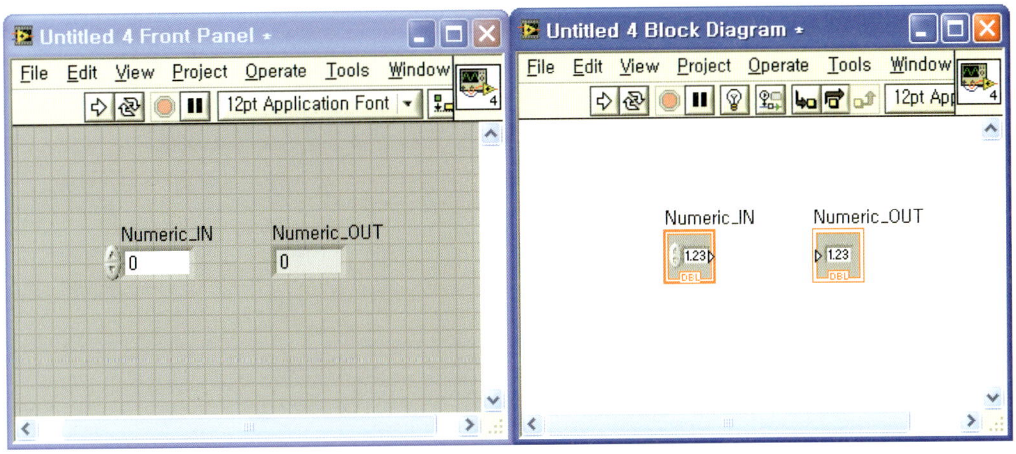

Fig. 1-6 숫자형 컨트롤과 인디케이터

불리언 데이터 타입은 참/거짓 (True/False) 또는 ON/OFF 이며 컨트롤 오브젝트는 이러한 값을 입력하는 터미널들이고, 인디케이터는 이러한 값들을 출력하는 디스플레이 장치이다.

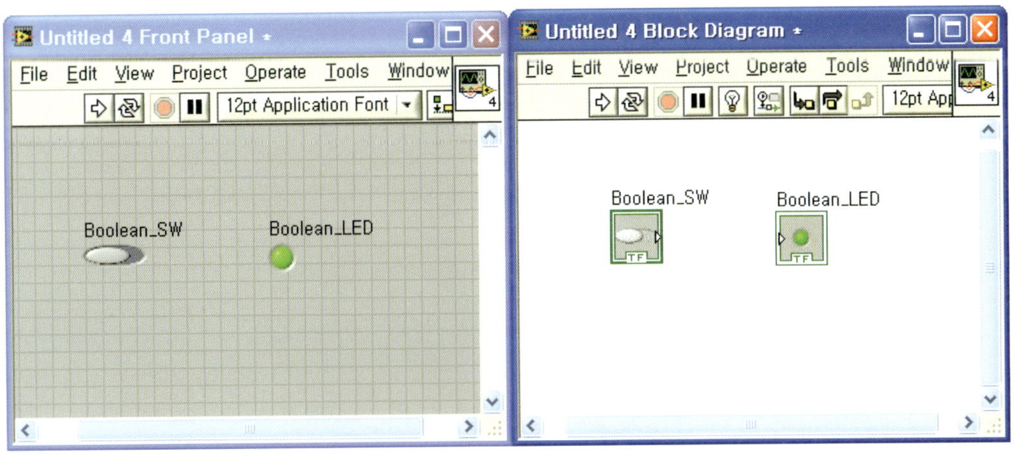

Fig. 1-7 불리언 컨트롤과 인디케이터

모든 컨트롤 및 인디케이터 오브젝트 아이템들은 바로가기 메뉴를 가지며, 이러한 기능을 활용하여 객체의 모양이나 동작 등을 변경할 수 있다.

바로가기 메뉴를 활성화 하려면 오브젝트 위에서 마우스 오른쪽 버튼을 눌러 접근한다.

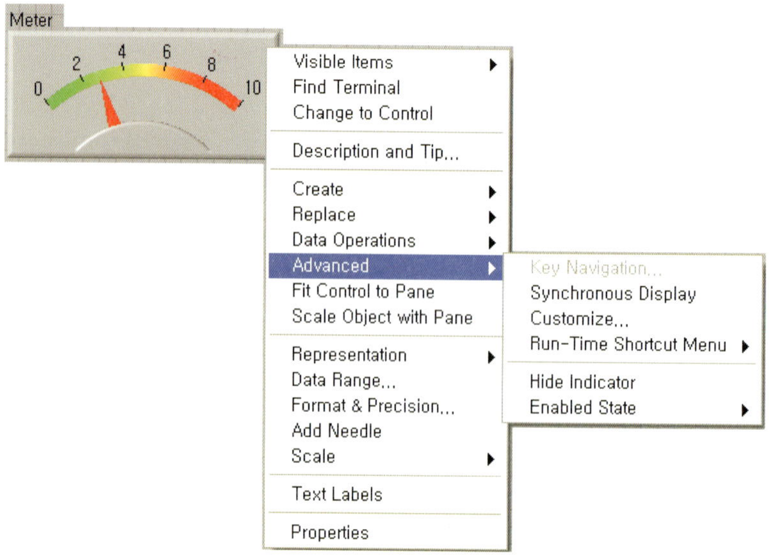

Fig. 1-8 Meter 오브젝트(아이템)의 바로가기 메뉴

바로가기 메뉴 중 프로퍼티(Properties)를 활성화 하면 아래의 그림처럼 프로퍼티 대화상자가 팝업 되어 오브젝트의 속성들을 자세하게 변경할 수 있다.
프로퍼티 서브 메뉴와 바로가기 메뉴의 기능은 서로 비슷하다.
또한, 블록 다이어그램 내부에 Property Node를 생성하여 제어하면, 프로퍼티 대화창을 오픈하여 수동적으로 변경하지 않고 자동적으로 변경 가능하다.

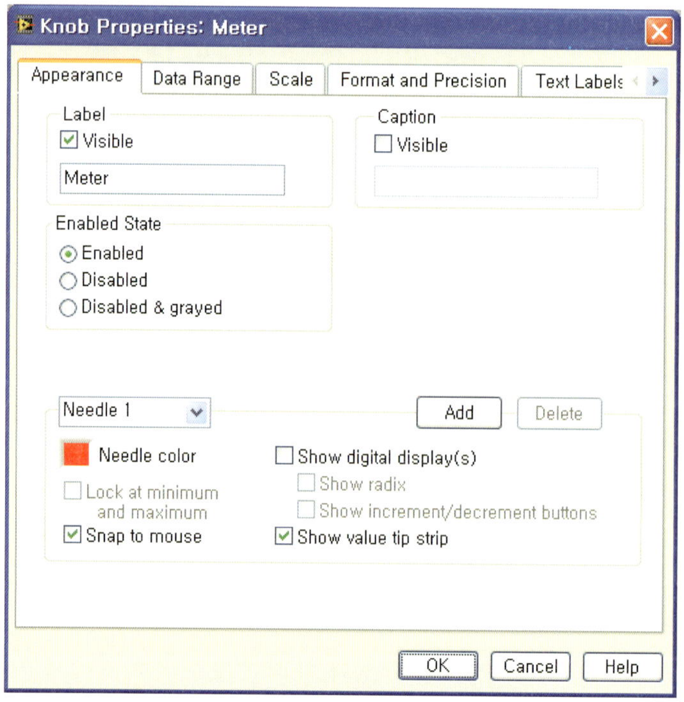

Fig. 1-9 Meter 오브젝트(아이템)의 대화상자

3. Block Diagram

블록 다이어그램 창은 VI 소스 코드를 나타내는데 사용된다. 프론트 패널에 사용되었던 터미널 오브젝트(아이템) 사이에 데이터를 전달하는 입출력 요소, 서브 VI, 함수 및 와이어 등이 포함된다.

그림 1-4에 기술한 프론트 패널에 대응하는 블록 다이어그램은 다음과 같다.

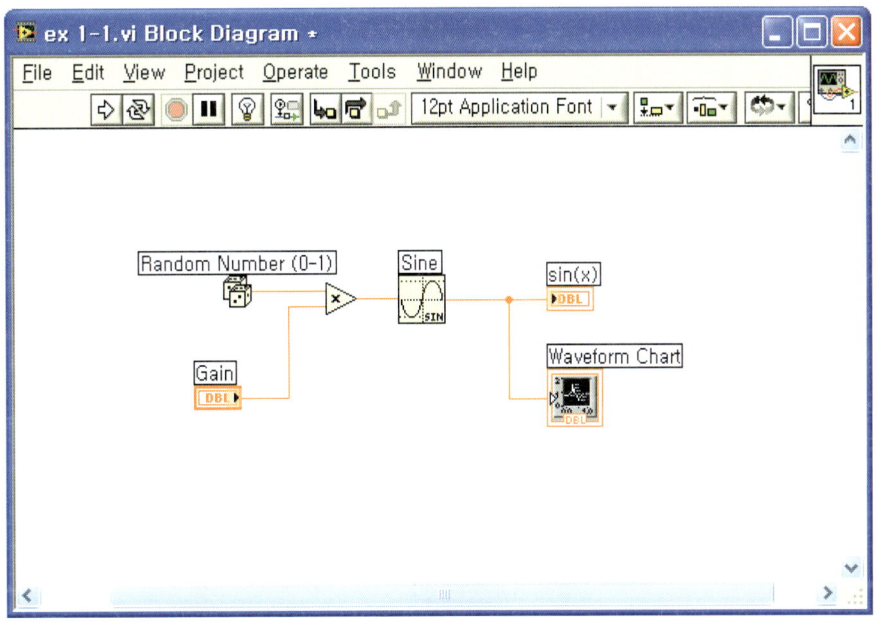

Fig. 1-10 VI 블록 다이어그램 윈도우

블록 다이어그램은 다음과 같은 도구 모음을 가지고 있으며, VI를 실행하면서 소스의 중간단계 계산값 열람 및 디버깅할 때 유용하게 사용된다.

실행 하이라이트 : 토글방식으로 작동
활성화 후 실행하면 실행하는 순서대로 실행 애니메이션이 작동하여 프로그램 내부의 데이터 흐름을 육안으로 확인할 수 있다.

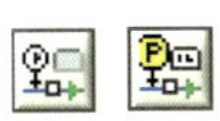

와이어 값 유지 : 토글방식으로 작동
활성화 후 실행하면 실행 흐름의 각 포인트에서 와이어 값을 저장함으로써, 와이어 위에 프로브를 올려놓으면 해당 와이어를 따라 흐른 데이터의 최근 값을 보여준다.

단계별 실행 들어가기 :
활성화 후 실행하면 실행 흐름이 노드 또는 함수에서 일시정지 한다.
Ctrl +〈화살표 키〉로 VI를 단계별로 실행한다.

단계별 실행 건너뛰기 :
활성화 후 실행하면 실행 흐름이 다음 노드 또는 함수에서 일시정지 한다.
Ctrl +〈화살표 키〉로 VI를 단계별 실행 없이 노드를 수행한다.

Terminal

프론트 패널에 사용된 오브젝트는 블록 다이어그램 윈도우에서 해당 오브젝트에 대응하는 터미널로 나타난다.

블록 다이어그램 윈도우에서 어떤 오브젝트를 제거하면 프론트 패널 윈도우에 있는 해당 오브젝트(컨트롤 / 인디케이터)가 함께 제거된다. 마찬가지로 프론트 패널 윈도우에서 어떤 오브젝트를 제거하면 블록 다이어그램 윈도우에 있는 해당 오브젝트(컨트롤 / 인디케이터)가 함께 제거된다.

그림 1-9에서 터미널은 Gain, Sine(x), Waveform Chart 이며, Multiply는 노드, Sine은 함수이다. 따라서 터미널은 프론트 패널과 블록 다이어그램 사이에 정보를 교환하는 연결 통로이다.

터미널 Gain과 sine(x) 아이콘에 DBL 표시는 해당 터미널의 데이터 사이즈를 말한다. DBL은 64비트의 배정도 부동소수 데이터 사이즈임을 표시한다. LabVIEW에서 사용하는 데이터 크기는 2-2장 Data Representation에서 자세하게 소개되었다.

Node

노드는 입력 커넥터 팬 또는 출력 커넥터 팬을 가지는 프로그램 실행 요소이다. 노드는 덧셈 · 뺄셈과 같은 연산자, 함수 또는 서브루틴과 유사하며 구조문(Case, For, While, Sequence, Formula, Event Structure 등) 같은 특수한 노드도 있다.

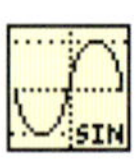

함수노드는 LabVIEW의 기본적인 실행요소이고 입출력 커넥터 팬을 가지며, 블록 다이어그램 창에서 밝은 노랑 색상으로 표시된다.

Wire

와이어는 블록 다이어그램내의 오브젝트 상호간에 데이터를 전달하는 매체이다. 물리적 전기신호를 전달하는 신호선이라고 생각하면 이해하는데 도움이 된다.

일반적으로 컨트롤과 인디케이터를 배치할 때 좌에서 우로, 위에서 아래로 데이터의 흐름이 되도록 편집하는 것이 추후 디버깅 등을 할 때 매우 편리하고 소스의 전체적인 흐름도를 이해하는데 도움이 된다.
하나의 인디케이터 입력 커넥터 팬에 두 개의 출력 컨트롤 커넥터 팬을 직접 연결할 수가 없다. 또한 두 개의 출력 인디케이터를 서로 연결하면 깨진 와이어가 된다.

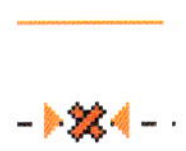

와이어가 깨지는 현상은 연결된 두 개의 오브젝트가 서로 호환되지 않는 데이터 타입을 가질 때 주로 발생된다. 특히 배열을 연결할 때 차원이 다르거나 개수가 다를 경우 와이어가 깨지며, 블록 다이어그램 창에 깨진 와이어가 있는 경우 그 VI는 실행될 수 없다. 깨진 와이어는 반드시 수정해야 만 한다.

Wire Type

각 와이어들은 와이어를 따라 흐르는 데이터의 형태에 따라 고유의 서로 다른 모양과 색을 가진다.
아래의 표는 이러 형태의 와이어들을 보여준다. 정수형 이거나 부호 없는 숫자형으로 정의할 경우 와이어는 파랑색으로 나타낸다.
모양 (선의 굵기)은 Scalar 타입일 때가 가장 얇고, 1차원 배열, 2차원 배열로 갈수록 선이 굵어진다.

색상은 어떤 오브젝트, 입력 컨트롤, 출력 인디게이트들이 서로 연결 가능한지를 보여준다. 예를 들어, 토글 스위치가 녹색의 커넥터 팬을 가질 경우, 이 토글 스위치는 녹색의 라벨을 가진 함수 VI, Express VI, 출력 커넥터 팬 등에 연결할 수 있다.

Wire Type	Scalar	1D Array	2D Array	Color
Number				오렌지
Boolean				녹 색
String				보라색

Functions Palette

함수 팔레트는 블록 다이어그램 윈도우에서 마우스 오른쪽 버튼을 누르면 팝업 되는 창으로, 실질적인 프로그래밍을 위한 명령어, 함수, 익스프레스 VI, Sub VI 및 신호처리 등의 관련된 아이콘들을 가지고 있다.

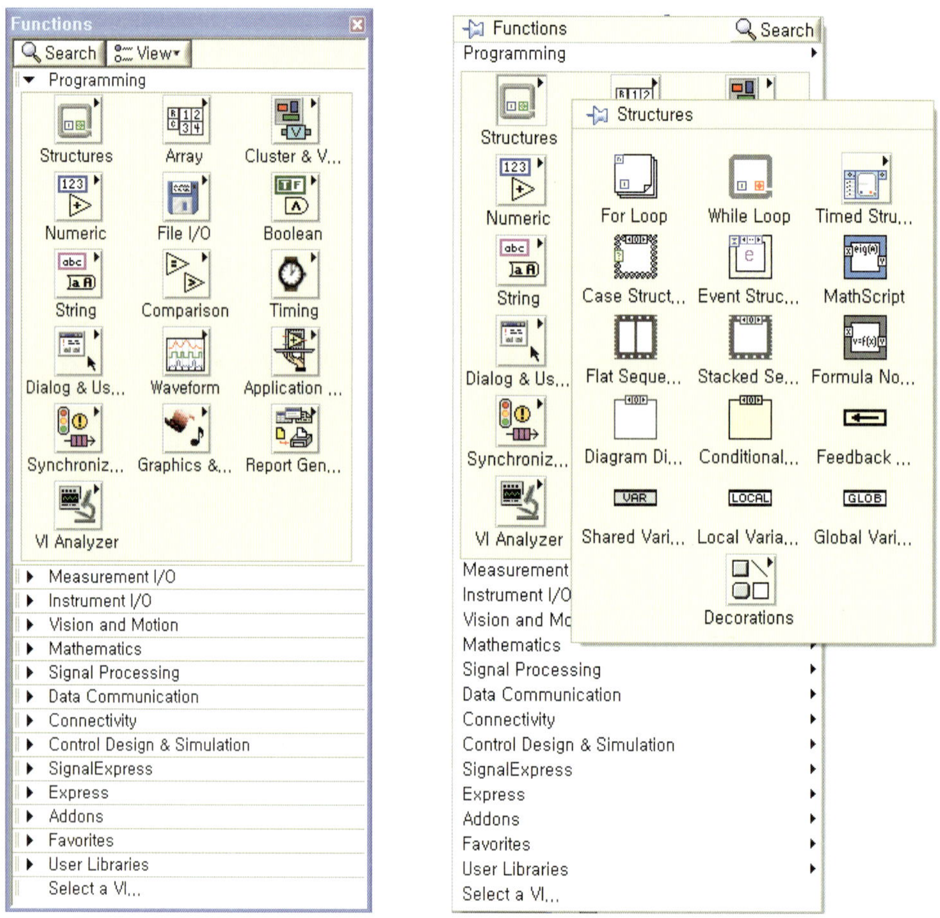

Fig. 1-11 Functions 팔레트와 서브 팔레트

Tools Palette

블록 다이어그램 윈도우의 도구 메뉴에서 View 〉 Tools Palette로 팝업 한다.
도구 팔레트를 사용하여 VI 수정 및 디버그 작업 등을 하는 마우스 커서의 특별한 동작 모드이다. Tools Palette에는 자동모드와 수동모드가 있다.

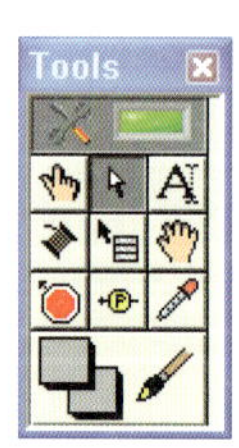

Fig. 1-12 도구 팔레트

자동/수동 모드 :

도구 팔레트는 자동 모드 또는 수동 모드로 동작하며, 모드 전환은 사각형 LED를 마우스로 클릭하여 토글 시킨다.

자동 모드일 경우 사각형 LED는 on 되고 마우스 커서가 노드, 함수 또는 와이어 상에 위치할 때 그에 상응하는 요소 중에서 가장 합리적인 동작을 자동으로 제공한다.

수동 모드일 경우 사각형 LED는 off 되고 선택된 아이콘에 상응하는 동작만을 제공한다.

오퍼레이팅 툴 :

마우스 커서가 이러한 아이콘으로 변경되면 오퍼레이팅 툴 기능이 동작 중이고, 컨트롤의 입력 값들을 변경하는데 사용된다.
오퍼레이팅 툴은 VI가 실행중이거나 개발 중일 때 프론트 패널에서만 사용되고 노브, 스위치, 메타, 다이얼 및 기타 터미널 오브젝트들을 조작하여 변수 값들을 변경한다.

포지셔닝 툴 :

포지셔닝 툴은 오브젝트를 선택하거나, 이동시키거나 크기 등을 조정한다.
또한 오브젝트를 선택한 후 이동, 복사 또는 삭제 작업에도 사용된다.

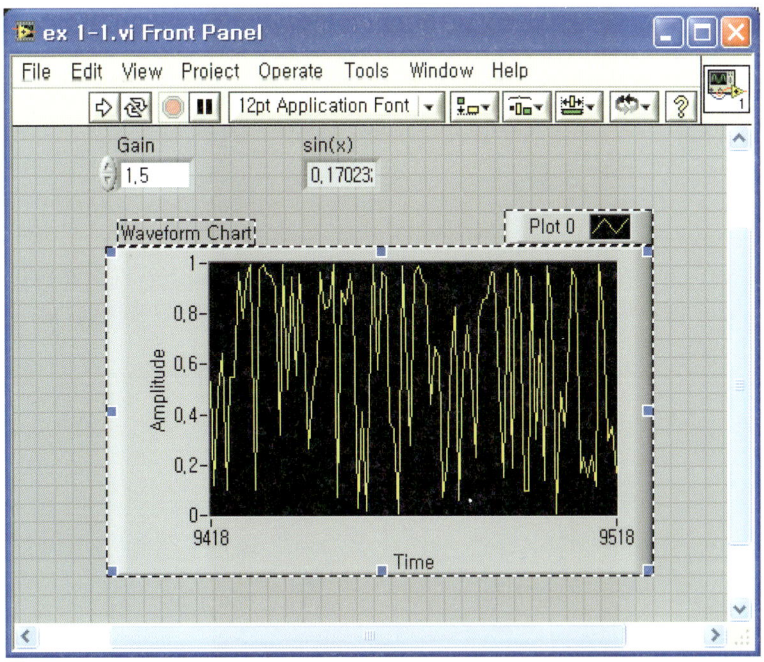

Fig. 1-13 포지셔닝 툴을 이용한 오브젝트 크기의 조정

라벨링 툴 :

라벨링 툴은 VI 소스코드 내부에 어떤 문자열을 코멘트 처리하고 싶거나, 컨트롤의 변수값을 입력할 때 사용된다. 특히, VI를 개발할 때 추후 디버깅을 위해서 혹은 타인이 소스코드를 쉽고 빠르게 이해하기 위해서 블록 다이어그램의 함수, 노드, 루프 또는 특정한 계산식 옆에 라벨링을 하여 설명을 첨부하면 상당히 도움이 된다.

와이어링 툴 :

와이어링 툴은 주로 블록 다이어그램 창에서 오브젝트들을 서로 연결할 때 사용되며, 프런트 패널 창에서는 VI를 Sub VI로 만들 때 커넥터 팬을 정의하는데 사용된다.

팝업 툴 :

팝업 툴은 왼쪽 마우스 버튼으로 오브젝트 바로가기 메뉴를 활성화 한다.

스크롤 툴 :

스크롤 툴은 윈도우의 스크롤 막대를 사용하지 않고 윈도우를 스크롤 한다.

브레이크 포인터 툴 :

브레이크 포인터 툴은 설정한 위치 (노드, 함수, 와이어, 익스프레스 VI, 구조)에서 실행을 일시 정지하는 기능이다.

프로브 툴 :

프로브 툴은 와이어 상에 프로브를 설정하여, VI가 실행 중 설정된 프로브 위치에서 출력 인디케이터 터미널 없이 데이터 값을 디스플레이 시킨다.
프로브 툴 기능은 실행하는 VI가 예상치 못한 결과를 출력하면, 중간 중간에 프로브를 설치하고 데이터의 중간 산출값을 출력하여 오류를 수정하는데 자주 사용된다.

컬러 복사 툴 :

컬러 복사 툴은 기존의 오브젝트로부터 색을 복사하여 다른 오브젝트에 그 색을 덮어씌우는 기능이다.

색칠 툴 :

프론트 패널 창과 블록 다이어그램 창의 배경색 및 전면색 색상을 설정한다.

4. 데이터 처리 흐름

VI 실행시 데이터 처리 순서는 LabVIEW 데이터 처리 흐름 규격을 따른다.
규격의 핵심은 "어떤 노드가 실행되려면 그 노드의 모든 입력 커넥터 팬에 데이터가 존재할 때만 실행되고, 실행이 완료될 때만 출력 커넥터 팬에 데이터를 출력 한다" 이다.

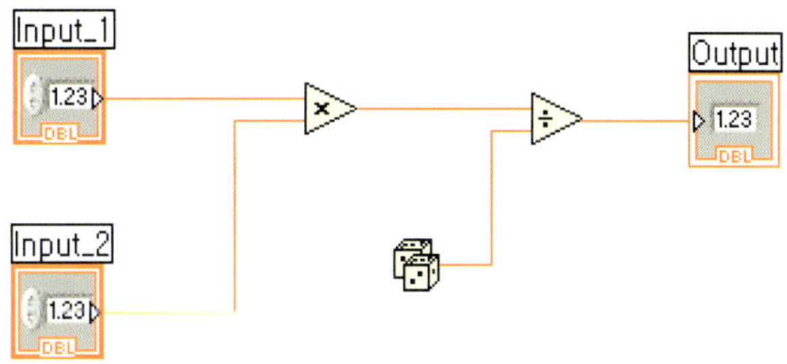

Fig. 1-14 데이터 처리 흐름 예

그림 1-14의 경우 곱셈 노드는 Input_1과 Input_2의 입력 컨트롤 터미널로부터 데이터를 받아 출력해야만 나눗셈 노드가 실행해서 Output 출력 터미널로 데이터를 출력한다.
여기서 난수발생 노드는 입력 터미널을 필요로 하지 않는 특수한 노드로써, 언제 그 노드가 실행되는지는 알 수 없다.

컨트롤과 인디케이터가 좌에서 우로 배치되었기 때문에 데이터 처리 흐름이 좌에서 우로 흐르는 것은 아니지만, 대부분 프로그래머는 좌에서 우로 또한 위에서 아래로 컨트롤과 인디케이터를 배치하여 VI 코드 디버깅시 이해를 돕도록 한다.

간결한 VI 프로그래밍을 위한 블록 다이어그램 내부의 터미널 배치 ;

- 입력 터미널은 왼쪽, 출력 터미널은 오른쪽 배치
- 연산 프로세서 흐름이 좌에서 우로, 위에서 아래로 흐르도록 배치
- 터미널의 View As Icon을 비활성화

실행 하이라이트

그림 1-14의 VI를 실행 하이라이트를 활성화시켜 데이터 처리 흐름을 애니메이션 해보자. 블록 다이어그램의 메뉴 중 실행 하이라이트 버튼을 한번 클릭하여 활성화 시킨 후, VI 실행 버튼을 눌러 VI를 실행해보자.

① 단계 실행

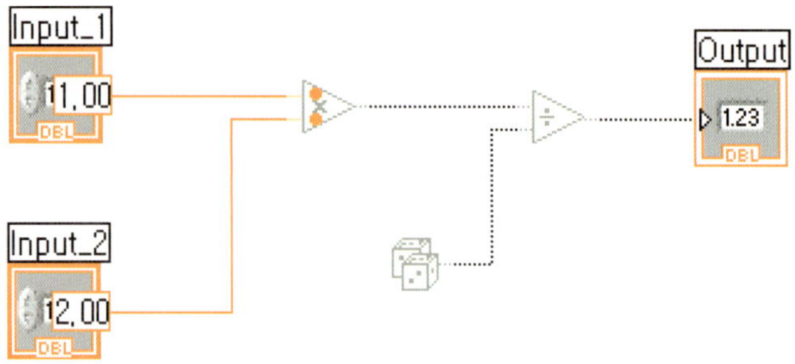

② 단계 실행

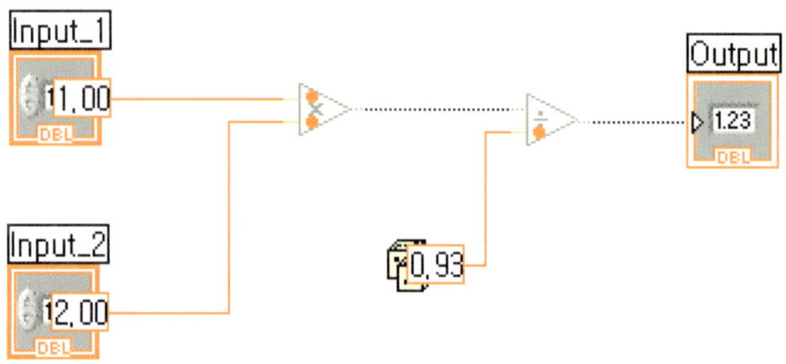

③ 단계 실행

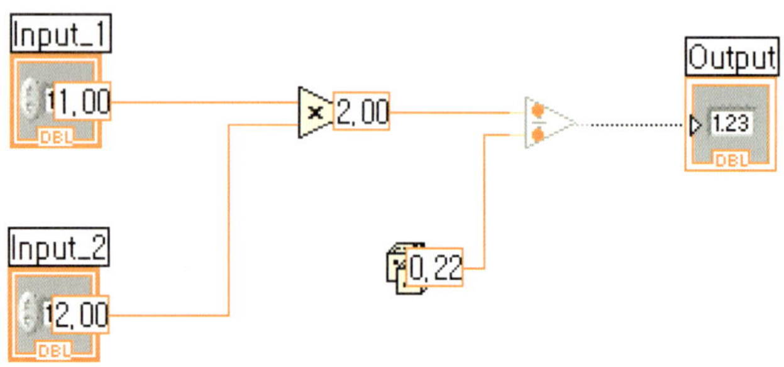

④ 단계 실행

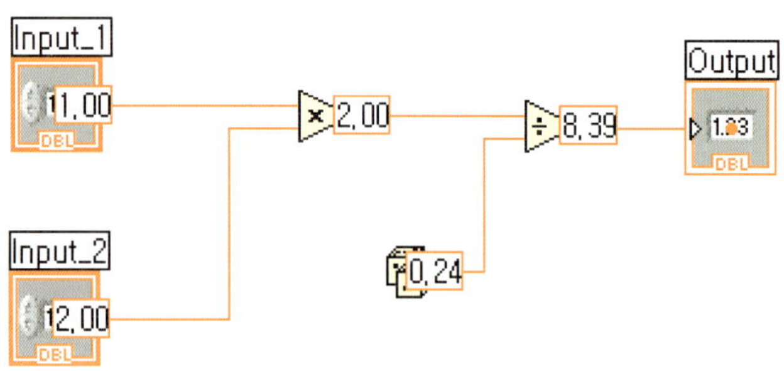

5. 간단한 VI 프로그램 연습

NI 하드웨어를 사용하지 않는 간단한 VI 프로그래밍 연습을 통하여 LabVIEW VI 개발과정을 이해한다.

대부분의 VI는 데이터 수집, 데이터 처리 및 분석, 데이터 출력의 3가지 주요한 작업을 수행한다. 각각의 3가지 파트에서는 단순한 노드부터 함수, 익스프레스 VI, 제공된 라이브러리, 유저 Sub VI 등 고급 함수까지 다양한 요소들을 사용할 수 있다.

개발자는 VI가 추구하는 동작 결과를 위해 간결한 루틴, 빠른 계산시간 및 메모리 사용 최소화 등을 감안해서 적절한 함수를 선정하는 것이 VI 소스 코드를 잘 개발하는 것이다. 아래의 그림은 1장 데모용 간단한 VI 프로그램의 프론트 패널과 블록 다이어그램을 보여준다.

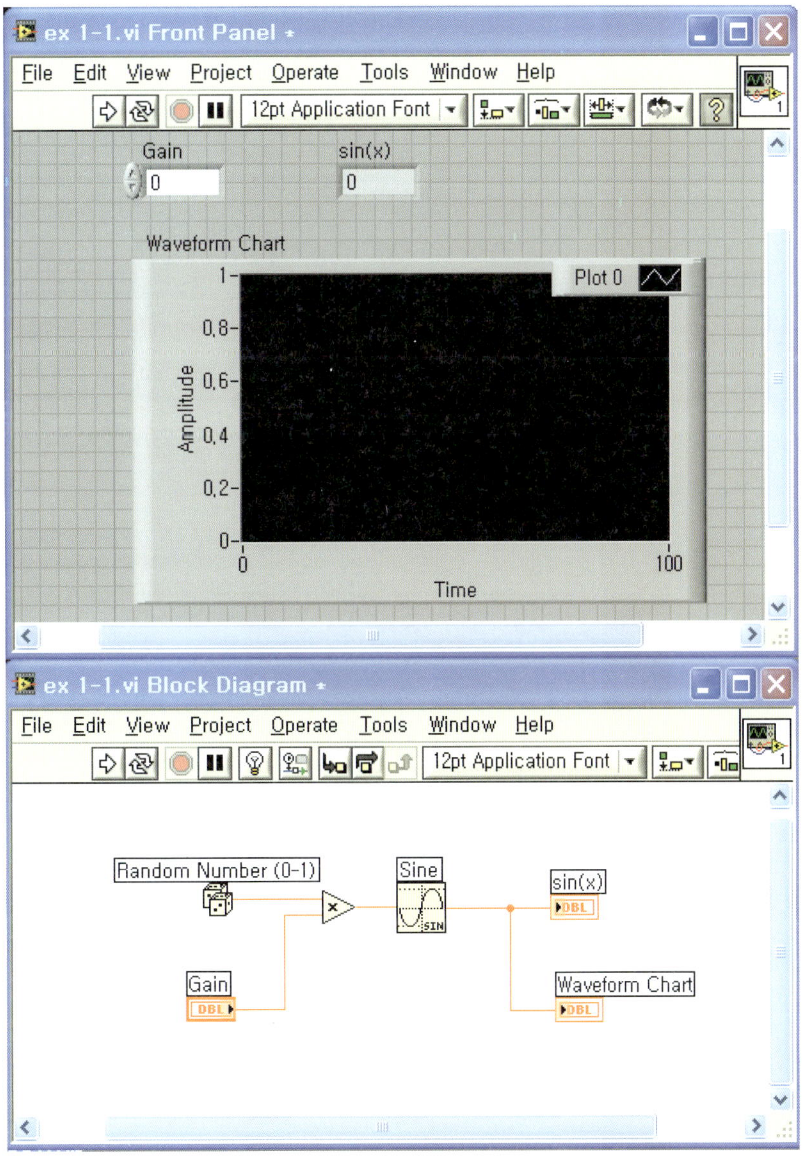

A. ex1-1.vi 파일을 생성한다.

▶ LabVIEW를 실행하여 Getting Started 창을 연다.

▶ File 〉 New VI 를 선택 또는 Files Tab 〉 Blank VI 를 클릭.

▶ File 〉 Save As 〉 c:₩temp₩ex1-1.vi 선택하여 저장.

B. 컨트롤과 인디케이터를 생성한다.

▶ 프론트 패널 윈도우를 작업창으로 선택.

▶ 마우스 오른쪽 버튼을 클릭하여 Controls 팔레트를 팝업 시키고, Numeric 서브 팔레트로 이동하여 Numeric Control을 선택한 후, 마우스로 드래그하여 프론트 패널에 위치시킨다.

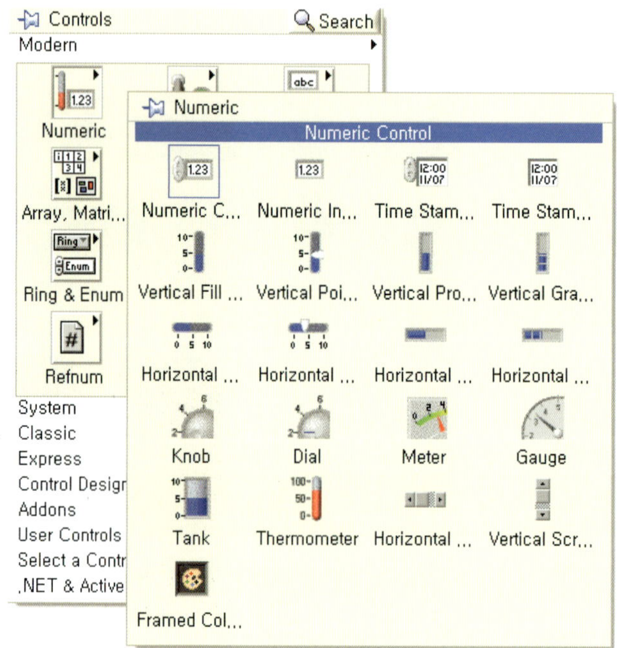

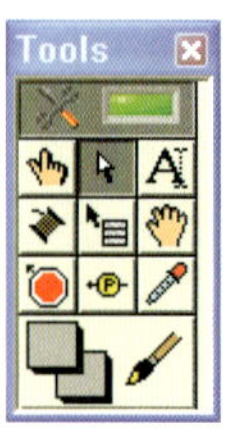

▶ 프론트 패널 윈도우의 메뉴에서 View 〉 Tools Palette 를 선택.

▶ 도구 팔레트를 자동모드(사각 LED를 on) 선택.
사각 LED를 클릭하면 모드가 토글 됨 (자동모드 ⇌ 수동모드)

▶ 마우스를 프론트 패널에 드래그된 Numeric Control의 이름 위에 놓고, 마우스 왼쪽 버튼을 더블 클릭.

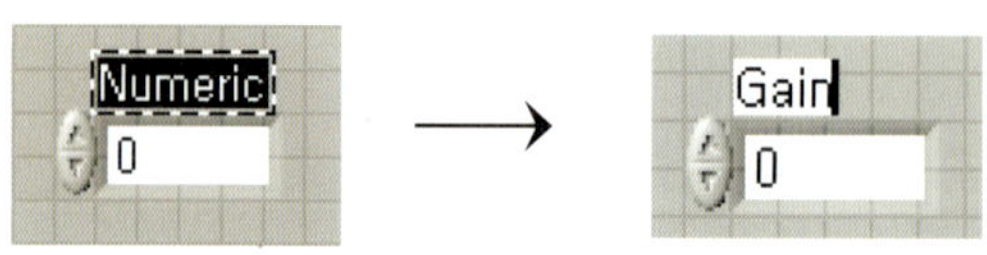

▶ 이름을 Gain 으로 변경한다.

▶ 컨트롤 팔레트에서 Graph 〉 Waveform Chart 를 선택하여 드래그 한다.

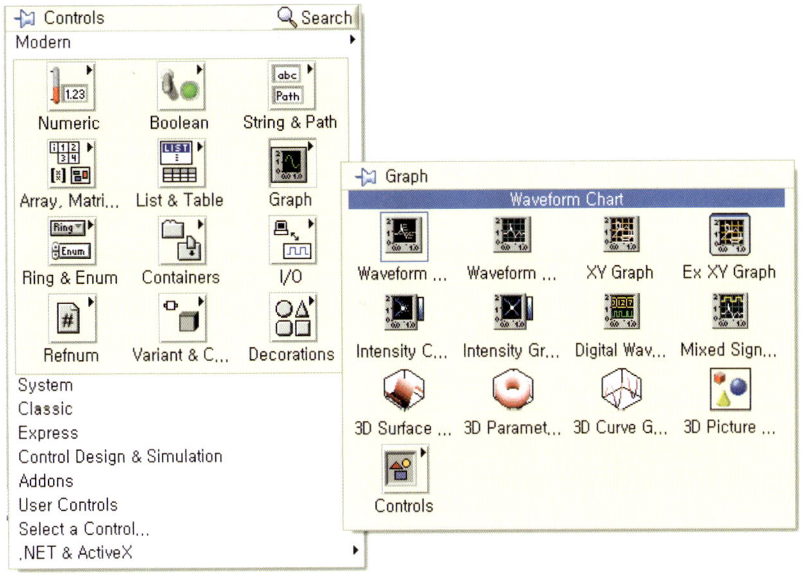

▶ Waveform Chart를 선택하고, 커서를 이용하여 크기를 재조정한다.

▶ Waveform Chart를 선택하고, 마우스 오른쪽 버튼을 클릭하여 오브젝트 바로가기 메뉴를 열고 Properties 메뉴를 선택한다.

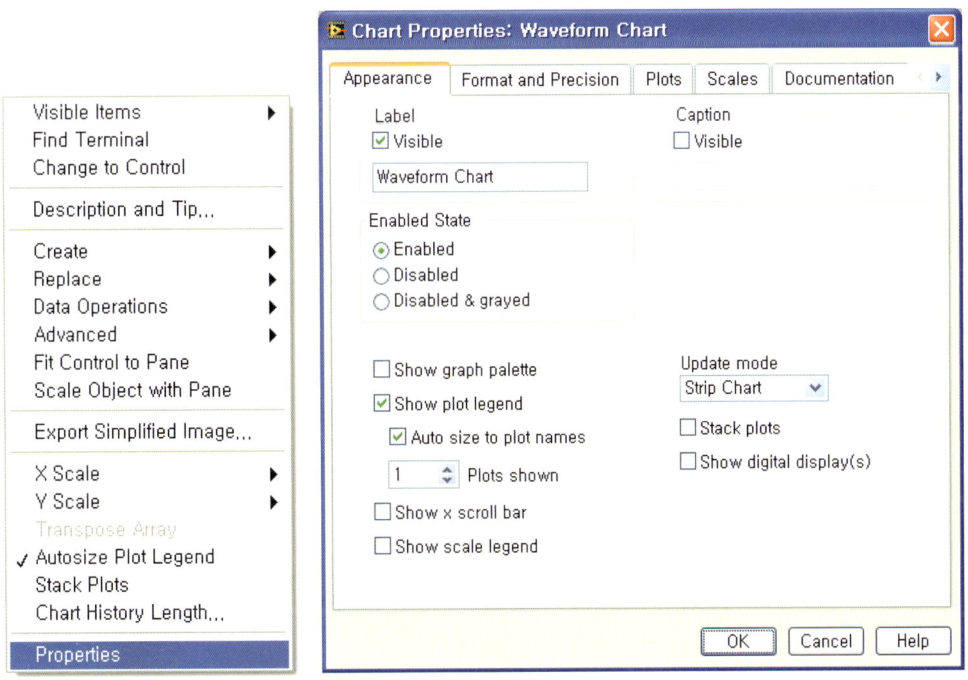

▶ Properties 창에서 그래프에 관련된 속성들을 변경할 수 있다.

▶ 컨트롤 팔레트에서 Numeric 〉 Numeric Indicator 를 드래그 한다.

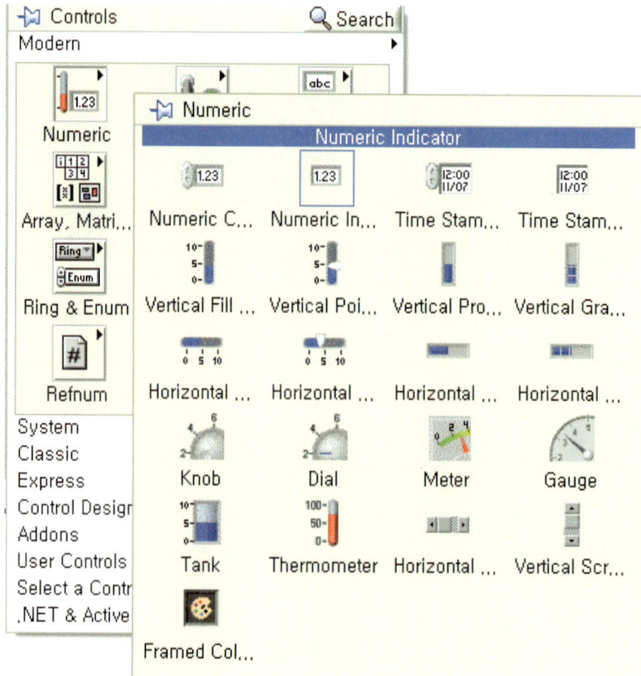

▶ 이름을 sine(x) 로 변경한다.

C. 블록 다이어그램 VI를 완성한다.

▶ 블록 다이어그램 윈도우에서 입력 컨트롤은 왼쪽으로, 출력 인디케이터는 오른쪽으로 배치한다.

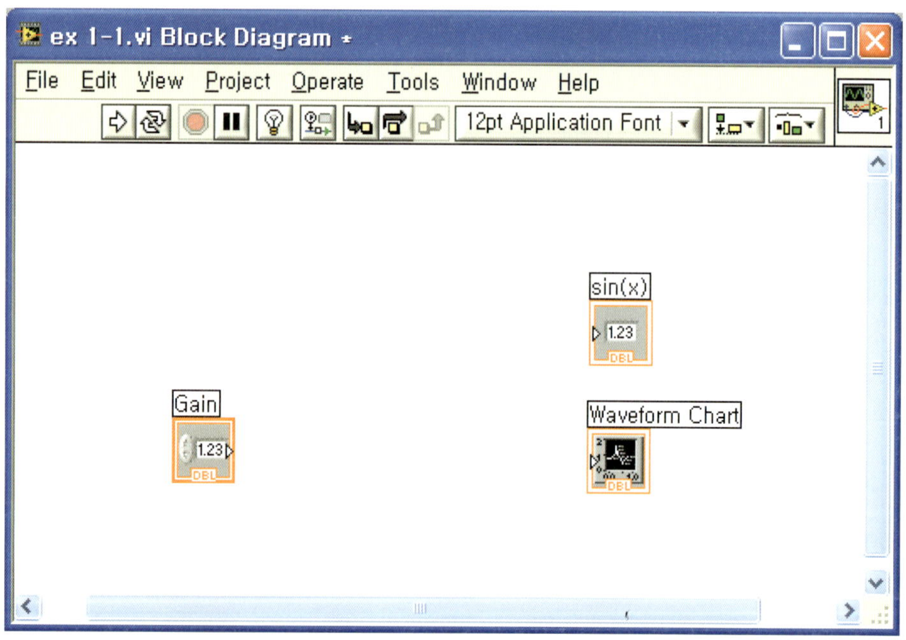

▶ 각각 컨트롤과 인디케이터들의 바로가기 메뉴를 열어, View As Icon 을 선택하여 크기를 줄여 간단명료하게 한다.

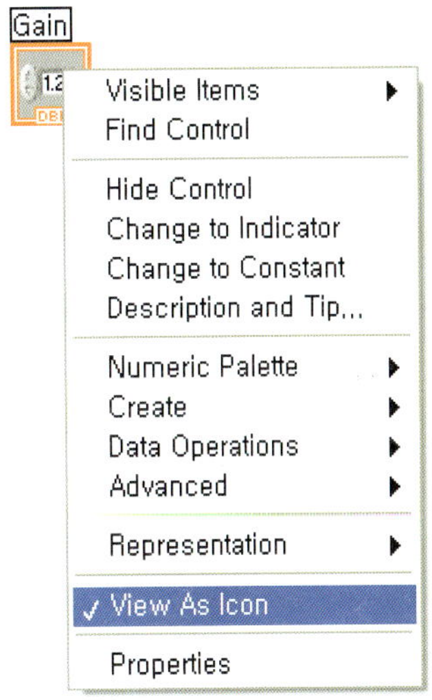

▶ Multiply 노드 삽입 :
마우스 오른쪽 버튼을 클릭하여 Functions 팔레트를 열고,
Programming 〉 Numeric 〉 Multiply 를 선택하여 드래그 한다.

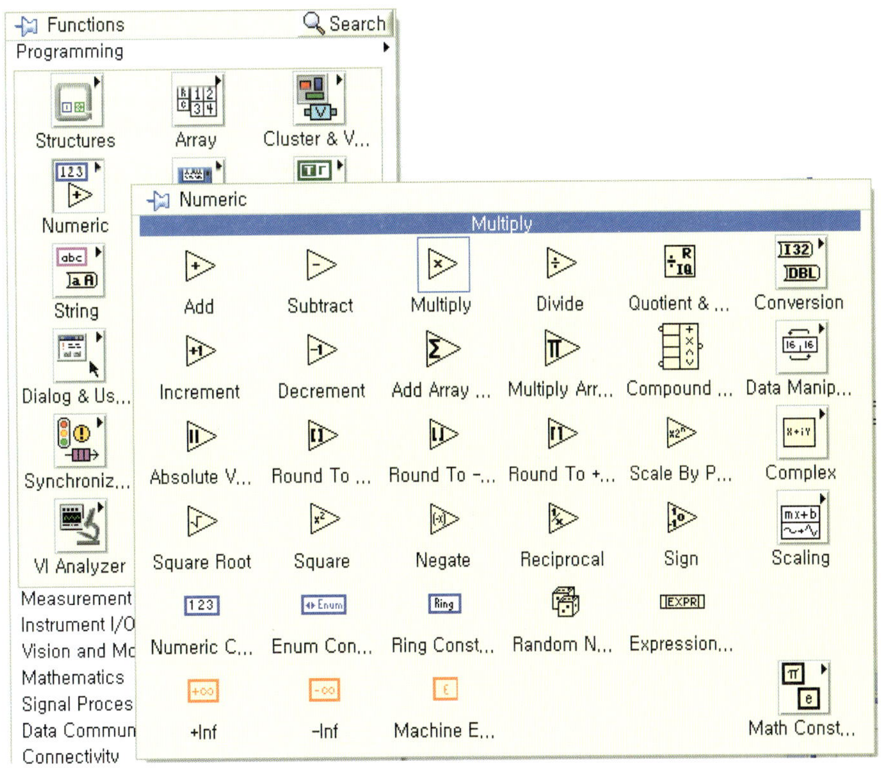

▶ Random Number 발생 노드 삽입 :

Functions 팔레트 〉 Programming 〉 Numeric 〉 Random Number 선택

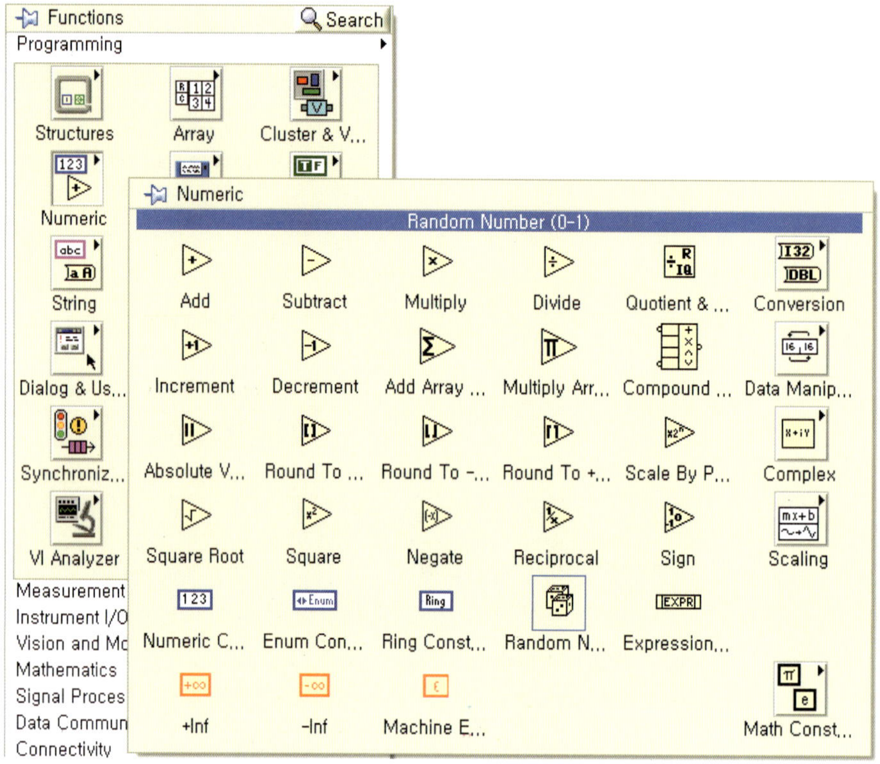

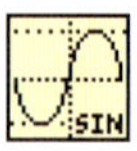

▶ Sine 함수 삽입 :

Functions 팔레트 〉 Mathematics 〉 Elementary & Special Functions 〉

Trigonometric Functions 〉 sine 선택

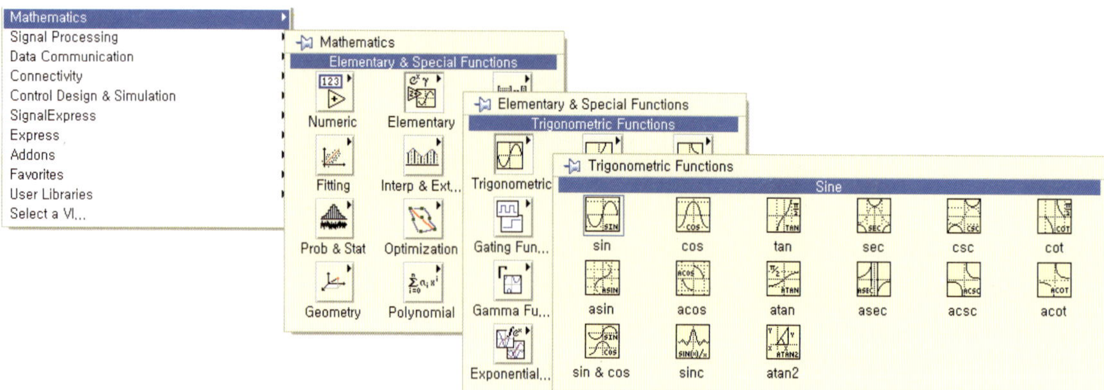

▶ 와이어 툴을 이용하여 각각의 노드들을 연결한다.

D. VI를 실행하여 결과를 확인한다.

- ▶ 실행 메뉴가 깨지지 않았으면 실행할 수 있다.
- ▶ 프론트 패널의 Gain 입력 값을 0에서 다른 값으로 변경.

- ▶ 실행 메뉴를 클릭하고 Waveform Chart에 출력된 값을 관찰한다.
- ▶ 반복루프가 없으므로 VI는 1회 실행 후 종료된다.

- ▶ VI 내부에 반복루프 없이 계속 실행하는 방법은 반복실행 메뉴를 선택.

- ▶ 프론트 패널에 결과를 디스플레이 한다.

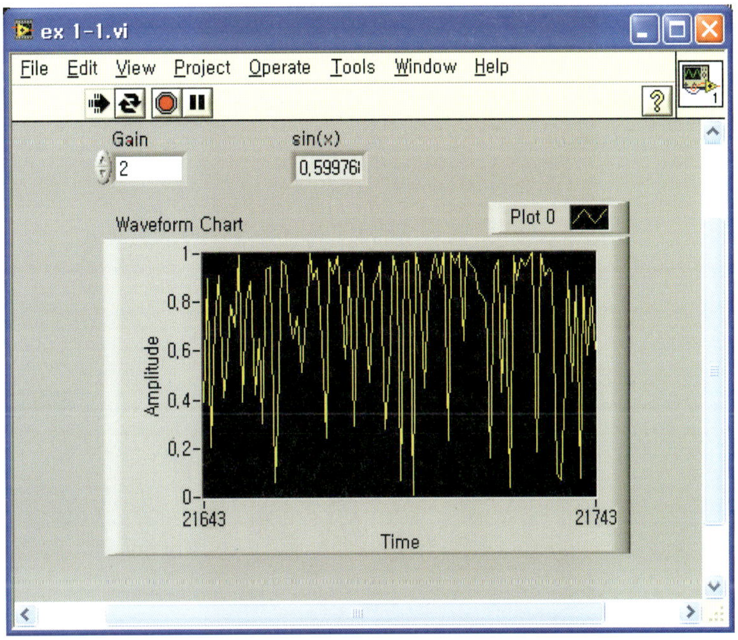

- ▶ 블록 다이어그램 윈도우에서, 실행 하이라이트를 선택하여 단계별로 실행되는 데이터 흐름을 관찰.

- ▶ 정지 메뉴를 클릭하여 프로그램 수행을 종료.
- ▶ 프론트 패널 윈도우 또는 블록 다이어그램 윈도우 파일 메뉴에서, File 〉 Save 선택하여 완성된 VI를 저장한다.

6. Express VI 소개

대부분의 VI는 데이터 수집, 데이터 처리 및 분석, 데이터 출력 등 3가지 주요한 작업을 수행한다.

Express VI는 LabVIEW 초보 사용자들이 이러한 3 파트에 대해 쉽게 접근해서 응용할 수 있도록 특별히 제작된 함수라고 보면 된다.

고급 사용자들은 이러한 Express VI 함수를 사용하는 것은 필요 없는 요소까지 포함되어 계산하게 되므로, PC 프로세서 할당량 및 메모리 사용량을 증가시키고 코드를 간결하게 작성하는데 불편해서 많이 사용하지는 않는다.

제공된 주요 Express VI를 소개하고 예제를 통해 이해해 보자.

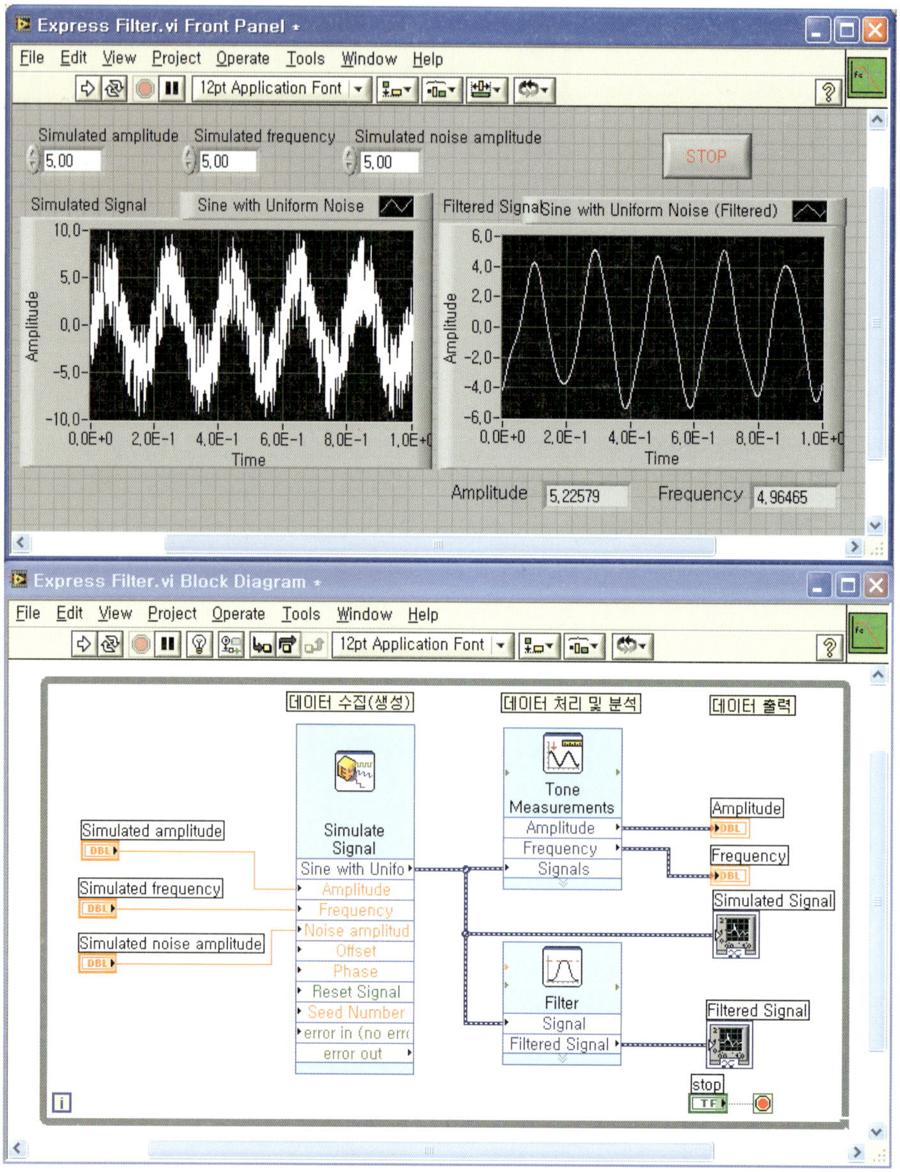

Fig. 1-15 Express VI 함수를 이용한 데이터 처리 예

Express VI 함수는 블록 다이어그램에서 Functions 팔레트를 열고 나열된 메뉴 중 Express 선택한다. 팝업창을 계속 유지하기 위하여 윈도우 왼쪽 위에 있는 핀을 클릭하여 고정시킨다.

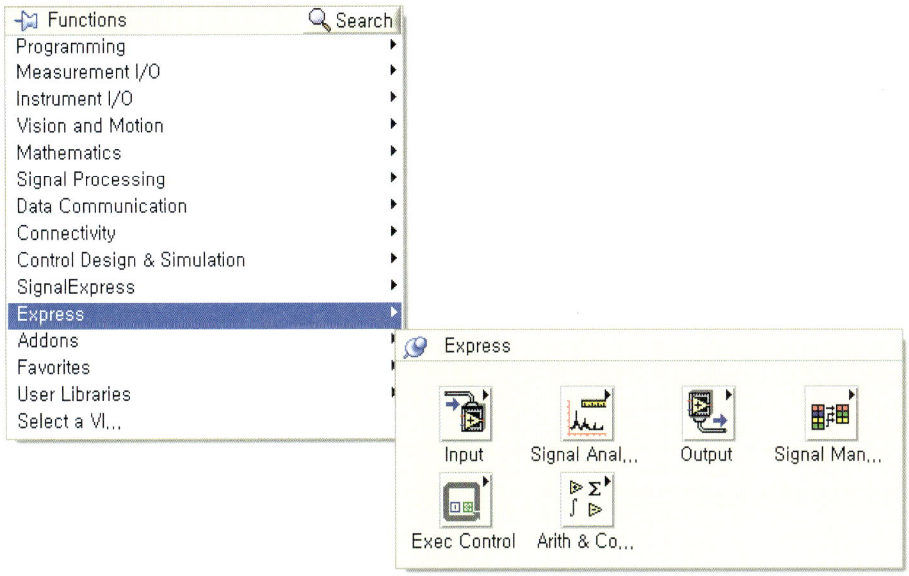

Fig. 1-16 Express VI 위치

Express VI는 다음과 같은 6개의 카테고리를 가짐 ;

① Input
② Signal Analysis
③ Output
④ Signal Manipulation
⑤ Execution Control
⑥ Arithmetic & Comparison

Input

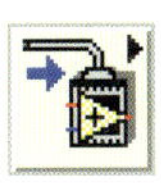

데이터 수집 및 가상 데이터 생성에 사용되는 Express VI는 Input 카테고리에 있으며, 많이 사용되는 몇 개만 살펴본다.

DAQ Assistant :

NI DAQ 하드웨어 보드를 통하여 데이터를 수집할 때 사용된다. DAQ 설정의 미숙한 단계에서는 많이 사용되지만, 고급 수준이 되면 거의 사용하지 않는다.
하드웨어를 이용한 DAQ 초기 단계에서는 이 Express VI를 사용할 예정이다.

Simulate Signal :

노이즈나 사인파와 같은 가상의 데이터를 생성하여 VI를 시뮬레이션 한다.

Read From Measurement File :

〈Write To Measurement File〉 Express VI로 하드 디스크에 저장된 데이터를 읽어오는데 사용된다. 파일 타입은 LVM, TDMS 또는 TDM 이다.

Signal Analysis

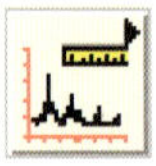

신호처리 및 분석에 사용되는 Express VI 카테고리이다. 많이 사용되는 몇 개만 살펴본다.

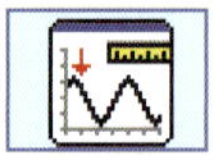

Tone Measurements :

단일 톤의 진폭, 주파수 및 상을 찾고, 입력된 신호로부터 가장 높은 주파수나 진폭을 가진 단일 톤을 검색한다.

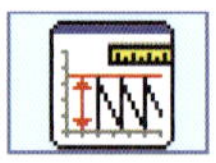

Amplitude & Level Measurements :

입력된 신호로부터 다음과 같은 여러 가지 전압의 특성을 측정한다.
DC, RMS, 최대 Peak, 최소 Peak, Peak to Peak, Cycle 평균, Cycle RMS

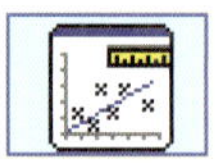

Curve Fitting :

입력된 신호로부터 최적의 Curve Fitting 결과 값을 출력한다.
적용되는 형식은 Linear, Quadratic, Spline, Polynomial 이며, 적용된 형식의 파라미터 (a0, a1, a2 · · · · · an)를 리턴 한다.

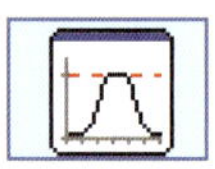

Filter :

입력된 신호에 여러 가지 필터를 적용해서 노이즈 등을 제거한다.
적용 가능한 필터의 종류는 Lowpass, Highpass, Bandpass, Bandstop, Smoothing 이며, 윈도우의 종류는 Butterworth, Chebyshev, Inverse Chebyshev, Elliptic, Bessel 이다.

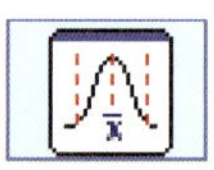

Statistics :

입력된 신호로부터 여러 가지 통계 데이터를 계산한다. 통계 가능한 종류는 Arithmetic mean, Median, Mode, Sum of values, RMS, Standard deviation, Variance, Kurtosis, Skewness 이다.

Output

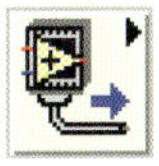

계산된 데이터를 외부로 출력하는 Express VI 카테고리이다.
하드 디스크로 데이터를 저장하거나, 스피커로 음을 내 보내거나, 연결된 외부장치로 데이터를 보내거나, DAQ 보드를 통해 전기 신호를 출력하는데 사용된다.

Write To Measurement File :

신호 처리된 데이터를 파일 타입 LVM, TDMS 또는 TDM로 하드 디스크에 저장하는 기능이다. 저장될 파일의 경로를 지정할 수 있고 헤더 추가, X 값 추가 등을 설정할 수 있다.

Report :

보고서 형식으로 자료를 취합하고 정렬하여 연결된 프린터로 출력한다.

7. Express VI 프로그램 연습

DAQ 하드웨어 보드 없이 그림 1-14와 같은 가상의 사인파 출력을 Express VI를 이용하여 생성하고, 신호분석 및 디스플레이 모두를 Express VI를 활용하여 코드를 프로그램 한다.

문제

Express VI 함수를 이용하여 신호측정 및 주파수 분석을 한다.

- Sine Signal 익스프레스 VI
- Tone Measurements 익스프레스 VI
- Filter 익스프레스 VI

A. ex1-2.vi 파일을 생성한다.

- LabVIEW를 실행하여 Getting Started 창을 연다.
- File 〉 New VI 를 선택 또는 Files Tab 〉 Blank VI 를 클릭.
- File 〉 Save As 〉 c:₩temp₩ex1-2.vi 선택하여 저장.

B. Express VI 함수를 생성한다.

- 블록 다이어그램 윈도우에서 Functions 팔레트를 팝업 시키고, Express 〉 Input 〉 Simulate Signal 선택
- Configure Simulate Signal 윈도우가 팝업 되면, Signal type=sine 및 기타 초기 값들을 아래 그림처럼 입력하고 〈OK〉 클릭
- Simulate Signal Express VI 아이콘이 블록 다이어그램 창에 생성된다.

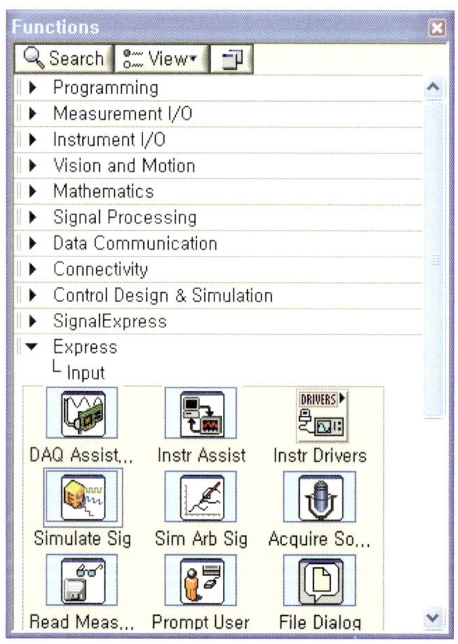

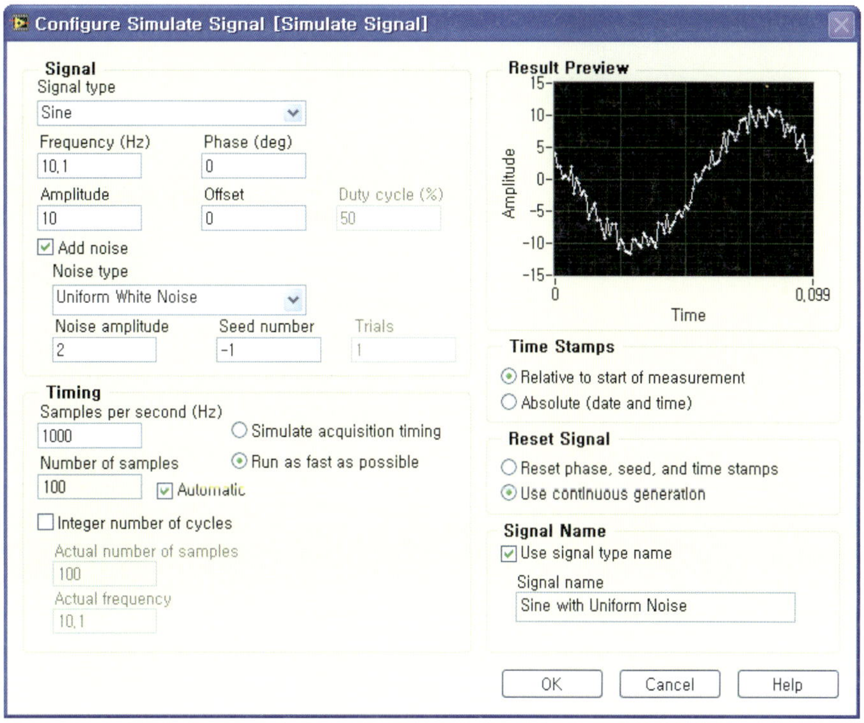

▶ 생성된 Simulate Signal Express VI 아이콘의 아래 경계면을 마우스로 확장하여 입출력 요소를 모두 디스플레이 되도록 한다.

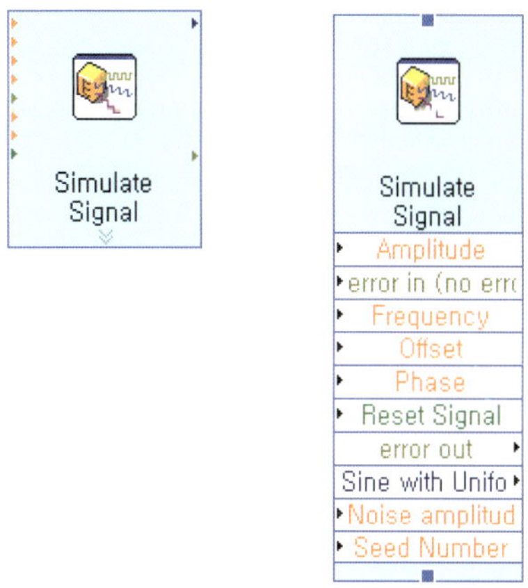

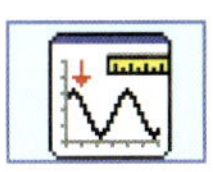

▶ Tone Measurements 익스프레스 VI 삽입 :

Functions 팔레트 〉 Express 〉 Signal Analysis 〉 Tone Measurements 선택하여 드래그 한다.

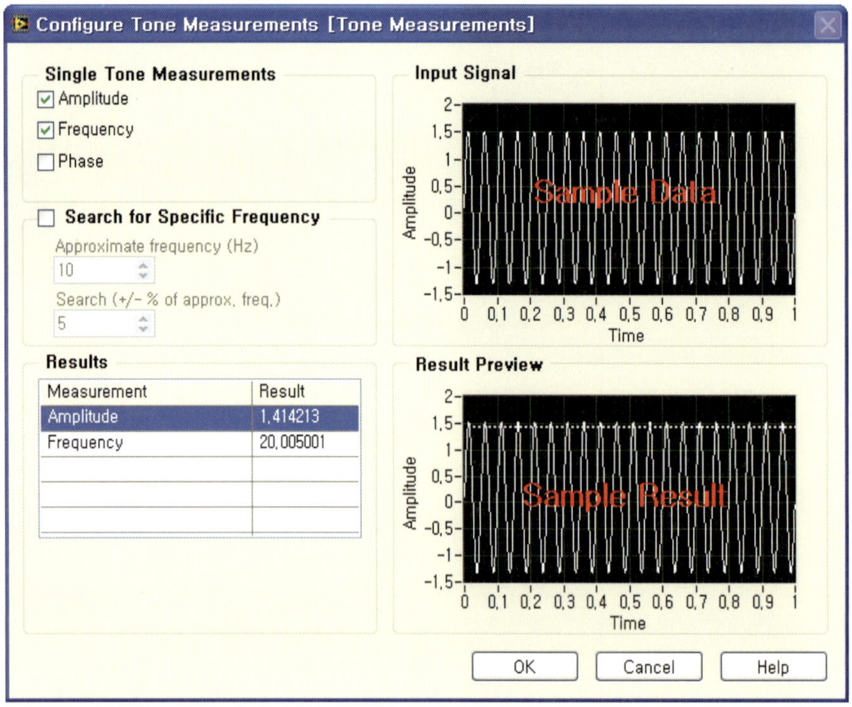

▶ Filter 익스프레스 VI 삽입 :

Functions 팔레트 〉 Express 〉 Signal Analysis 〉 Filter 선택 및 드래그

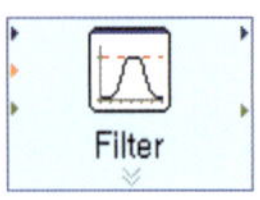

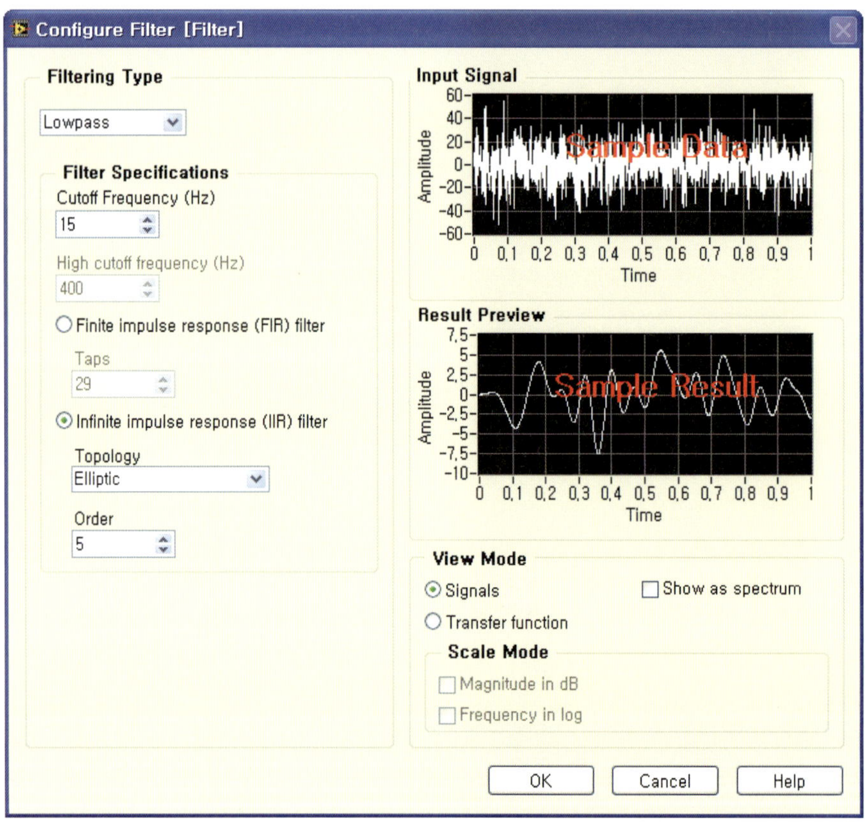

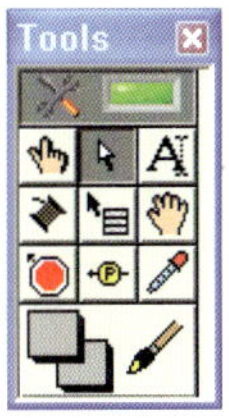

C. 입력 컨트롤 생성

- B 단계에서 생성된 Express VI를 데이터 흐름 순서대로 적절하게 배치한다.
- 프론트 패널 윈도우의 메뉴에서 View 〉 Tools Palette 를 선택.
- 도구 팔레트를 자동모드(사각 LED를 on) 선택.
- Simulate Signal Express VI 아이콘 아래의 〈Amplitude〉 입력 커넥터 팬 (왼쪽 작은 삼각형) 위에 마우스를 올려놓으면 와이어 툴이 활성화 된다.

- 와이어 툴로 바뀐 상태에서 마우스 오른쪽 버튼을 클릭하여, 바로가기 메뉴를 팝업 시킨다.
- 바로가기 메뉴에서 Create 〉 Control 을 선택한다.

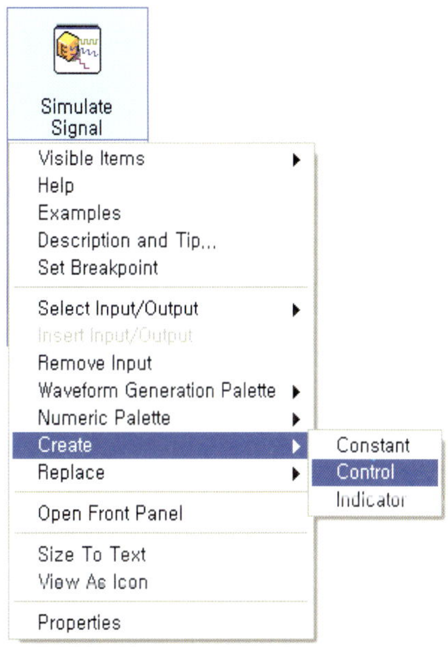

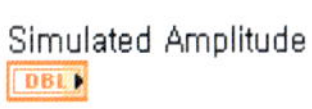

- 생성된 Amplitude 입력 컨트롤을 마우스 오른쪽 버튼을 클릭하여, 바로가기 메뉴를 팝업 시키고 View As Icon 을 선택하여 아이콘을 작게 만든다.
- 이름을 Simulated Amplitude 로 변경한다.

- 상기와 같은 방법으로 〈Frequency〉 와 〈Noise amplitude〉의 입력 컨트롤을 생성하고 이름을 적절하게 변경한다.

D. 출력 인디케이트 생성

- Tone Measurements 아이콘의 〈Amplitude〉 출력 커넥터 팬 (오른쪽 작은 삼각형) 위에 마우스 포인터를 위치하면, 와이어 툴이 활성화 된다.
- 와이어 툴로 바뀐 상태에서 마우스 오른쪽 버튼을 클릭하여, 바로가기 메뉴를 팝업 시킨다.

▶ 바로가기 메뉴에서 Create 〉 Numeric Indicator 를 선택한다.

▶ 생성된 출력 인디케이터를 바로가기 메뉴의 View As Icon 선택하여 아이콘을 작게 디스플레이 한다.

▶ 상기와 같은 방법으로 〈Frequency〉를 생성한다.

▶ Filter 아이콘의 〈Filtered Signal〉 출력 커넥터 팬 (오른쪽 작은 삼각형) 위에 마우스 포인터를 위치하면, 와이어 툴이 활성화 된다.

▶ 와이어 툴로 바뀐 상태에서 마우스 오른쪽 버튼을 클릭하여, 바로가기 메뉴를 팝업 시킨다.

▶ 바로가기 메뉴에서 Create 〉 Graph Indicator 를 선택한다.

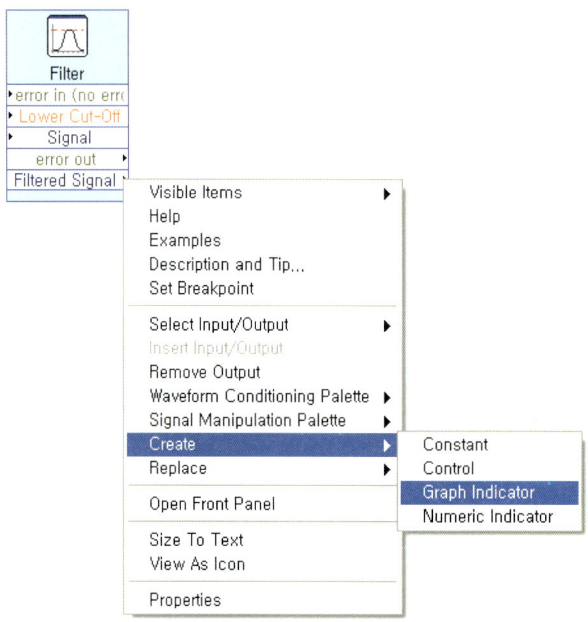

Sine with Uniform

▶ 상기와 같은 방법으로 Simulate Signal Express VI의 출력 커넥터 팬〈Sine with Uniform Noise〉 위에서 와이어 툴을 활성화 한다.

▶ 상기와 같이 Create 〉 Graph Indicator 를 생성한다.

E. 노드 간 와이어 연결

▶ Simulate Signal 함수의 출력 커넥터 팬 〈Sine with Uniform Noise〉을 Tone Measurements 및 Filter 의 입력 커넥터 팬 〈Signals〉 들과 와이어링 한다.

▶ 와이어 툴을 활성화 시켜, 출력 커넥터 팬에서 마우스 왼쪽을 한번 클릭하고 드래그 한 후 입력 단자에서 한번 더 클릭하여 연결한다.

▶ 데이터 흐름을 시각적으로 알 수 있도록 각각의 노드와 입출력 터미널들을 재배치 한다.

F. 무한 루프를 생성

▶ 블록 다이어그램 윈도우에서, Functions 팔레트를 팝업 한다. Structures 〉 While Loop 를 선택하고, 함수와 입출력 요소가 모두 루프 안으로 들어갈 수 있도록 사각형 루프를 생성한다.
루프의 특성에 대해서는 2장에서 자세하게 설명하겠다.

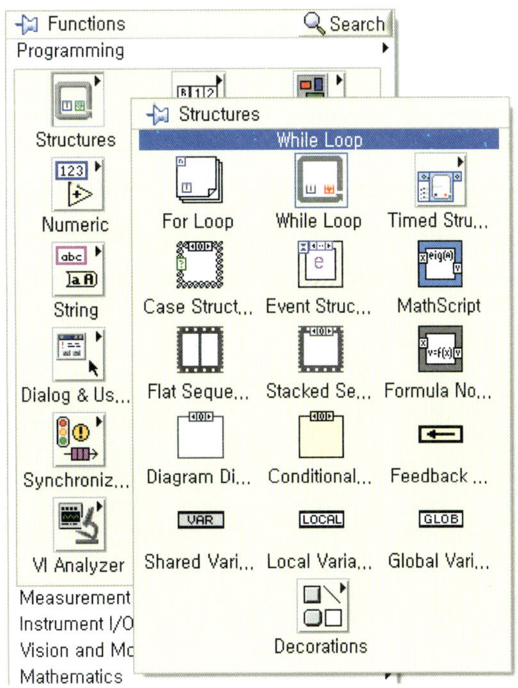

▶ 프론트 패널에서 Controls 팔레트를 팝업 한다.

Modern 〉 Boolean 〉 Stop Button 을 드래그하여 정지 버튼을 생성.

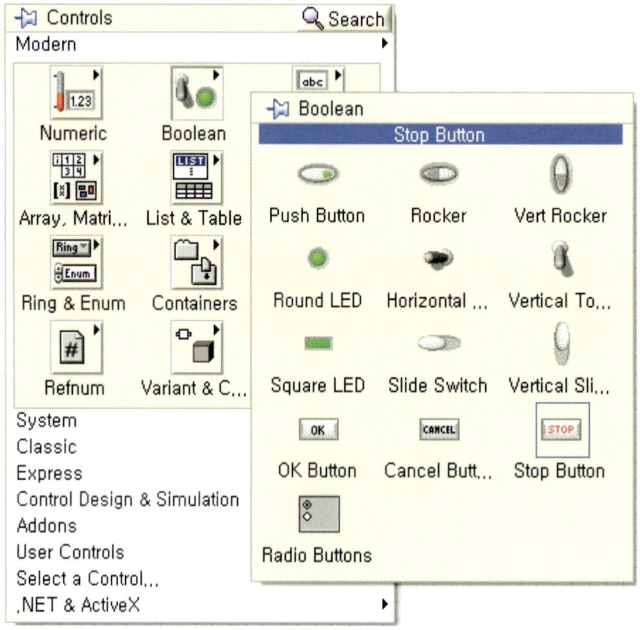

▶ 블록 다이어그램에서 생성된 Stop 버튼 입력 컨트롤을 Loop Condition 왼쪽 옆으로 위치시킨다.

Stop 버튼 입력 컨트롤은 반드시 루프 안에 배치해야만 한다.

▶ Stop 버튼 입력 컨트롤과 Loop Condition을 연결.

VI가 실행 중 프론트 패널에서 Stop 버튼을 클릭하면, 블록 다이어그램의 Stop 버튼 입력 컨트롤의 출력이 False에서 True로 바뀌고, Loop Condition이 True를 입력받아 While 무한루프에서 빠져나오면서 VI는 종료 된다.

G. 코멘트 입력

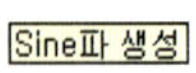

▶ 블록 다이어그램 윈도우에서, Tools 팔레트를 활성화 한다.

▶ 라벨링 툴을 활성화 한 후, 블록 다이어그램 상에 코멘트할 위치에서 마우스 왼쪽 버튼을 더블클릭하고 문자열을 입력한다.

H. 저장 및 VI 실행

▶ File 〉 Save 하여 VI를 저장한다.

▶ 실행버튼을 눌러 VI를 실행한다.

▶ 입력 컨트롤 (진폭, 주기, 노이즈)의 값들을 변화하면서 결과를 관찰한다.

▶ Stop 버튼을 눌러 VI 실행을 정지시킨다.

I. 프론트 패널과 블록 다이어그램

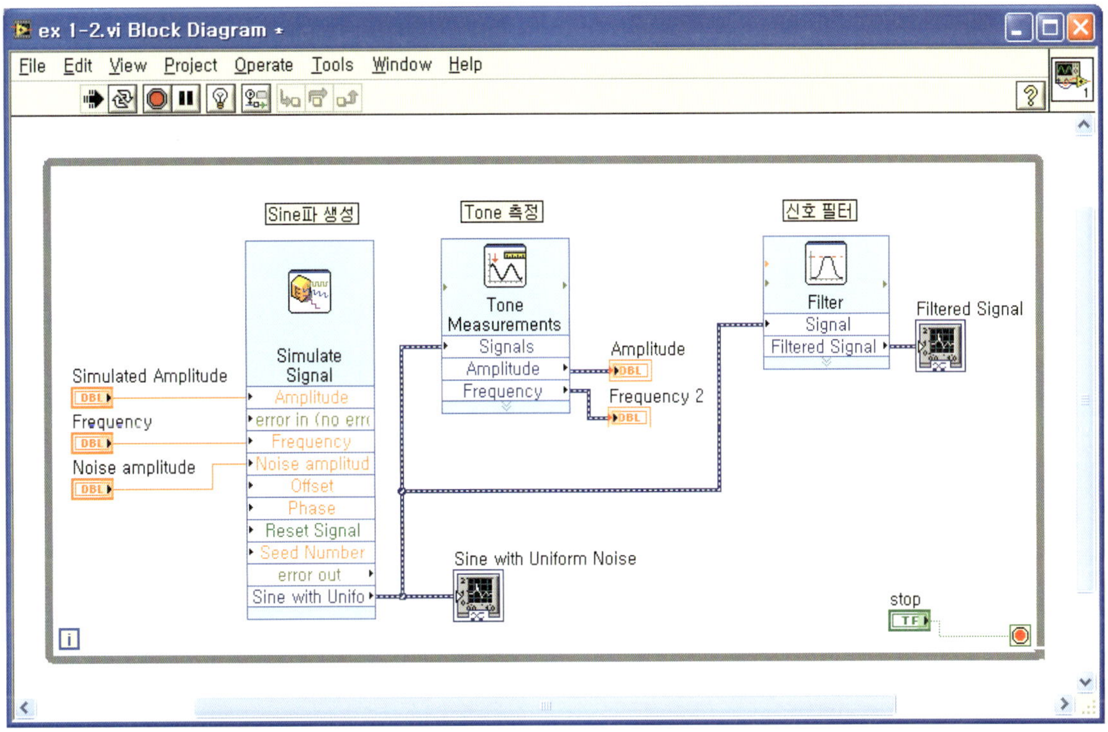

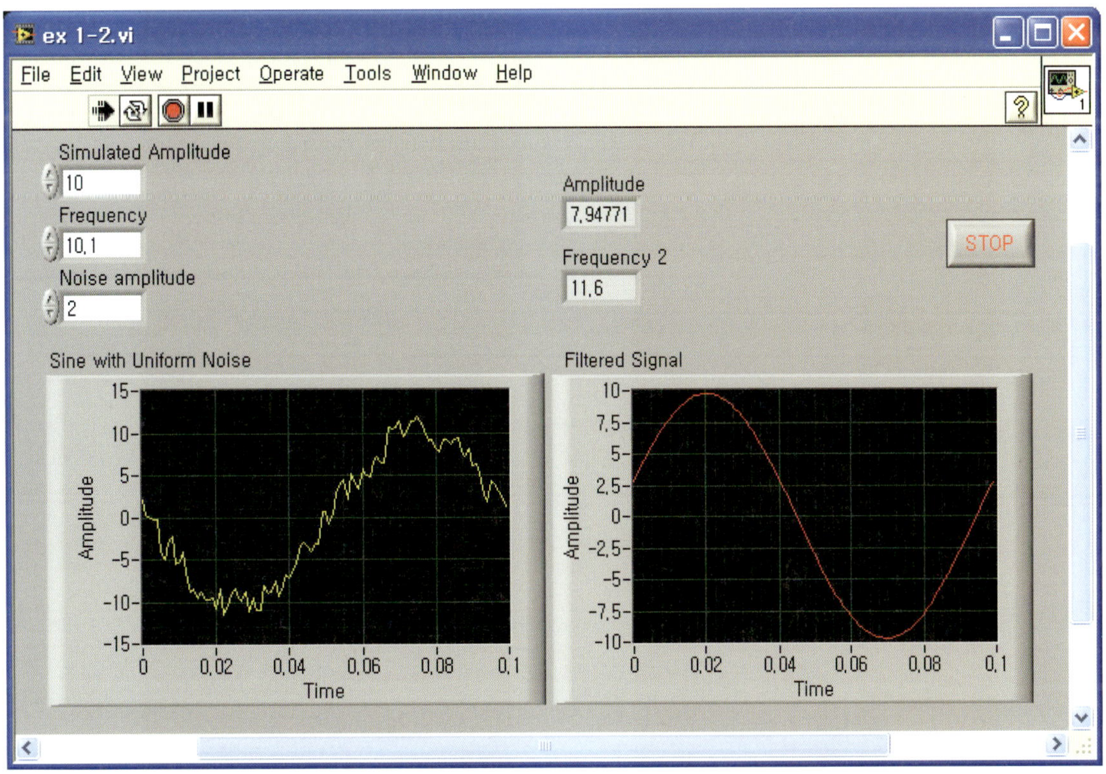

8. LabVIEW 온라인 도움말

LabVIEW는 3가지 온라인 Help가 지원된다. 3가지 Help는 Context Help, LabVIEW Help, NI Example Finder 이다. VI 작성 중 3가지 Help을 적절하게 이용하면 프로그램 개발시 많은 도움이 된다.

Context Help

Context Help는 프론트 패널 또는 블록 다이어그램 윈도우에 있는 모든 노드, 함수, Express VI, 컨트롤, 인디케이터 등의 선택된 해당 요소들에 대한 간략한 설명 윈도우를 팝업 시켜 도움 문구를 디스플레이 한다.

팝업 시키는 방법은 원하는 오브젝트 위에 마우스 포인터를 놓고 Ctrl+H를 누른다. 팝업은 토글 방식으로 한번 Ctrl+H 눌러 활성화 하면 다시 Ctrl+H 누를 때까지 토글온 되어있다.

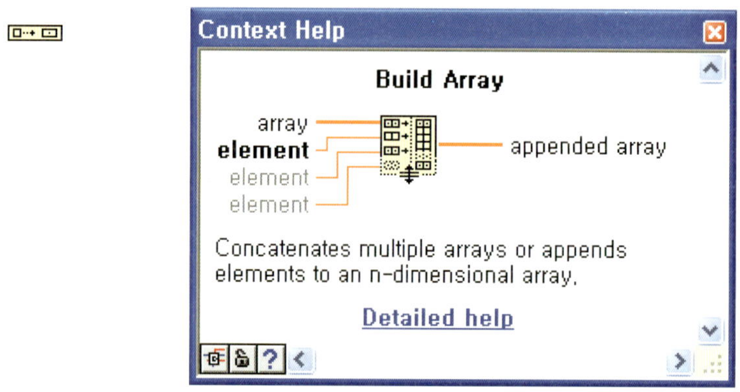

Fig. 1-17 Build Array에 대한 Context Help 예

팝업된 Context Help 보다 조금 더 자세하게 알고 싶을 경우, Context Help 아래에 있는 파랑색의 〈Detailed help〉를 선택하면 LabVIEW Help 윈도우가 열리면서 관련 자료에 관한 더 많은 도움 문구들을 보여준다.

LabVIEW Help

LabVIEW Help는 프론트 패널 또는 블록 다이어그램 윈도우 기본 메뉴의
Help 〉 Search the LabVIEW Help 로 활성화 된다.

LabVIEW Help는 대부분의 팔레트, 메뉴, 도구, VI, 함수에 대한 자세한 설명과 단계별 해석들을 포함하고 있다. 아울러 모든 LabVIEW 매뉴얼의 pdf 파일 형식의 문서에는 관련 자료에 대한 리소스가 링크되어 있다.

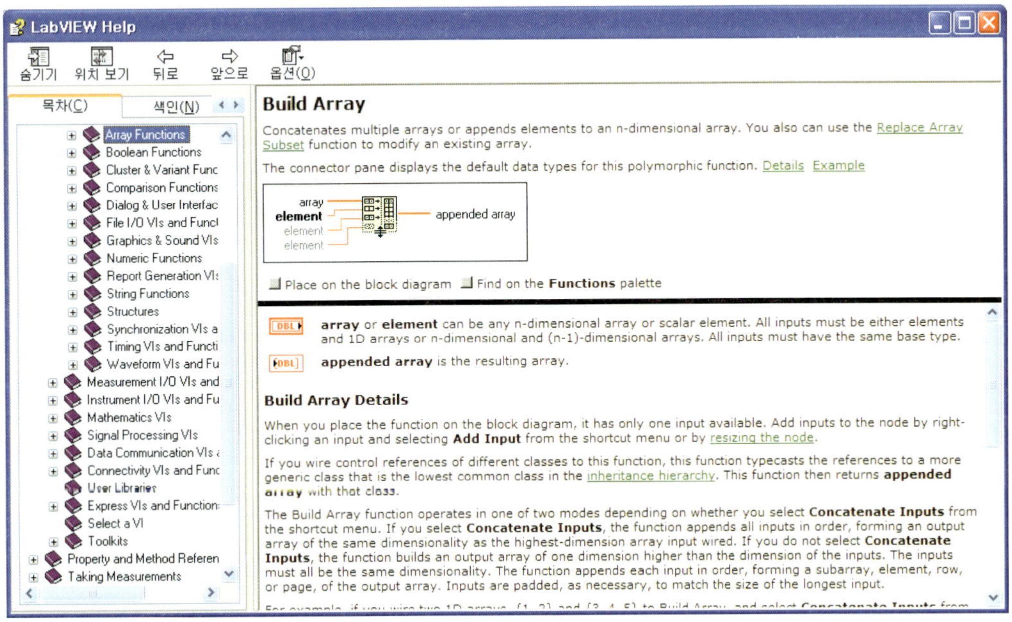

Fig. 1-18 Build Array에 대한 LabVIEW Help 예

NI Example Finder

NI Example Finder는 프론트 패널 또는 블록 다이어그램 윈도우 기본 메뉴의 Help 〉 Find Examples 로 활성화 된다.

개발하고자 하는 VI를 중심어 위주로 검색해보면 단품적으로 유사한 예제 VI을 찾을 수 있다. 그러면 이를 어플리케이션에 맞도록 수정하거나 예제 일부분을 복사해서 사용하면, 개발기간을 단축하고 문법적으로 간결 및 효율적으로 VI를 완성할 수 있다.

아울러, LabVIEW에는 수백개의 템플릿 및 예제 VI를 가지고 있다.
아울러 www.ni.com/zone 은 개발자들이 자료를 공유하는 NI Developer Zone이다. 이 사이트에도 많은 자료가 구비되어 있다.

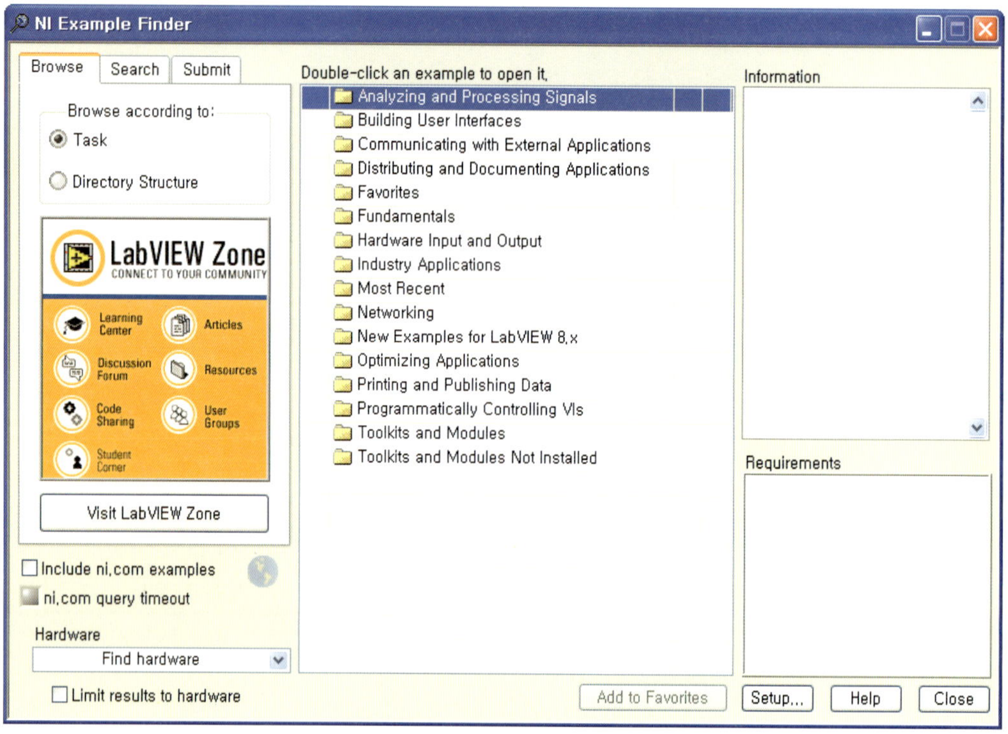

Fig. 1-19 NI Example Finder 윈도우

Chapter

02

VI Programming

이 장에서는 VI 프로그래밍을 구현하는데 필요한 기본적 문법을 설명한다.
입력 컨트롤 및 출력 인디케이트를 위한 인터페이스 디자인,
손실 없는 데이터의 완벽한 전달을 위한 데이터 타입 선택,
반복적 구조문을 위한 루프(While, For) 사용,
연산된 데이터들을 그래프로 디스플레이 하는 기법들에 대하여 학습한다.
VI 프로그래밍에 뼈대가 되는 중요한 파트이므로 꼭 숙달하여야 한다.

Focuses

1. Front Panel 구성
2. Block Diagram 구성
3. 간단한 VI 예제 (#2-1)
4. While Loop
5. While 루프 예제 (#2-2)
6. For Loop
7. Shift Register
8. Loop Timing
9. Shift Register / Loop Timing 예제 (#2-3)
10. Graph Plots
11. Waveform Chart & Graph 예제 (#2-4)
12. Case Structure
13. Case Structure 예제 (#2-5)
14. Sequence Structure
15. Formula Node
16. Formula Node 예제 (#2-6)

1. Front Panel 구성

구현하려는 VI 프로그램의 입·출력 요소들을 선택하기 위해, 초기 디자인 단계에서부터 요소들의 명확한 인식 및 설정이 필요하다.

VI 수행을 위한 데이터 입력 방법은 크게 3가지로 구분된다.

① 하드웨어 DAQ 보드를 통한 데이터 수집
② 입력 컨트롤 터미널을 통한 데이터 수집
③ 네트워크 통신 또는 파일 저장장치로 부터 데이터 수집

또한 VI 수행 후 데이터 출력 방법도 크게 3가지로 구분된다.

① PC 화면에 디스플레이를 통한 데이터 출력
② 하드웨어 DAQ 보드를 통한 전기적인 데이터 출력
③ 네트워크를 통한 통신 또는 파일 저장장치로 데이터 로깅 출력

컨트롤과 인디케이터 선택

컨트롤과 인디케이터를 생성할 때 해당 요소의 성격이 잘 반영되는 터미널 아이템을 선택하는 것이 합리적이다.

예를 들면, 온도를 디스플레이하려면 Thermometer 터미널 아이템을, 엔진 회전수를 디스플레이하려면 Gauge 터미널 아이템을, 유량의 수위를 디스플레이하려면 Tank 터미널 아이템을 선정하는 것이 개발자뿐만 아니라 사용자에게도 사용 및 코드를 이해하는데 수월하다.

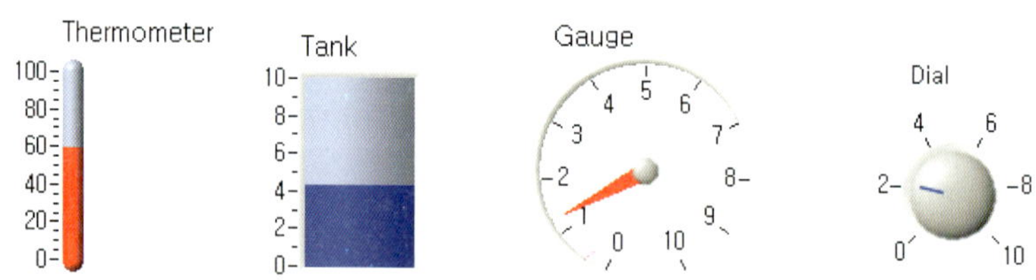

Fig. 2-1 입출력 특성을 반영하는 컨트롤과 인디케이터 터미널

Label / Caption

컨트롤과 인디케이터를 생성할 때 자동으로 부여되는 라벨 / 캡션은 자동생성 후 반드시 변경하는 것이 프로그램을 개발하는 동안 혼동을 방지하는 방법이다.

프론트 패널에서 생성한 입출력 요소인 컨트롤과 인디케이터는 블록 다이어그램의 터미널 이름에 일대일 대응되므로, 라벨을 명확하게 구분해야 사용자가 식별하는데 도움이

되며 개발자 또한 프로그램 오류를 방지한다.

캡션은 프론트 패널에 있는 컨트롤과 인디케이터의 부가 설명이며, 블록 다이어그램에는 나타나지 않는다.

라벨과 캡션은 컨트롤과 인디케이터 각각의 프로퍼티 메뉴를 통해서 수정할 수 있고, 화면에 보이거나 안보이게 할 수 있다.

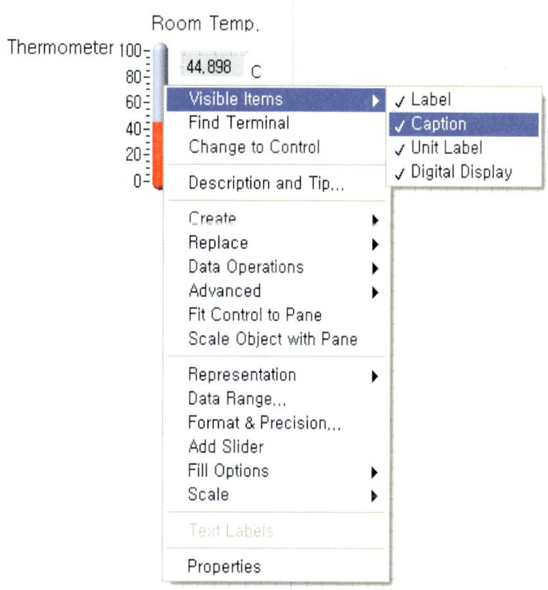

Fig. 2-2 바로가기 메뉴 〉 Visible items 를 통한 라벨링 디스플레이

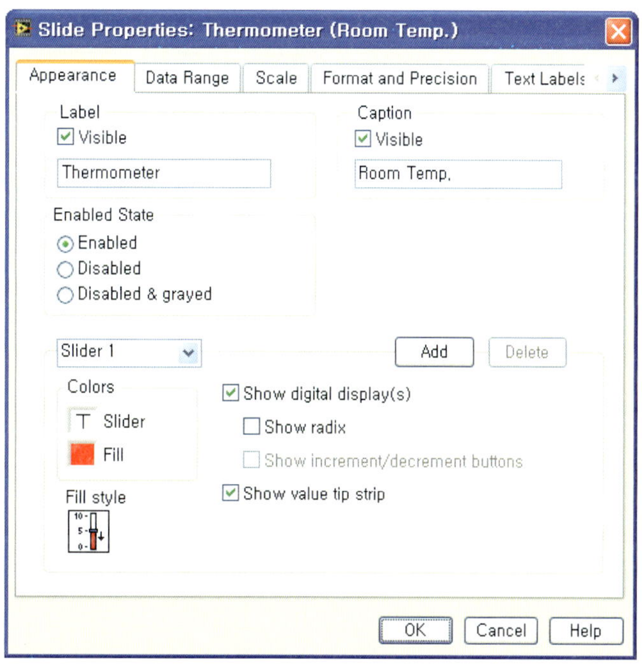

Fig. 2-3 바로가기 메뉴 〉 프로퍼티 창에서의 속성 변경

컨트롤의 초기 값 지정

인디케이터의 기본 값 (VI가 처음 시작할 때 해당 인디케이터가 가지고 있는 초기 값)은 아무런 의미가 없지만, 컨트롤의 초기 값은 매우 중요한 항목이다.

컨트롤의 초기 값 설정은 다음과 같은 순서를 따른다.

- ▶ 컨트롤 (숫자, 불린, 문자열, 배열, 클러스터 등)에 원하는 값을 입력한다.
- ▶ 컨트롤에 마우스 오른쪽 버튼을 클릭하여 바로가기 메뉴를 팝업 한다.
- ▶ Data Operations 〉 Make Current Value Default 선택

예를 들어, 라벨명 Numeric 이라는 컨트롤 터미널의 초기 값에 42이라는 숫자를 설정하려면,

- ▶ 컨트롤 터미널의 입력창에 42를 입력한다.
- ▶ 컨트롤에 마우스 오른쪽 버튼을 클릭하여 바로가기 메뉴를 팝업 한다.
- ▶ Data Operations 〉 Make Current Value Default 선택

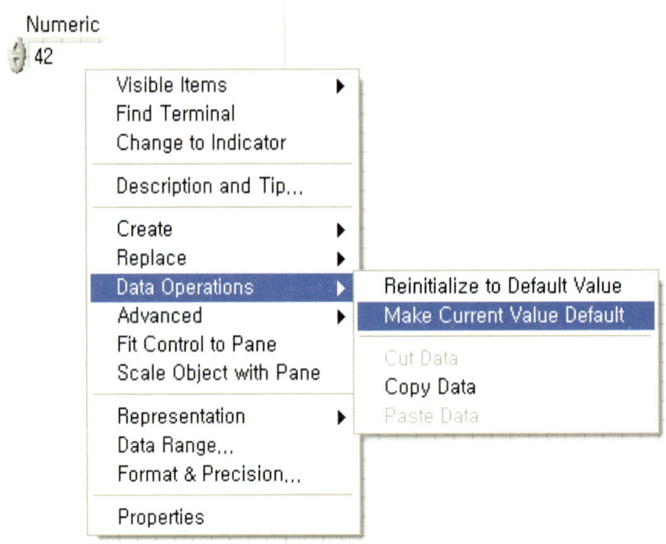

Fig. 2-4 숫자형 컨트롤에 초기 값 지정 방법

라벨의 폰트, 색, 스타일 변경

프론트 패널 윈도우 또는 블록 다이어그램 윈도우에서 제공하는 Font 메뉴를 이용하여 라벨, 눈금, 캡션 등 문자의 속성을 변경할 수 있다.

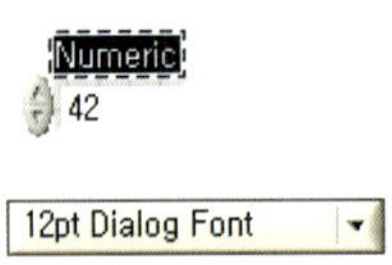

- ▶ 마우스 포인터를 이용하여 변경하고자 하는 품목을 선택
- ▶ 프론트 패널의 도구 모음의 Font 메뉴를 오픈하여 원하는 항목 (Size, Style, Justify, Color)을 변경한다.
- ▶ 문자의 크기는 증가 Ctrl++ 또는 감소 Ctrl+- 로 조절할 수 있다.

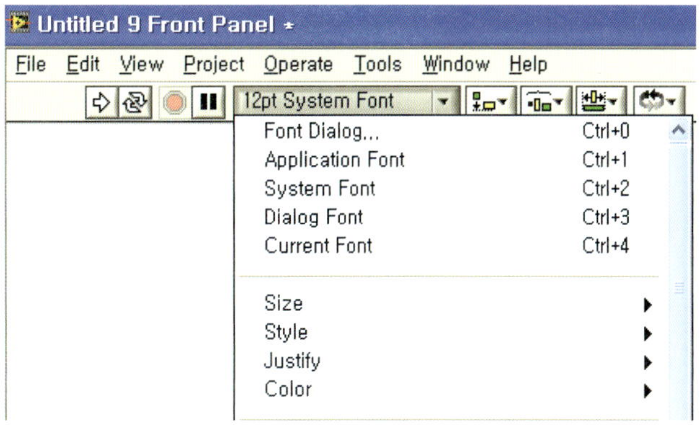

Fig. 2-5 Font 메뉴를 이용한 문자 속성 변경

정렬과 배치

특히 프론트 패널 및 블록 다이어그램에서 입출력 터미널, 노드, 함수들이 일정한 간격과 한 라인에 정렬이 잘 되어있으면, 가인성 및 판독성이 우수하여 VI의 구조가 간결해 보이고 쉽게 이해할 수 있다.

이러한 아이템들이 한 라인에 잘 정렬되어 있으면, 데이터의 흐름 방향처럼 개발자의 눈이 왼쪽에서 오른쪽으로 위에서 아래로 탐색하면서 VI를 구현하기 때문에 아이템들의 정렬과 배치는 프로그램 개발 및 분석에 매우 중요한 부분이다.

자동 정렬은 프론트 패닐이나 블록 다이어그램에서 제공하는 아래 그림과 같은 정렬 메뉴를 이용하면 된다.

자동 정렬 방법은 다음과 같다

- ▶ 마우스 포인터를 이용하여 점선 사각형에 아이템들을 선택한다.
- ▶ 프론트 패널의 도구 모음의 자동정렬 메뉴에서 원하는 정렬을 선택한다.

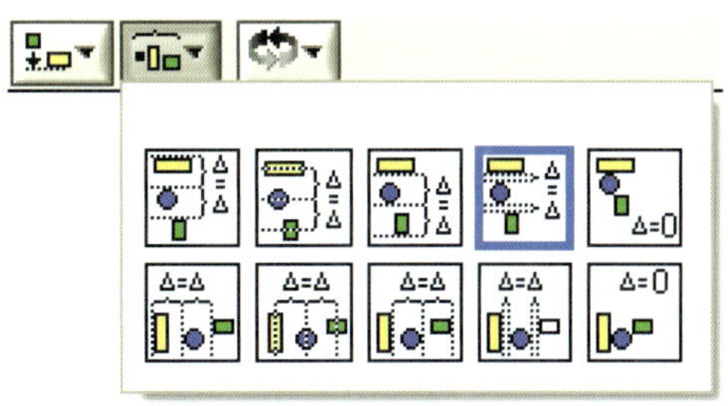

Fig. 2-6 아이템 정렬 메뉴

또한, 블록 다이어그램에서 아이템들 사이에 연결된 와이어는 가능한 서로 겹치지 않도록 배치하는 것이 VI 디버깅 때 매우 이해력을 돕는다.

아래의 두 개의 그림을 비교해 보자. 기능적으로 아무런 차이가 없지만 오른쪽 블록 다이어그램은 시인성이 나빠 이해하는데 어려움이 있다.

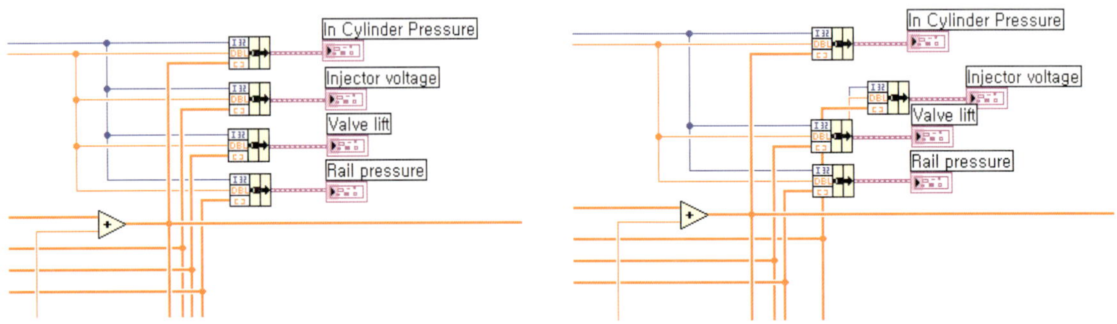

Fig. 2-7 와이어 정렬이 잘된 경우와 잘 안된 경우

아이템 그룹화

프론트 패널을 디자인할 때, 유저가 조작할 컨트롤 터미널과 출력될 인디케이터의 상호 연동을 고려하여 요소들을 논리적으로 그룹화 한다.
그룹화는 문법적으로 구현하는 것이 아니고 한쪽에 배치하거나, 장식툴을 이용하여 경계선을 만들거나, 탭을 만들어 연관된 요소들을 한곳에 배치하는 방법이다.
또는 연관된 아이템 끼리 동일한 색상을 사용하거나 강조하여 구별한다.

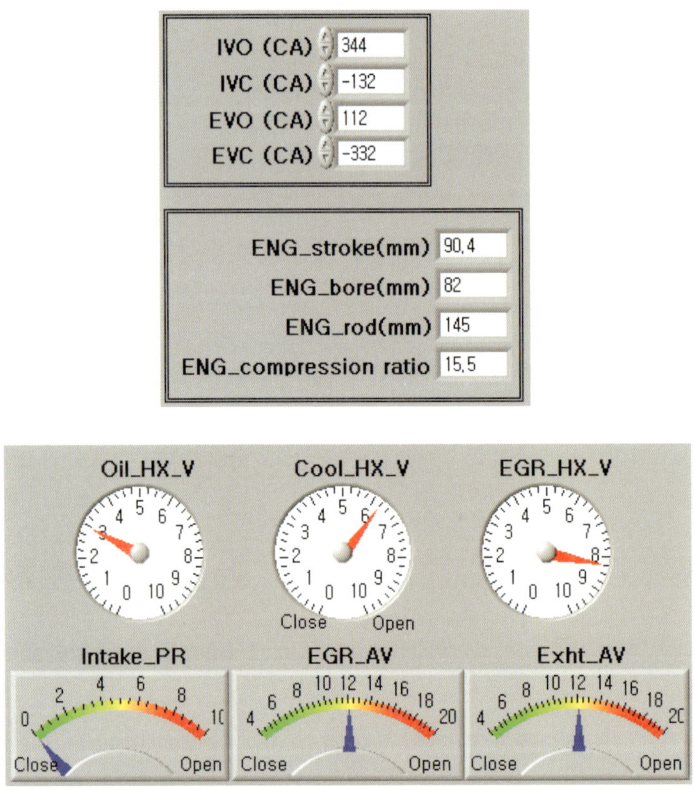

Fig. 2-8 경계선 장식을 이용한 그룹화 예

Tab 컨트롤

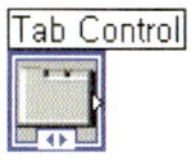

탭 컨트롤은 한정된 PC 모니터 크기에서, 다수의 입력 컨트롤 아이템과 출력 인디케이터 아이템들을 다중 디스플레이하기 위한 기법이다.

탭 컨트롤 생성 방법

- ▶ 프론트 패널 윈도우에서 Controls 팔레트를 팝업시킨 후
- ▶ Modern 〉 Containers 〉 Tab Control 을 드래그하면 된다.

생성 디폴트 탭은 2 페이지 이며, 추가하려면 탭 헤드를 클릭하여 선택하고 마우스 오른쪽 버튼을 클릭하여 바로가기 메뉴를 팝업시킨 후 〈Add Page After〉 또는 〈Add Page Before〉을 선택하여 추가한다.

만들어진 탭 바디 부분으로 구성하고 싶은 아이템들을 배치하면 구현되며, 탭 페이지 이름도 연관된 이름을 적용하는 것이 가인성에 도움이 된다.

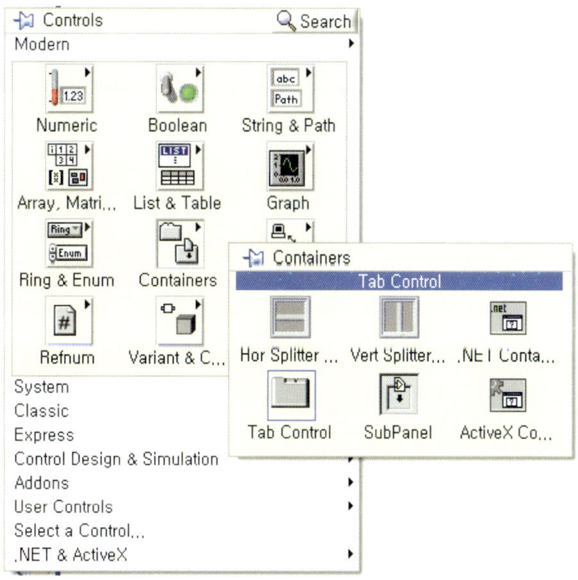

Fig. 2-9 프론트 패널에서 탭 컨트롤 생성하기

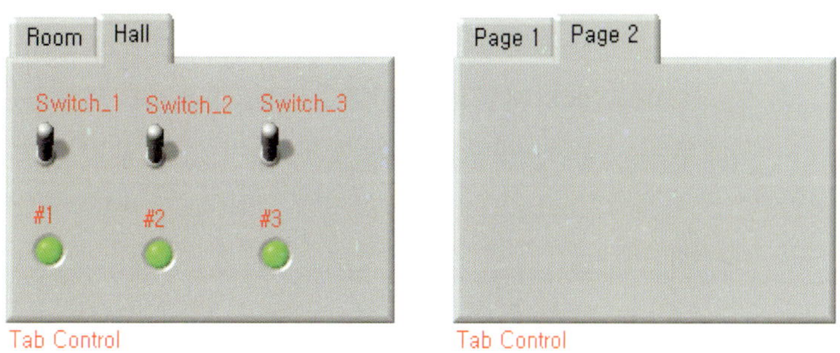

Fig. 2-10 Tab Control 생성 예

Decorations

프론트 패널에서 장식 툴을 이용하여 박스, 선, 화살표, 라벨링, 모양판 등으로 여러 가지 아이템들을 그룹화 하거나 경계한다. 이러한 장식 아이템들은 단지 장식일 뿐, VI의 실행 흐름이나 데이터에 영향을 미치지는 않는다.

장식 생성은 프론트 패널 윈도우에서, Controls 팔레트를 팝업시키고
Modern 〉 Decorations 〉 해당 장식을 드래그하면 된다.

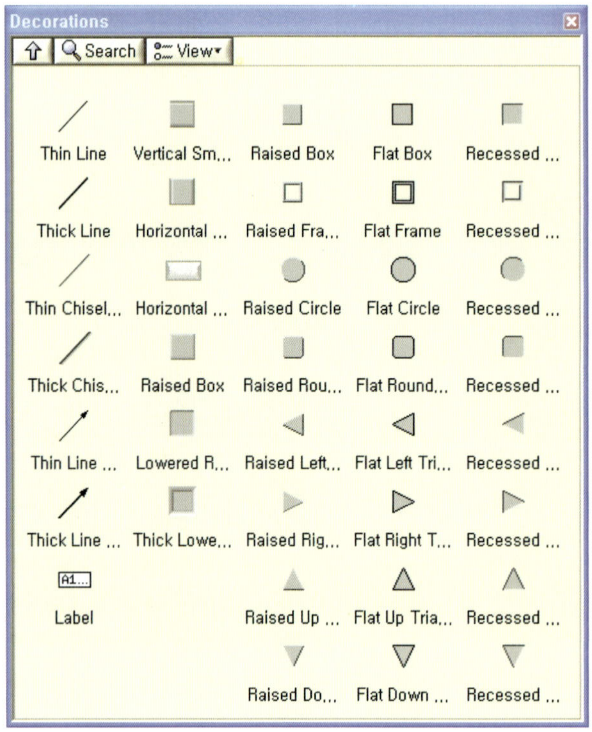

Fig. 2-11 여러 가지 장식 아이템 들

오브젝트(아이템) 편집

오브젝트 편집이란 프론트 패널 또는 블록 다이어그램 윈도우에 있는 오브젝트(아이템)들을 다른 곳으로 이동, 복사하거나 지우는 등의 편집 기법이다.
LabVIEW에서 지원하는 편집 프로토콜은 MS Windows에서 지원하는 편집 프로토콜과 매우 유사하여, 개발자 또는 일반 유저도 쉽게 편집할 수 있다.

선택 :

오브젝트(아이템)를 편집하려면 우선적으로 해당 아이템들을 선택하여야 한다.
선택방법은 몇 가지가 있는데 자주 사용하는 것을 소개하면,

▶ (그룹식) 마우스 포인터를 이용하여 점선 사각형에 아이템들을 선택.
▶ (선택 그룹식) 키보드 Shift 키를 누른 상태에서 마우스로 1개씩 선택.
▶ (개별 선택식) 마우스로 1개의 아이템만을 선택.

이동 :

선택된 아이템들을 위치 이동한다.
▶ (자율 위치) 마우스로 드래그 한다.
▶ (좌표 따라 이동) 키보드 화살표 ← → ↑ ↓ 를 이용한다.
▶ (좌표 따라 빠른 이동) 키보드 Shift + 화살표 ← → ↑ ↓ 을 이용.

복사 :

프론트 패널 및 블록 다이어그램 윈도우에 있는 모든 아이템들은 복사가 가능하다. 복사된 아이템들은 자동으로 원래의 이름 뒤에 숫자가 하나 증가된 이름을 가진다.

프론트 패널에서 어떤 아이템을 복사하면, 이에 대응하는 입 · 출력 터미널이 블록 다이어그램 윈도우 내부에 생성된다. 마찬가지로 블록 다이어그램 윈도우에서 입 · 출력 터미널을 복사하면, 이에 대응하는 오브젝트(아이템)가 프론트 패널내부에 생성된다.

VI가 너무 복잡해서 생성된 아이템 또는 터미널을 찾지 못할 경우, 찾고자하는 아이템을 더블 클릭하면 상대방 윈도우 (프론트 패널이면 블록 다이어그램, 블록 다이어그램이면 프론트 패널)에서 깜박임과 함께 하이라이트 되고 점선으로 에워싸져 쉽게 찾도록 도와준다.

몇 가지 복사 방법들은,
▶ 선택 후 윈도우 Edit 메뉴 〉 Copy 한 후, Edit 메뉴 〉 Paste
▶ 선택 후 Ctrl + 마우스로 드래그

지우기 :

지우고자 하는 아이템을 선택한 후 Edit 메뉴 〉 Delete 또는 키보드 Del 키를 누른다.
블록 다이어그램에서 아이템을 지우고 나면 와이어가 정리되지 않아 깨진 와이어가 발생되는데, 키보드 Ctrl+B 를 누르면 깨진 와이어를 모두 지운다.

2. Block Diagram 구성

블록 다이어그램 윈도우는 프론트 패널에서 생성한 오브젝트(아이템)에 대응하는 터미널이 존재하고, 계산을 위한 노드와 함수 등을 사용해서 VI의 데이터 처리 및 분석 등을 하는 VI의 소스 윈도우이다.

개발이 완료되면 일반 유저들은 블록 다이어그램을 오픈할 필요는 없고, 단지 프론트 패널 만을 오픈해서 VI를 실행하면 된다.

Control & Indicator

블록 다이어그램 윈도우에서 컨트롤과 인디케이터는 VI 소스 프로그램의 입력과 출력으로 동작한다.

자주 사용하는 컨트롤에는 Numeric, Boolean, String, Array, Matrix, Cluster, Table 등이 있고, 인디케이터는 Waveform Chart, Waveform Graph, Meter, Gauge, LED, Numeric, Slider 등이 있다.

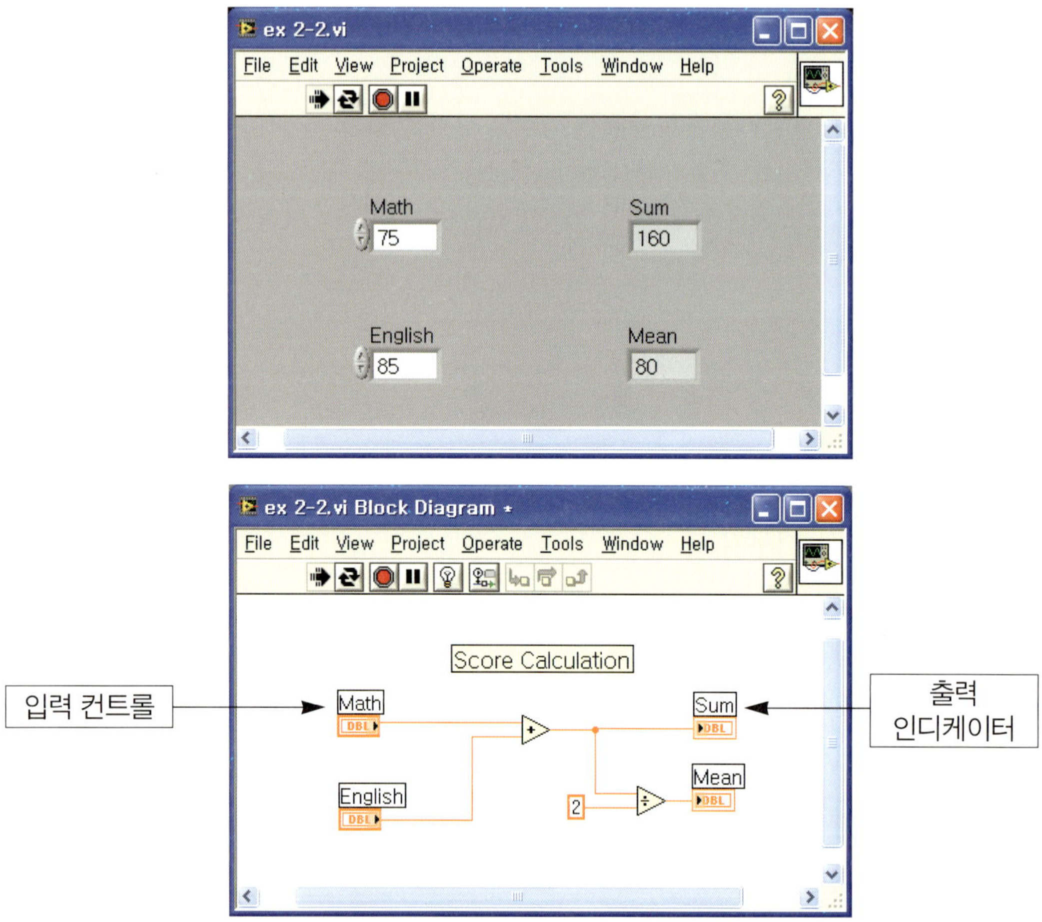

Fig. 2-12 간단한 입출력 VI 프로그램

Data Representation

LabVIEW에서 사용하는 데이터 타입은 숫자, 불리언, 문자열, 열거형, 다이나믹 등 여러 종류가 있다.
블록 다이어그램에 나타나는 터미널의 모양은 데이터의 타입(Representation)에 따라 여러 가지 색상으로 나타난다. 서로 다른 데이터 타입의 적용은 PC 프로세서 클럭 및 메모리를 보다 효율적으로 사용하기 위함이다.

Wire Type	Scalar	1D Array	2D Array	Color
Number				오렌지
Boolean				녹　색
String				보라색

숫자형 데이터는 메모리 바이트의 초기 할당, 정수형 / 실수형, 부호 유무에 따라 몇 가지 다른 터미널 아이템 표시를 가진다. 특히 정수형 숫자는 파랑색 색상이며, 실수형은 오렌지색 색상을 가지며, 이를 연결하는 와이어의 색상도 이를 따른다.

기존 생성된 숫자형 데이터 타입의 변경은 마우스 오른쪽 버튼을 클릭하여 바로가기 메뉴를 팝업시키고, Representation의 여러 가지 타입을 선택하면 된다.

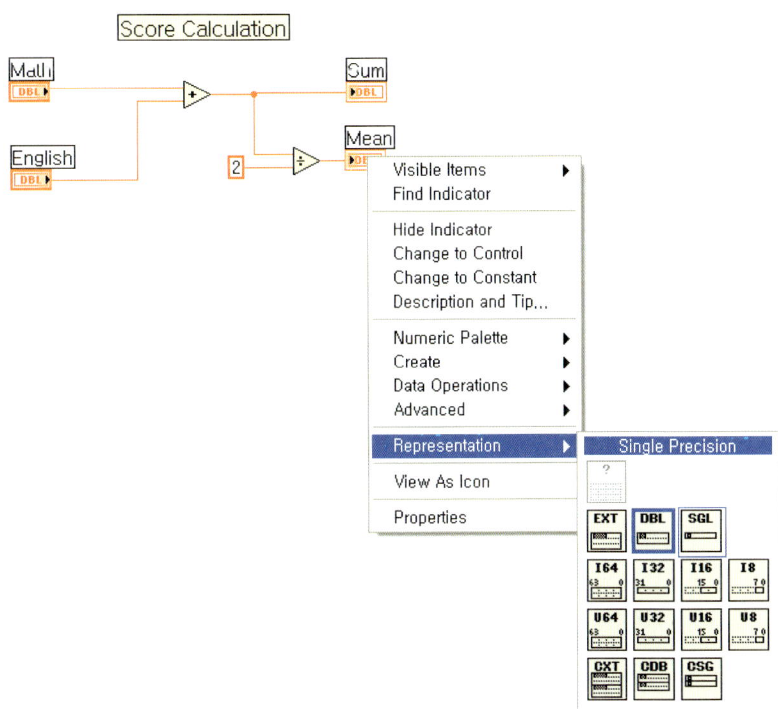

Fig. 2-13 데이터 타입 변경

만약, 2개의 숫자형 입력 컨트롤이 서로 다른 타입이고 어떤 계산 노드나 함수에 연결되면, 결과는 2개중에서 메모리가 큰 타입으로 강제 변환되어 출력된다.

노드나 함수는 실행 전에 작은 타입을 큰 타입으로 강제 변환하며, LabVIEW는 변환이 일어난 터미널의 커넥터 팬 위치에 강제 변환점을 표시한다.

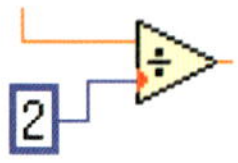

예를 들어, 상기 VI에서 Divide 함수의 입력 커넥터 〈x〉에는 DBL(Double Precision) 데이터 타입이 입력되고, 입력 커넥터 〈y〉에는 I8 Byte 정수형 데이터 타입이 입력되면, 출력 인디케이터에는 2개중에서 메모리가 큰 타입인 DBL로 강제 변환되어 출력된다.

또한, 입력 커넥터 〈y〉 위치에 강제 변환점 (빨강색 점)을 나타낸다.

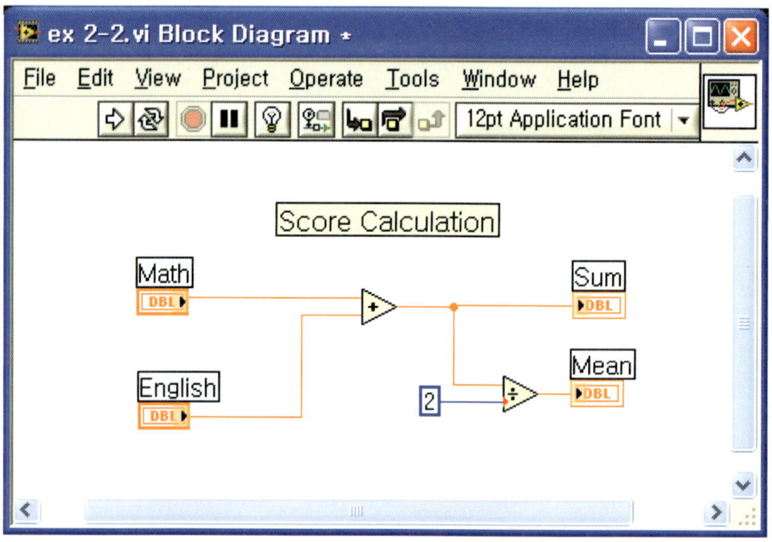

Fig. 2-14 강제 변환점의 표시 예

숫자 데이터 타입

숫자 데이터 타입(Representation)에는 부동소수, 부호있는 정수, 부호없는 정수, 복소수 등의 세부 항목이 있다.

부동소수 :

부동소수는 소수를 나타낸다. LabVIEW에서 부동소수는 주황색으로 표시된다.

단정도 (SGL) :

단정도 부동소수는 32 비트의 IEEE 단정도 포맷을 가진다.

배정도 (DBL) :

배정도 부동소수는 64비트의 IEEE 배정도 포맷을 가진다. 배정도(DBL) 포맷은 숫자 오브젝트를 생성할 때 디폴트(초기값)로 정의되는 타입이다. 일반적으로 배정도 타입을 가장 많이 사용하며, 오렌지 색상으로 표시된다.

확장형 (EXT) :

확장형이 가지는 수의 크기와 정밀도는 LabVIEW 가 실행되는 머신 플렛폼에 따라 다르다. 기본적인 MS Windows에서는 80비트의 IEEE 포맷을 가진다.

고정소수 (FXP) :

무한소수를 표시하며, 부호를 가지거나 안가질수 있으며, 1에서 64비트의 크기를 설정할 수 있다.

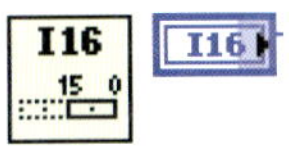

정수 :

정수는 소수점이 없는 숫자를 나타낸다. 부호있는 정수 (I8, I16, I32, I64)는 양 또는 음의 값을 가지고, 부호없는 정수 (U8, U16, U32, U64)는 양의 값만 가질 수 있다.
VI 실행시 부호없는 정수로 계산이 진행된다면 데이터 타입을 U8, U16, U32, U64 사용함으로써 메모리 용량을 줄일 수 있다.
LabVIEW에서 정수는 파랑색으로 표시된다.

복소수 :

복소수는 메모리에서 서로 링크된 두 값(하나는 실수 부분, 다른 하나는 허수 부분)으로 나타내며, 단정도, 배정도 및 확장형이 있다.

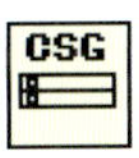

복소수 단정도 :

복소수 단정도 부동소수는 32 비트 IEEE 포맷의 실수와 허수 값을 가진다.

복소수 배정도 :

복소수 배정도 부동소수는 64 비트 IEEE 포맷의 실수와 허수 값을 가진다.

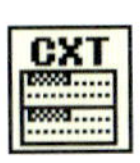

복소수 확장형 :

MS Windows에서 복소수 확장형 부동소수는 80 비트 IEEE 포맷의 실수와 허수 값을 가진다.

LabVIEW가 부동소수를 정수로 변경할 때, VI는 가장 가까운 짝수로 반올림 한다. 예를 들면, 7.8이면 8로 반올림하고 5.5이면 6으로 반올림 한다.
LabVIEW에서 사용되는 숫자형 데이터 표시형식은 다음 표와 같다.

Terminal	Numeric Data Type	Bits of Storage on Disk	Approximate Number of Decimal Digits	Approximate Range on Disk
SGL	Single-precision, floating-point	32	6	Minimum positive number: 1.40e-45 Maximum positive number: 3.40e+38 Minimum negative number: -1.40e-45 Maximum negative number: -3.40e+38
DBL	Double-precision, floating-point	64	15	Minimum positive number: 4.94e-324 Maximum positive number: 1.79e+308 Minimum negative number: -4.94e-324 Maximum negative number: -1.79e+308
EXT	Extended-precision, floating-point	128	varies from 15 to 20 by platform	Minimum positive number: 6.48e-4966 Maximum positive number: 1.19e+4932 Minimum negative number: -6.48e-4966 Maximum negative number: -1.19e+4932
CSG	Complex single-precision, floating-point	64	6	Same as single-precision, floating-point for each (real and imaginary) part
CDB	Complex double-precision, floating-point	128	15	Same as double-precision, floating-point for each (real and imaginary) part
CXT	Complex extended-precision, floating-point	256	varies from 15 to 20 by platform	Same as extended-precision, floating-point for each (real and imaginary) part
FXP	Fixed-point	64 or 72	varies by user configuration	varies by user configuration
I8	Byte signed integer	8	2	-128 to 127
I16	Word signed integer	16	4	-32,768 to 32,767
I32	Long signed integer	32	9	-2,147,483,648 to 2,147,483,647
I64	Quad signed integer	64	18	-1e19 to 1e19
U8	Byte unsigned integer	8	2	0 to 255
U16	Word unsigned integer	16	4	0 to 65,535
U32	Long unsigned integer	32	9	0 to 4,294,967,295
U64	Quad unsigned integer	64	19	0 to 2e19
⧗	128-bit time stamp	128	19	Minimum time: 01/01/1600 00:00:00 UTC maximum time: 01/01/3001 00:00:00 UTC

Boolean 타입

LabVIEW는 8 비트로 불리언 데이터를 저장한다. 8비트 값이 "0" 일 경우만 Boolean 값은 "False" 이고, "0" 이 아닌 경우 모두 "True" 이다.
VI 블록 다이어그램에서 불리언 데이터는 녹색으로 표시되며, True (T) 또는 False (F) 두 상태 중 하나의 값을 가진다.

LabVIEW는 불리언 입력으로 푸시 버튼, 라커, 토글 스위치, 슬라이더 스위치, 버튼 등 많은 컨트롤을 가지며, 불리언 출력으로 원형 LED, 사각 LED 등의 인디케이터들을 내장하고 있다.

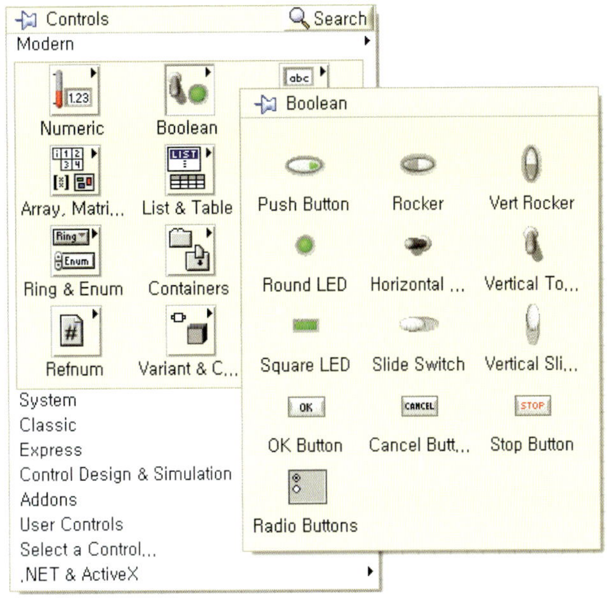

Fig 2-15 불리언 컨트롤 및 인디케이터

불리언 입력 컨트롤들은 여러 가지 기계적 동작 특성을 지정할 수 있다. 기계적 동작 특성은 래치와 스위치 기능의 조합으로 구성된다.

기계적 동작 특성 변경은 불리언 아이템 위에 마우스 포인터를 위치하고, 오른쪽 버튼을 클릭하여 바로가기 메뉴를 팝업시켜 Mechanical Action을 선택한다.

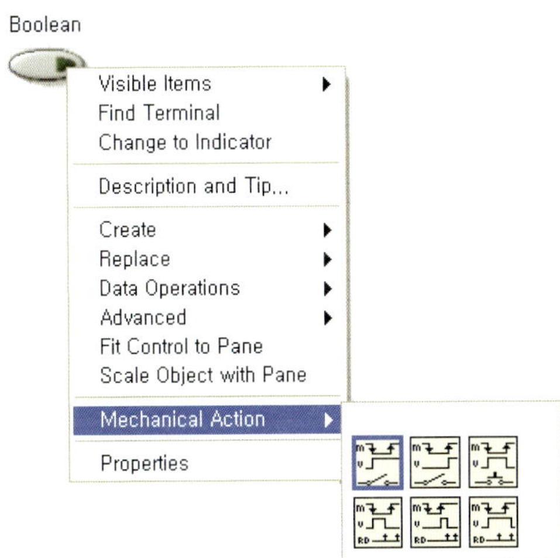

Fig. 2-16 불리언의 기계적인 동작 특성 변경

Mechanical Action 동작 종류 ;

▶ Switch when pressed : 버튼을 눌렀을 때 작동하고 다음 버튼 누를 때까지 상태를 유지

▶ Switch when released : Switch when pressed 동작과 유사하나, 버튼을 눌렀다가 땔 때 동작

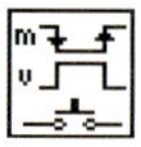

▶ Switch until released : 락이 없는 스위치 동작처럼, 버튼을 누르고 있을 때만 동작

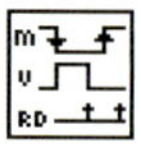

▶ Latch when pressed : 버튼을 눌렀을 때 래치 신호를 한번 출력, 다음 루프에서는 원상태로 복귀함

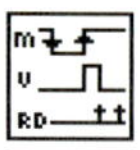

▶ Latch when released : Latch when pressed 동작과 유사하나, 버튼을 땔 때 래치 신호를 한번 출력

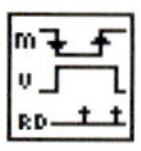

▶ Latch until released : Switch until released 동작과 유사하나, 래치로 동작

바로가기 메뉴의 Mechanical Action 에서 기계적 동작 특성을 바로 선택하여도 되고, 바로가기 메뉴의 Properties 를 오픈하여 동작의 특성을 비교하면서 VI에 맞도록 적절한 것을 선택할 수 도 있다.

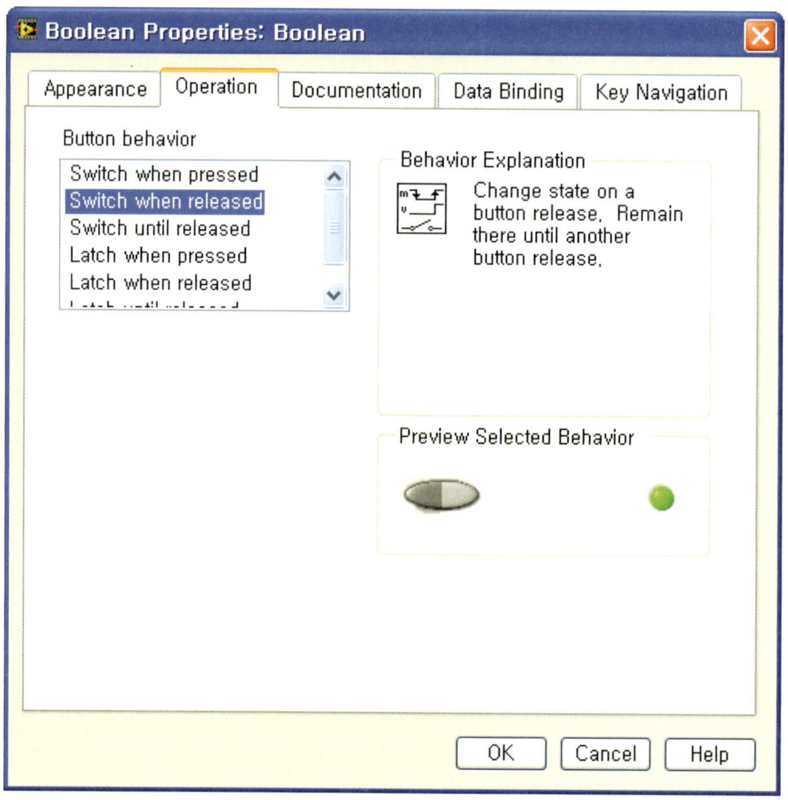

Fig. 2-17 프로퍼티를 통한 기계적 동작 특성 변경

문자열 타입

문자열(String) 컨트롤과 인디케이터는 문자 데이터를 처리하며, 아이템과 와이어 색상은 블록 다이어그램에서 분홍색으로 표시된다.
경로(Path) 컨트롤과 인디케이터는 파일, 폴더, 디렉토리의 경로를 지정할 때 사용된다.

문자열을 이용한 프로그램 응용들은 다음과 같다.

- ▶ 단순 문자열 생성 및 출력
- ▶ 숫자 데이터를 문자열로 변환 후 외부장비로 전달 또는 외부장비로부터 문자열을 받아 숫자 데이터로 변환
- ▶ 숫자 데이터를 하드 디스크에 저장 (ASCII 형식으로 숫자 데이터를 저장하려면, 반드시 숫자를 문자로 변환하여야 한다)
- ▶ 대화상자로 유저에게 지시 또는 요청하기

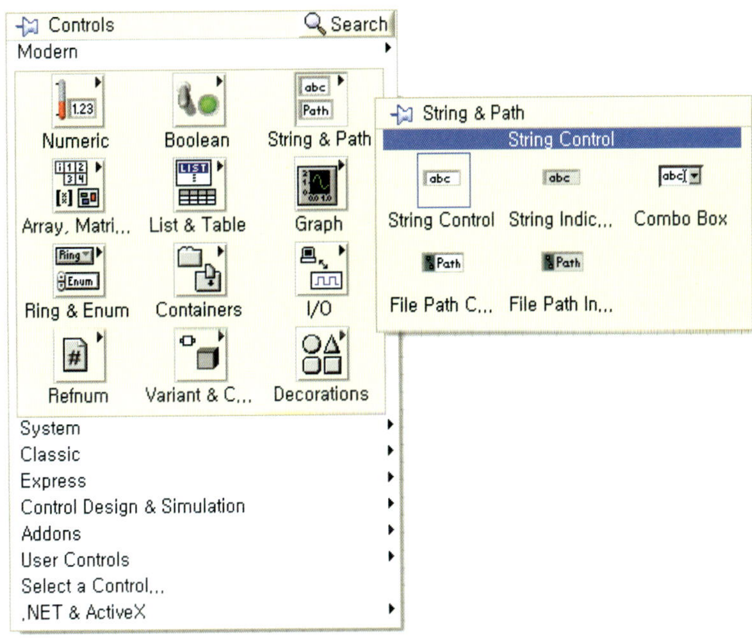

Fig. 2-18 프론트 패널에서 문자열 오브젝트 생성하기

다이나믹 데이터 타입

다이나믹 데이터 타입은 Express VI가 생성하거나 수집한 데이터 형식이며, 파랑색의 와이어 색상을 표시한다. 다이나믹 데이터 타입은 숫자, 배열, 웨이브폼, 불리언 데이터 등을 받는 모든 인디케이터에 연결이 가능하다.
즉, 다이나믹 데이터 타입은 여러 가지 타입들이 혼합된 데이터 타입(예, 숫자+시간+배열 등)이라고 보면 이해하기가 쉽다.

Express VI를 제외한 LabVIEW의 다른 노드와 함수 대부분은 다이나믹 데이터 타입을 바로 연결할 수 없다. 즉, 다이나믹 데이터 타입의 데이터를 일반 노드나 함수에서 분석하거나 연산 처리하기 위해서는 반드시 다이나믹 데이터 변환기를 사용하여 타입을 변환해야 한다.

다이나믹 데이터 타입의 데이터 변환에는 다음과 같은 Express VI 가 있다.

- Convert from Dynamic Data
- Convert to Dynamic Data

다이나믹 데이터 타입을 배열 인디케이터에 연결하면 LabVIEW는 Convert from Dynamic Data의 Express VI를 배열 인디케이터 앞단에 자동으로 삽입한다.
별도의 방식으로 Convert from Dynamic Data의 Express VI를 더블 클릭하여, 그림 2-20과 같은 대화상자를 오픈하고, 배열에서 데이터를 어떻게 처리할 것인지를 선택할 수 도 있다.

또한 동일한 방식으로, Convert to Dynamic Data의 Express VI를 이용하여 숫자, 불리언, 웨이브폼, 배열 데이터 타입을 다이나믹 데이터로 변환할 수 있다.

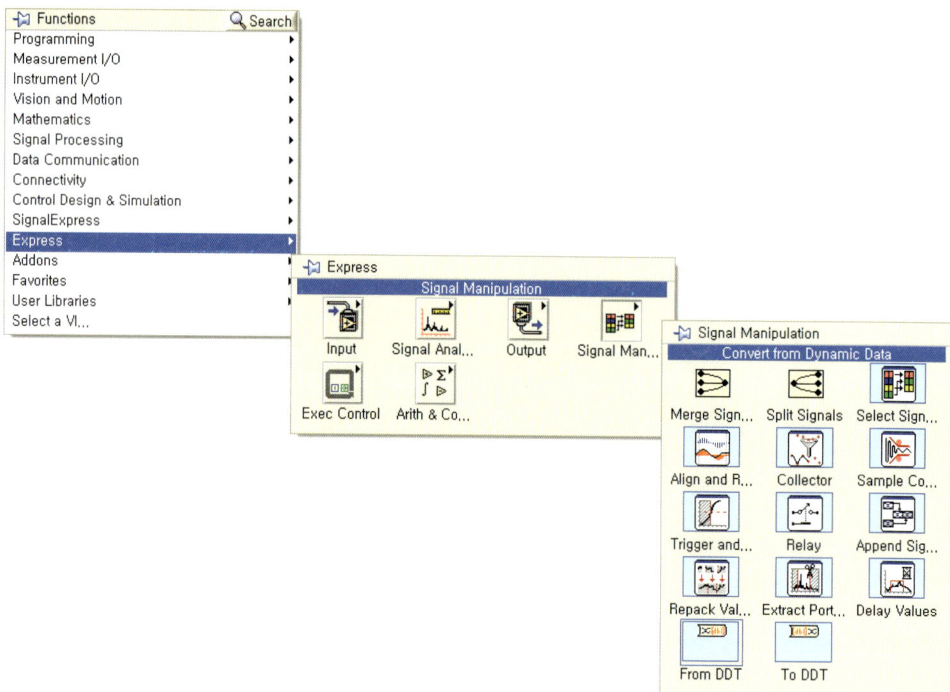

Fig. 2-19 다이나믹 데이터 타입 변환 Express VI 위치

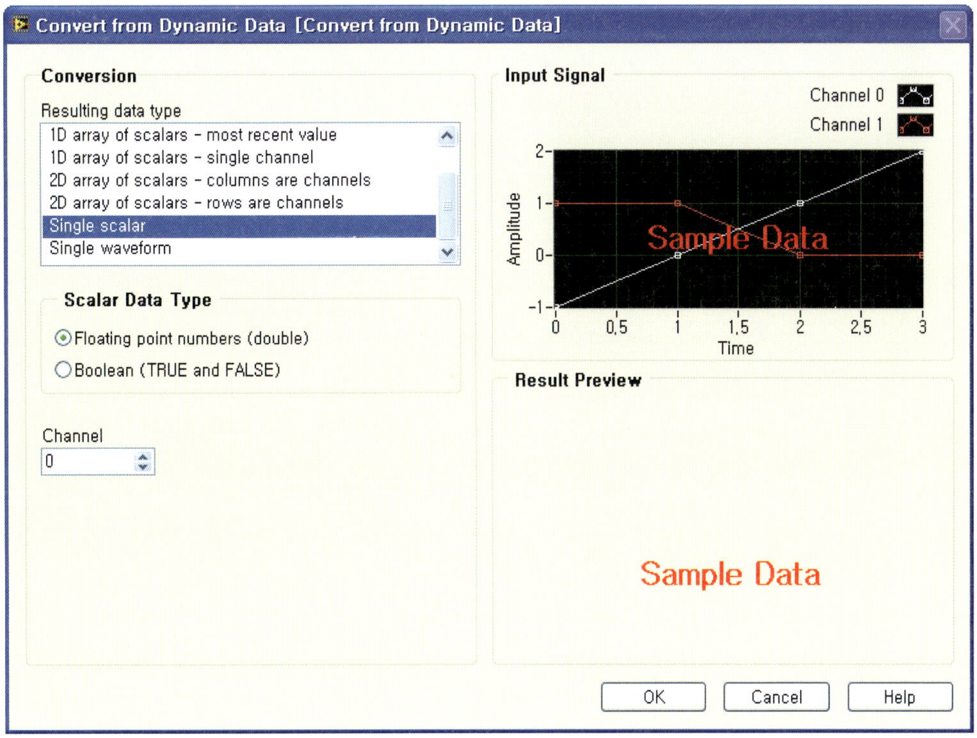

Fig. 2-20 다이나믹 데이터 타입 변환 설정

3. 간단한 VI 예제 (#2-1)

복습 및 이해 증진을 위하여, 현 단계까지 학습한 내용들만으로 간단한 VI 프로그래밍을 연습한다.

문제

댐 수위 경보장치를 구현한다.

- 댐 수위가 10m를 초과하면 홍수 경고 메시지 출력
- 댐 수위가 2m 미만이면 가뭄 경고 메시지 출력
- 댐 수위 히스토리 그래프 출력
- 댐 수위 히스토리 Text 타입으로 하드 디스크에 저장
- 아이템 라벨은 특성 및 성격에 맞도록 선정

디자인

프론트 패널에 유저 인터페이스 입출력 터미널 아이템 항목들

Data Type	Input / Output	Property	Label / Caption
Number	Input	DBL	Rain
Number	Input	DBL	Flood limit
Number	Input	DBL	Drought limit
Number	Output	DBL	Dam Level
Waveform Chart	Output	DBL	Dam Level History
Boolean	Input	Boolean	Save
String	Output	String	Warning

입력과 출력 설명

- Rain : 시간당 내리는 비 [mm/hour]
- Flood limit : 댐 수위 홍수 리미트 값 [m]
- Drought limit : 댐 수위 가뭄 리미트 값 [m]
- Dam Level : 댐 수위 지시계 [m]
- Warning : Text 경보창
- Dam Level History : 시간에 따른 댐 수위 차트
- Save : 데이터 저장 버튼 (*.LVM 형식으로 저장)

Flow Chart

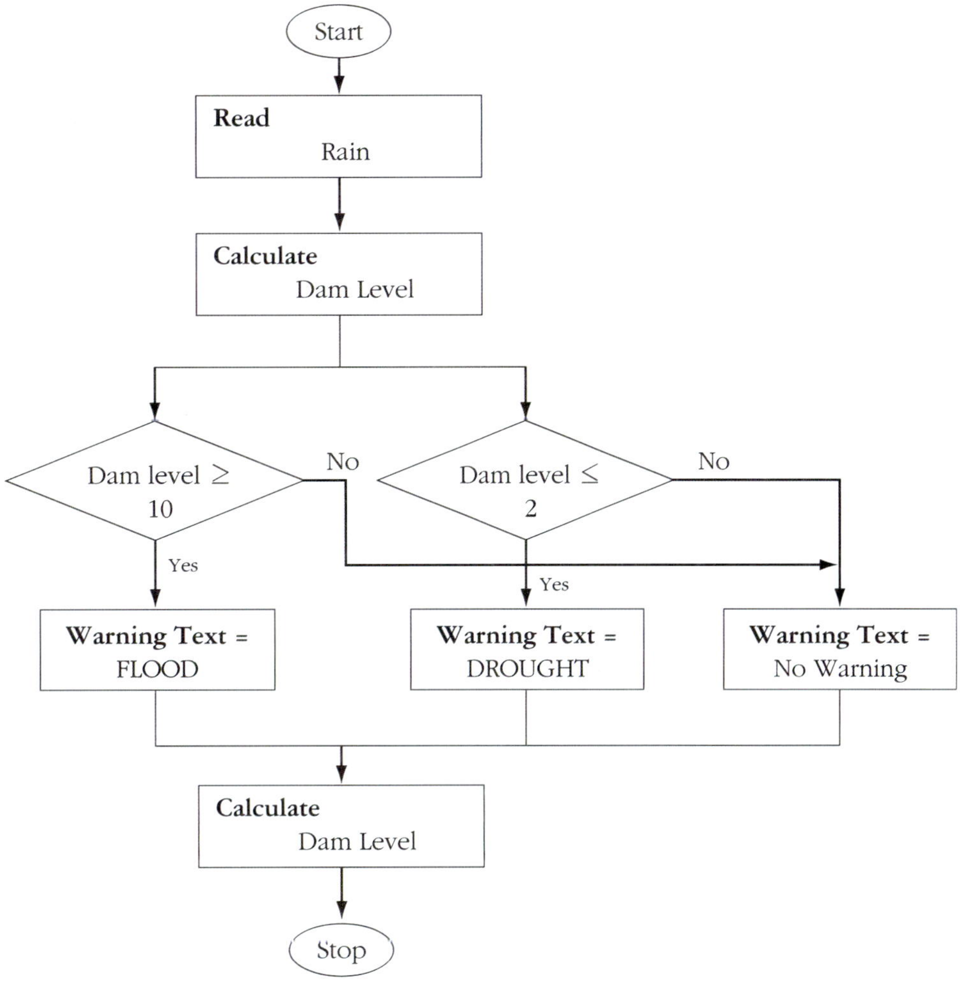

프론트 패널 프로그래밍

A. 새로운 VI를 생성한다.

- ▶ LabVIEW를 실행하여 Getting Started 창을 연다
- ▶ File 〉 New VI 를 선택 또는 Files Tab 〉 Blank VI 를 클릭
- ▶ File 〉 Save As 〉 c:₩temp₩Example #2-1.vi 선택하여 저장

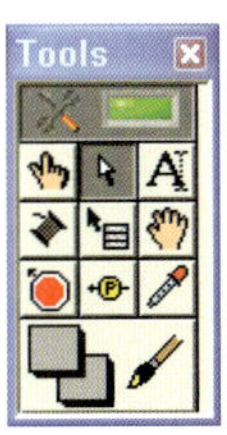

B. 입력 컨트롤 Rain (mm/hour) 생성

- ▶ Tool Palette를 오픈하여 자동으로 설정한 후 닫는다.

  프론트 패널 〉 윈도우 메뉴 View 〉 Tools Palette
- ▶ 프론트 패널에서 마우스 오른쪽 버튼을 클릭하여 Controls 팔레트를 팝업한다.
- ▶ Controls Palette 〉 Modern 〉 Numeric 〉 Dial

- Dial 아이템의 바로가기 메뉴를 팝업시키고, Properties 대화창을 오픈
- Label 명을 Rain (mm/hour)로 변경, 공학 처리되는 데이터의 라벨명은 해당 단위와 함께 기입하면 편리하다.
- Scale 탭에서 〈Scale Range〉 Maximum을 100으로 변경
- Scale 탭에서 〈Show color ramp〉 〈Interpolate color〉를 체크함
- Label을 선택한 후, 윈도우 폰트 변경 메뉴를 이용하여 Size → 18, Style → Bold 로 변경
- 마우스로 드래그하여 아이템 크기를 조금 키운다.

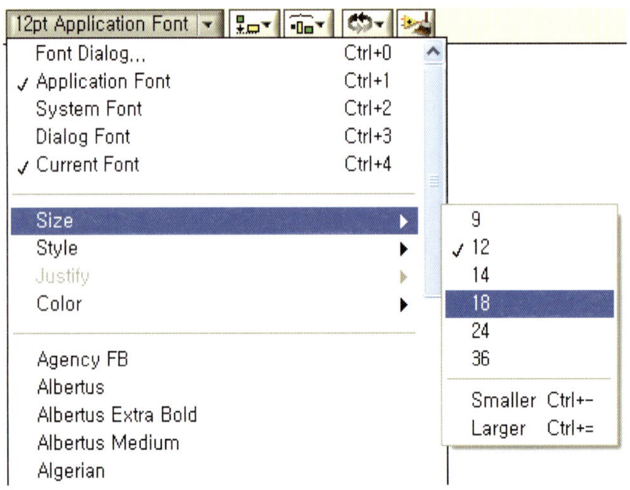

C. 입력 컨트롤 (Dam Level) 생성

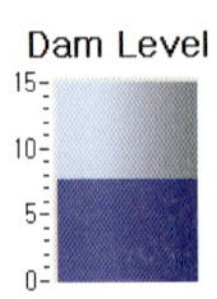

- Controls Palette 〉 Modern 〉 Numeric 〉 Tank
- 상기 항목 B와 같은 방식으로 속성 변경
- 〈Properties〉 대화창을 오픈
- Scale 탭에서 〈Scale Range〉 Maximum을 15로 변경

D. 입력 컨트롤 (Flood limit (m)) 생성

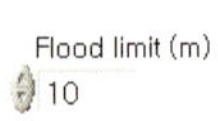

- Controls Palette 〉 Modern 〉 Numeric 〉 Numeric Control
- Label 명을 Flood limit (m)로 변경
- 데이터 창에 10을 입력하고, 입력된 값이 VI 첫 실행 때 초기 값으로 실행되도록 설정 (VI를 re-open할 때, 초기에 그 값을 유지하는 것이 목적)
  컨트롤을 선택한 후,
  바로가기 메뉴 〉 Data Operations 〉 Make Current Value Default

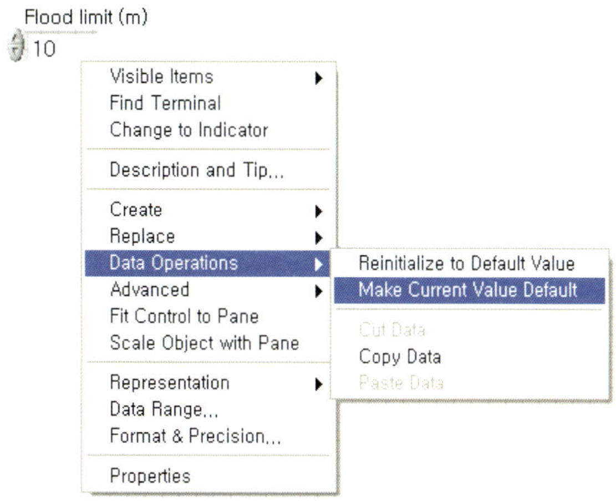

▶ 장식을 이용하여 도형 생성

Controls Palette 〉 Modern 〉 Decorations 〉 Flat Up Triangle

▶ 장식을 이용하여 Text 생성 및 도형과 매칭

프론트 패널 윈도우 바탕에 마우스포인터를 놓고, 더블클릭한 후 Text 입력

E. 입력 컨트롤 (Drought limit (m)) 생성

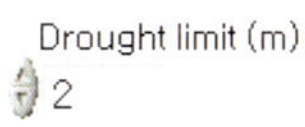

▶ 상기 항목 D와 같은 방식으로 생성

F. 입력 컨트롤 (Save) 생성

▶ Controls Palette 〉 Modern 〉 Boolean 〉 OK Button

▶ Label 명을 Save 으로 변경

▶ 바로가기 메뉴 〉 Properties 대화창을 오픈

▶ Appearance 탭에서 Multiple strings를 체크하고, On text에 Saving 입력

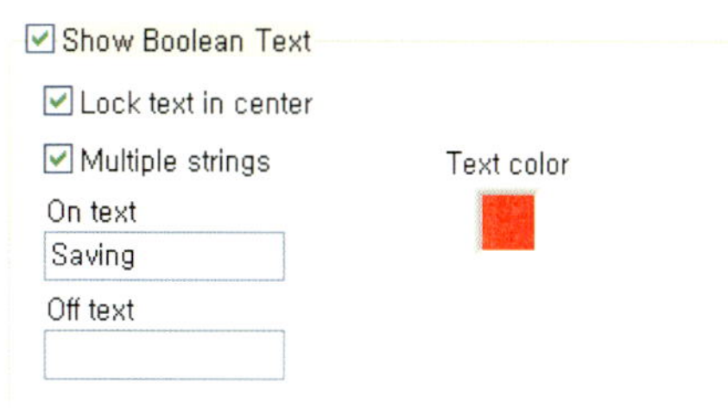

G. 출력 인디케이터 (Warning) 생성

▶ Controls Palette 〉 Modern 〉 String & Path 〉 String Indicator

▶ Label 명을 Warning 으로 변경

▶ 출력 창에 마우스로 클릭한 후, 윈도우 폰트 변경 메뉴를 이용하여 Color ⟶ 빨강색으로 변경

H. 출력 인디케이터 (Dam Level History) 생성

▶ Controls Palette 〉 Modern 〉 Graph 〉 Waveform Chart

▶ 바로가기 메뉴 〉 Properties 대화창을 오픈해서
그래프 라벨 변경 (Dam Level History),
Plot 탭에서 x축 (Time (minute)) 과 y축 (Level (m)) 이름 변경,
Scale 탭에서 범위 지정.
(이름이나 그래프 범위를 변경할 때는 Properties 대화창으로도 수정되지만, 더 간편한 방법으로는 변경하고 싶은 항목을 마우스로 클릭한 후 변경하면 된다)

▶ 마우스로 선택 후, 마우스 오른쪽 버튼을 클릭하여 바로가기 메뉴 팝업

▶ Visible Items 〉 Plot Legend 를 활성화

I. 프론트 패널을 정리

▶ 장식을 이용하여 컨트롤 아이템들을 그룹화 하여 시인성을 향상시킨다.
Controls Palette 〉 Modern 〉 Decorations 〉 Flat Frame

▶ 컨트롤과 인디케이터들을 정렬하여 사용하기 편리하도록 재배치한다.
주로, 화면 왼쪽에는 입력 컨트롤, 오른쪽에는 출력 인디케이터를 배치

J. VI를 저장한다.

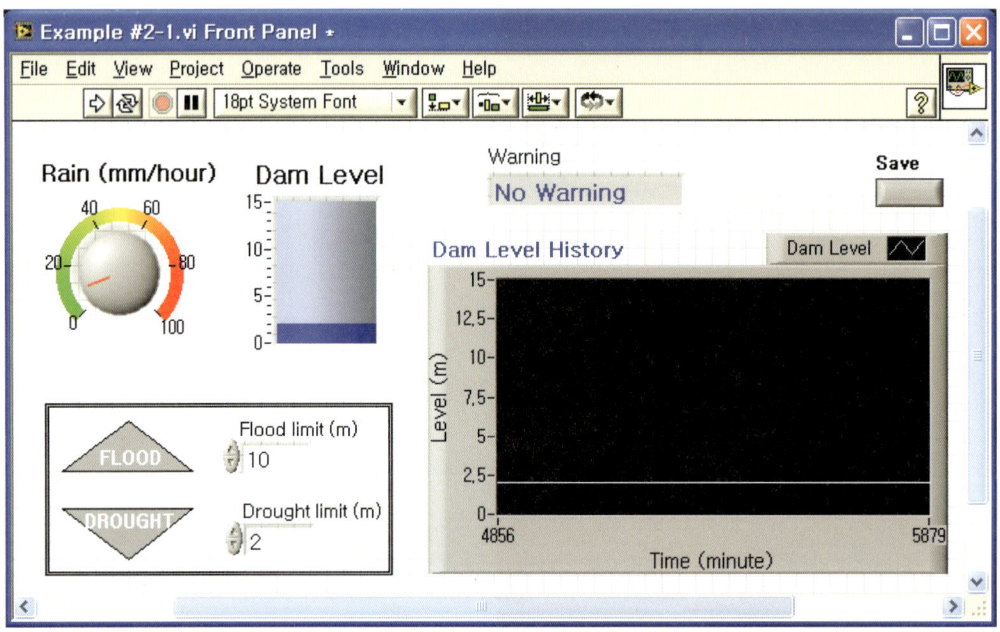

블록 다이어그램 프로그래밍

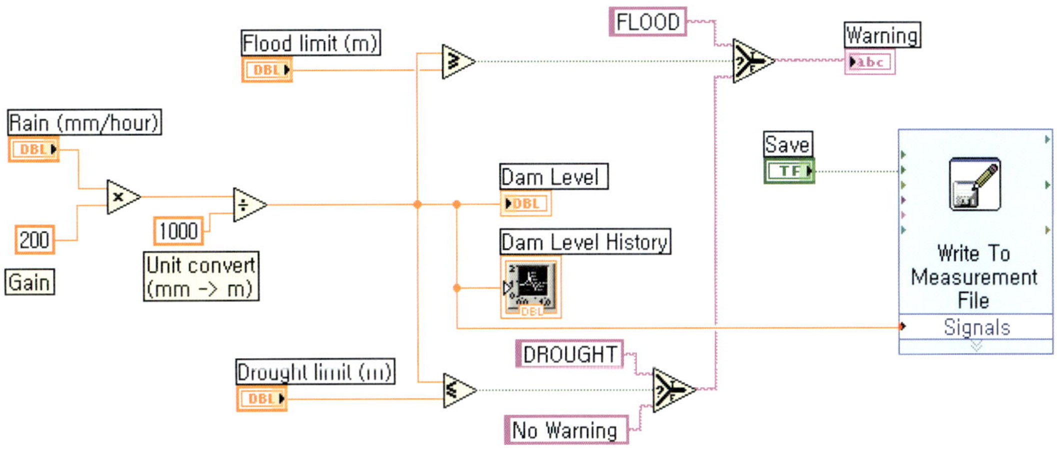

A. 터미널 재배치

▶ 프론트 패널에서 생성한 컨트롤과 인디케이터들은 블록 다이어그램 윈도우에 일대일 대응하여 해당 터미널들이 생성된다.
프론트 패널에서 블록 다이어그램 또는 블록 다이어그램에서 프론트 패널을 오픈하려면, 윈도우 메뉴모음에서 Window 〉 Show Block Diagram 또는 Show Front Panel 을 선택하면 된다.

▶ 계산 흐름이 왼쪽에서 오른쪽으로 흐르는 것처럼 보이도록 터미널을 재배치한다.

▶ 터미널의 크기가 크면 블록 다이어그램이 복잡하게 보이므로, 터미널의 바로가기 메뉴를 열고, View As Icon 을 선택, 아이콘의 크기를 작게 디스플레이하여, 블록 다이어그램을 간단하게 한다.

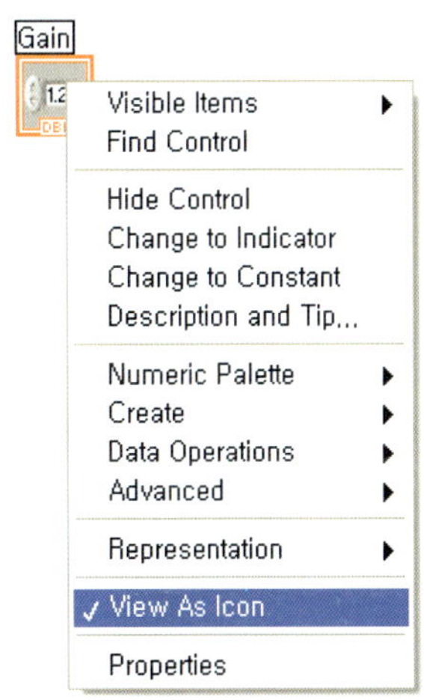

B. 댐 수위를 계산하는 로직을 생성한다.

- 가상적으로 빗물의 양을 댐의 수위로 변환하는 로직을 간단하게 만든다.

- Functions 팔레트 〉 Programming 〉 Numeric 〉 Multiply

- Functions 팔레트 〉 Programming 〉 Numeric 〉 Numeric Constant
  또는, Multiply 입력 커넥터 팬에 마우스 포인터를 올려놓고 오른쪽 버튼을 눌러 바로가기 메뉴에서 Create 〉 Constant 선택하여 상수를 생성한다.

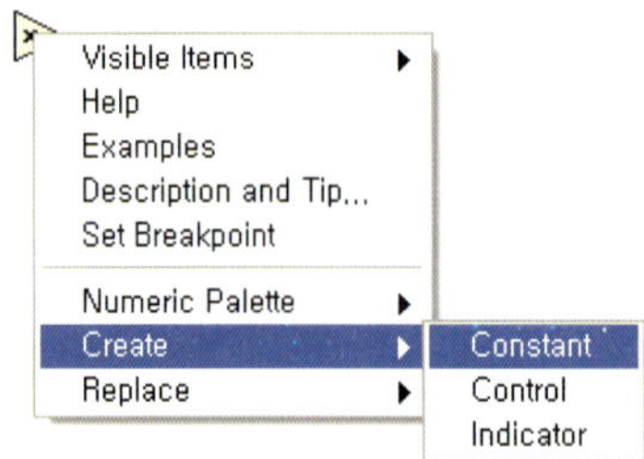

- 동일한 방법으로 〈Divide〉 생성한다.
- 와이어 툴을 이용하여 노드의 커넥터 팬 끼리 연결한다.

C. 현재 댐 수위와 홍수 한계 값을 비교한다.

- Functions 팔레트 〉 Programming 〉 Comparison 〉 Greater Or Equal?
- 조건 노드의 입력 커넥터 팬의 위치를 잘 고려해서 와이어링 한다.
- 키보드 Ctrl+H 를 토글하면 해당 함수에 대한 Help 창이 팝업된다.

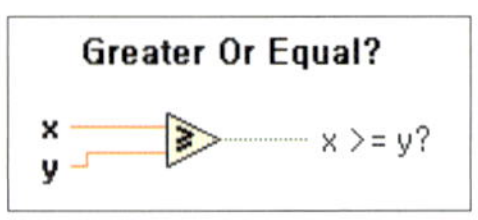

x가 y보다 크거나 같으면 "True"를 출력

D. 현재 댐 수위와 가뭄 한계 값을 비교한다.

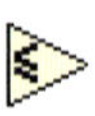

- Functions 팔레트 〉 Programming 〉 Comparison 〉 Less Or Equal?

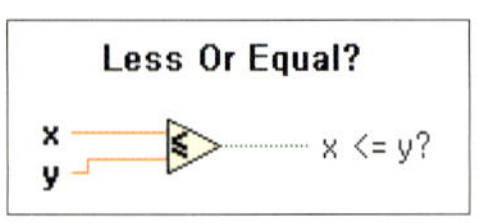

x가 y보다 작거나 같으면 "True"를 출력

E. 댐 수위와 한계 값들과의 비교를 통한 경고문구용 문자열을 생성한다.

- 불리언 출력 (T 또는 F)으로 데이터 흐름을 선택하는 Select 이용
- Functions 팔레트 〉 Programming 〉 Comparison 〉 Select

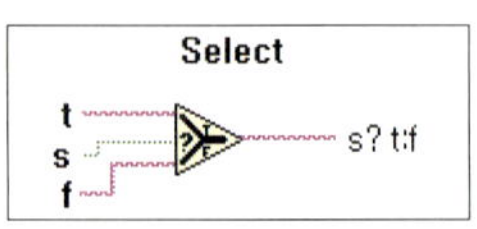

s가 True이면 t 를 출력하고, False이면 f 를 출력한다.

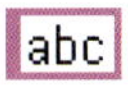

▶ 입력 커넥터 팬 〈Select〉 에 문자열 상수를 생성한다.

Functions 팔레트 〉 Programming 〉 String 〉 String Constant

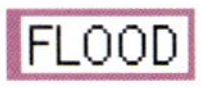

▶ 문자열 상수를 FLOOD 로 변경

▶ Select 를 복사해서 한 개 더 생성

키보드 Ctrl 를 누른 상태에서 마우스로 함수를 선택한 후 드래그하면 동일한 함수가 복사된다.

또는, 윈도우 편집기처럼 Ctrl+C 로 복사하여 Ctrl+V 로 붙여 넣어도 된다.

▶ 문자열 상수를 DROUGHT 와 No Warning 으로 변경

▶ 와이어 툴을 이용하여 노드끼리 연결한다.

F. 계산된 댐 수위 값을 디스플레이 한다.

▶ 댐 수위 계산 결과를 숫자형 인디케이터 (Dam Level)와 그래프형 인디케이터 (Dam Level History)에 연결한다.

G. 계산된 댐 수위 값을 하드 디스크에 저장한다.

▶ Express VI 함수 중 〈Write To Measurement File〉 를 사용한다.

Functions 팔레트 〉 Express 〉 Output 〉 Write To Measurement File

▶ Configure 대화 상자가 오픈되면 파일이 저장될 경로와 파일 이름을 선택하고 OK 를 누른다.

▶ 파일 포맷을 LVM으로 선정하고, 기타 다른 옵션을 적절하게 선정한다.

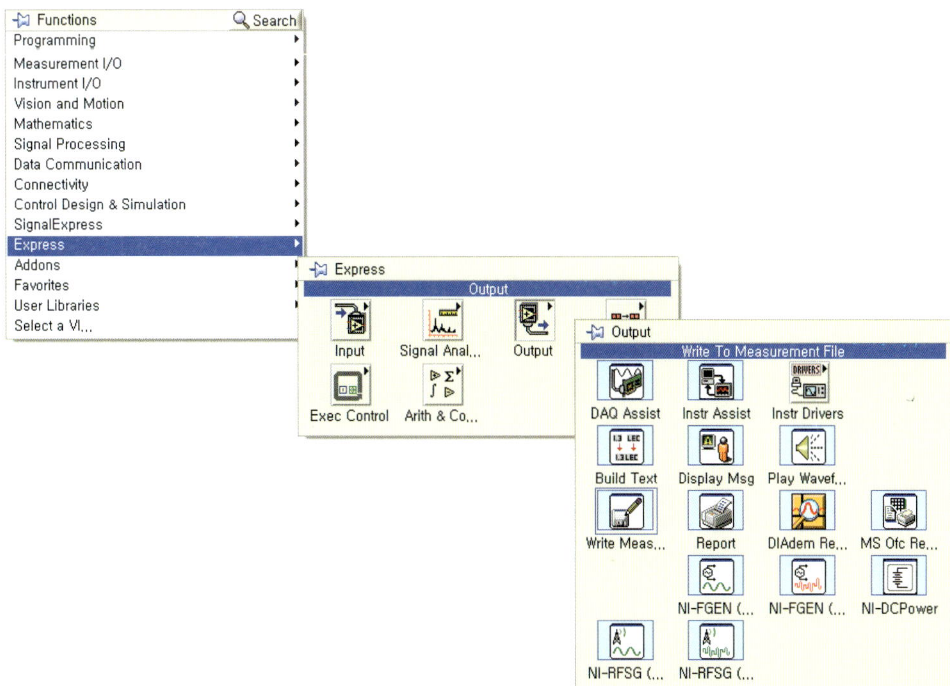

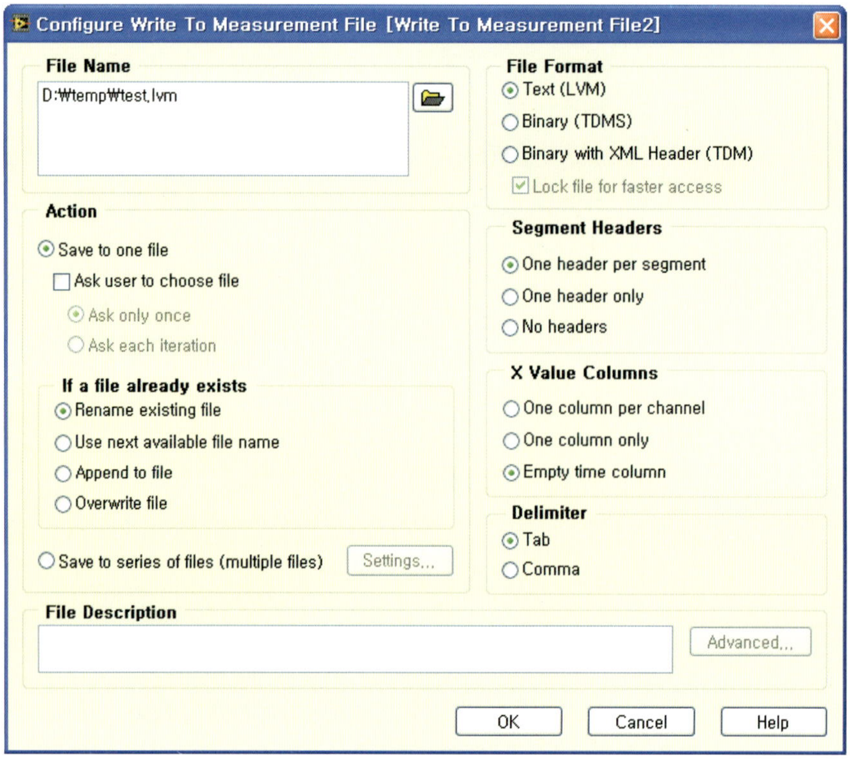

▶ Save 불리언 터미널을 Write To Measurement File의 〈Enable〉 커넥터 팬에 연결한다.

▶ 댐 수위 계산 결과 와이어를 분기시켜 Write To Measurement File의 〈Signals〉 커넥터 팬에 연결한다.

▶ 키보드 Ctrl+H를 토글하면 해당 함수에 대한 Help 창이 팝업된다.

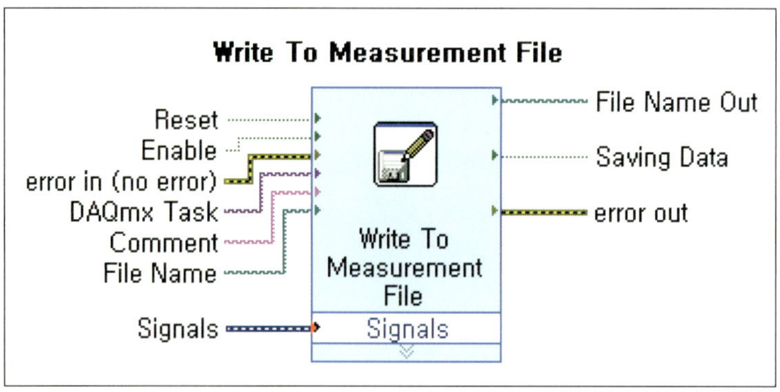

H. 점검 및 저장

▶ 깨진 와이어가 있는지 확인한다.
깨진 와이어가 있거나 문법적 오류가 있으면 윈도우 실행메뉴가 왼쪽의 터미널 아이템 모습처럼 비정상 표시된다.

▶ VI에 오류가 없을 경우, 윈도우 실행메뉴가 왼쪽의 터미널 아이템처럼 정상 표시된다. 오류가 없으면 VI를 저장한다.

VI 실행

A. 프론트 패널 또는 블록 다이어그램 윈도우 메뉴에 있는 실행 버튼을 누르면 VI는 실행 된다.

▶ 무한루프가 없어서 실행버튼이 눌러지면 1회 실행 후 종료 된다.
무한루프 삽입은 구조문을 학습한 후 다시 첨가할 계획이다.
무한루프가 없다고 반복적으로 실행을 할 수 없는 것은 아니다.

▶ 무한루프가 없는 VI를 반복적으로 실행하기 위해서는, 왼쪽과 같은 반복 실행 버튼을 누른다.

B. 반복실행 버튼으로 VI를 실행하면서, Rain (mm/hour) 입력 컨트롤의 노브를 돌려 입력값에 변화를 준다.

▶ 계산된 Dam Level에 따라 Warning 창에 경고 문자열 출력을 확인하고, 웨이브 차트에 시간에 따른 그래프가 출력되는지 확인한다.

C. Save 버튼을 클릭하고, 지정한 하드 디스크 경로에 파일 저장을 확인

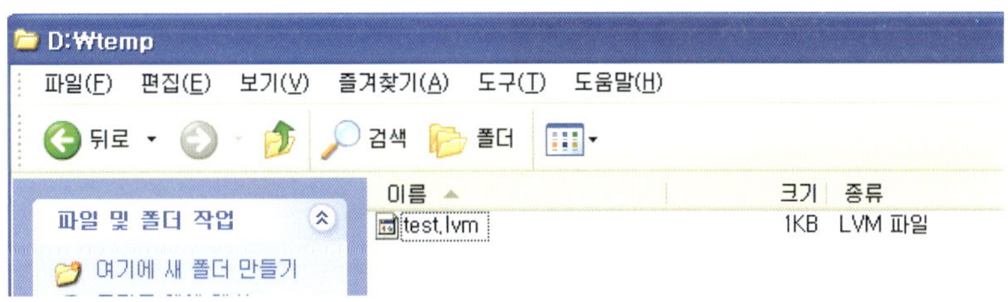

D. 실행 중인 VI의 스크린 샷

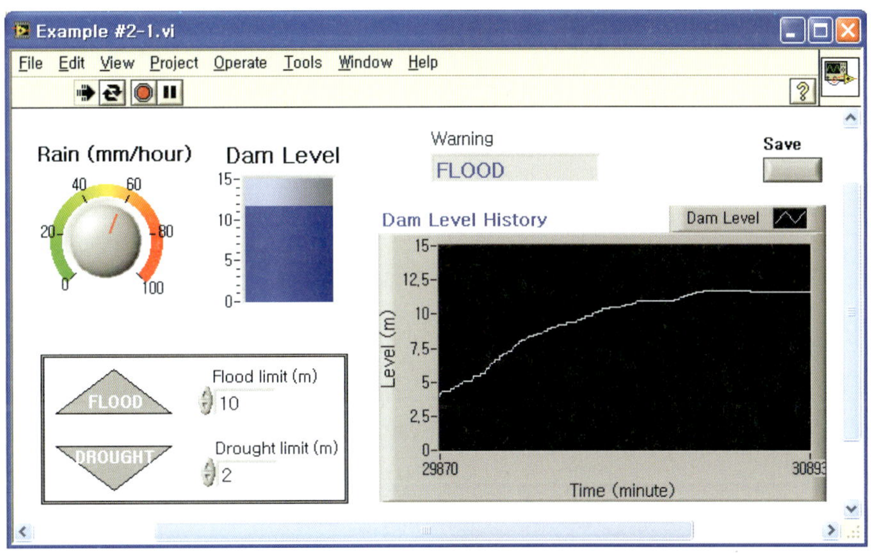

E. 차후의 예제는 본 예제의 완성된 VI에 계속 추가하여 진행됩니다.

4. While Loop

루프는 블록 다이어그램의 일정 영역을 반복적으로 수행할 필요가 있을 때 사용된다. 아래의 그림은 While 루프의 기능과 프로세서의 흐름도를 보여준다.

Fig. 2-21 While Loop의 구조

While 루프는 블록 다이어그램 윈도우에서 Functions 팔레트 〉 Programming 〉 Structures 〉 While Loop 를 선택하면 생성된다.

While 루프를 선택한 후 커서를 사용하여 반복하고자 하는 VI의 아이템 주변으로 루프를 만든다. 사각형 루프를 만들 때는 좌측 상단에서 마우스를 끌어서 우측 하단으로 이동한 후 마우스 버튼을 놓으면 생성된다.
또는 미리 While 루프를 생성하고 그 안으로 아이템들을 이동하여도 된다.

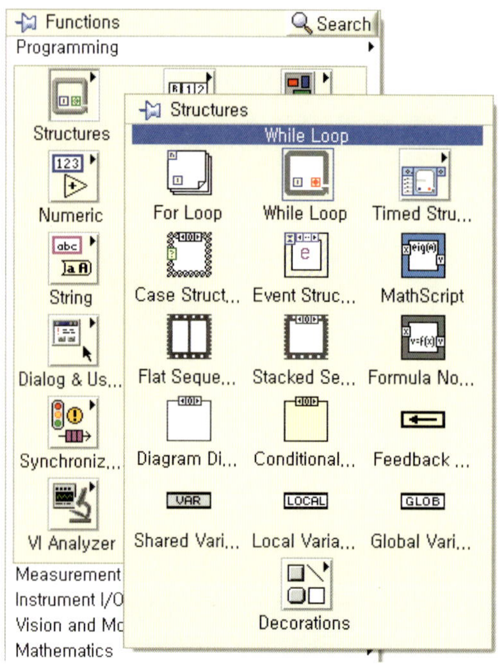

Fig. 2-22 While 루프 위치

Conditional Terminal

While 루프의 프로세서 흐름은 Conditional Terminal의 입력 커넥터 팬에 불리언 True 값이 입력될 때까지 루프안의 VI를 반복 실행한다.
따라서 While 루프는 반드시 한번이상 실행된다.
아래의 While 루프의 프로세서 흐름도를 살펴보면 이해하기가 쉽다.

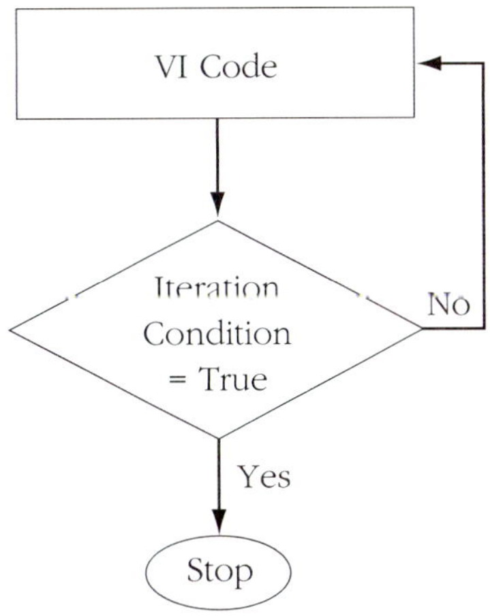

Fig. 2-23 While Loop의 흐름도

Conditional Terminal ⟶ Stop if True ;

While 루프를 생성하면 디폴트로 설정되며, 조건 터미널 입력 커넥터 팬에 True가 입력되면 루프를 정지하고 해당 VI 루프를 빠져 나온다.

Conditional Terminal ⟶ Continue if True ;

While 루프를 생성하고 조건 터미널의 바로가기 메뉴를 오픈하여 〈Continue if True〉로 변경하면, 조건 터미널 입력 커넥터 팬에 False가 입력되면 루프를 정지하고 해당 VI 루프를 빠져 나온다. 이 경우 조건 터미널의 터미널 아이템은 왼쪽과 같이 표시된다. 이 상태는 "Conditional Terminal ⟶ Stop if True" 조건과 반대로 동작하는 모드이다.
즉, 다음의 두 경우는 동일한 동작을 수행한다.

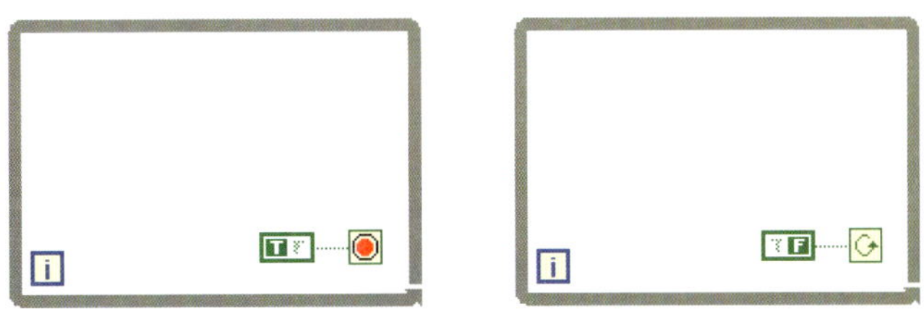

Fig. 2-24 루프 정지를 위한 Conditional Terminal의 조건

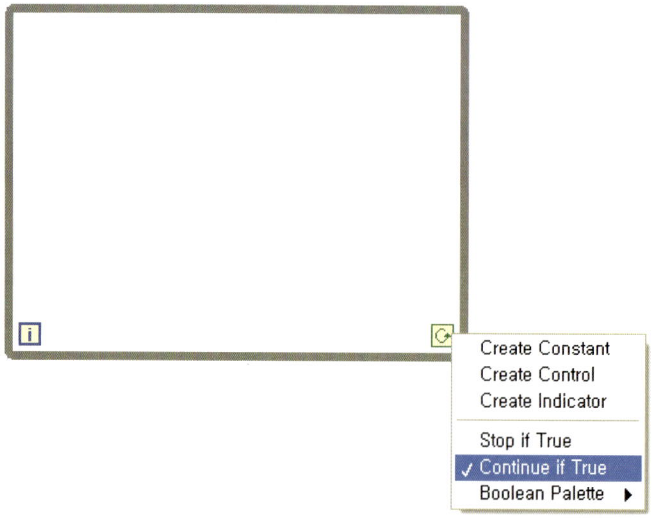

Fig. 2-25 Conditional Terminal의 조건 변경

Iteration Terminal

Iteration Terminal은 루프의 반복 횟수를 출력하는 터미널이다.
이 터미널 출력 커넥터 팬에 숫자형 인디케이터를 연결하면 루프의 반복횟수를 디스플레이할 수 있고, 다른 함수의 입력으로 사용하여 특정한 일이나 조건판단 등에도 사용된다.
Iteration Terminal 초기 값은 VI가 실행되면, 반드시 0 에서부터 시작하며 1씩 증가한다. 즉, 첫 루프 반복동안에는 Iteration Terminal의 출력은 0 이다.

그림 2-26 블록 다이어그램을 보면, 두 가지 조건 중에서 어느 하나라도 True가 되면(난수가 0.9 이상이거나 Stop 버튼이 눌러지면) 루프는 정지한다. OR 논리합은 입력 중 어느 하나라도 True이면 True를 출력한다.
루프가 한번 실행할 때 마다 Iteration Counter는 1씩 증가한 정수형 숫자를 출력한다.

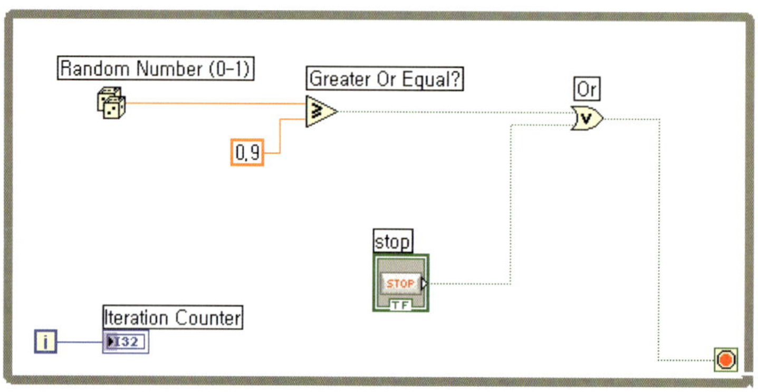

Fig. 2-26 While 루프 이해를 돕는 예제 1

그림 2-27 블록 다이어그램을 보면, Iteration Counter 출력 터미널을 루프 밖으로 뺐다. 그림 2-26과 어떠한 차이가 발생할까?

While 루프 안과 밖으로 와이어링하여 데이터를 전달할 경우, While 루프 경계에 Indexing (터널)이 형성된다. Indexing은 루프가 완료된 후 해당 데이터를 루프 경계를 통하여 While 루프 밖으로 전달한다.

Indexing의 색상은 데이터 타입에 따라 다르며, 그림 2-27의 경우 Iteration Counter는 정수형이므로 파랑색으로 보인다.

Indexing에는 두가지 타입으로 선택할 수 있다.

- ▶ Enable Indexing 상태 : 작은 사각형 박스가 비워져 있다 (대괄호 모양), 배열 출력

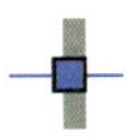

- ▶ Disable Indexing 상태 : 작은 사각형 박스가 채워져 있다 (솔리드 모양), 스칼라 출력

Enable Indexing 상태 (Auto Indexing 활성화)의 데이터 출력 값은 Array 타입이고, Disable Indexing 상태에서의 리턴 값은 스칼라 타입 이다.
즉, Enable Indexing 상태에서의 터널로 전달되는 데이터는 루프가 수행중일 때 생성된 데이터 모두를 Array로 구성하였다가 루프가 완료되면 출력터널(Indexing)을 통해 내보내고, Disable Indexing 상태에서의 터널로 전달되는 데이터는 루프의 제일 마지막 값만 내보낸다.

Indexing (터널)에 관한 세부적인 예제는 Array 편에서 소개하겠다.

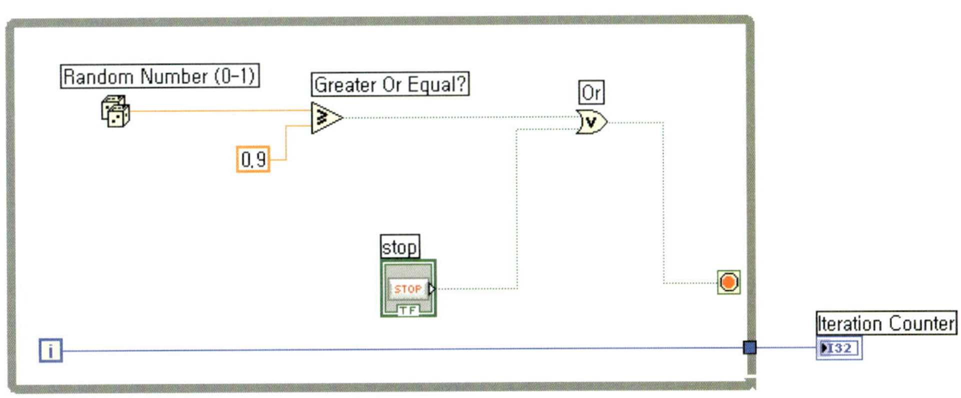

Fig. 2-27 While 루프 이해를 돕는 예제 2

5. While 루프 예제 (#2-2)

예제 (#2-1) Example #2-1.vi를 While 루프를 이용하여 반복 수행하도록 VI를 수정한다.

문제

While 루프를 이용하여 반복 수행하면서 완료 후 총 반복횟수를 출력한다.

- ▶ 프론트 패널에 정지 버튼을 생성
- ▶ Indexing을 사용하여 총 반복횟수 출력

Flow Chart

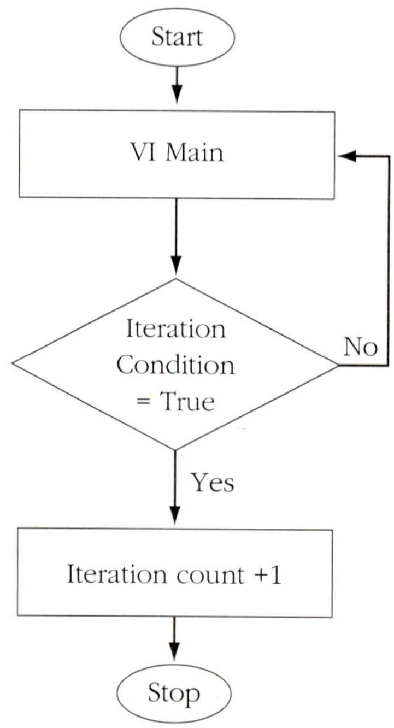

프론트 패널 프로그래밍

A. 기존 VI를 오픈하고, 재 저장한다.

- ▶ LabVIEW를 실행하여 Getting Started 창을 연다.
- ▶ Open 〉 c:₩temp₩Example #2-1.vi
- ▶ File 〉 Save As 〉 c:₩temp₩Example #2-2.vi

B. 정지 버튼을 추가한다.

- ▶ Controls 팔레트 〉 Modern 〉 Boolean 〉 Stop Button
  Controls 팔레트 〉 Modern 〉 Numeric 〉 Numeric Indicator

C. Iteration Count 출력 인디케이터를 생성한다.

- ▶ Numeric Indicator 를 생성한다.
- ▶ 생성된 Numeric Indicator를 Iteration Count 라벨명 변경하고, 폰트 크기 및 색상을 알맞게 조정한다.
- ▶ 컨트롤 및 인디케이터의 크기 및 위치를 알맞게 재배치한다.
- ▶ VI를 저장한다.

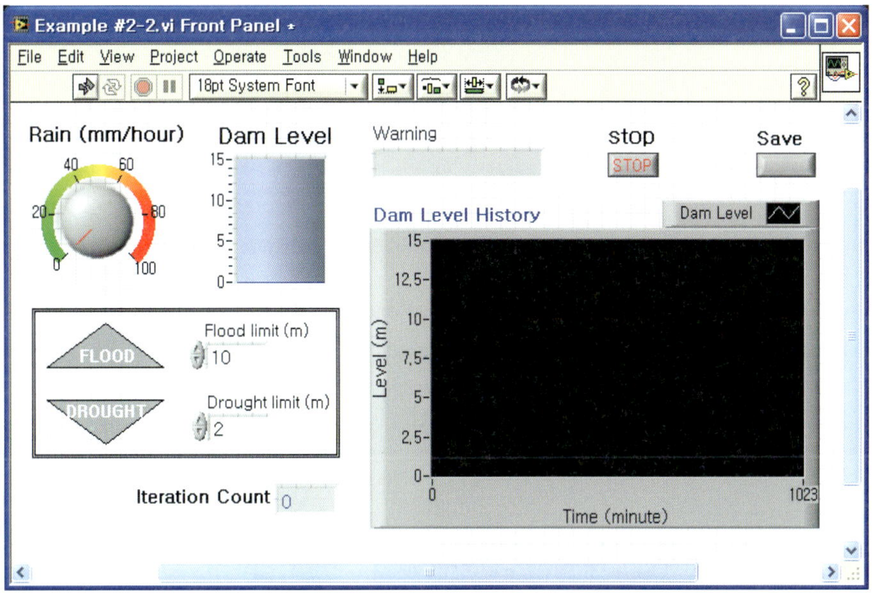

블록 다이어그램 프로그래밍

A. While 루프를 추가한다.

- ▶ Functions 팔레트 〉 Programming 〉 Structures 〉 While Loop
- ▶ 모든 터미널들이 While 루프 안에 포함되도록 경계를 설정한다.

B. stop 터미널과 Conditional Terminal을 연결한다.

C. Iteration Count에 1을 증가시킨다.

- ▶ Functions 팔레트 〉 Programming 〉 Numeric 〉 Increment
- ▶ 이유 : While 루프는 항상 0부터 시작하므로 반복된 횟수는 1이 더해져야 한다.

D. Iteration Count 터미널을 While 루프 밖으로 배치한다.

- ▶ Iteration Terminal을 While 루프 경계선을 통과하여 Increment 함수와 연결한다.

- 두 터미널을 한 번의 와이어로 연결하면 While 루프 경계선에 자동으로 Disable Indexing (박스 안이 채워진 모양)이 생성된다.
- 또는 Iteration Terminal 부터 While 루프 경계선까지 한번 와이어링하고, While 루프 경계선부터 ⟨Increment⟩ 함수까지 연결하여도 동일한 결과를 얻는다.
- 만약, Enable Indexing을 원할 경우, Disable Indexing 박스위에 마우스 포인터를 올려놓고 마우스 오른쪽 버튼을 클릭하여 바로가기 메뉴를 팝업한 후 Enable Indexing을 선택하면 된다.

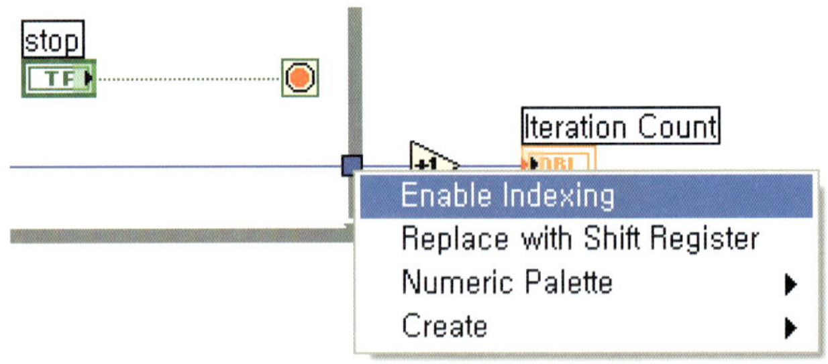

- Enable Indexing으로 전환하면, 연결될 숫자형 인디케이터는 반드시 Arry 형이어야 한다.

E. Data Representation 변경 (선택사항)

- Iteration Count의 입력 커넥터 팬 위치를 자세히 보면, 빨강색 점을 확인할 수 있다. 이것은 강제 변환점으로 입력된 데이터 타입과 터미널의 데이터 타입이 상이할 경우 발생된다.
- VI 실행시 계산에 오류는 발생하지는 않지만 필요이상의 메모리를 사용하게 된다.

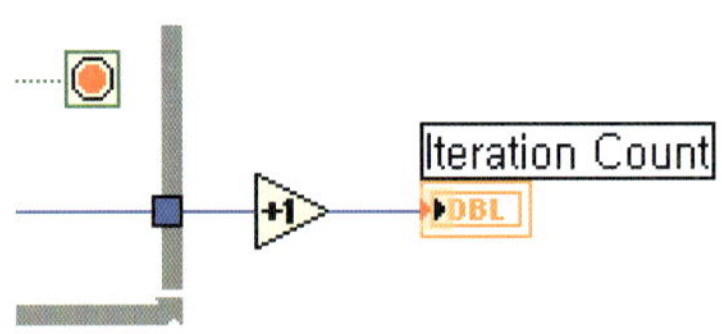

- 본 VI의 경우, 입력 데이터는 32비트 정수형 (long) 타입이고 터미널 (Iteration Count)는 64비트 배정도 실수형 (DBL)이다.
- Iteration Count 터미널에 마우스 포인터를 놓고 오른쪽 버튼을 클릭하여, 바로가기 메뉴를 팝업시키고 Representation⟩ I32 를 선택한다.

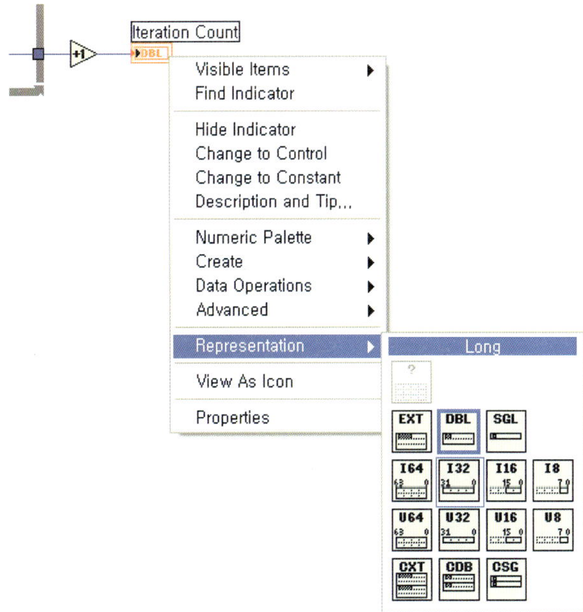

▶ Iteration Count 터미널의 색상이 파랑색 (정수형)으로 변경된다.

F. VI를 저장한다.

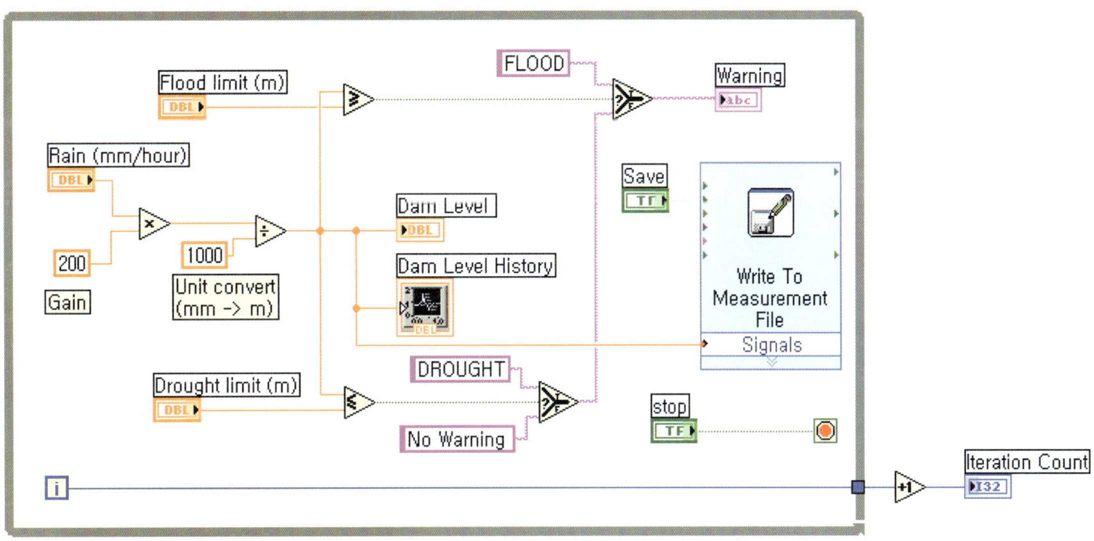

VI 실행

A. 프론트 패널 또는 블록 다이어그램 윈도우 메뉴에 있는 실행 버튼을 누르면 VI는 실행된다.

▶ 프론트 패널에 있는 stop 컨트롤 버튼으로 실행중인 VI를 정지시키면 While 루프의 반복된 횟수가 Iteration Count 창에 표시된다.

▶ 결과 : **Iteration Count** 27288

6. For Loop

For 루프는 지정한 반복횟수 만큼만 루프를 실행하는 구조문이다.
For 루프는 정해진 반복횟수 만큼만 실행된다는 점에서 While 루프와는 약간 다르다.
For 루프의 Iteration Terminal (반복 회수)의 리턴값은 항상 0에서 시작하고, VI가 실행되는 첫 루프 동안에 리턴값은 0 이다.

While 루프는 VI실행 후 매번 반복의 끝에서 Iteration Condition을 체크 (True 또는 False) 하여, False 이면 루프를 종료하므로 최소 한번은 루프를 수행한다.
그렇지만, For 루프는 Count Terminal 값이 0 이면 루프를 수행하지 않고 바로 종료한다.
While 루프와 마찬가지로 For 루프의 Count Terminal 데이터 타입은 정수형이다.

For 루프는 블록 다이어그램 윈도우에서 Functions 팔레트 〉 Programming 〉 Structures 〉 For Loop 를 선택하여 드래그하면 생성된다.

For 루프를 선택한 후 커서를 사용하여 반복하고자 하는 VI의 아이템 주변으로 루프를 만든다. 사각형 루프를 만들 때는 좌측 상단에서 마우스를 끌어 우측 하단으로 이동한 후 마우스 버튼을 놓으면 생성된다.
또는 미리 For 루프를 생성하고 그 안으로 아이템들을 이동하여도 된다.

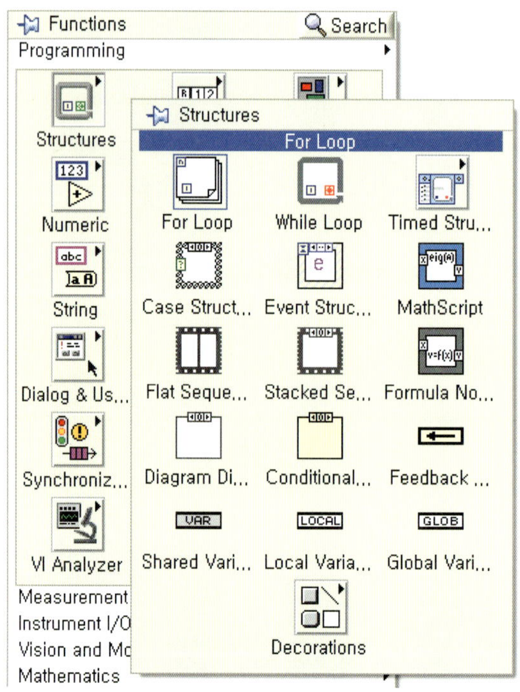

Fig. 2-28 For 루프 위치

Count Terminal

아래의 그림은 For 루프의 기능과 프로세서의 흐름도를 보여준다.

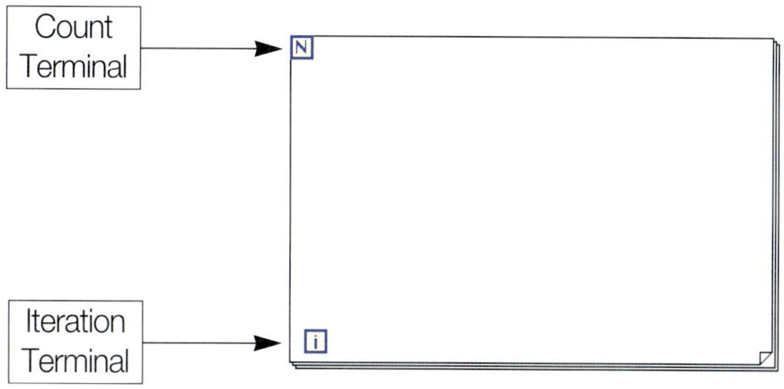

Fig. 2-29 For Loop의 구조

N

For 루프의 프로세서 흐름은 Count Terminal의 입력 커넥터 팬에 반복될 횟수만큼 루프 안의 VI를 반복 실행한다. Count Terminal이 0 이면, For 루프는 한번도 수행하지 않고 루프를 빠져나온다.

아래의 For 루프의 프로세서 흐름도를 살펴보면 이해하기가 쉽다.

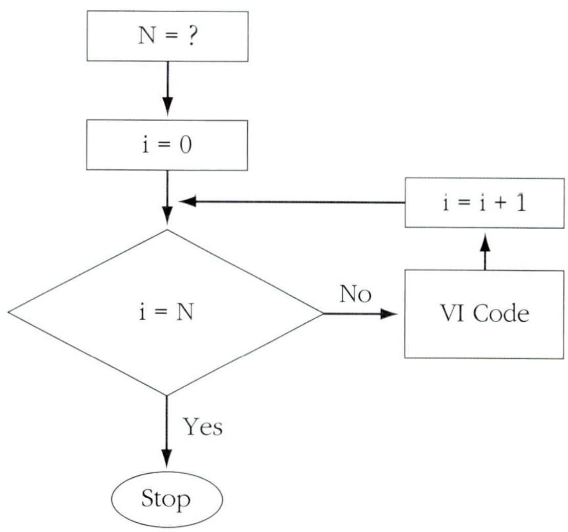

Fig. 2-30 For Loop의 흐름도

Iteration Terminal

i

Iteration Terminal은 While 루프의 경우처럼, 루프의 반복 횟수를 출력하는 터미널이다. Iteration Terminal 값이 Count Terminal에 입력된 숫자와 동일하면, For 루프는 VI를 수행하지 않고 루프를 빠져나온다.

아울러, Iteration Terminal 값은 VI가 실행되면, 반드시 0 에서부터 시작하며 1씩 증가한다. 즉, 첫 루프 반복동안에는 Iteration Terminal의 출력은 0 이다.

그림 2-31 블록 다이어그램을 보면, Count Terminal에 50이 입력되었으므로 Iteration Terminal은 0부터 시작하여 49 까지 50번 반복한다.

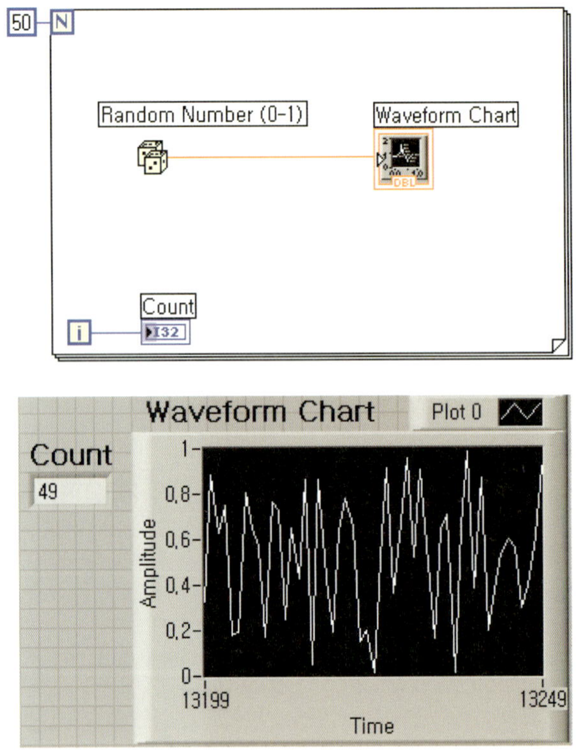

Fig. 2-31 For 루프 이해를 돕는 예제 1

Loop Delay 함수

상기 VI를 실행 시키면, Count 터미널 창에 디스플레이 되는 출력 값은 매우 빠르게 변화되어 루프의 반복 카운터 값을 육안으로 관측하기가 매우 어렵다.

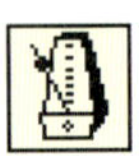

이와 같은 경우에 루프의 실행 속도를 제어하기 위해서는, LabVIEW의 시간제어 함수를 삽입하여 루프의 실행속도를 특정 시간으로 설정함으로서 VI를 원하는 속도로 실행시킬 수 있다.

LabVIEW의 시간제어 함수 위치 및 적용

- ▶ Functions 팔레트 〉 Programming 〉 Timing 〉 Wait Until Next ms Multiple
- ▶ 함수의 왼쪽 입력 커넥터 팬에 오른쪽 마우스를 올려놓으면 와이어 툴이 활성화 된다.
- ▶ 바로가기 메뉴 팝업 〉 Create 〉 Constant

- 생성된 초기 상수 값 0 ⟶ 1000으로 변경
- 〈Wait Until Next ms Multiple〉 함수의 입력단위는 millisecond [ms]
- 루프 안에 〈Wait Until Next ms Multiple〉 시간제어 함수를 삽입하면, 지정한 수의 배수에 도달할 때까지 기다린 후 다음 루프를 수행한다.
- 루프를 1초에 1회 반복하고자 하면 아래처럼 구현한다.

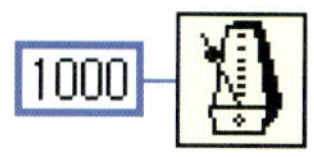

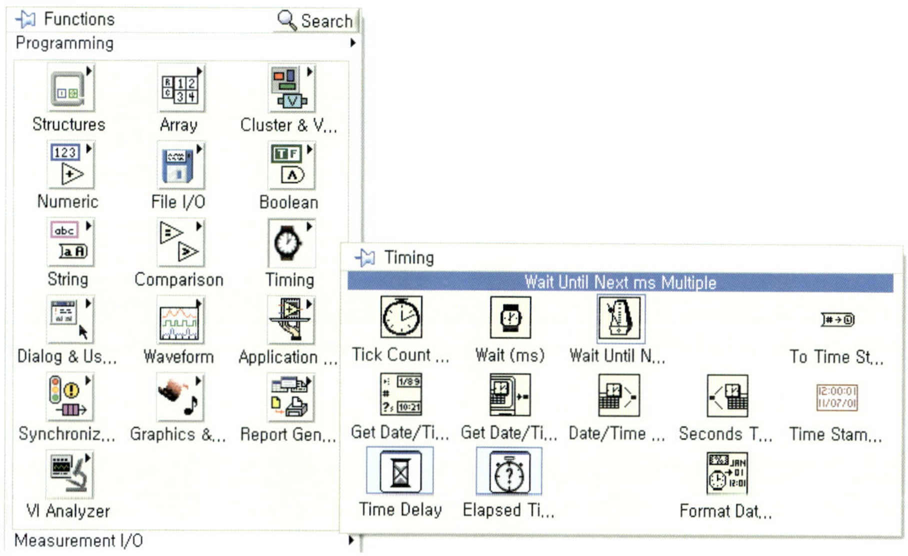

Fig. 2-32 시간 제어와 관련된 함수들

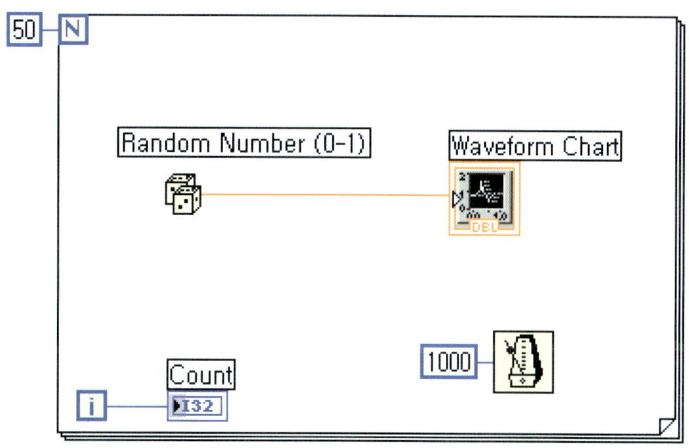

Fig. 2-33 시간함수를 삽입한 For 루프 예제2

7. Shift Register

블록 다이어그램의 While 루프 또는 For 루프를 수행할 때, 전 루프 단계에서 계산된 데이터를 전달받고자 할 때 Shift Register를 사용한다.
즉, Shift Register는 현재 수행중인 루프에서 전 단계 루프에서 생성된 데이터들을 사용할 때 이용된다.

예를 들면, 루프가 1회 반복할 때 마다 1개의 데이터를 수집하는 무한 루프가 있다. 루프가 매번 반복할 때마다 현재 데이터(n), 전 데이터(n-1) 및 전전 데이터(n-2)를 이용하여, 3회 루프의 평균을 구할 경우 Shift Register를 사용하면 매우 간결하게 프로그래밍 할 수 있다.
FIFO (First In First Out) 메모리 스택처럼 동작한다고 보면 이해하기 쉽다.

Fig. 2-34 Shift Register 구조

Shift Register 생성

Shift Register를 생성하면 아래의 그림과 같이 방향이 서로 반대인 모양의 터미널 두개가 루프 경계에 생성된다. 이것을 터미널 쌍이라 부른다.
상승모양의 터미널은 주로 루프의 오른쪽 경계에 위치하고 하강모양의 터미널은 왼쪽 경계에 배치한다.

- ▶ 하강모양의 터미널 : 전단계 루프로부터 데이터를 가져오는 것 (입력)
- ▶ 상승모양의 터미널 : 다음단계 루프로 데이터를 보내는 것 (출력)

Fig. 2-35 Shift Register의 터미널 쌍

Shift Register를 생성하는 방법은 루프 경계선 위에 마우스 포인터를 놓고, 오른쪽 버튼을 클릭하여 바로가기 메뉴를 팝업한 후 Add Shift Register 를 선택한다.

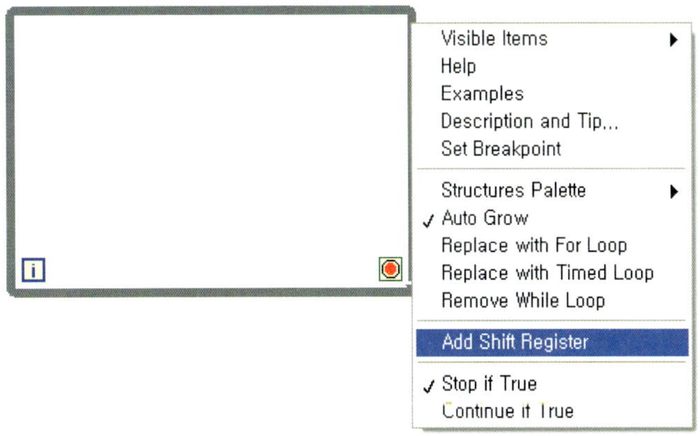

Fig. 2-36 Shift Register의 생성 위치

Shift Register 적용

아래 그림에서, VI를 오픈하여 첫 실행을 할 경우 ;

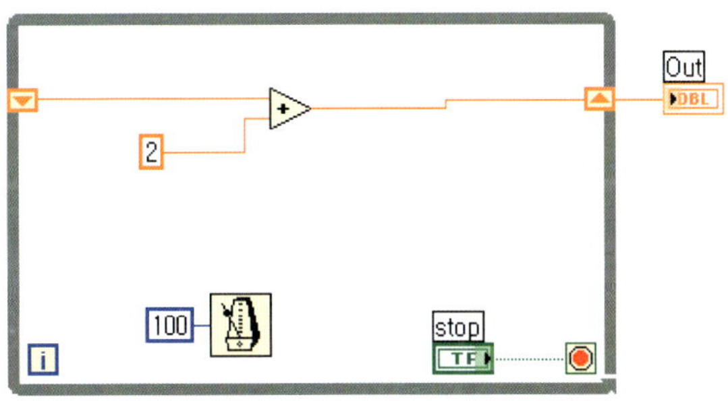

Fig. 2-37 Shift Register 예제 1

- ▶ 하강모양(입력) Shift Register는 0 의 값으로 시작한다.
- ▶ 첫 번째 루프 실행이 완료되면 상승모양(출력) Shift Register는 2를 리턴 한다.
- ▶ 두 번째 루프에서, 입력 Shift Register는 2를 받고 출력 Shift Register는 4를 리턴 한다.
- ▶ 세 번째 루프에서, 입력 Shift Register는 4를 받고 출력 Shift Register는 6을 리턴 한다.

- ▶ 프론트 패널의 stop 버튼으로 정지하면, Out 인디케이터에 6을 출력한다.

VI 윈도우를 닫지 않고 오픈된 상태에서 재실행을 하면, 하강모양 Shift Register가 첫 번째 루프로 전달하는 데이터는 6 이다. (주의)

- ▶ 재실행된 첫 번째 루프에서, 상승모양 Shift Register는 8 을 리턴 한다.
- ▶ 재실행된 두 번째 루프에서, 하강모양 Shift Register는 8 을 받고 상승모양 Shift Register는 10 을 리턴 한다.

VI 윈도우를 닫고 다시 오픈하여 VI를 실행하면 Shift Register는 0에서 시작하지만, VI 윈도우를 닫지 않고 정지 후 재실행하면 Shift Register는 이전 값을 유지한다. 따라서 Shift Register는 초기화가 경우에 따라 반드시 필요하다.

Shift Register 초기화

Shift Register를 초기화하는 것은 VI가 실행될 때, Shift Register가 첫 번째 루프로 전달해 주는 데이터를 초기화하는 것이다.
아래의 그림처럼 입력 Shift Register에 초기화를 하면 VI 윈도우를 닫지 않더라도, VI 실행 정지 후 재실행을 수행하여도 Shift Register는 0에서 시작한다.

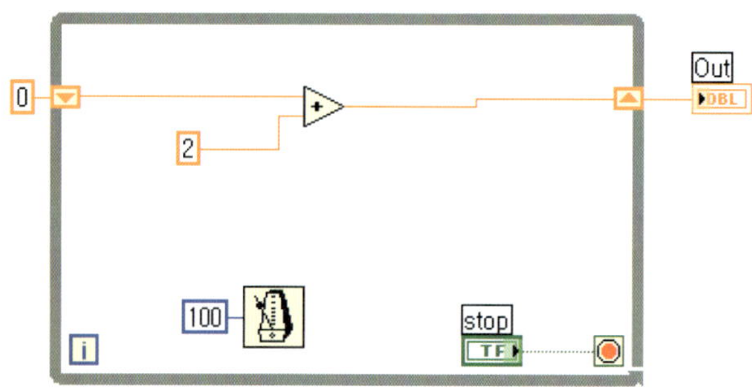

Fig. 2-38 Shift Register 초기화 예제 2

복수 Shift Register

하나의 루프에 여러 개의 Shift Register를 적용할 수 있다. 아래의 그림처럼 두 개의 Shift Register를 적용하면, 각각 다른 프로세서로 데이터를 처리한다.

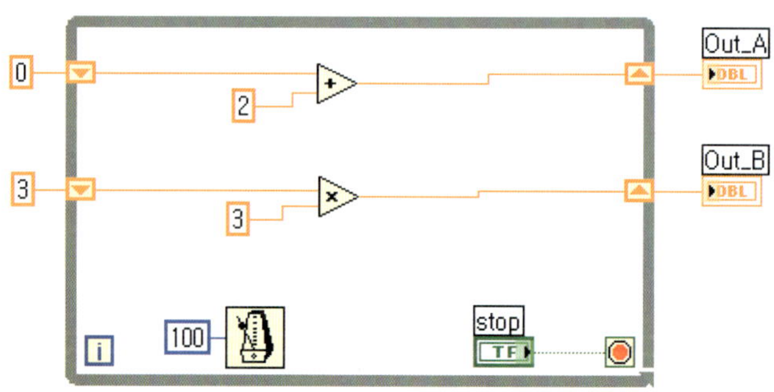

Fig. 2-39 복수 Shift Register 예제 3

다층 Shift Register

다층 Shift Register는 여러 이전 루프의 데이터들을 저장하여, 그 값을 다음 루프로 전달하는 Shift Register이다.
다층 Shift Register는 루프의 왼쪽 경계선에만 추가된다. FIFO (First In First Out) 스택 같은 개념으로 보면 이해하기 쉽다.

다층 Shift Register 생성 방법 :

- 루프 경계선 위에 마우스 포인터를 놓고, 오른쪽 버튼을 클릭하여 바로가기 메뉴를 팝업한 후 〈Add Shift Register〉 를 선택하여, 1개의 Shift Register를 생성한다.
- 왼쪽 루프 경계선에 생성된 입력 Shift Register 위에 마우스 포인터를 놓고, 오른쪽 버튼을 클릭하여 바로가기 메뉴를 팝업한 후 〈Add Element〉 를 선택하여, 입력 Shift Register 1개를 추가한다.
- 상기와 같은 방법으로 1개를 더 추가한다.
- 추가되는 〈Add Element〉 1개에는 전 루프과정에서 생성된 데이터가 보관된다.

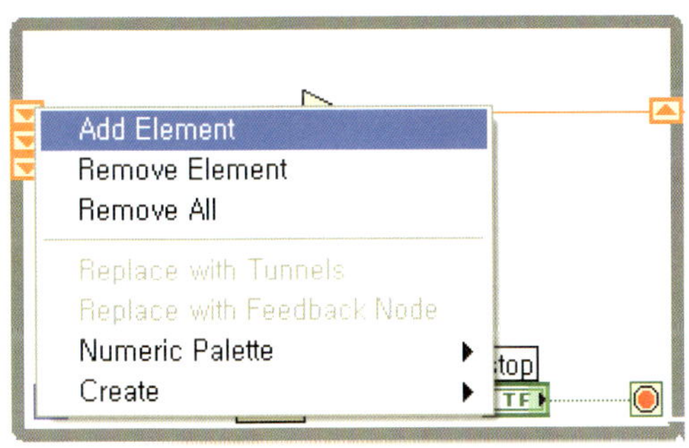

Fig. 2-40 Shift Register 추가

아래의 VI는 다층 Shift Register의 동작을 이해하는데 도움이 될 것이다.

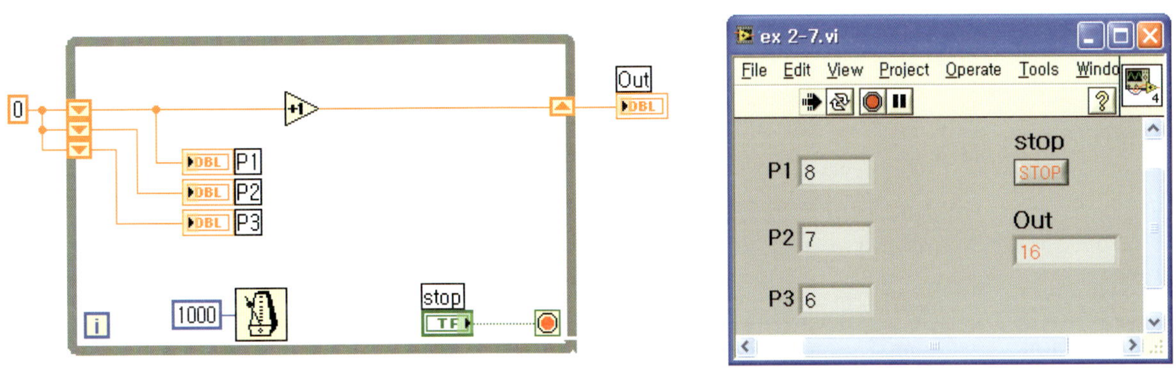

Fig. 2-41 다층 Shift Register 예제 4

8. Loop Timing

현재 루프가 실행을 완료하면 Delay(지연) 없이 곧바로 다음 루프가 시작된다. 그러나 LabVIEW는 시스템 OS 커널에서 실행되는 응용 프로그램으로, 키보드나 마우스 등의 인터럽트 이벤트가 발생시, VI 루프의 실행시간은 미세하게 변한다.

따라서 정확한 주기적 시간으로 동작해야할 필요가 있는 VI는 반드시 Loop Timing 함수 중 알맞은 것을 삽입해야 만 한다.
예를 들면, 1초에 한 번씩 데이터 수집(DAQ) 하는 VI는 1초에 한 번씩 루프가 정확히 반복 실행하도록 알맞은 Loop Timing 함수를 선정해야 한다.

Loop Timing 함수들은 Functions 팔레트 〉 Programming 〉 Timing 그룹에 있다.

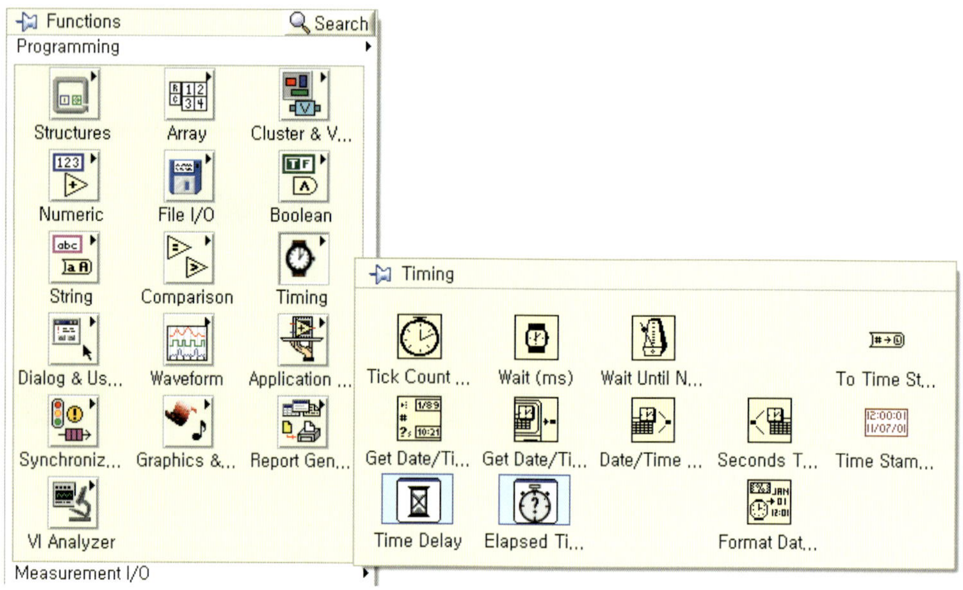

Fig. 2-42 Loop Timing 함수들의 위치

Wait Timing 함수

Wait Timing 함수를 루프 안에 삽입하면, LabVIEW는 VI를 수행 완료한 후 일정 시간동안 기다리게 하고 그 시간동안 Windows 커널에서 마우스 움직임 같은 인터럽트 이벤트를 처리한다.
Wait Timing 함수는 PC 온보드의 millisecond (ms) 클럭을 이용한다.

Wait Until Next ms Multiple :

가장 많이 사용하며, 밀리초 카운터를 모니터링하고 밀리초 카운터가 지정한 수의 배수에 도달할 때까지 기다린다.

이 함수를 적용하면 여러 작업을 동기화(Synchronize)할 수 있으며, 루프의 실행 속도를 제어할 수 있다.

단, 이 함수를 사용할 때는 루프의 실행 시간이 입력한 지연시간보다 짧아야만 한다.

Millisecond to wait :

밀리초 카운터가 지정한 입력과 같은 수를 카운트할 때 까지 기다린다.

이 함수를 사용하면 비동기로 루프의 실행 속도를 제어한다.

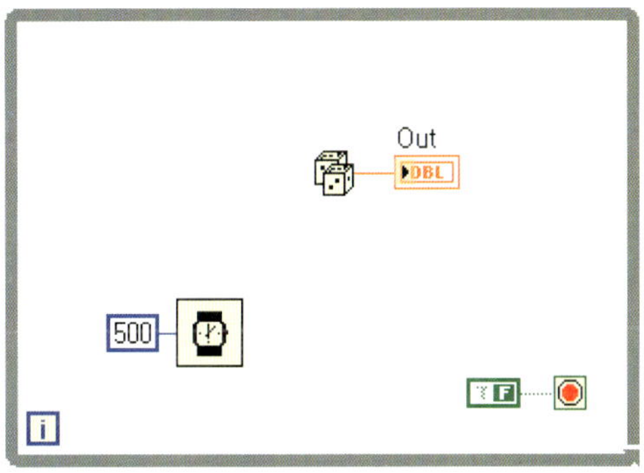

Fig. 2-43 Millisecond to wait 함수

Elapsed Time 함수

Elapsed Time 함수는 VI의 특정영역의 실행된 시간이 얼마나 경과했는지를 파악하는 Express VI이다.

이 함수의 시간 단위는 Second (s) 이다.

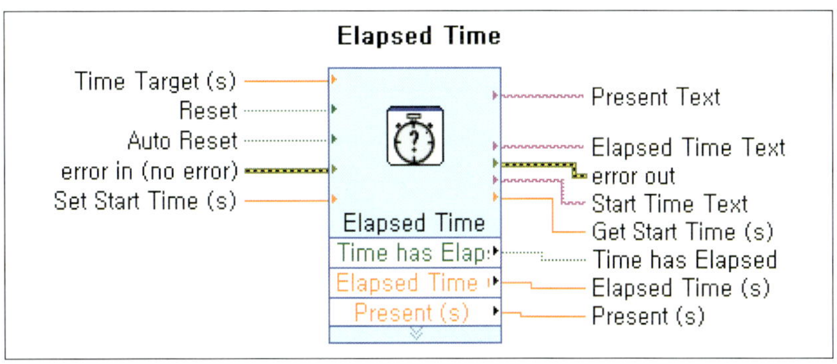

Fig. 2-44 Elapsed Time Express VI

9. Shift Register / Loop Timing 예제 (#2-3)

예제 (#2-2) Example #2-2.vi 에 Shift Register 및 Loop Timing을 적용하여, 데이터 수집 주기 변경 및 평균값을 계산하는 VI를 프로그래밍 한다.

문제

Rain (mm/hour) 데이터 수집 주기를 가변해서 VI 실행속도를 제어하고, Dam Level 데이터의 5개 평균을 구한다.
평균을 구할 때는 FIFO 같은 개념으로, 5회 루프 윈도우 영역에서 평균을 구한다. 즉, 6회 루프에서 데이터를 수집하면 1회 루프에서 수집한 데이터를 버리고, 항상 5회분의 데이터를 스택에 보관하여 사용한다.

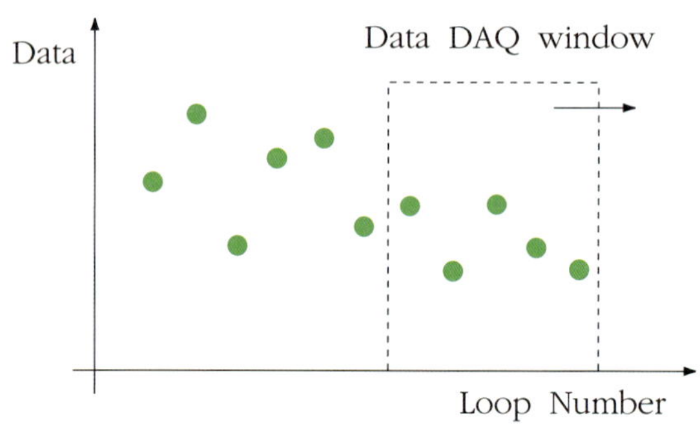

- Shift Register를 이용한 전 루프 데이터 접근
- Loop Timing 함수 중 알맞은 함수를 적용하여 일정한 주기로 데이터 수집 (DAQ) 샘플링 작업

프론트 패널 프로그래밍

A. 기존 VI를 오픈하고, 재 저장한다.

- LabVIEW를 실행하여 Getting Started 창을 연다.
- Open 〉 c:₩temp₩Example #2-2.vi
- File 〉 Save As 〉 c:₩temp₩Example #2-3.vi

B. 숫자형 컨트롤과 인디케이터를 추가한다.

- 데이터 수집 (DAQ) 샘플링 주기 가변용 컨트롤 Interval (s)를 생성, 블록 다이어그램에서 생성되는 Loop Timing 함수와 연결.
- Dam Level 데이터의 5개 평균값을 출력할 인디케이터 생성
- 적절하게 위치 배치하고 폰트 크기, 스타일 및 색상 변경
- Vi를 저장한다.

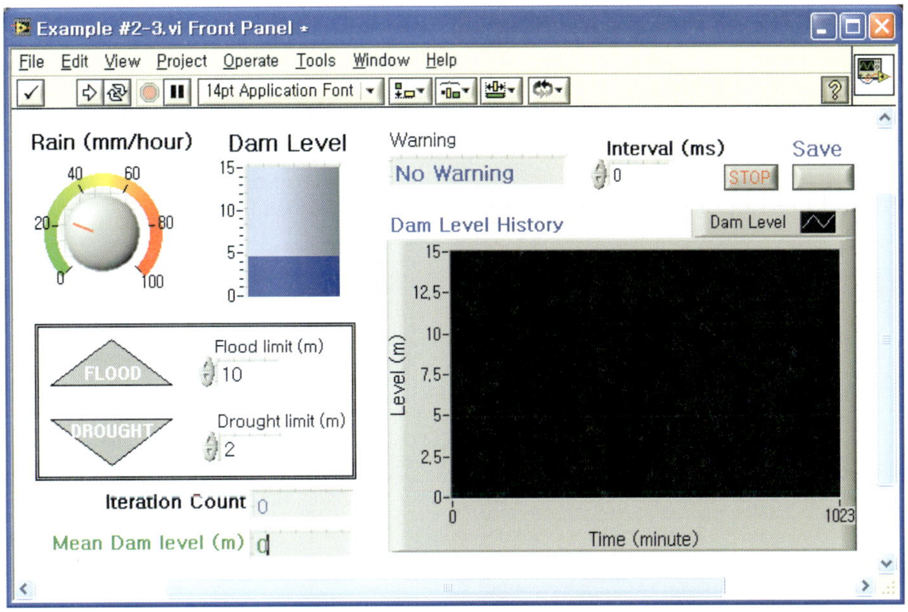

블록 다이어그램 프로그래밍

A. Loop Timing 함수 삽입

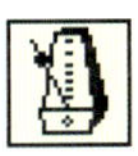

- While 루프 안에 Loop Timing 함수 중 Wait Until Next ms Multiple 선택
- 프론트 패널에서 생성한 Interval (s) 컨트롤에 대응하는 터미널을 While 루프 안으로 이동
- 터미널 Interval (s) 와 Wait Until Next ms Multiple 함수 와이어링

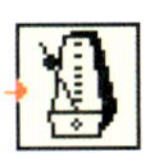

- Timing 함수 입력 커넥터 팬에 강제 변환점 발생되었음.
  Wait Until Next ms Multiple 의 단위는 정수형의 millisecond 이므로, 연결된 2개의 터미널 데이터 타입이 바르지 않다.

  강제 변환점 발생은 VI 실행에 오류를 일으키지는 않지만 메모리를 필요 이상 차지한다.

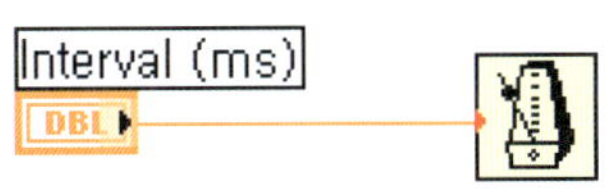

- 터미널 Interval (s) 위에 마우스 포인터를 위치하고 오른쪽 버튼을 눌러 바로가기 메뉴를 팝업 시킨다.
  바로가기 메뉴 〉 Representation 〉 U32 선택

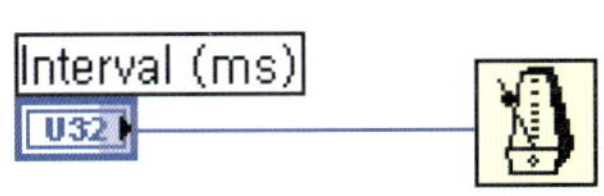

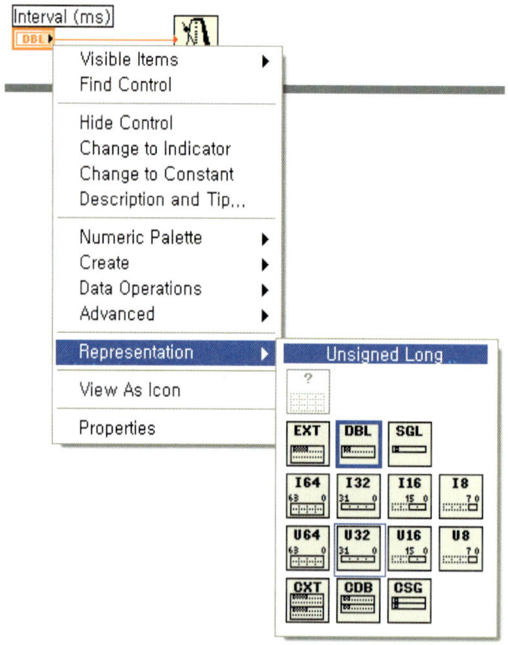

B. Shift Register 생성

▶ 루프 경계선 위에 마우스 포인터를 놓고, 오른쪽 버튼을 클릭하여 바로가기 메뉴를 팝업한 후, Add Shift Register 를 선택

▶ 다층 Shift Register 를 3개 추가 생성한다.

▶ 다층 Shift Register 생성 방법 :

왼쪽 루프 경계선에 생성된 입력 Shift Register 위에 마우스 포인터를 놓고, 오른쪽 버튼을 클릭하여 바로가기 메뉴를 팝업한 후, Add Element 를 선택하여 추가한다. 총 4개의 입력 Shift Register 생성 (4개의 이전 루프 데이터 값에 접근)

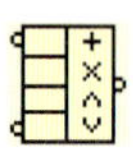

▶ Compound Arithmetic 함수를 놓는다.

Functions 〉 Numeric 〉 Compound Arithmetic

마우스로 함수의 크기를 아랫방향으로 늘려 왼쪽 입력 칸이 모두 5개가 되도록 조정.

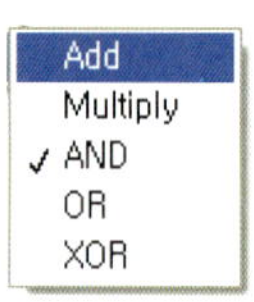

▶ 계산 모드 변경 (모두 합으로)

바로가기 메뉴 〉 Change Mode 〉 Add

현재 루프일 때의 데이터 값과 4개의 이전 루프 때의 데이터 값들을 입력받아 합으로 계산하여 리턴

▶ 터미널 Dam Level의 출력 값을 오른쪽 Shift Register로 연결

오른쪽 Shift Register 입력은 현재 루프일 때의 데이터 값을 입력한다.

▶ 〈Compound Arithmetic〉와 다층 Shift Register를 연결

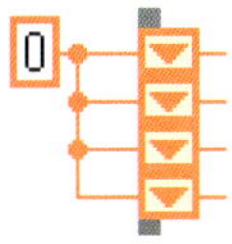

▶ 다층 Shift Register 의 초기화

왼쪽 입력단에 상수 0을 생성하여 연결한다.

C. Divide 함수로 평균값 계산

▶ Divide 함수를 놓는다.

▶ Divide 함수의 커넥터 팬 〈x〉과 〈Compound Arithmetic〉 출력과 연결

▶ Divide 함수의 커넥터 팬 〈y〉에 상수 5 생성

5번 루프가 실행되면서 수집한 5개 데이터의 평균값 산출

▶ 인디케이터 Mean Dam level (m) 과 Divide 와 연결

D. VI 저장한다.

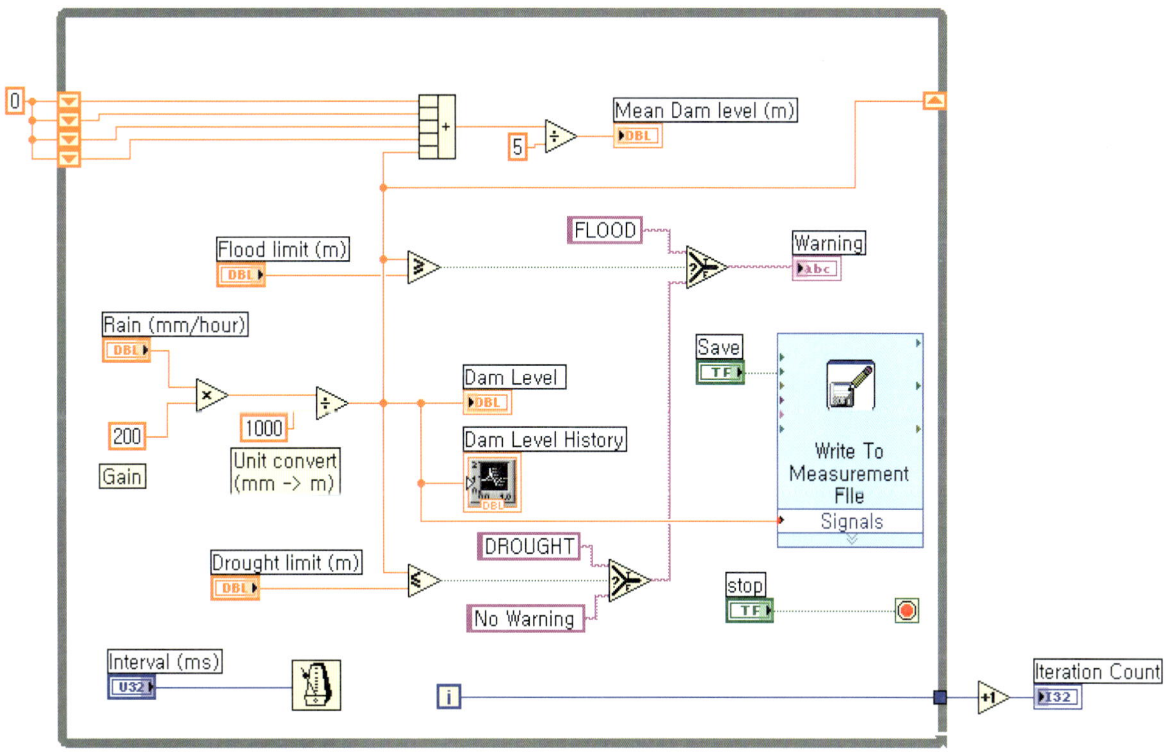

VI 실행

A. 프론트 패널 또는 블록 다이어그램 윈도우 메뉴에 있는 실행 버튼을 누르면 VI는 실행된다.

▶ VI 실행

▶ 프론트 패널에 있는 Interval (ms) 컨트롤에 100 밀리초를 입력

▶ Rain (mm/hour) 컨트롤 노브를 이용하여 임의 값 입력

▶ 평균값 변화 확인

▶ Interval (ms) 컨트롤 입력값 변화 (250, 500, 1000)

▶ 그래프 차트 (Dam Level History) 입력이 매 루프의 데이터 일 경우

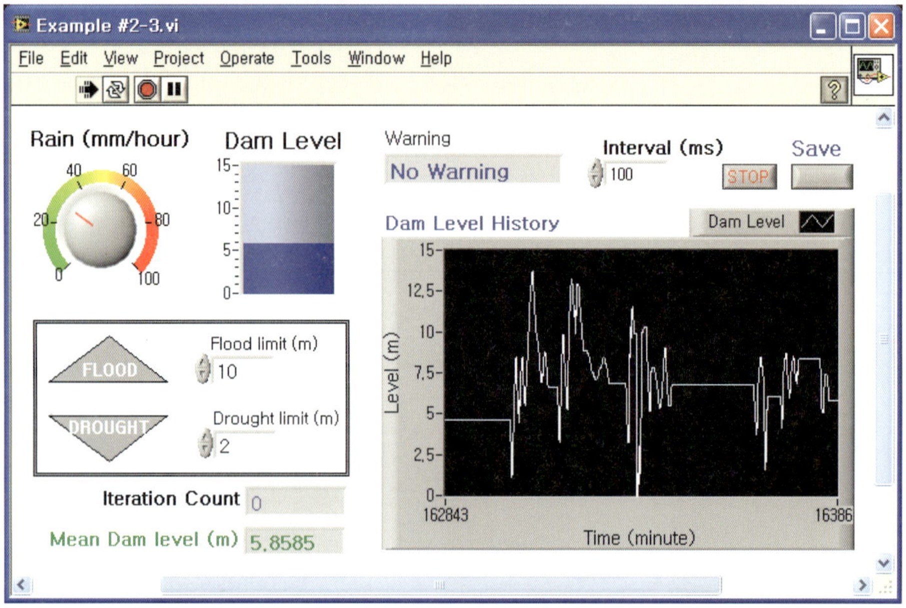

▶ 그래프 차트 (Dam Level History) 입력이 5회 루프의 평균 데이터 일 경우

▶ 블록 다이어그램에서 Dam Level History 입력을 Mean Dam level (m)로 수정한 후, VI를 수행한다.

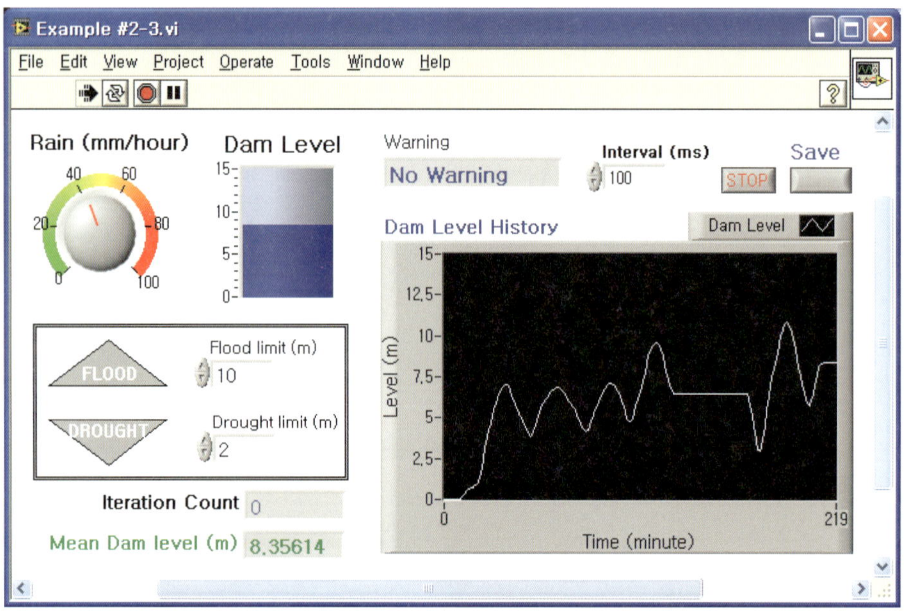

10. Graph Plots

데이터 출력을 그래픽으로 디스플레이하는 차트, 그래프 및 XY-그래프 등에 대하여 설명한다.

Waveform Chart

웨이브폼 차트는 하나 이상의 연속적인 데이터를 디스플레이하는 특별한 숫자형 인디케이터 이다. 또한, 웨이브폼 차트는 하나 또는 여러 개의 Plot을 동시에 디스플레이할 수 있다.

아래의 그림은 일반적인 웨이브폼 차트의 요소들을 보여준다.

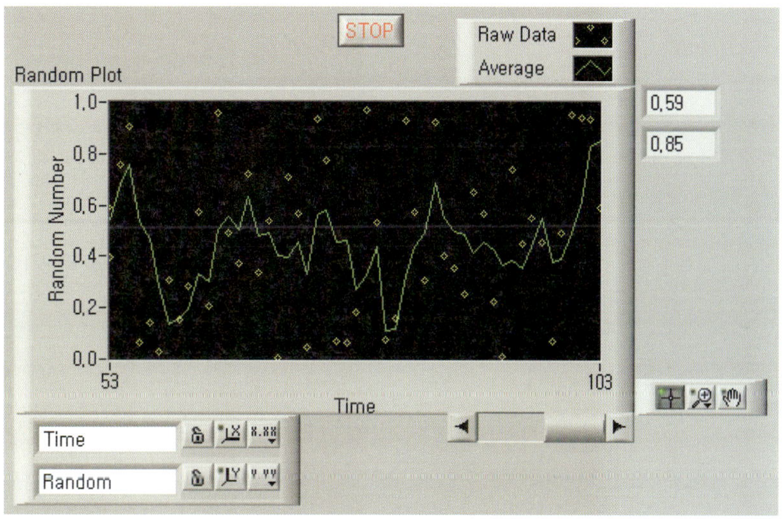

Fig. 2-45 Waveform Chart

웨이브폼 차트 Visible Items 변경 가능 주요소들

- ▶ X / Y Scale
- ▶ Plot / Scale Legend
- ▶ Graph Palette
- ▶ Digital Display
- ▶ X Scrollbar

VI의 반복적인 루프 수행으로 발생되는 새로운 데이터를 동일한 웨이브폼 차트에 디스플레이하기 위해, 3가지 (Strip Chart, Scope Chart, Sweep Chart) 업데이트 하는 방법이 있다. 업데이트 모드 변경은 웨이브폼 차트위에 마우스 포인터를 놓고 오른쪽 버튼을 클릭하여 바로가기 메뉴를 팝업 시킨다.

▶ 바로가기 메뉴 〉 Properties 〉 Update mode

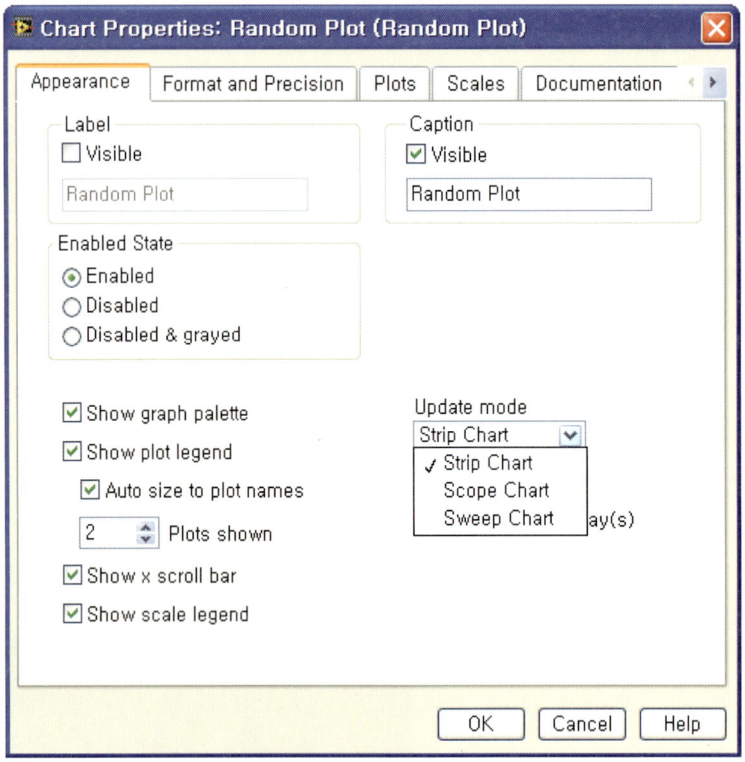

Fig. 2-46 Waveform Chart의 Update mode 변경

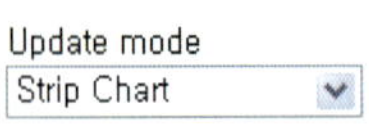

Strip Chart :

웨이브폼 차트 생성시 지원하는 디폴트 모드이다. 이전 데이터는 왼쪽, 새로운 데이터는 오른쪽에 연속적으로 스크롤하면서 데이터를 디스플레이 하는 모드이다.

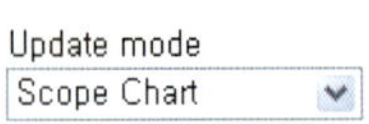

Scope Chart :

새로운 데이터를 왼쪽에서 오른쪽으로 흐르면서 디스플레이 하고, plot이 오른쪽 경계에 도달하면 그래프 화면을 전체 지우고, 다시 왼쪽 경계부터 다시 그리기 시작하는 모드이다. 이 모드는 오실로스코프와 비슷하며 일정영역만 갱신하면서 디스플레이 됨으로 Strip Chart 보다 실행 속도가 빠르다.

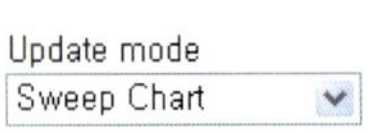

Sweep Chart :

이 모드는 Scope Chart와 매우 유사하나, 수직선을 기준으로 왼쪽 영역에는 새로운 데이터를 디스플레이하고, 오른쪽 영역에는 이전 데이터를 디스플레이하는 모드이다. Scope Chart 모드처럼 오실로스코프와 비슷하며 일정 영역만 갱신하면서 디스플레이 됨으로 Strip Chart 보다 실행 속도가 빠르다.

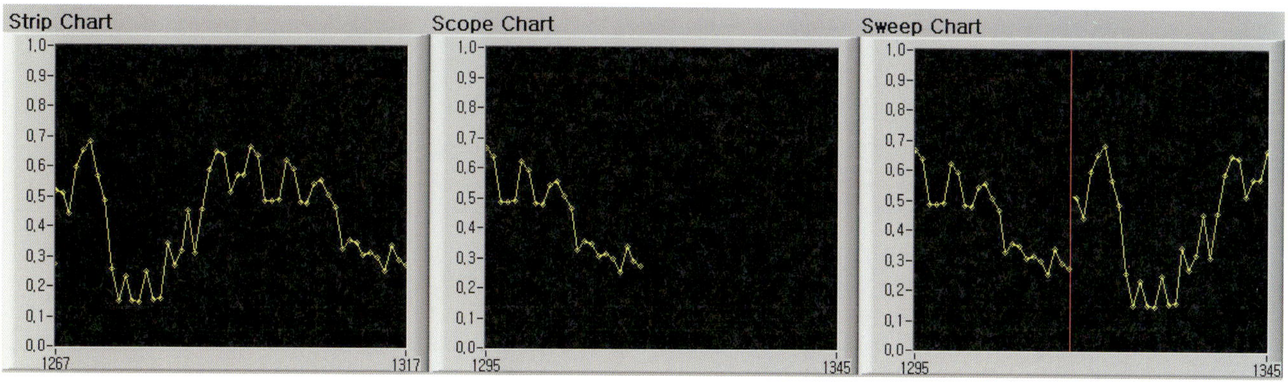

Fig. 2-47 3종류의 업데이트 모드 특성

Single Waveform Chart 디스플레이 :

하나의 스칼라 타입 데이터를 디스플레이 한다.

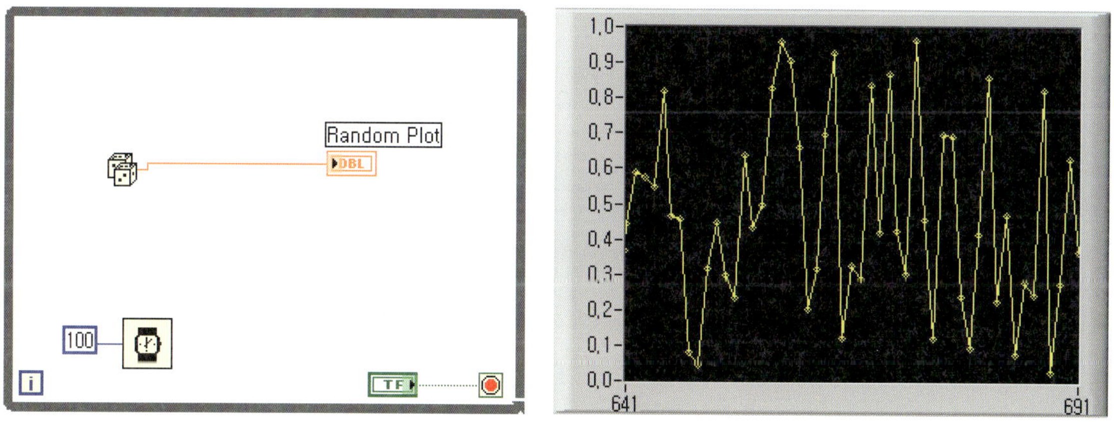

Fig. 2-48 Single Waveform Chart 예

Multi Waveform Chart 디스플레이 :

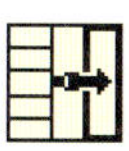

여러 개의 스칼라 타입 데이터를 〈Bundle〉 함수를 사용하여, 다수의 스칼라 데이터들을 묶어서 디스플레이 한다.

묶는 방법은 블록 다이어그램 윈도우에서
Functions 팔레트 〉 Programming 〉 Cluster & Variant 〉 Bundle 함수를 드래그해서 생성하고, 묶을 수만큼 마우스로 크기 조정한다.

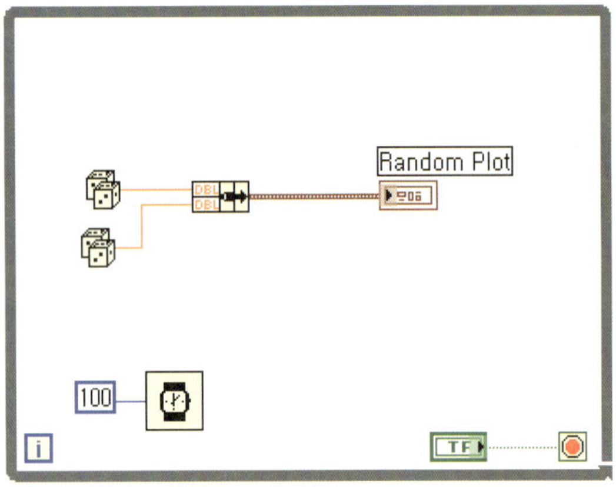

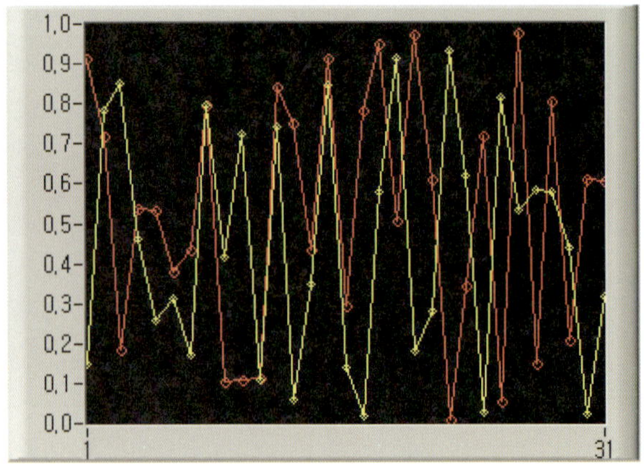

Fig. 2-49 Multi Waveform Chart 예

Stack plots :

Multi Waveform Chart 에서 각각의 그래프를 분리하여 디스플레이하고 싶을 경우에 사용하는 모드이다.

바로가기 메뉴 〉 Properties 〉 Update mode 〉 Stack plots 에 체크한다.

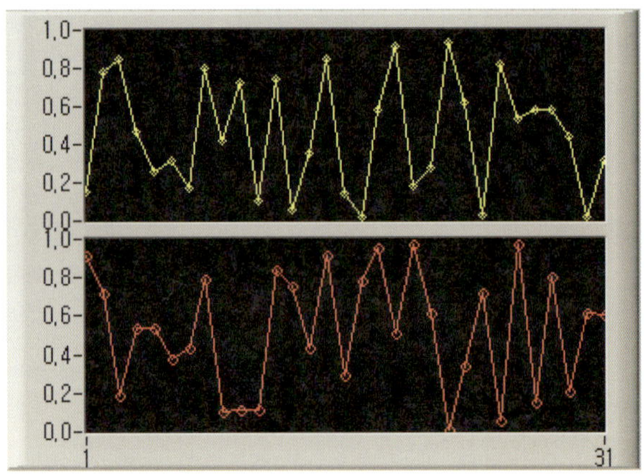

Fig. 2-50 Multi Waveform Chart의 Stack plots

Waveform Graph

Graph는 X축과 Y축 두 가지 좌표 값이 필요하며 Y축 데이터는 항상 배열이어야 한다. 웨이브폼 그래프는 Y=f (X) 처럼 균일한(일정한 간격) X축에 따라 발생된 데이터를 디스플레이 하는데 적합하다.

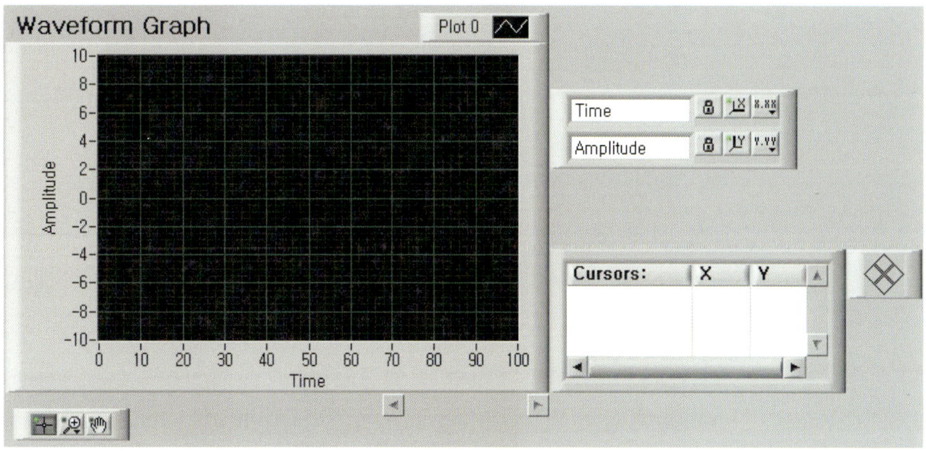

Fig. 2-51 Waveform Graph

일반적으로 웨이브폼 그래프를 사용하기 위해서는 X축 시작값(X_0), X축 증분값(ΔX), Y축 배열 데이터 값이 반드시 필요하다. 이러한 여러 형태의 데이터를 묶어서 하나의 데이터 타입으로 변환하여 웨이브폼 그래프에 입력한다.

여러 형태의 데이터를 하나의 데이터 형태로 변환하는 작업을 클러스터 (Cluster)라 하며, Functions 팔레트 〉 Programming 〉 Cluster & Variant 그룹에 여러 종류의 클러스터 함수가 있다.

클러스터는 같은 데이터 타입 또는 다른 타입이라도 서로 묶어서 전달되므로, 와이어 결선시 매우 간결하게 VI를 프로그래밍 할 수 있다.
클러스터 함수에 대한 더 자세한 내용은 다음 장에서 설명하겠다.

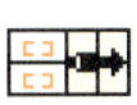

일반적으로 웨이브폼 그래프에 많이 사용하는 클러스터는 아래와 같은〈Bundle〉 함수이다.
Functions 팔레트 〉 Programming 〉 Cluster & Variant 〉 Bundle

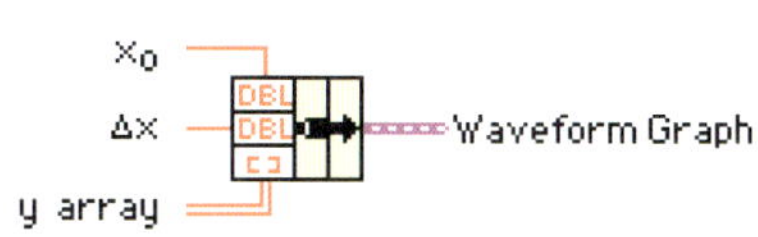

〈Bundle〉 함수의 위쪽부터 X축 시작값(X_0), X축 증분값(⊿X), Y축 배열 데이터값을 와이어링 하면 그래프를 웨이브폼 그래프(Waveform Graph)로 디스플레이할 수 있다.
만약 〈Bundle〉 함수를 사용하지 않고 배열형 Y값만 연결하면, 디폴트로 X축 시작값(X_0)은 0 으로 X축 증분값(⊿X)은 1로 설정된다.

- X0 : X축 시작값 (디폴트 0)
- ⊿X : X축 증분값 (디폴트 1)
- Y array : Y축 배열 데이터

Single Waveform Graph 디스플레이 :

Y축 배열 데이터가 단일 배열 (1-D)이면 단일 그래프를 디스플레이 한다.
For 루프를 이용하여 30개의 난수를 발생시켜 웨이브폼 그래프에 디스플레이 해보자.
아래의 VI처럼, For 루프가 30번 반복되면서 발생한 난수는 루프를 벗어나면서 1차원 배열(1-D) 타입으로 데이터를 생성한다.

1차원 배열이 되는 이유는 For 루프 경계에 있는 Indexing이 Enable 상태 (작은 네모박스 속이 대괄호 모양일 때) 이기 때문이다.

만약, Disable Indexing 상태일 경우(작은 네모박스 속이 솔리드 모양일 때), 30회의 루프 실행 후 Indexing을 통하여 전달되는 값은 제일 마지막 루프 (30번째) 결과 값 1개(스칼라)만 전달된다. 이 경우 그래프로 출력하면 점하나가 디스플레이 된다.

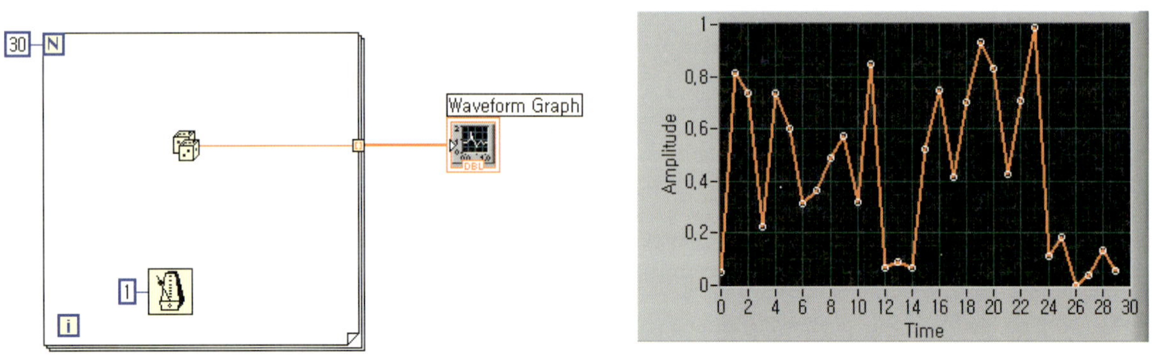

Fig. 2-52 Single Waveform Graph 예제 1

또한, 〈Bundle〉 함수를 이용하여 X축 시작값(X_0)과 X축 증분값(⊿X)에 따른 데이터를 디스플레이 한다.
아래의 VI는 X축 시작값(X0)을 5, X축 증분값(⊿X)을 0.5 씩 증가되는 X축에 Y값을 대응시켜 그래프를 그린다.

상기 예제와 비교하여 보면, X축 시작점과 증분이 각각 디폴트값 0과 1 이 아닐 경우 반드시 클러스터로 묶어서 사용해야 하는 것을 알 수 있다.

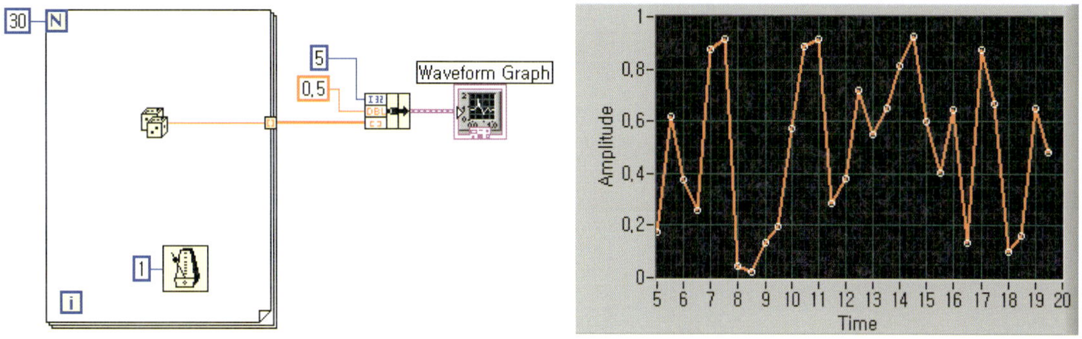

Fig. 2-53 Single Waveform Graph 예제 2

Multi Waveform Graph 디스플레이 :

Y축 배열 데이터가 2차원 배열(2-D) 이상일 때 복수 그래프를 디스플레이 한다. 또한 배열 클러스터의 내부 배열의 원소개수가 일정하지 않아도 된다.

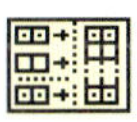

2개 이상의 1-D 배열을 결합하는 함수는 Functions 팔레트 〉 Programming 〉 Array 〉 Build Array 이다.

데이터 수집 채널이 2개인 다음 예제를 살펴보자.
두 개의 Y값들이 디폴트 시작값과 증분값을 가지고 디스플레이 되었다.

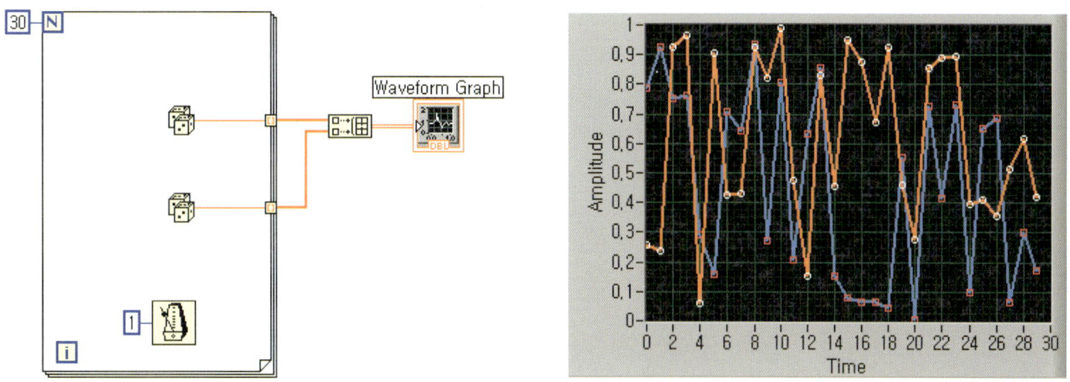

Fig. 2-54 Multi Waveform Graph 예제 1

또는, 〈Bundle〉 함수를 이용하여 동일한 X축 시작값(X_0)과 X축 증분값(ΔX)에 따른 2개의 독립적 데이터를 디스플레이 한다.
X축 시작값(X_0)을 5, X축 증분값(ΔX)을 0.5 씩 증가되는 동일한 X축 데이터에 2개의 Y값을 대응시켜 멀티 그래프를 그린다.

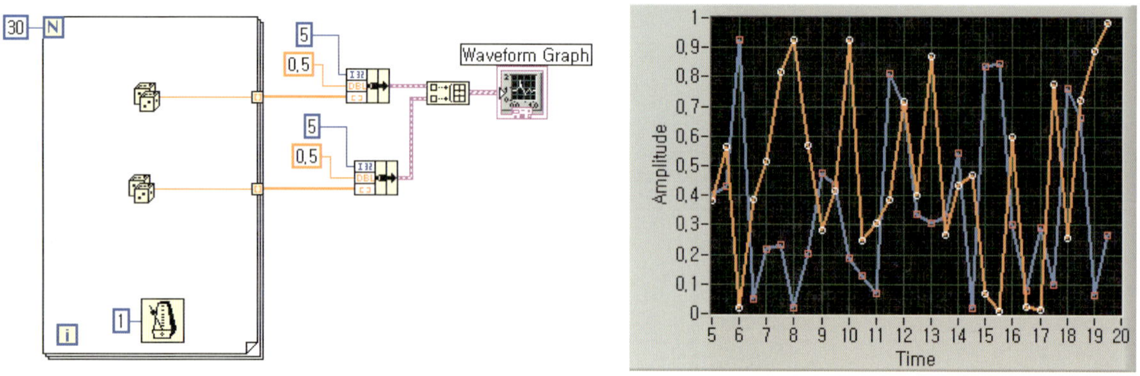

Fig. 2-55 Multi Waveform Graph 예제 2

아래의 VI는 〈Bundle〉 함수를 이용하여 서로 다른 X축 시작값(X_0)과 X축 증분값(⊿X)을 가지는 2개의 독립적 데이터를 동시에 디스플레이 한다.

하나의 Y축에 대응하는 X축 시작값(X_0)을 5, X축 증분값(⊿X)을 0.5 라 하고, 또 다른 Y축에 대응하는 X축 시작값(X_0)을 10, X축 증분값(⊿X)을 0.2 라 했을 경우, 하나의 X축에 대응하는 각각의 Y값을 대응시켜 멀티 그래프를 그린다.

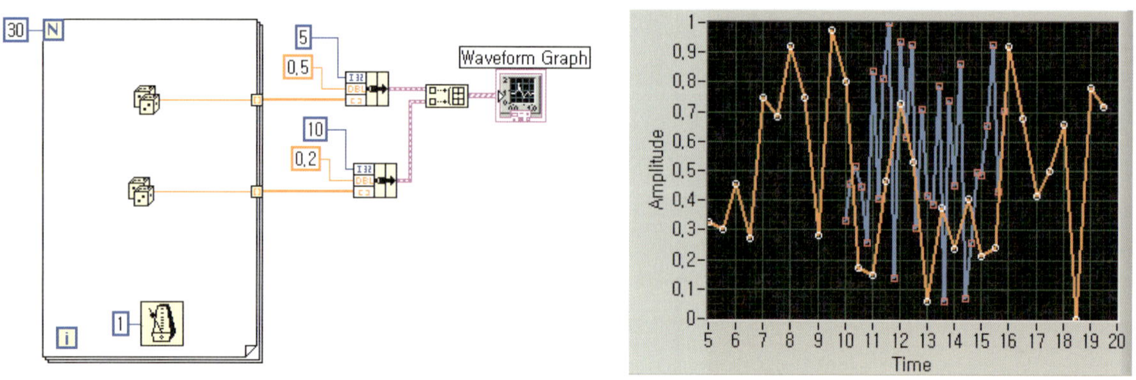

Fig. 2-56 Multi Waveform Graph 예제 3

XY Graph

XY Graph는 X축과 Y축 두 좌표 값이 반드시 필요하며 X축 및 Y축 데이터는 항상 배열이어야 한다. Waveform Graph와 다른 점은 X축이 균일(일정한 간격)하게 샘플링 되었는지 여부에 관계없이 데이터를 디스플레이할 수 있다.

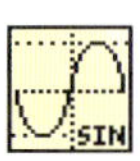

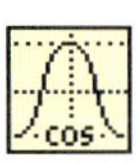

For 루프를 이용하여 SIN(x) 함수의 결과를 X축 데이터로 설정하고, COS(x) 함수의 결과를 Y축 데이터로 설정해서 XY 그래프로 그려보자.

SIN(x)와 COS(x) 함수는 Functions 팔레트 〉 Mathematics 〉 Elementary & Special Functions 〉 Trigonometric Functions 〉 Sine 에 있다.

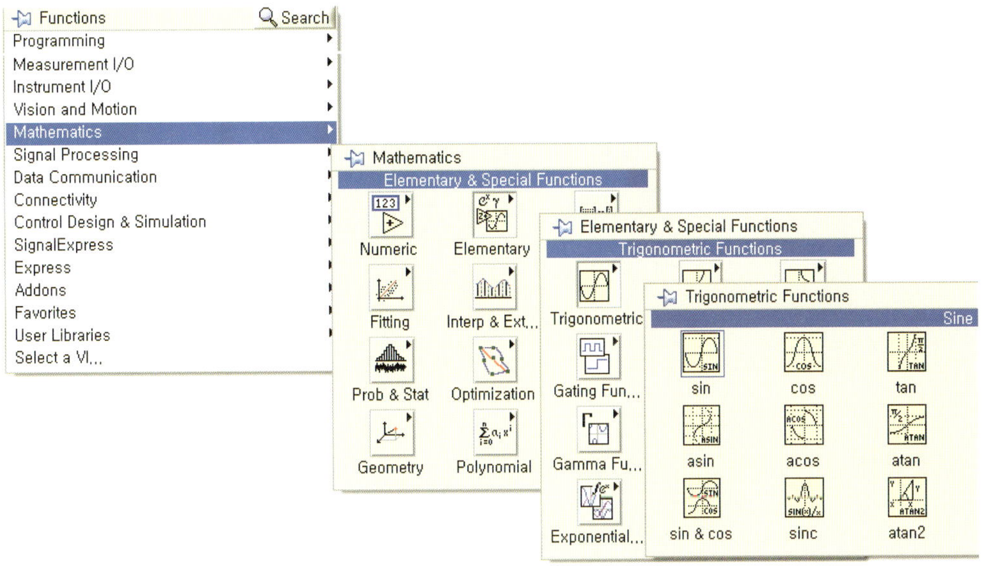

Fig. 2-57 SIN(x)와 COS(x) 함수의 위치

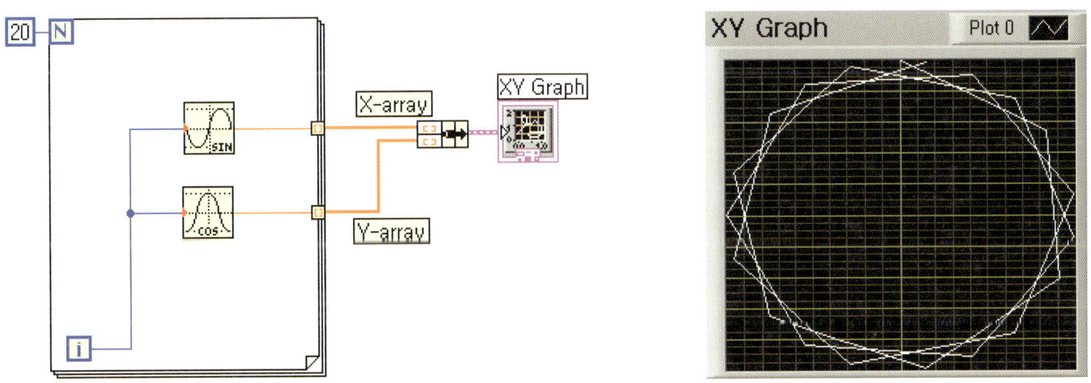

Fig. 2-58 XY Graph의 예제 1

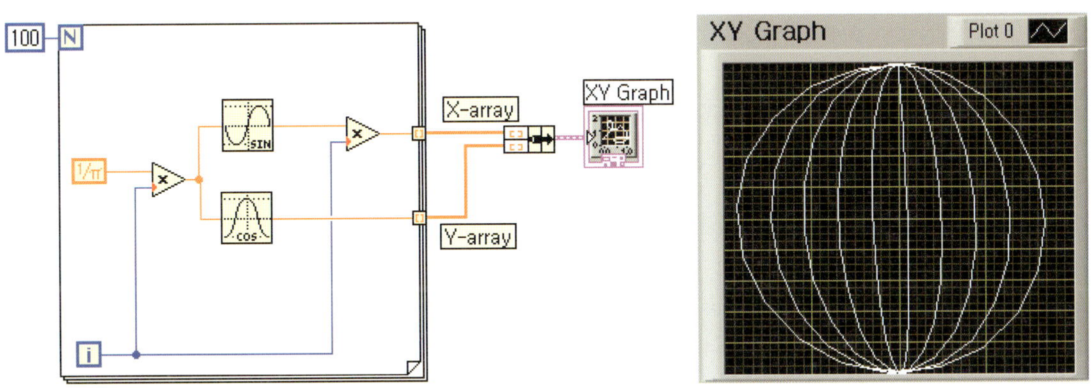

Fig. 2-59 XY Graph의 예제 2

11. Waveform Chart & Graph 예제 (#2-4)

온도 시뮬레이션 함수를 활용하여 웨이브폼 차트와 웨이브폼 그래프에 수집한 데이터들을 디스플레이 하고, 수집한 데이터 중에서 최소값, 최대값 및 평균값을 계산하는 VI를 프로그래밍 한다.

문제

For 루프를 40회 반복하는 동안 수집한 온도 데이터를 매회 웨이브폼 차트에 디스플레이 하고, 루프가 완료되면 웨이브폼 그래프에 디스플레이 한다. 또한 40회 동안 발생한 데이터 중에서 최소값, 최대값 및 평균값을 산출한다.

- ▶ 40회 동안 수집한 데이터를 1차원 배열(1-D)로 생성
- ▶ Array 함수와 통계 함수 이용하기
- ▶ 온도 시뮬레이션 함수 이용하기

프론트 패널 프로그래밍

A. 새로운 VI를 오픈하고 저장한다.

- ▶ LabVIEW를 실행하여 Getting Started 창을 연다.
- ▶ New 〉 Blank VI
- ▶ File 〉 Save As 〉 c:₩temp₩Example #2-4.vi

B. 그래프 인디케이터를 생성한다.

- ▶ Waveform Chart 인디케이터 생성
- ▶ Controls 팔레트 〉 Modern 〉 Graph 〉 Waveform Chart
- ▶ 바로가기 메뉴 〉 Properties 오픈

Appearance 탭 〉 Label 명 변경 ⟶ Temperature Chart
Show plot legend 체크
Plot 탭 〉 Name 명 변경 ⟶ Temp
Scales 탭 〉 Time (X-Axis) 〉 0 ~ 50 scale
deg C (Y-Axis) 〉 Autoscale 체크

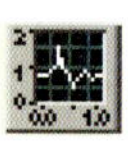

- ▶ Waveform Graph 인디케이터 생성
- ▶ Controls 팔레트 〉 Modern 〉 Graph 〉 Waveform Graph
- ▶ 바로가기 메뉴 〉 Properties 오픈

Appearance 탭 〉 Label 명 변경 ⟶ Temperature Graph
Show plot legend 체크

Plot 탭 〉 Name 명 변경 ⟶ Temp

Scales 탭 〉 Time (X-Axis) 〉 Autoscale 체크

deg C (Y-Axis) 〉 Autoscale 체크

C. 숫자형 인디케이터를 생성한다.

- ▶ Controls 팔레트 〉 Modern 〉 Numeric 〉 Numeric Indicator
  숫자형 인디케이터를 3개 생성한다.
  Label 이름을 각각 Mean, Max, Min 으로 변경한다.
- ▶ 적절하게 위치 배치하고 폰트 크기, 스타일 및 색상을 변경한다.
- ▶ Vi를 저장한다.

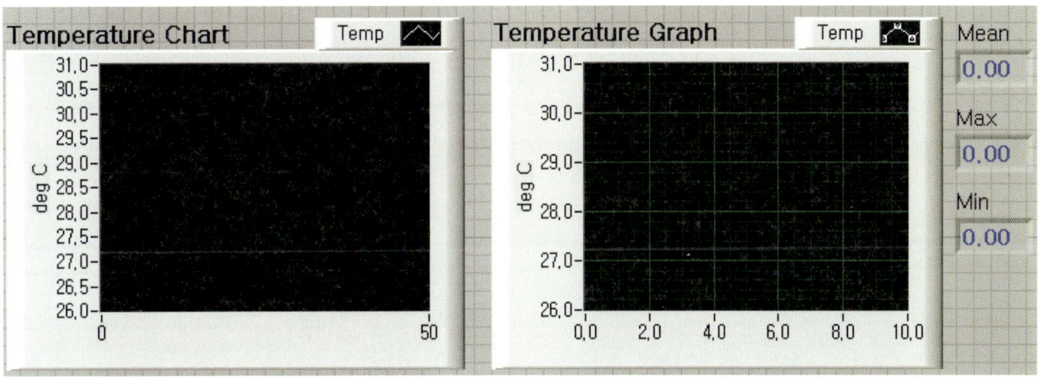

블록 다이어그램 프로그래밍

A. For 루프와 Loop Timing 함수 삽입

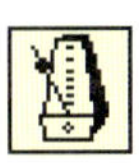

- ▶ For 루프를 선정하고, Count terminal에 40을 입력
- ▶ Loop Timing 함수 중 Wait Until Next ms Multiple 선정하고 100 [ms] 입력
- ▶ Waveform Chart의 터미널 (Temperature Chart)을 For 루프 안으로 이동
- ▶ Waveform Graph의 터미널 (Temperature Graph)을 For 루프 밖으로 이동

B. 디지털 서모메터 VI 함수 (Digital Thermometer.vi)를 불러온다.

- ▶ 블록 다이어그램 윈도우 〉 Help 〉 Find Examples 〉 NI Example Finder 오픈 〉 Search 탭에서 검색으로 찾기 또는
- ▶ Functions 팔레트 〉 Select a VI... 〉 찾는 위치
  C:₩Program Files₩National Instruments₩LabVIEW 8.6₩Activity₩
  Digital Thermometer.vi

- ▶ 디지털 서모메터 VI 함수의 왼쪽 입력 커넥터 팬에 불리언 참 상수(True constant)를 연결, True이면 섭씨 출력이고 False이면 화씨 출력.

C. Auto Indexing 활성화 (Enable)로 1차원 배열 데이터 생성

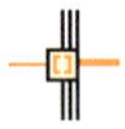

- 디지털 서모메터 VI 함수의 오른쪽 출력 커넥터 팬과 For 루프 오른쪽 경계를 와이어링 하면, 디폴트로 For 루프 경계에 Indexing이 Enable (작은 박스 안이 대괄호 모양) 된다.
- Indexing이 Enable 되면, For 루프가 완료된 후 데이터가 1차원 배열 타입으로 형성되어 For 루프 밖으로 전달된다.
- 이때 생성된 배열의 크기는 루프의 반복횟수인 1차원 40이다.

D. Array 함수 생성

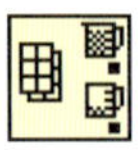

- 배열 데이터를 받아서 그 데이터 중에서 최대값과 최소값을 산출하는 함수(Array Max & Min)의 위치는 Functions 팔레트 〉 Programming 〉 Array 〉 Array Max & Min
- For 루프 경계의 Indexing 과 Array Max & Min 함수와 와이어링 모든 루프를 수행한 후, Indexing에 의해 생성된 1차원 배열 데이터 중에서 최대와 최소값 및 해당 배열의 위치를 출력함

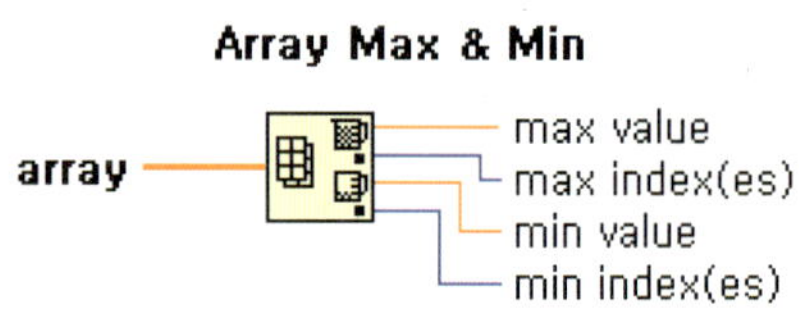

- Array Max & Min 함수의 출력 커넥터 팬 〈max value〉 위치에서, 바로가기 메뉴 팝업 〉 Create 〉 Indicator 선택으로 숫자형 인디케이터를 생성하거나, 상기 프론트 패널 윈도우에서 생성한 숫자형 인디케이터 (Max)와 와이어링 한다.
- 상기 동일한 방법으로 Min value 도 와이어링 한다.

E. 통계 함수 (평균값 산출 함수)

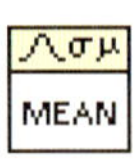

- 배열 데이터를 받아서 그 데이터의 평균값을 산출하는 함수 (Mean.vi) 위치는 Functions 팔레트 〉 Mathematics 〉 Probability & Statistics 〉 Mean
- Mean 함수의 출력 커넥터 팬 〈mean〉 위치에서, 바로가기 메뉴 팝업 〉 Create 〉 Indicator 선택으로 숫자형 인디케이터를 생성하거나, 상기 프론트 패널 윈도우에서 생성한 숫자형 인디케이터 (Mean)와 와이어링 한다.

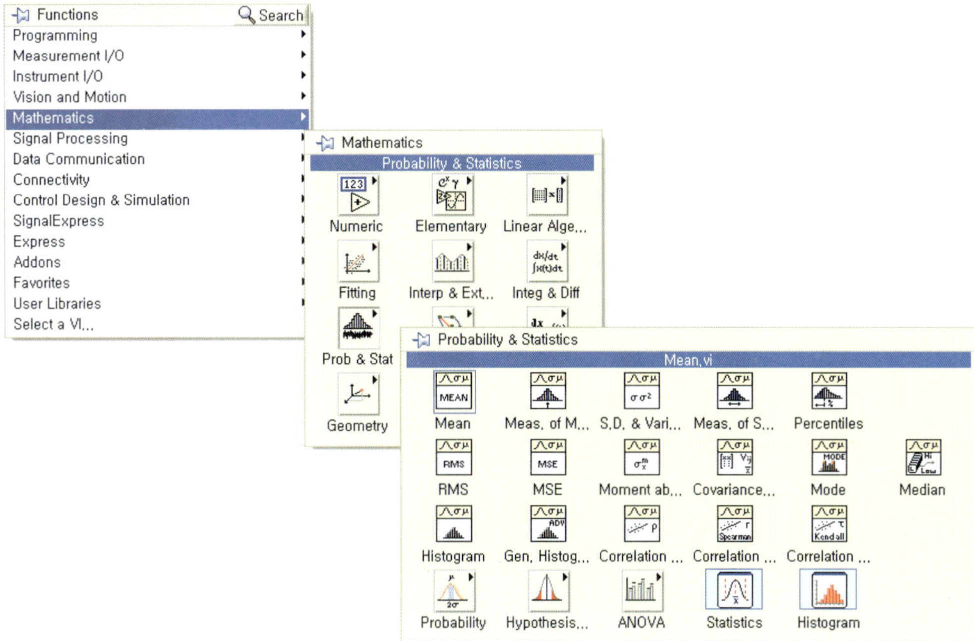

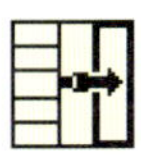

F. 묶기 함수 〈Bundle〉 을 적용하여 클러스터 데이터 타입 생성

- ▶ Bundle 함수의 위치는 Functions 팔레트 〉 Programming 〉 Cluster & Variant 〉 Bundle
- ▶ Bundle 함수의 크기를 조정하여 입력단이 3개가 되도록 조정
- ▶ 첫 번째 입력단은 X축 시작값(X_0)으로 숫자 상수 0을 만들어 연결
- ▶ 두 번째 입력단은 X축 증분값(ΔX)으로 숫자 상수 0.25를 만들어 연결
- ▶ 세 번째 입력단은 Y축 배열값으로 Indexing 과 연결

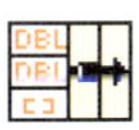

G. 클러스터 출력단과 웨이브폼 그래프의 터미널 (Temperature Graph)과 연결.

H. VI를 저장한다.

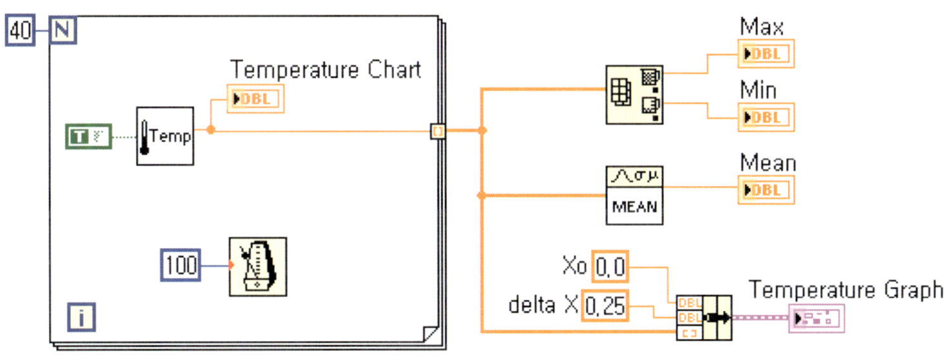

VI 실행

A. 프론트 패널 또는 블록 다이어그램 윈도우 메뉴에 있는 실행 버튼을 누르면 VI는 실행된다.

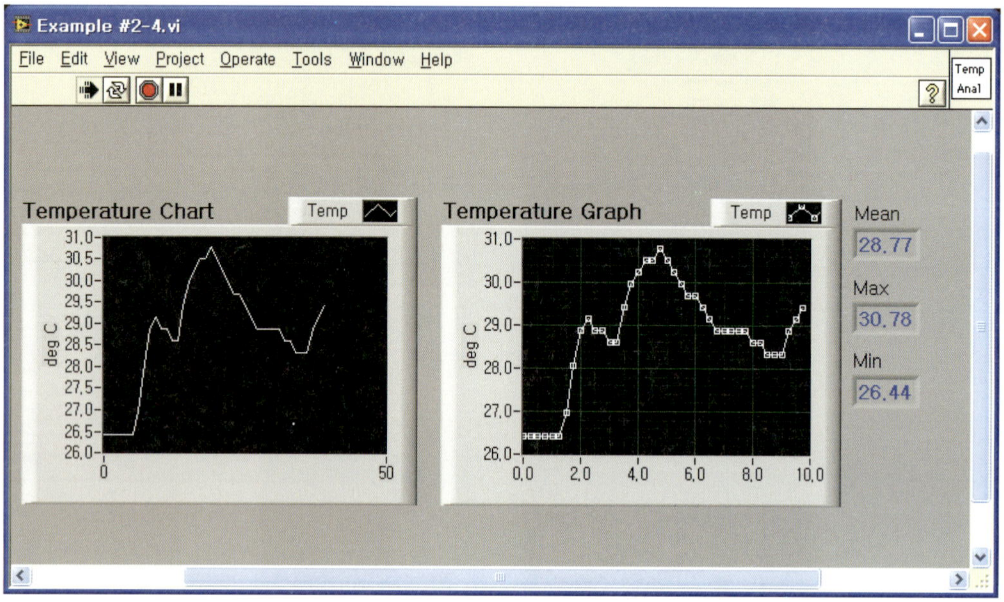

12. Case Structure

케이스 구조는 일종의 조건문이라고 생각하면 이해하기가 쉽다. 케이스 구조는 텍스트 기반 프로그래밍 언어 (예, C-언어, BASIC)의 switch 명령어 또는 if~then~else 명령어와 유사하다.

케이스 구조 함수의 위치는
Functions 팔레트 〉 Programming 〉 Structures 〉 Case Structure

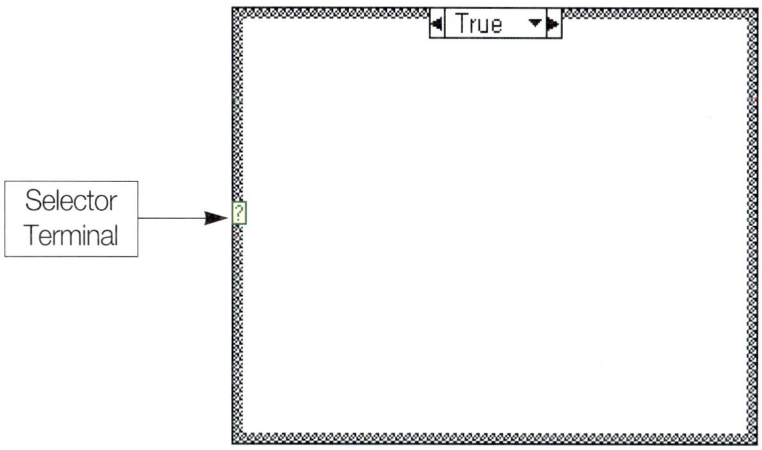

Fig. 2-60 Case Structure

Selector Terminal :

Selector Terminal의 데이터 타입에 따라 케이스 구조는 다음과 같이 4종류로 변환된다.

- ▶ Boolean 타입 ⟶ Boolean Case : 2개의 서브 다이어그램 (True / False)
- ▶ Integer 타입 ⟶ Integer Case : 2개 이상의 서브 다이어그램 (1 / 2 · · ·)
- ▶ String 타입 ⟶ String Case : 2개 이상의 서브 다이어그램 (AA / BB · · ·)
- ▶ Enumerated 타입 ⟶ Enumerated Case : 2개 이상의 서브 다이어그램 (1 / 2 · · · 또는 AA / BB · · ·)

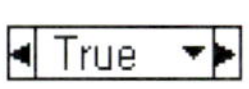

Selector Label :

케이스 구조문은 조건에 따라 한번의 루프에 오직 하나의 서브 다이어그램만 실행된다. Selector Terminal에 입력된 데이터에 대응하는 Selector Label의 서브 다이어그램을 실행한다.

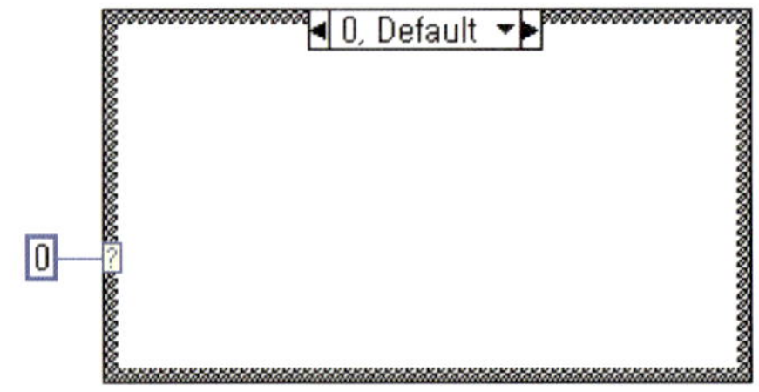

Fig. 2-61 Selector Label의 기능

Selector Label은 케이스 함수의 경계 상부에 있고, 가운데에 그 케이스 구조에 대응하는 서브 다이어그램의 Label이 있고, 좌우로 스크롤용 화살표 버튼이 있다.

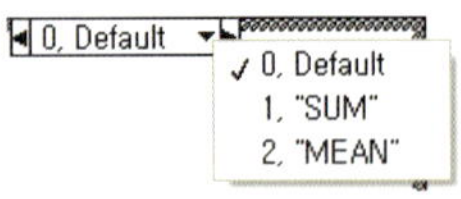

양쪽에 있는 증가 감소 스크롤 버튼 또는 Label 옆 화살표를 클릭하여 풀다운 메뉴에서 해당 서브 다이어그램을 선택한다.

Boolean Case Structure

Selector Terminal의 데이터 타입이 불리언일 경우, 케이스 구조는 True 서브 다이어그램과 False 서브 다이어그램을 가진다.
불리언 케이스 구조에서는 반드시 2개의 서브 다이어그램 (True / False) 만을 가진다.

다음 예제에서 Selector가 True 이면, True 서브 다이어그램 케이스 구조를 실행해서 2개 입력 (A와 B)의 합을 출력(Y)으로 내보낸다.
False 일 경우, 2개 입력 (A와 B)의 곱을 출력(Y)으로 내보낸다.

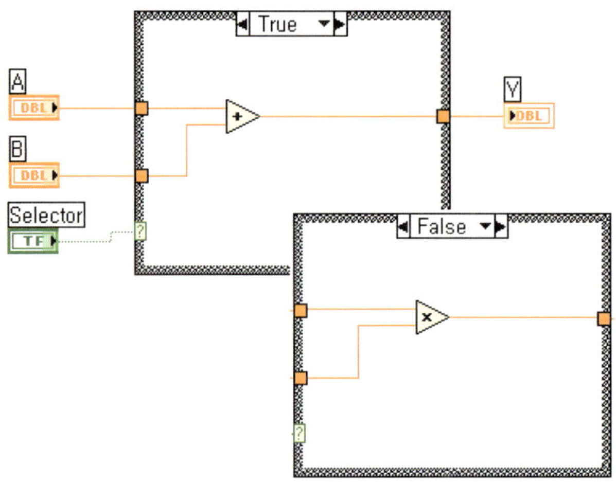

Fig. 2-62 Boolean Case Structure 예제

Integer Case Structure

Selector Terminal의 데이터 타입이 정수형 숫자일 경우, 케이스 구조는 1 / 2 / 3 / · · ·/ 서브 다이어그램들을 가진다. 정수형 케이스 구조는 2개 이상의 서브 다이어그램으로 구성된다.

Selector Terminal의 데이터 타입이 실수형으로 입력이 될 경우, 반올림하여 적용된다. 예를 들면 1.4가 입력되면 1 서브 다이어그램이 선택되어 실행되고, 1.5가 입력되면 2 서브 다이어그램이 실행된다.

만약 1, 2, 3 서브 다이어그램이 있는데 Selector Terminal에 4가 입력되면 어떠한 일이 발생되는가? 이러한 오류를 방지하기 위하여 Default Case를 지정해야 한다.
정수형 케이스 구조는 케이스를 생성할 때, 기본적으로 0 서브 다이어그램이 디폴트이지만, 다른 서브 다이어그램으로 변경 가능하다.

Default Case 변경 방법은 Selector Label 위에 마우스를 놓고 오른쪽 버튼을 클릭하여 바로가기 메뉴를 팝업시킨다.
바로가기 메뉴 〉 Make This The Default Case

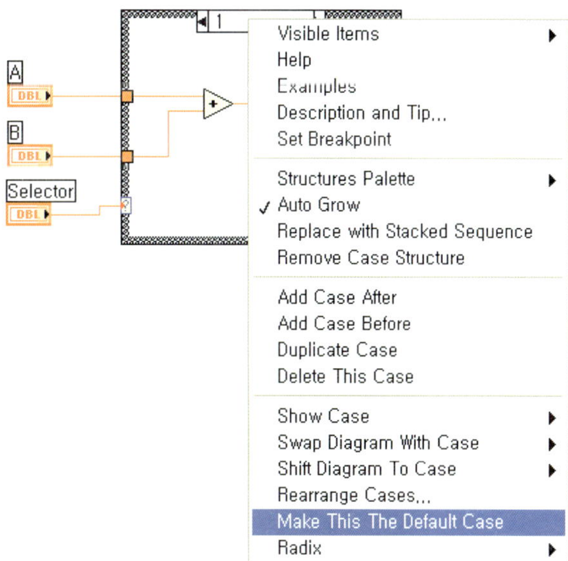

Fig. 2-63 Default Case 지정하는 방법

기본적으로 케이스 구조를 선정하면 2개의 서브 다이어그램이 생성된다. 2개 이상의 서브 다이어그램을 생성하려면, 바로가기 메뉴에서 〈Add Case After〉 또는 〈Add Case Before〉를 선택한다.

다음 예제에서 Selector가 0 이면, 0 서브 다이어그램 케이스 구조를 실행해서 2개 입력(A와 B)의 곱을 출력(Y)으로 내보낸다.
1 일 경우, 2개 입력 (A와 B)의 합을 출력(Y)으로 내보낸다.
2 일 경우, 2개 입력 (A와 B)의 차를 출력(Y)으로 내보낸다.
만약 Selector가 3 일 경우, 3에 대응하는 서브 다이어그램이 없기 때문에 Default Case인 0 서브 다이어그램을 실행하여 곱을 출력(Y)한다.
또한 Selector가 1.7 일 경우, 실수형 반올림 규칙에 따라 2 서브 다이어그램이 실행된다.

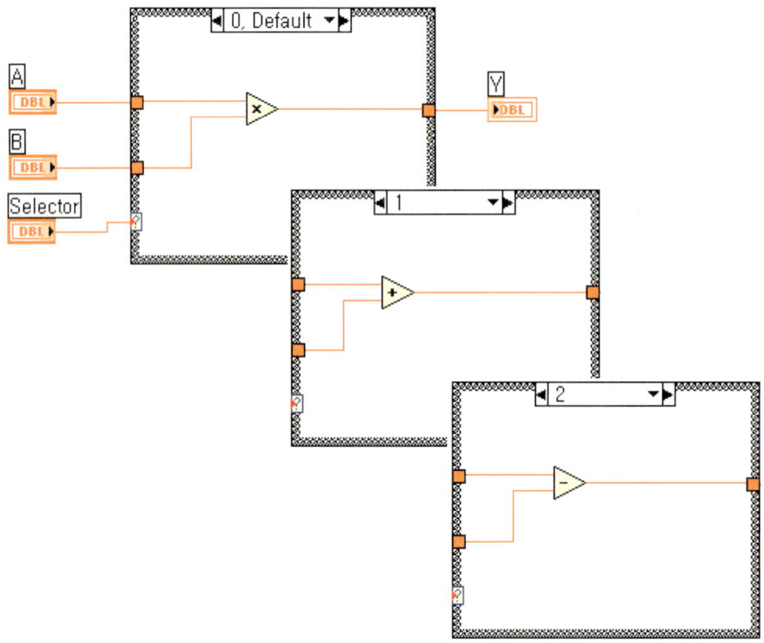

Fig. 2-64 Integer Case Structure 예제

String Case Structure

Selector Terminal의 데이터 타입이 문자열일 경우, 케이스 구조는 그 해당 문자열의 Label을 쓰는 서브 다이어그램들을 가져야 한다.

예를 들어 Selector Terminal의 문자열이 Apple / Banana / Cherry 로 입력된다면, 사전에 서브 다이어그램들의 Label은 Apple / Banana / Cherry 로 명명되어야 한다. Selector Label은 대소문자를 구별한다.

Selector Label의 이름을 변경할 때는 우선적으로 문자열 컨트롤과 Selector Terminal 사이를 연결한다. 두 커넥터 팬들을 와이어링하면 Selector Label의 이름주변으로 따옴표가 나타난다. 따옴표 사이로 마우스 포인터를 클릭해서 문자열 컨트롤에 입력할 문자열들을 삽입 및 수정하면 된다.

아울러, 문자열 케이스도 정수형 케이스처럼 Default Case가 반드시 필요하다.

다음 예제에서 Selector에 입력할 문자열들은 Multiply / Add / Subtract 이며, 이에 대응하도록 서브 다이어그램의 Label을 Multiply / Add / Subtract 으로 수정하였다.
문자열이 Multiply이면, 2개 입력 (A와 B)의 곱을 출력(Y)으로 내보낸다.
문자열이 Add이면, 2개 입력 (A와 B)의 합을 출력(Y)으로 내보낸다.
문자열이 Subtract이면, 2개 입력 (A와 B)의 차를 출력(Y)으로 내보낸다.

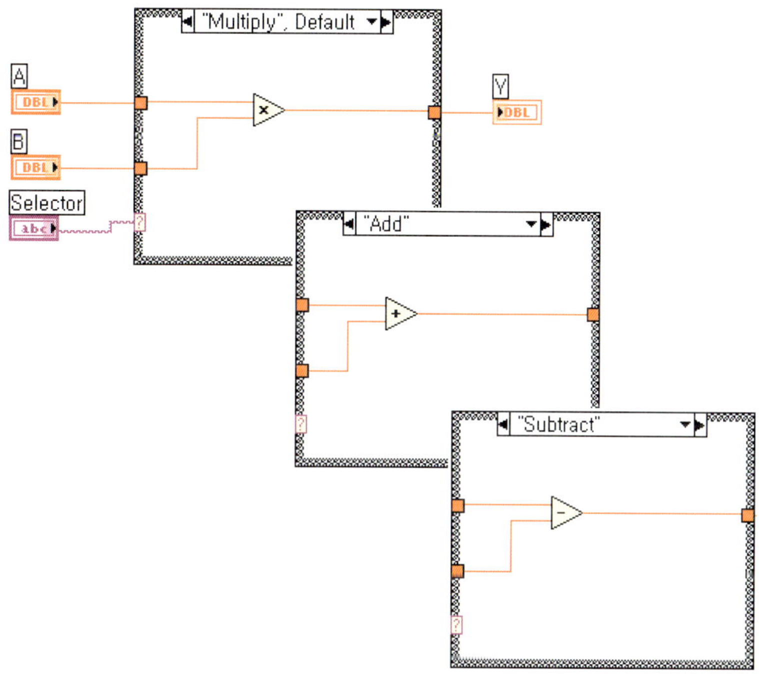

Fig. 2-65 String Case Structure 예제

Enumerated Case Structure

열거형 타입 컨트롤은 유저가 선택할 수 있는 아이템 리스트를 제공하며, 이 중에서 선택된 아이템에 대응하는 리턴값 (Values)을 출력한다.
열거형 케이스 구조는 이러한 열거형 컨트롤의 리턴값에 일치하는 서브 다이어그램들을 가지고 있다.

열거형 타입 컨트롤 생성 방법은 프론트 패널 윈도우에서

- ▶ Controls 팔레트 〉 Modern 〉 String & Path 〉 Combo Box
- ▶ Combo Box 위에서 바로가기 메뉴 〉 Properties 〉 Edit Items 탭 오픈
- ▶ Values match items 체크 해제
- ▶ Insert 버튼으로 아이템 리스트 작성

예를 들어 아래와 같은 아이템 리스트를 만들고, 프론트 패널에서 열거형 컨트롤의 오른쪽 화살표를 클릭하면 아이템들이 나열된다.
이 중에서 Apple을 선택하면 A라는 문자열을 리턴하고, 그에 대응하는 서브 다이어그램을 실행한다.

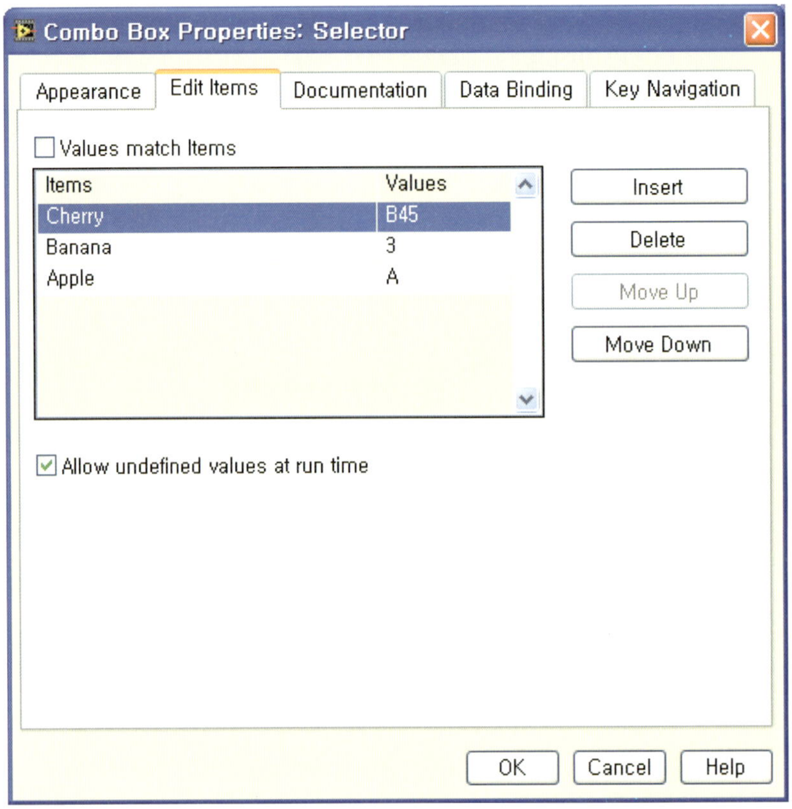

Fig. 2-66 Combo Box에서 아이템 생성하기

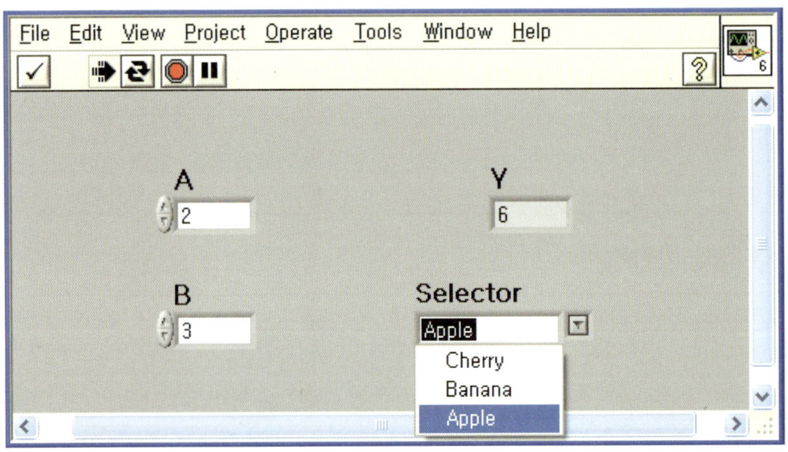

Fig. 2-67 열거형 케이스 구조 예

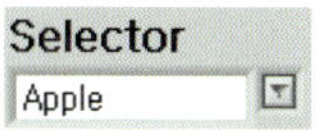

아래의 VI 예제에서, 열거형 컨트롤 Selector에 사전 입력된 아이템들은 Cherry / Banana / Apple 이며, 이에 대응하는 리턴값은 B45 / 3 / A 이다.
따라서 리턴값에 일치하도록 서브 다이어그램 Label을 생성하여 VI를 수행한다.

Apple이 선택되면, 2개 입력 (A와 B)의 곱을 출력(Y)으로 내보낸다.
Banana가 선택되면, 2개 입력 (A와 B)의 합을 출력(Y)으로 내보낸다.
Cherry가 선택되면, 2개 입력 (A와 B)의 차를 출력(Y)으로 내보낸다.

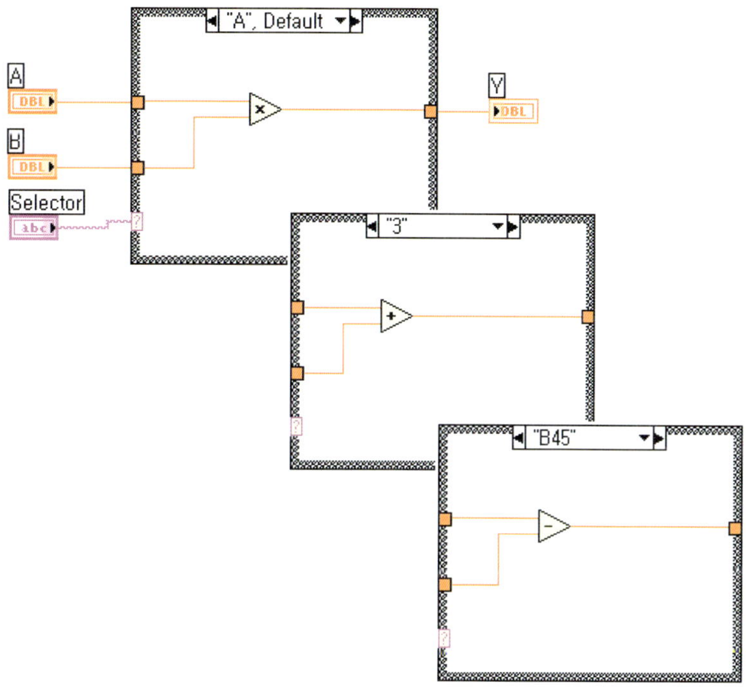

Fig. 2-68 Enumerated Case Structure 예제

13. Case Structure 예제 (#2-5)

예제 (#2-3) Example #2-3.vi 에 Case Structures를 적용하여, 댐 수위 상황에 따라 조건에 맞는 경보를 표시하도록 VI를 구현한다.

문제

Warning 인디케이터에 출력되는 문자열을 이용하여, 문자열 케이스 구조에 의한 "Flood"와 "Drought"의 LED를 표시한다.

- ▶ 문자열 No Warning을 받으면 "Flood"와 "Drought"의 LED 모두 off
- ▶ 문자열 Flood를 받으면 "Flood" LED 만 on
- ▶ 문자열 Drought를 받으면 "Drought" LED 만 on

프론트 패널 프로그래밍

A. 기존 VI를 오픈하고, 재 저장한다.

- ▶ LabVIEW를 실행하여 Getting Started 창을 연다.
- ▶ Open 〉 c:₩temp₩Example #2-3.vi
- ▶ File 〉 Save As 〉 c:₩temp₩Example #2-5.vi

B. LED 인디케이터를 생성한다.

- ▶ Controls 팔레트 〉 Modern 〉 Boolean 〉 Round LED
- ▶ 생성된 LED를 선택한 후 Ctrl 를 누른 상태에서 드래그하면 동일한 컨트롤이 하나 더 생성됨.
- ▶ 생성된 2개의 LED Label을 "Flood"와 "Drought"로 변경
- ▶ Vi를 저장한다.

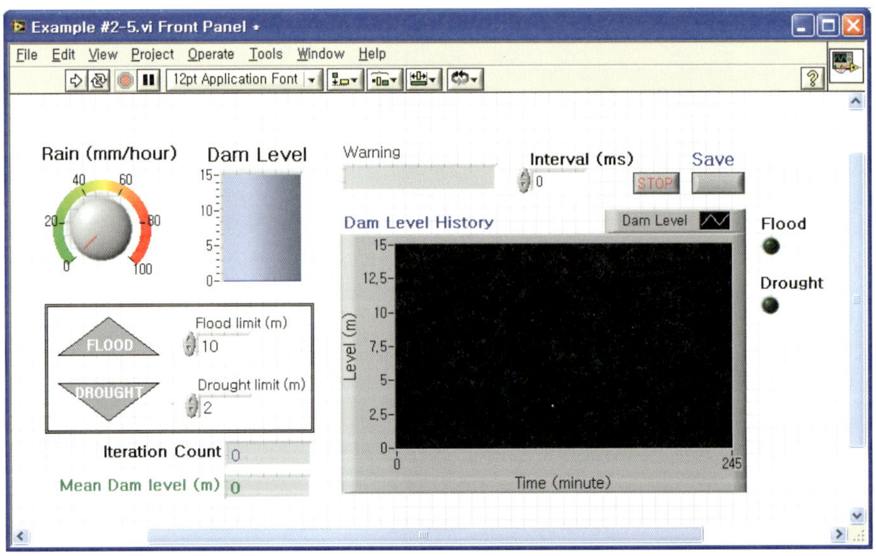

블록 다이어그램 프로그래밍

A. 케이스 구조를 삽입할 공간을 생성한다.

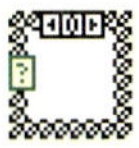

- ▶ Ctrl 를 누른 상태에서 마우스 오른쪽 버튼을 누르면서 드래그한다.
- ▶ 오른쪽으로 드래그 하면 수평으로 공간이 생기고, 아래쪽으로 드래그하면 수직으로 공간이 형성됨.

B. 케이스 구조를 생성한다.

- ▶ Functions 팔레트 〉 Programming 〉 Structures 〉 Case Structure

- ▶ 케이스 구조의 Selector Terminal과 Warning 터미널을 연결, 문자열 연결이므로 와이어 색상은 핑크색으로 표시된다.

C. 케이스 구조의 Selector Label의 이름을 변경한다.

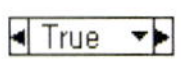

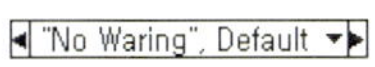

- ▶ 문자열 케이스는 Default Case가 반드시 필요하므로, Selector Label의 상하 스크롤을 클릭하여 Default 서브 다이어그램을 설정하고, 이 서브다이어그램을 "No Warning" 으로 변경한다.
- ▶ 다른 서브 다이어그램으로 옮긴 후, "DROUGHT" 로 변경한다.

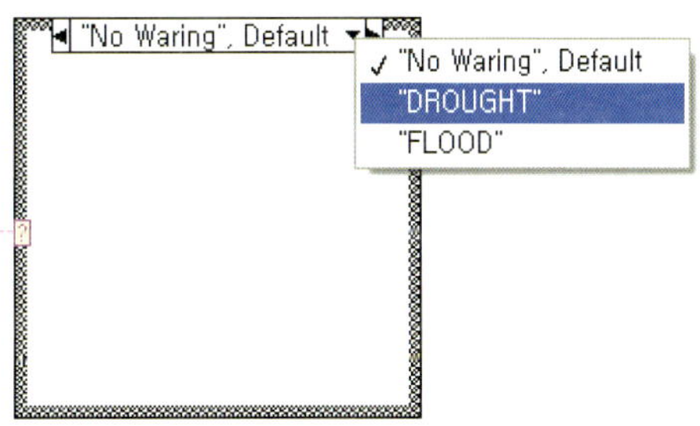

- ▶ 서브 다이어그램이 한 개 더 필요하므로, Selector Label에 마우스를 위치하고 오른쪽 버튼을 클릭하여 바로가기 메뉴 〉 Add Case After을 선택

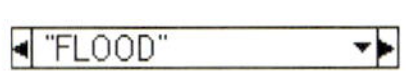

- ▶ 다른 서브 다이어그램으로 옮긴 후, "FLOOD" 로 변경한다.
- ▶ 문자열 케이스 구조는 대소문자를 구별하므로, 반드시 Selector Terminal의 문자열과 Selector Label의 문자열이 동일하여야 한다.

D. 케이스 구조 안에 불리언 상수를 생성한다.

- ▶ "No Warning" 서브 다이어그램 내부에 불리언 상수 False를 생성한 후, 2개의 LED 터미널 (Flood / Drought)에 연결한다.

- ▶ "FLOOD" 서브 다이어그램 내부에 불리언 상수 True를 생성한 후 Flood LED 터미널에 연결하고, 불리언 상수 False를 생성한 후 Drought LED 터미널에 연결한다.

▶ "DROUGHT" 서브 다이어그램 내부에 불리언 상수 False를 생성한 후 Flood LED 터미널과 연결하고, 불리언 상수 True를 생성한 후 Drought LED 터미널에 연결한다.

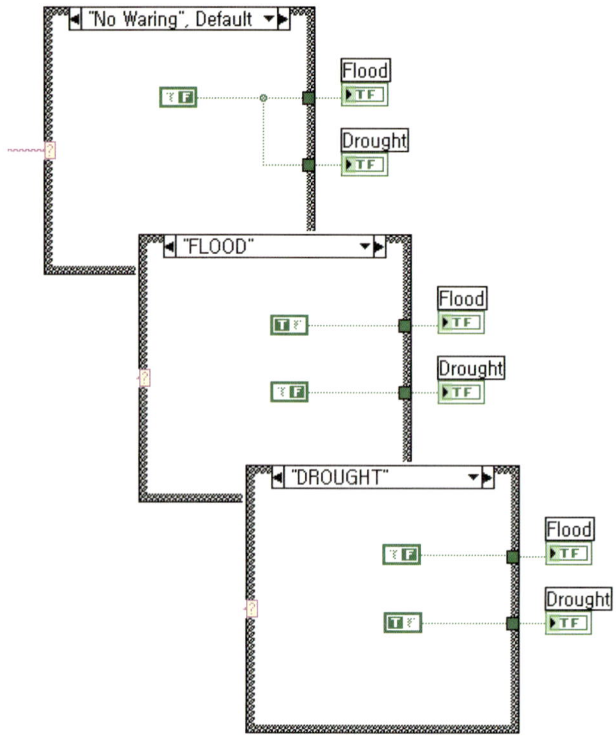

E. VI를 저장한다.

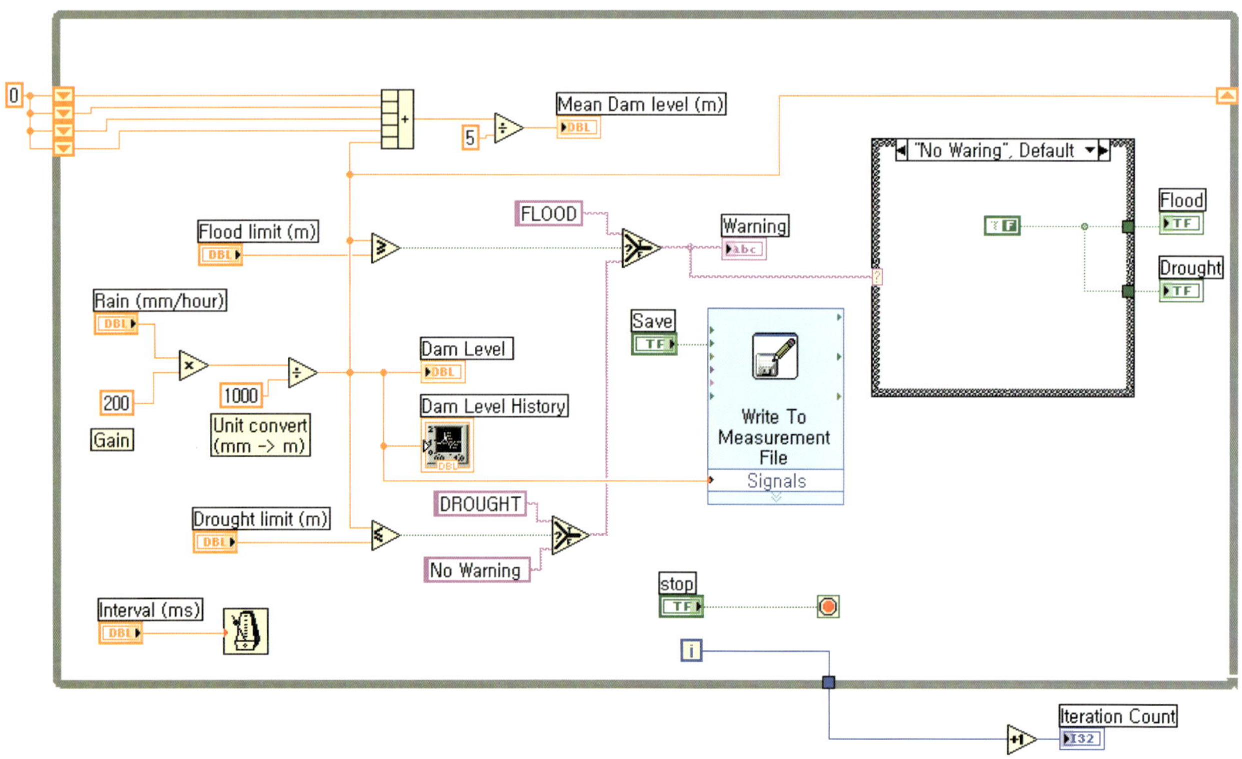

VI 실행

A. 프론트 패널 또는 블록 다이어그램 윈도우 메뉴에 있는 실행 버튼을 누르면 VI는 실행된다.

- ▶ VI 실행
- ▶ Interval (ms) 컨트롤에 100 입력
- ▶ Rain (mm/hour) 컨트롤 노브를 돌리면서 VI가 제대로 동작하는지 확인

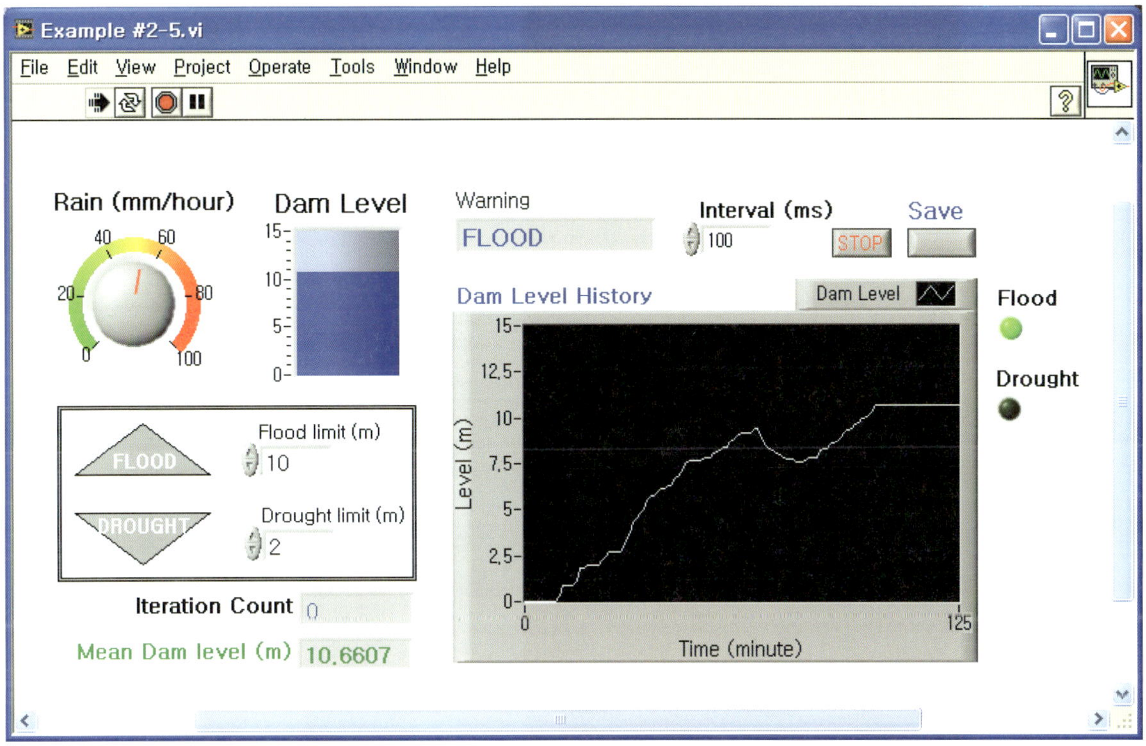

14. Sequence Structure

시퀀스 구조문은 순서대로 실행하는 순차실행용 구조다.

시퀀스 구조문의 종류 :

- ▶ Flat Sequence Structure
- ▶ Stacked Sequence Structure

Flat Sequence Structure

플랫 시퀀스 구조는 마치 영화 필름 프레임과 같은 모습을 하고 있으며, 아이템의 모양처럼 그 기능도 순차적으로 실행된다.

함수 위치 : Functions 팔레트 〉 Programming 〉 Structures 〉 Flat Sequence Structure

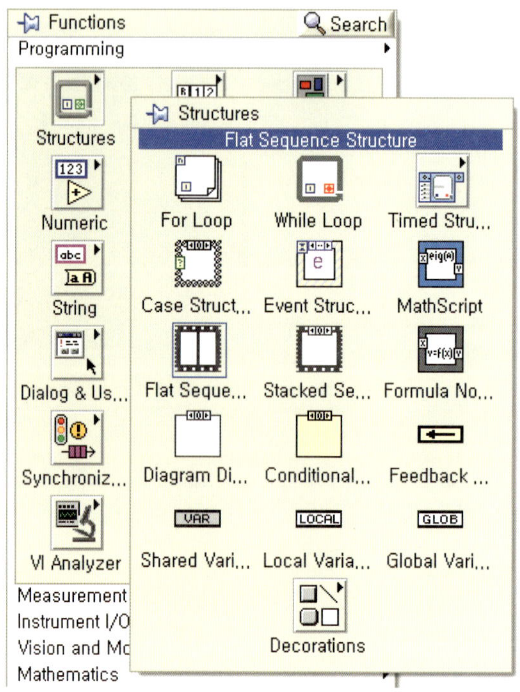

Fig. 2-69 Flat Sequence Structure 위치

플랫 시퀀스 구조의 간단한 예제를 통하여 그 기능을 이해해보자.

A, B, C 세 개의 숫자형 컨트롤로부터 입력을 받아, 순차적으로 A와 B를 계산하고 그 결과와 C를 계산하여 Y로 출력을 내보내는 구조를 만든다.

- ▶ 프론트 패널에서 A, B, C 숫자형 컨트롤을 생성하고, Y 숫자형 인디케이터를 생성한다.

- ▶ 블록 다이어그램에서 Flat Sequence Structure 함수를 생성한다.
- ▶ Flat Sequence Structure 함수의 바로가기 메뉴를 팝업한 후, Add Frame After 를 선택하여 프레임을 1개 더 만든다.

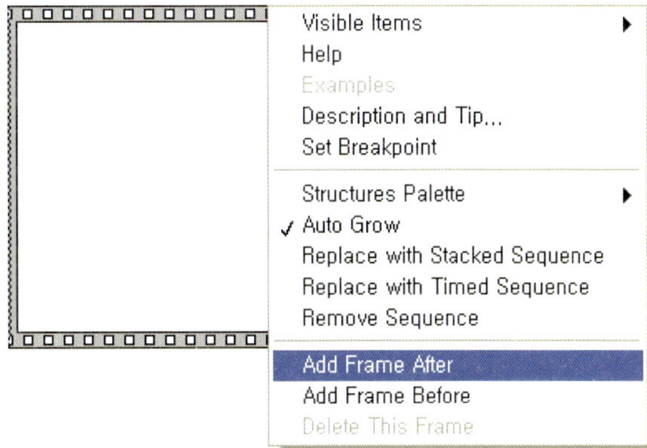

Fig. 2-70 플랫 시퀀스의 프레임 추가

▶ 첫 번째 프레임에 Add 함수를, 두 번째 프레임에 〈Multiply〉 함수를 놓고, 입출력 터미널들 사이를 와이어링 한다.

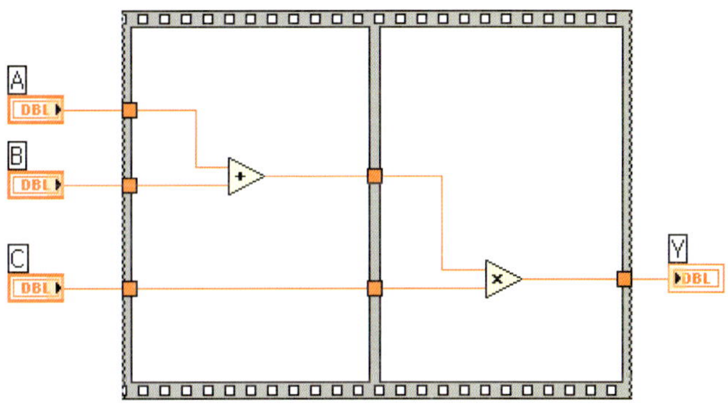

Fig. 2-71 플랫 시퀀스 구조의 간단한 예제

▶ 상기 VI를 실행해보며 플랫 시퀀스 구조의 흐름을 이해한다.

▶ 블록 다이어그램의 도구모음 메뉴 중 실행 하이라이트(Highlight Execution)를 활성화 시킨 후, 실행 (Run) 버튼을 클릭하여, 데이터가 순차적으로 처리되는 단계를 시각적으로 확인한다.

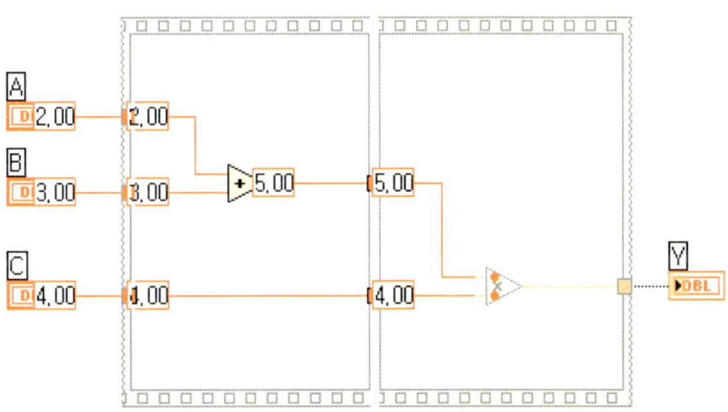

Fig. 2-72 플랫 시퀀스 구조의 단계적 실행 모습

Stacked Sequence Structure

스택키드 시퀀스 구조는 플랫 시퀀스 구조와 같이 순차 실행을 수행하지만, 프레임에 실행순서를 지정하여 이 실행순서대로 순차실행 한다.

함수 위치 : Functions 팔레트 〉 Programming 〉 Structures 〉 Stacked Sequence Structure

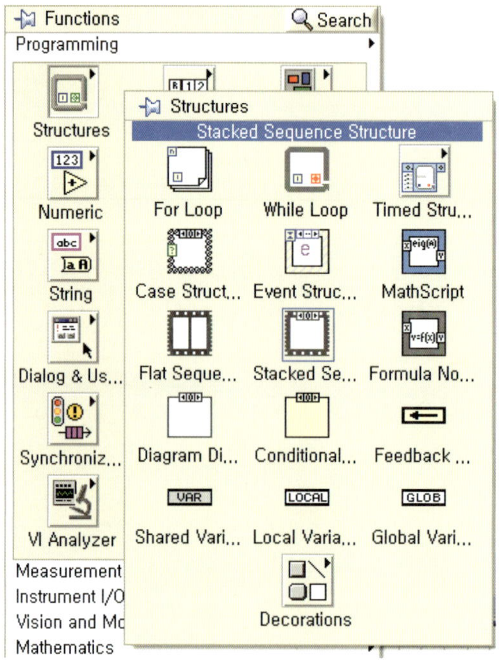

Fig. 2-73 Stacked Sequence Structure 위치

Frame Number :

프레임 넘버는 각각 프레임의 실행순서를 지정하는 숫자이다.

스택키드 시퀀스 구조의 바로가기 메뉴에서 〈Add Frame After〉 또는 〈Add Frame Before〉를 선택하여 다수의 프레임을 생성할 수 있다.

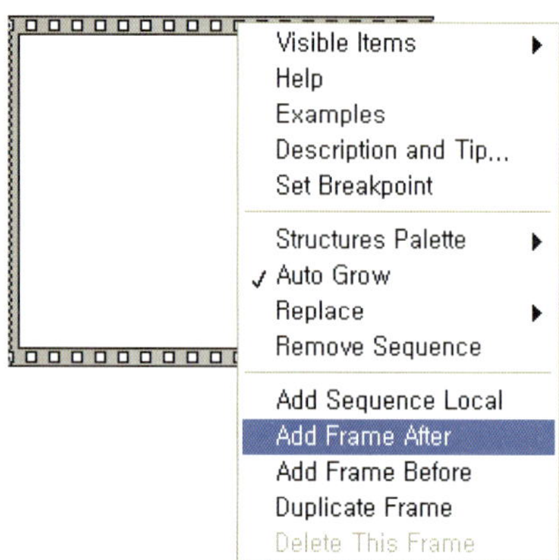

Fig. 2-74 스택키드 시퀀스의 프레임 추가

프레임을 1개 추가하면, 시퀀스 구조 상부 경계에 숫자가 생성되는데, 첫 번째 숫자는 프레임의 순차실행 순서이고, 괄호속의 숫자는 총 프레임의 영역을 보여준다.
예를 들어, 아래와 같은 경우, "0 [0..1]" 의 의미는 프레임이 0부터 1까지 2개의 프레임이 있고 그중에서 0번째 (첫 번째) 프레임을 보여주고 있다.
번호의 숫자가 낮을수록 순차실행에서 우선권을 갖는다.

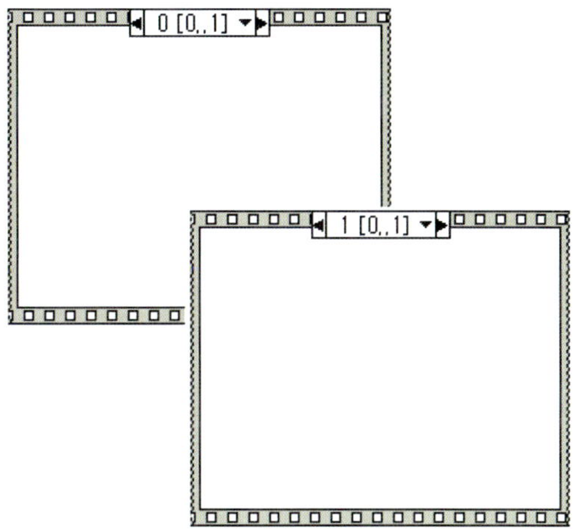

Fig. 2-75 프레임 넘버

Sequence Local :

시퀀스 로컬은 스택키드 시퀀스 구조에만 있는 기능으로, 어떤 프레임에서 다른 프레임으로 변수 값을 전달할 때 사용된다.
시퀀스 로컬은 시퀀스 로컬 함수를 만들고 싶은 경계면에서 바로가기 메뉴를 팝업한 후, 〈Add Sequence Local〉을 선택하면 조그마한 사각형이 프레임 경계에 생성된다.

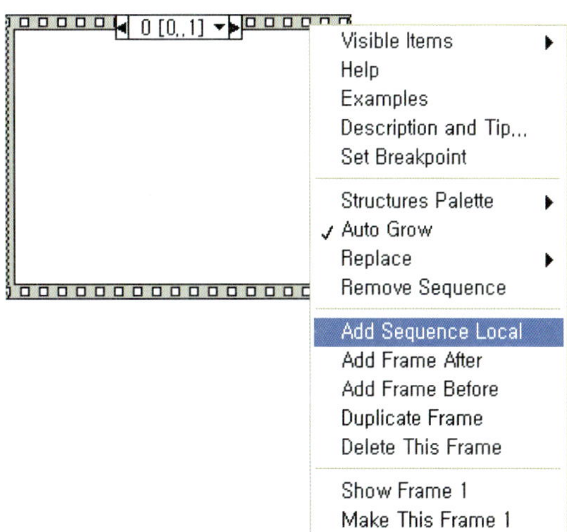

Fig. 2-76 시퀀스 로컬 추가

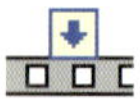

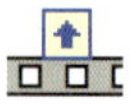

0번 프레임에서 어떤 변수 또는 상수를 시퀀스 로컬에 연결하면, 0번 프레임에 있었던 시퀀스 로컬은 아랫방향 화살표(데이터 입력)로 변경되고, 다른 프레임의 시퀀스 로컬은 윗방향 화살표(데이터 출력)로 변경된다.

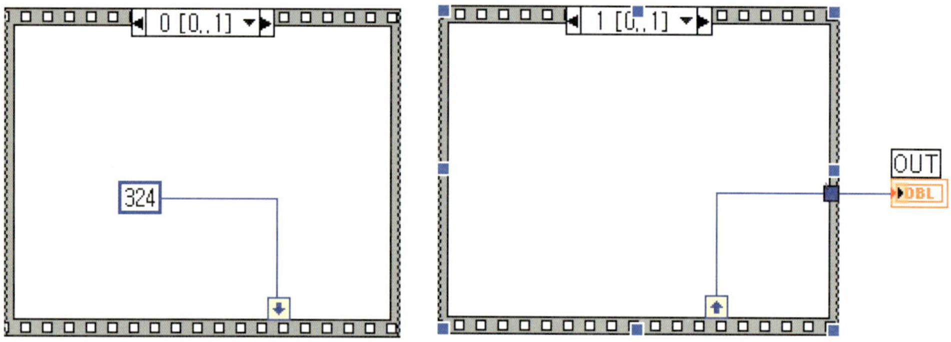

Fig. 2-77 시퀀스 로컬의 입출력

스택키드 시퀀스 구조의 간단한 예제를 통하여 그 기능을 이해해보자.
첫 프레임 (0번 프레임)에서 A, B 두 개의 숫자형 컨트롤로부터 입력을 받아 합을 구해 시퀀스 로컬로 데이터를 보내고, 두 번째 프레임 (1번 프레임)에서 C 컨트롤과 시퀀스 로컬에서 받은 데이터의 곱을 계산하여 Y로 출력을 내보내는 구조이다.
시퀀스 로컬 함수의 작동에 대해 충분히 이해가 될 것이다.

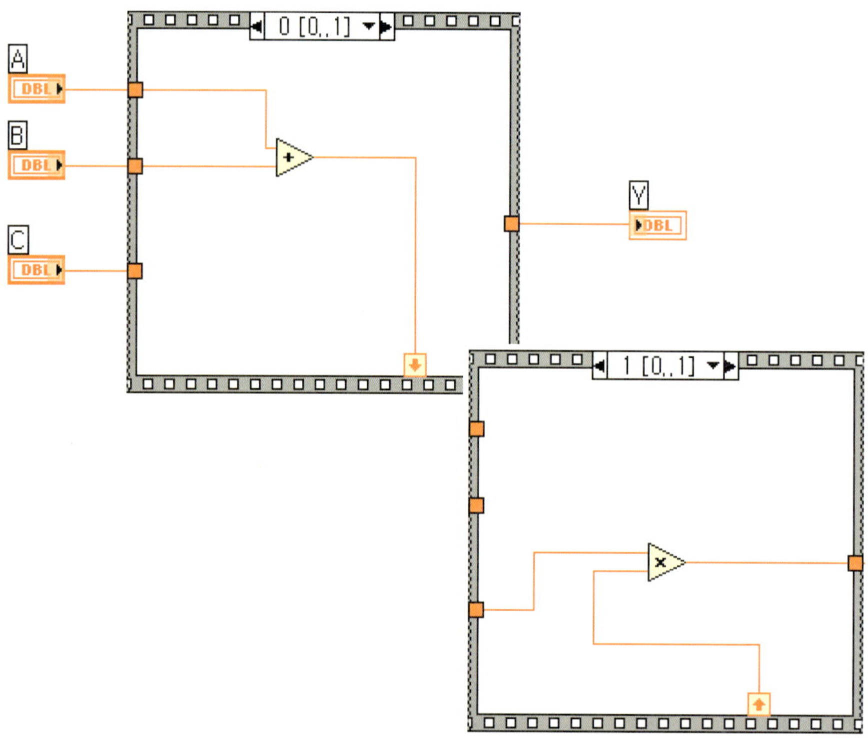

Fig. 2-78 스택키드 시퀀스 구조의 간단한 예제

15. Formula Node

Formula Node (수식 노드)는 변수가 많거나 복잡한 수학 방정식 또는 텍스트 기반 언어로 개발된 일부를 적용할 때 매우 유용하다.
LabVIEW의 그래픽 함수로 표현하기에는 불편하고 복잡한 계산식들을 수식 노드를 이용하면 간결하게 블록 다이어그램을 완성할 수 있지만, 몇 가지 문법이 존재하고 줄의 끝에는 항상 세미콜론(;)을 기입해야 만 한다.

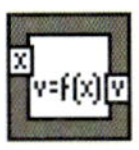

수식 노드의 위치는 Functions 팔레트 〉 Programming 〉 Structures 〉 Formula Node 를 드래그 한다.

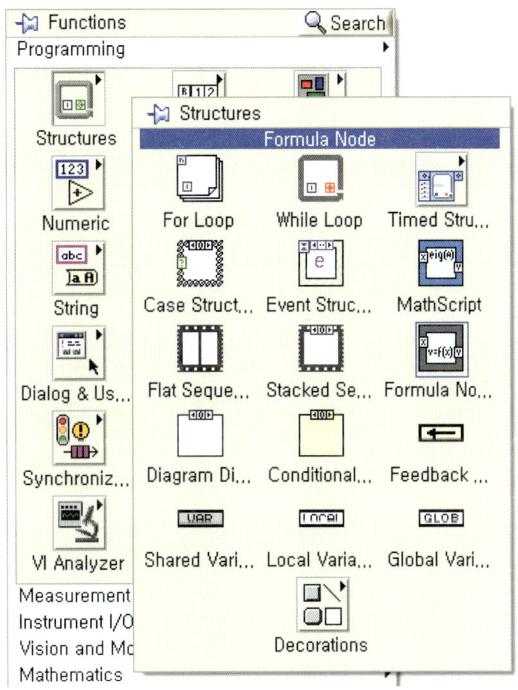

Fig. 2-79 Formula Node 위치

LabVIEW와 수식 노드와의 데이터 입출력은 수식 노드 경계면에 추가하는 터널(Tunnel)이라는 터미널을 이용한다.
일반적으로 입력 터널은 수식노드 경계면의 왼쪽에 추가하고, 출력 터널은 수식노드 경계면의 오른쪽에 추가한다.
또한, 입력 터널은 박스의 가장자리 두께가 얇고, 출력 터널은 박스의 가장자리 두께가 두껍다.

터널을 추가할 때는 수식 노드 경계에 마우스 오른쪽 버튼을 클릭하여 바로가기 메뉴를 팝업하고 〈Add Input〉 〈Add Output〉을 선택한다.

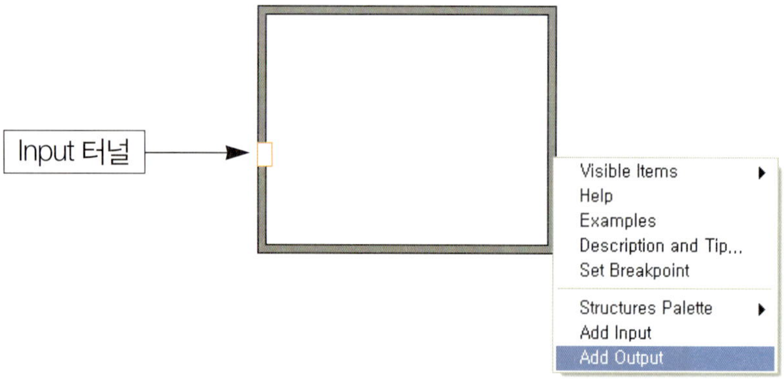

Fig. 2-80 Formula Node의 입출력 터널 추가

아래와 같은 간단한 예제를 통해서 수식 노드의 구조를 이해하자.
수학 방정식 y = $\sqrt{x^3}+\sin(x)+\ln(x)$을 x가 0에서 49까지 변화할 때, Y를 계산하는 VI를 구현하면 아래와 같다.
입력 터널 x와 출력 터널 y가 수식 노드 경계에 반드시 있어야 한다.

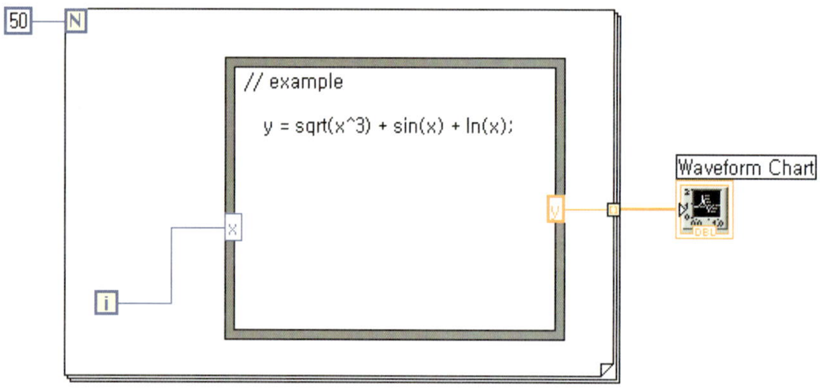

Fig. 2-81 Formula Node의 예제 1

수식 노드는 간단한 조건문 (If 문, While 루프, Do 루프)도 사용 가능하다.

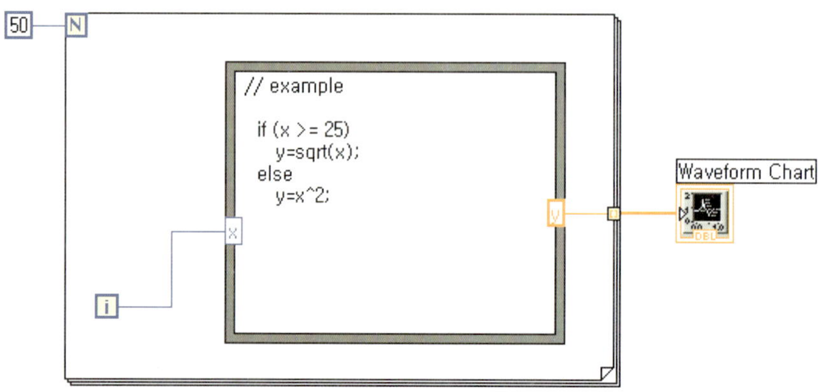

Fig. 2-82 Formula Node의 예제 2

16. Formula Node 예제 (#2-6)

자동차 엔진의 크랭크축 회전에 따른 배기량을 구하는 VI를 프로그래밍 한다.

문제

다음 그림과 같은 규격을 가지는 4사이클 엔진이 흡기-압축-폭발-배기 행정 과정 중, 크랭크 축 회전에 따른 배기량을 구한다.

일반적으로 압축 TDC일 때 크랭크 각을 0[CA]으로 보면, 흡기행정은 -360[CA]부터 발생하여 배기행정은 +360[CA]에서 완료된다. (4사이클 엔진의 전 행정 1 사이클은 총 2회전으로 구성된다.)

따라서 -360[CA]부터 +360[CA]까지 총 720[CA]를 0.1[CA]단위로 배기량을 구해서 XY 그래프를 활용하여 디스플레이 한다. 이때 X축은 크랭크 각[CA]이고 Y축은 배기량[Liter]이다.

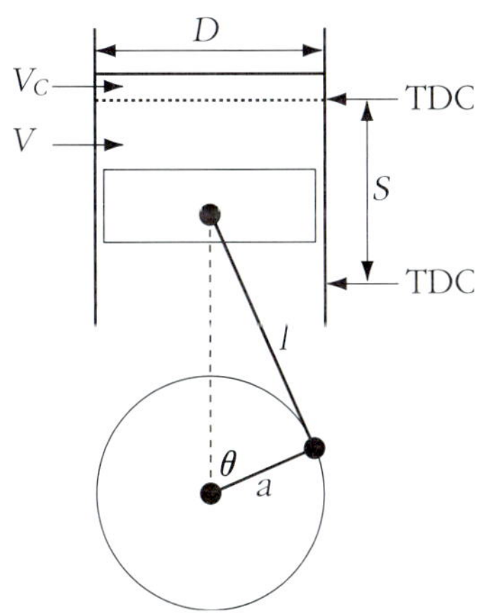

$$\frac{V}{V_C} = 1+\frac{1}{2}(rc-1)[R+1cos\theta-\sqrt{(R^2-sin^2\theta)}]$$

rc: $compression\ ratio$

$$V_C = \frac{V_S}{rc-1}, \quad V_S = \frac{\pi D^2}{4}\times S$$

$$R = \frac{l}{a}, \quad a = \frac{l}{2}$$

여기서, 보어 D = 82mm, 행정 S = 90mm, 커넥팅 로드 l = 145.5mm, 압축비 rc = 14.3 이다.

프론트 패널 프로그래밍

A. 새로운 VI를 오픈하고 저장한다.

- ▶ LabVIEW를 실행하여 Getting Started 창을 연다.
- ▶ New 〉 Blank VI
- ▶ File 〉 Save As 〉 c:₩temp₩Example #2-6.vi

B. XY 그래프 인디케이터를 생성한다.

- ▶ Controls 팔레트 〉 Modern 〉 Graph 〉 XY Graph
- ▶ 바로가기 메뉴 〉 Properties 오픈

  Appearance 탭 〉 Label 명 변경 ⟶ CA vs Volume

  Scales 탭 〉 Time (X-Axis) 〉 Name : Crank Angle (deg)

  Autoscale 〉 -360 / 360

  Amplitude (Y-Axis) 〉 Name : Displacement (L)

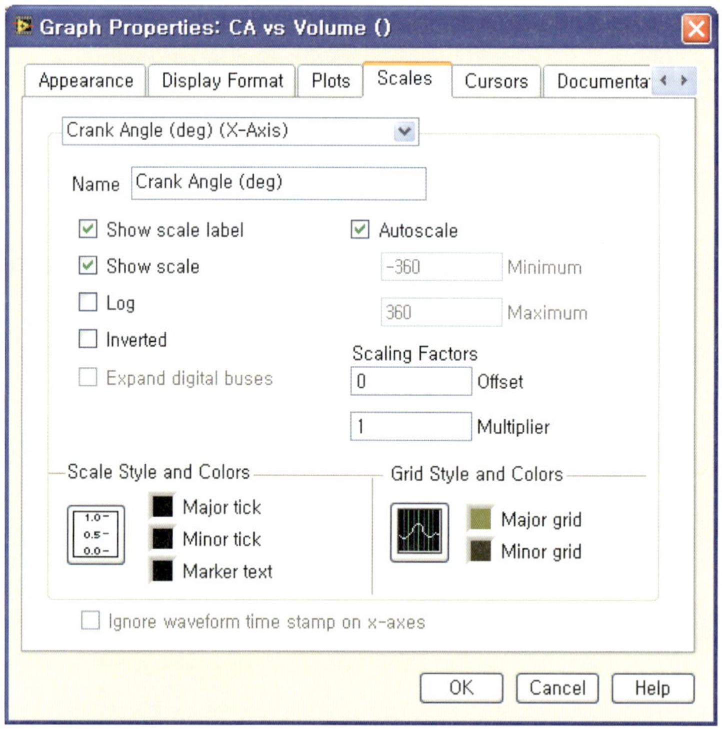

- ▶ VI를 저장한다.

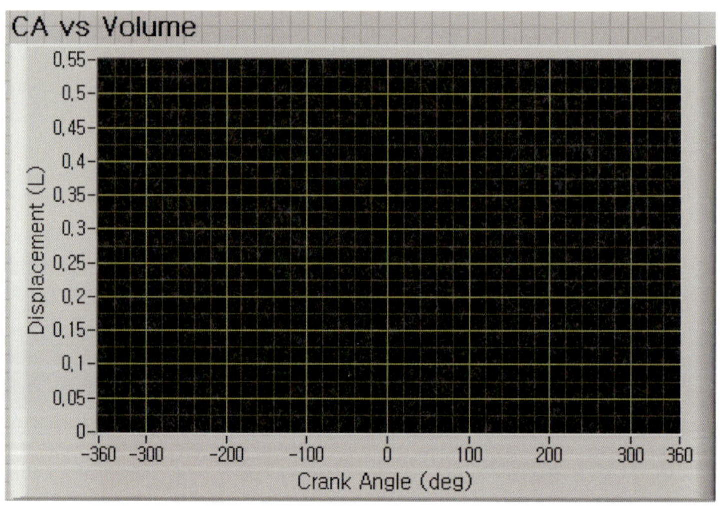

블록 다이어그램 프로그래밍

A. For 루프를 놓는다.

▶ For 루프를 선택하고, Count terminal에 7200을 입력
-360[CA]부터 +360[CA]까지 0.1[CA]단위로 루프를 반복하려면 7200번이 필요함

B. 수식 노드를 놓는다.

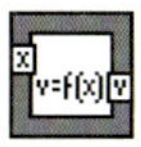

▶ 수식 노드 왼쪽 경계에서 〈Add Input〉를 선택하여 입력 터널을 생성, 수식 노드 경계에 마우스 오른쪽 버튼을 클릭하여 바로가기 메뉴를 팝업하고 〈Add Input〉 을 선택 한다

▶ 입력 터널의 이름을 theta 로 지정

▶ 수식 노드 오른쪽 경계에서 〈Add Output〉를 선택하여 출력 터널을 생성

▶ 출력 터널의 이름을 V 로 지정

C. 수식 노드에 수학적 방정식을 나열한다.

▶ 배기량 (V)을 구하는 방정식을 문제에 나열된 식을 기준으로 작성

```
float32 stroke = 90;
float32 bore = 82;
float32 rod__length = 145.5;
float32 a = stroke / 2;
float32 A__cyl = pi * (bore * bore) / 4;
float32 V__disp = A__cyl * stroke * 1.0E-6;   /* unit : Liter */
float32 ratio__comp = 14.3;
float32 V__clear = V__disp / (ratio__comp - 1);
float32 R = rod__length / a;
theta = theta * pi / 180;
V = V__clear *(1+ (  0.5 * (ratio__comp - 1) *
      (R + 1 - cos(theta) - sqrt(R*R - sin(theta) * sin(theta)) ) ));
```

▶ 수식 줄 끝에 항상 세미콜론(;)을 기입한다.

D. For 루프의 Iteration Terminal 출력으로 크랭크 각 (theta) 만들기

▶ 첫 For 루프의 Iteration Terminal 출력은 0부터 7199 이다.
이 출력값을 크랭크 각 -360.0[CA]부터 0.1[CA] 증분단위로 +359.9[CA]까지 생성한다.

- Iteration Terminal 출력에서 3600을 빼고 10으로 나누면, -360.0[CA]부터 +359.9[CA]까지 0.1[CA]단위로 크랭크 각을 표현할 수 있다.
- 엔진 동작은 사이클이기 때문에, +359.9[CA] 후는 다시 -360.0[CA] 이다.
- 계산된 값을 수식 노드의 입력 터널(theta)로 연결한다.

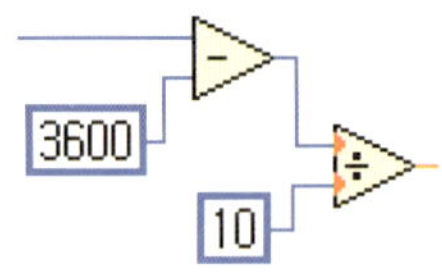

E. XY Graph 와이어링

- XY Graph의 X축 데이터는 크랭크 각(theta)이고, Y축 데이터는 배기량(V)으로 구성된다.

- Bundle 함수를 놓는다.
- 수식 노드의 출력 터널 V를 Bundle 함수의 아래 터미널에 연결.
- 수식 노드의 입력 터널 theta를 Bundle 함수의 위 터미널에 연결.
- For 루프 경계에 생성된 Auto Indexing을 enable (작은 박스 내부에 대괄호 모양) 한다.

- Indexing이 Enable 되면, For 루프가 완료된 후 데이터가 1차원 배열 타입으로 형성되어 For 루프 밖으로 전달된다. (Disable Indexing 상태이면, For 루프가 완료된 후 제일 마지막 값 하나만 스칼라 타입으로 출력한다)
- Bundle 함수의 출력 (데이터 묶임)과 XY Graph를 연결

F. VI를 저장한다.

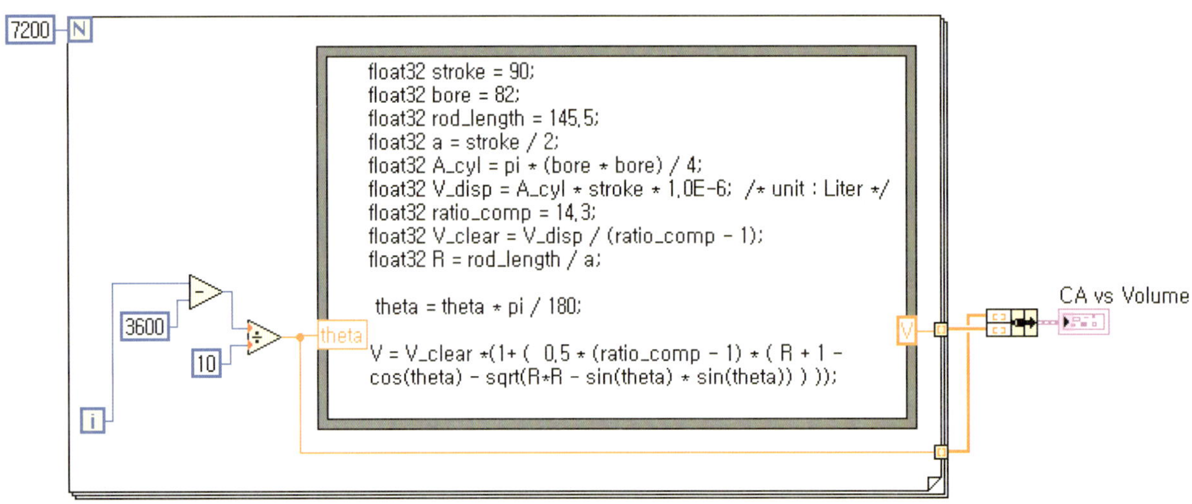

VI 실행

A. 프론트 패널 또는 블록 다이어그램 윈도우 메뉴에 있는 실행 버튼을 누르면 VI는 실행된다.

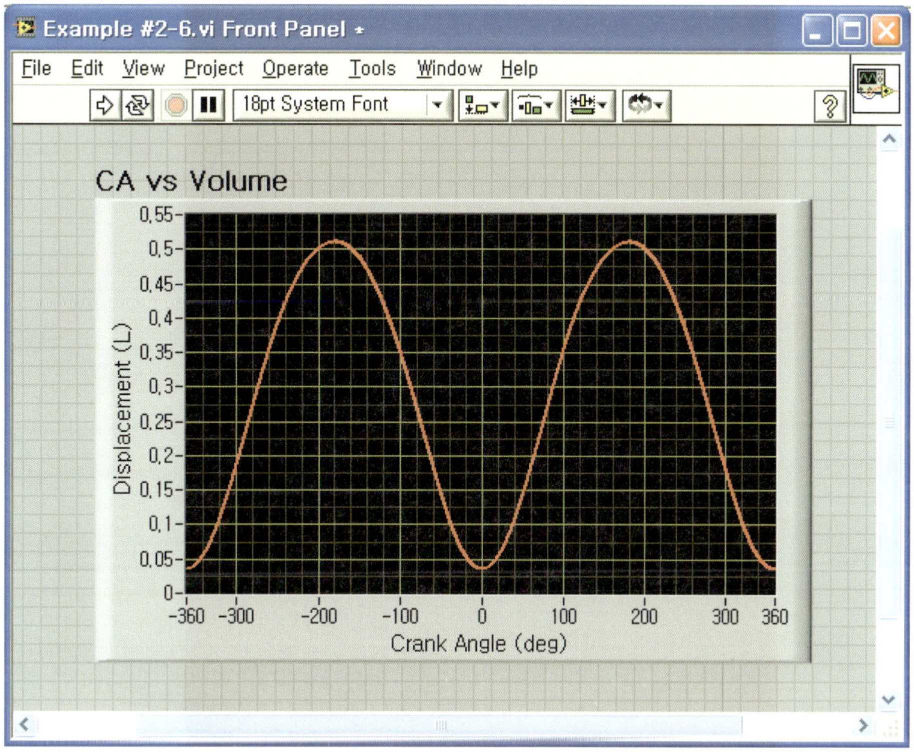

Chapter 03

Array & Cluster

이 장에서는 VI 프로그래밍을 고급화하는데 필요한 배열과 클러스터를 설명한다.
신호 계측(DAQ)에서 발생된 많은 양의 데이터를 그룹화 하면
매우 유용하게 신호 처리 및 분석에 도움이 된다.
이렇게 그룹화 하는 것을 배열과 클러스터라 한다.
배열은 동일한 데이터 타입을 그룹화 하는 것이고,
클러스터는 여러 가지 데이터 타입을 하나로 그룹화 하는 것이다.

Focuses

1. Array
2. Array Functions
3. Array 예제 (#3-1)
4. Cluster
5. Cluster 예제 (#3-2)

1. Array

배열은 타입이 같은 데이터들의 집합(그룹)이다. 배열을 사용함으로써 동일한 타입의 많은 데이터들을 아주 쉽게 처리할 수 있다.

배열은 1차원(1-D), 2차원(2-D), 3차원(3-D) 또는 다차원(n-D)으로 만들 수 있으며 메모리가 허용하는 한 차원마다 2^{31}-1 개의 원소(Element)를 가진다.
숫자, 불리언, 문자열 등 어떠한 형태의 데이터 타입도 배열을 사용할 수 있으나, 배열의 배열이나 차트와 그래프는 배열의 요소로 사용할 수 없다.

배열의 원소에는 순서가 있다. 어떤 배열의 원소에 접근하기 위해서는 인덱스를 사용하며, 인덱스는 무조건 0부터 시작한다. 예를 들어, N개의 원소를 가지는 배열의 첫 번째 원소의 접근은 인덱스 0 이다. N번째 원소의 접근은 인덱스 N-1 이다.

배열 만들기

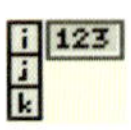

배열의 위치는 프론트 패널에서 Controls 팔레트 〉 Modern 〉 Array, Matrix & Cluster 〉 Array 에 있다.

배열 아이템을 선택하여 놓으면 배열 쉘이 생성되고, 그 빈 쉘에 숫자형, 불리언, 문자열의 컨트롤이나 인디케이터를 끌어다 놓으면 배열 컨트롤 또는 배열 인디케이터가 생성된다.

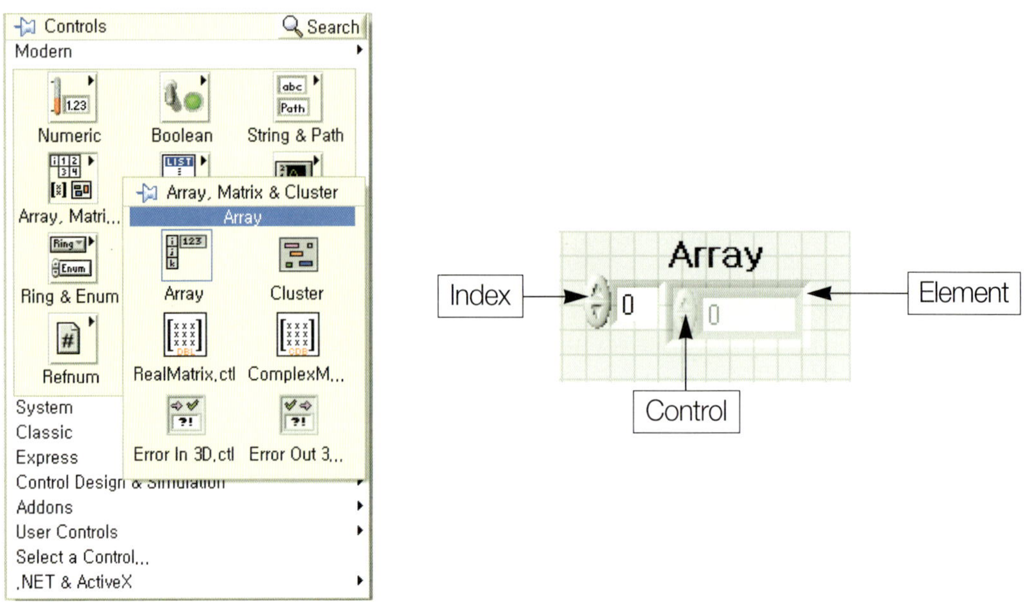

Fig. 3-1 Array 위치 및 구성

아래 그림 단계처럼 배열의 쉘을 만들고, 숫자형 컨트롤을 생성하여 끌어다 배열 쉘 속으로 드래그하면, 숫자형 배열 컨트롤이 완성된다. 또는, 숫자형 인디케이터를 배열 쉘에 놓으면 숫자형 배열 인디케이터가 생성된다.

숫자형 배열 컨트롤과 배열 인디케이터의 구별은 Numeric 창 앞에 작은 Increment/Decrement 버튼 유무로 알 수 있다. Array 앞쪽에 있는 작은 Increment/Decrement 버튼은 Index Display 이동 버튼이다.

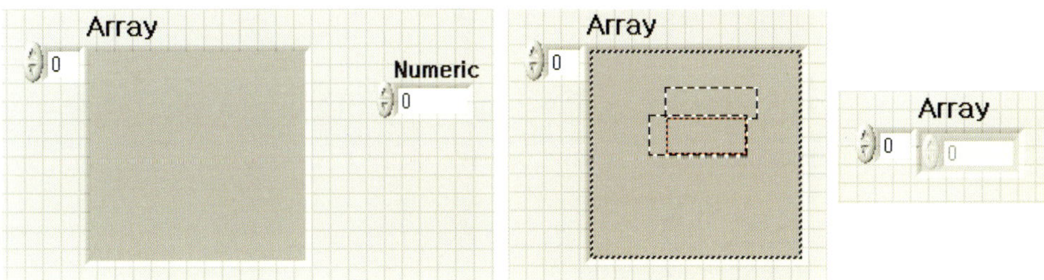

Fig. 3-2 숫자형 배열 컨트롤 생성

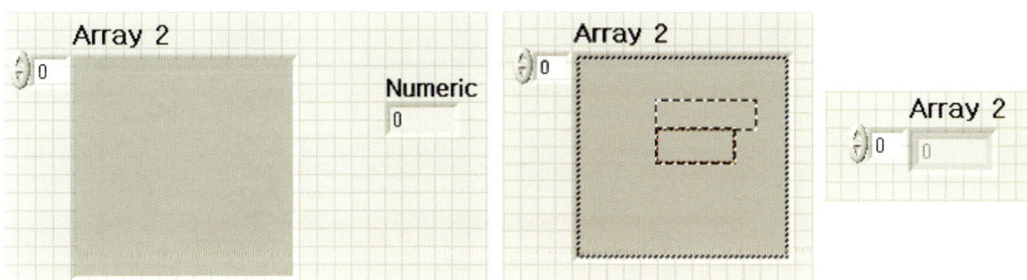

Fig. 3-3 숫자형 배열 인디케이터 생성

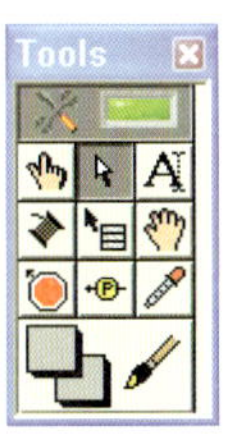

툴 팔레트의 자동모드에서 원소 끝부분 (주로, 사각 모양의 오른쪽 아랫부분)에 마우스 포인터를 위치하면 커서가 Grid Cursor로 바뀌며, 이때 드래그하여 배열의 원소를 확장 디스플레이 한다.

Fig. 3-4 1차원(1-D) 배열 크기 조절

2차원 배열 만들기

기존에 만들어진 1차원 배열(1-D) 위에 마우스 포인터를 놓고, 오른쪽 버튼을 클릭하여 바로가기 메뉴를 팝업 시킨다. 〈Add Dimension〉을 선택하면 한 개의 차원이 추가되며, 인덱스에 2차원의 스크롤이 형성된다.

또는, Array 아이템을 생성 후, 바로가기 메뉴에서 〈Add Dimension〉을 1회 선택하여 2차원 Blank Array를 만든 후, 숫자형 컨트롤이나 인디케이터를 배열 셀 안으로 이동하여 2차원 배열을 생성할 수 있다.

원소의 끝부분에 마우스 포인터를 위치하고 아랫방향으로 드래그하면 2차원의 배열이 완성된다.

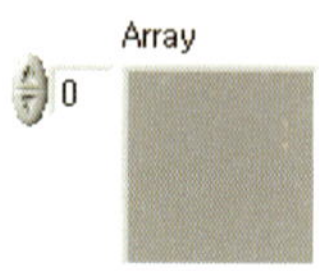

▶ 1 단계 :

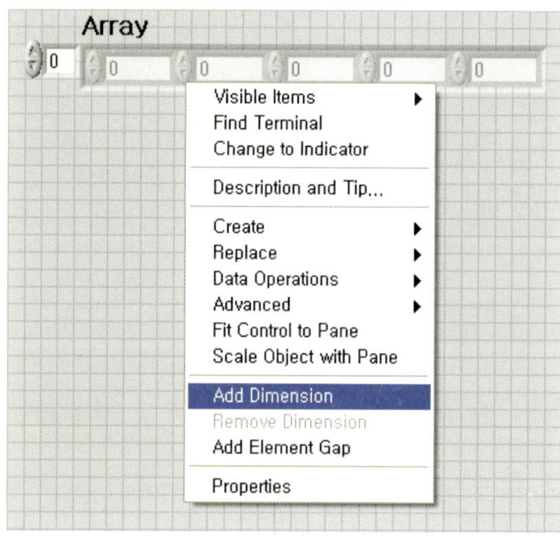

▶ 2 단계 :

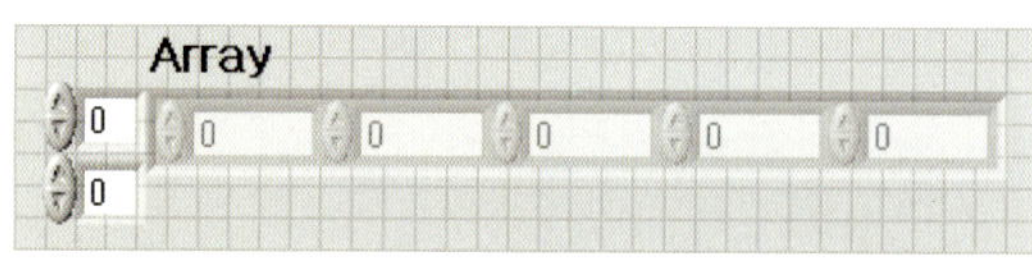

▶ 3 단계 :

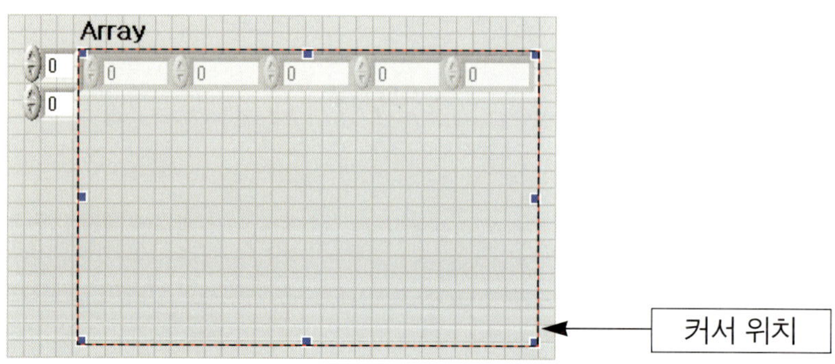

▶ 4 단계 :

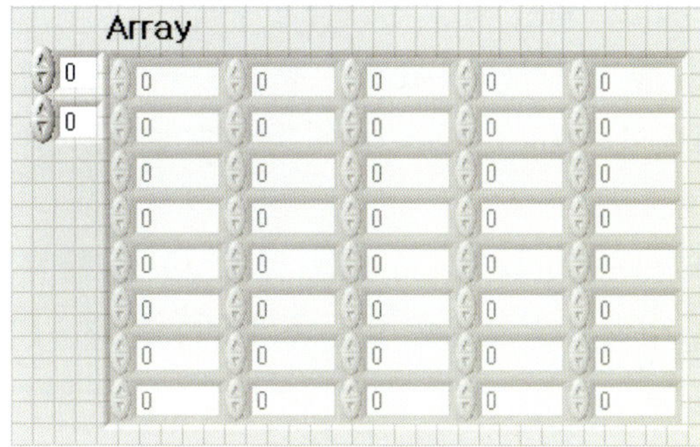

Fig. 3-5 2차원(2-D) 배열 생성하기

2차원 배열(2-D)에서 원소에 접근하려면 행 인덱스와 열 인덱스가 필요하며, 1차원과 마찬가지로 인덱스는 0부터 시작한다.

루프에서 배열

배열을 사용할 때 루프(For 루프, While 루프)와 함께 사용하는 경우가 많다.
For 루프와 While 루프 모두 루프 경계에 배열 출력 터널을 만들 수 있으며, 이것을 Auto Indexing 이라고 한다.

Indexing에는 두가지 타입으로 선택할 수 있다.

▶ Enable Indexing 상태 (활성화) : 작은 사각형 박스 안에 대괄호 (배열을 의미)가 있다.

▶ Disable Indexing 상태 (비활성화) : 작은 사각형 박스가 솔리드 모양 (스칼라를 의미)이다.

Enable Indexing 상태 (Auto Indexing 활성화)의 데이터 출력 값은 Array 타입이고, Disable Indexing 상태에서의 리턴 값은 스칼라 타입이다.

즉, Enable Indexing 상태에서의 터널로 전달되는 데이터는 루프가 수행중일 때 생성된 데이터 모두를 Array로 구성하였다가 루프가 완료되면 출력터널을 통해 내보내고 (배열 생성), Disable Indexing 상태에서의 터널로 전달되는 데이터는 루프의 제일 마지막 값만 내보낸다 (스칼라 생성). 따라서 Auto Indexing 활성화된 출력 배열의 크기는 항상 반복 횟수와 동일하다.

출력 터널에서 배열로 구성된 데이터 (1차원 배열)의 와이어 두께는 스칼라 타입보다 굵어지고, 2차원 배열의 와이어 두께는 1차원 배열의 두께보다 더 두꺼워 진다.
For 루프에서는 와이어의 연결과 동시에 Auto Indexing 활성화가 디폴트이며, While 루프에서는 Auto Indexing 비활성화가 디폴트이다.

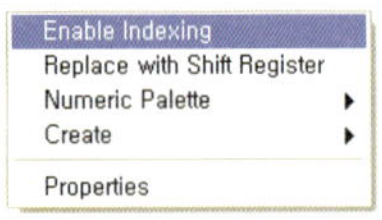

활성화를 비활성화로 또는 비활성화를 활성화로 바꾸려면, Auto Indexing 위에 마우스를 위치하고 오른쪽 버튼을 눌러 바로가기 메뉴를 팝업시켜 〈Enable Indexing〉 또는 〈Disable Indexing〉을 선택한다.

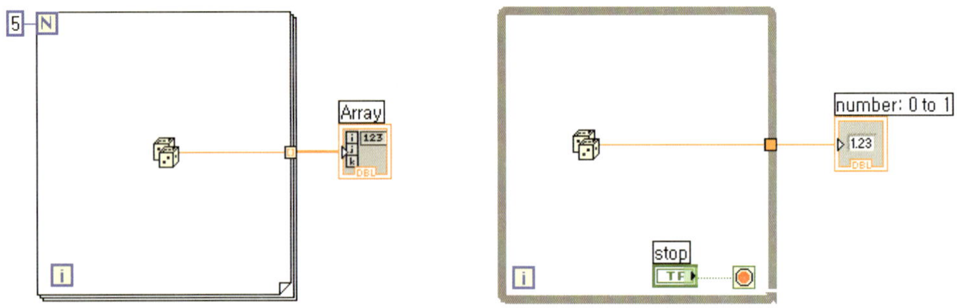

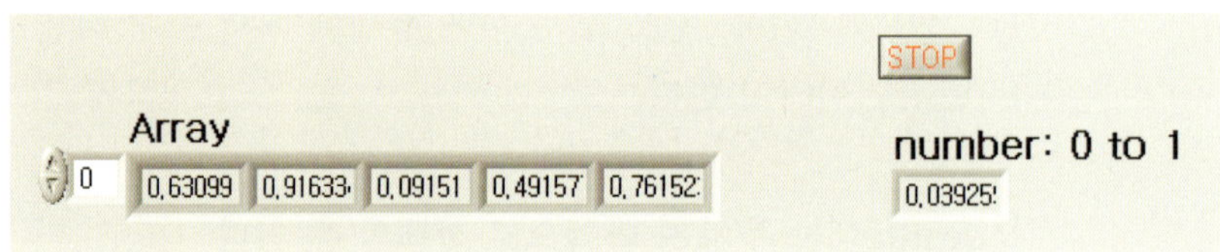

Fig. 3-6 For 루프와 While 루프에서의 Auto Indexing

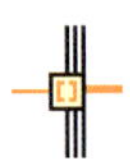

상기 그림에서 For 루프는 디폴트로 Auto Indexing 활성화가 되어 VI를 실행하면 5번 반복 수행이 완료된 후, 배열의 크기가 5개(인덱스 0부터 4까지)인 1차원 배열(1-D)을 출력 터널을 통해서 내보낸다. 연결된 와이어의 굵기도 스칼라 타입보다 두껍다.

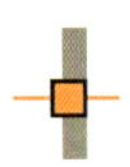

반면 While 루프는 디폴트로 Auto Indexing 비활성화 되어있어, 루프 컨디션에 True가 입력되어 루프를 빠져나오면서 마지막 데이터(스칼라 타입)만 출력 터널을 통해 내보낸다. 연결된 와이어의 굵기는 배열 타입보다 얇다.

아래와 같이 While 루프에 Auto Indexing을 활성화 하면, Auto Indexing 활성화 터널로 생성된 배열(Array2)의 크기는 알 수 없다. For 루프와 달리 While 루프의 반복횟수는 미리 정해지지 않았기 때문이다. 프로그래머는 이점을 주의해야 한다.

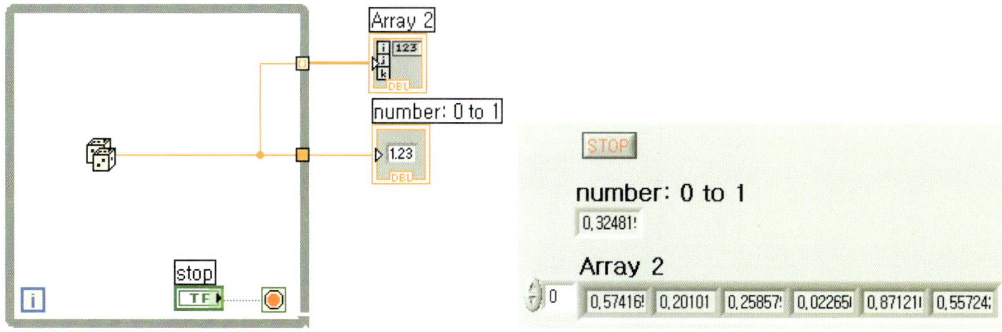

Fig. 3-7 While 루프에서의 Auto Indexing 활성화 및 비활성화

루프의 2차원 배열

2중 For 루프를 이용하여 2차원 배열(2-D)을 생성한다. 이 경우 루프의 출력 터널은 모두 Auto Indexing이 활성화 되어야 한다.

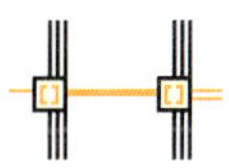

아래의 그림 3-8처럼, 외곽에 있는 For 루프가 1회 반복하면 내부 For 루프는 5번 반복하면서 1차원 배열을 생성하며, 이러한 방식으로 외부 루프가 3회 수행하여 모든 루프를 빠져나올 때, 2차원 배열(3×5)을 출력 터널을 통해서 내보낸다.

그렇다면 어느 쪽 루프가 Row 를 나타내는 인덱스를 생성하는가?
외곽에 있는 루프이다. 2중 루프는 첫 번째 Row의 첫 번째 Column, 두 번째 Column, 세 번째 Column, 네 번째 Column, 다섯 번째 Column의 요소를 인덱스하여 Row를 인덱싱 하고, 다음 Row 를 인덱싱 한다.
즉 (0,0), (0,1), (0,2), (0,3), (0,4) 순서로 인덱싱하고, Row를 바꿔 (1,0), (1,1), (1,2), (1,3), (1,4) · · · (2,3), (2,4) 이러한 순서로 인덱싱 한다.

프론트 패널에서 툴 팔레트를 자동모드로 놓고, 원소 끝부분 (주로, 사각 모양의 오른쪽 아랫부분)에 마우스 포인터를 위치하면 커서가 Grid Cursor로 바뀌며, 이때 드래그하여 배열의 원소를 확장 디스플레이 한다.
그러나 출력 터널을 통해서 생성된 배열의 크기가 정해지면 해당 배열의 원소만 활성화 되고, 나머지 원소들은 비활성화 (그레이 색상)된다. 따라서 필요이상으로 배열의 원소를 디스플레이하는 것은 아무 의미가 없다.

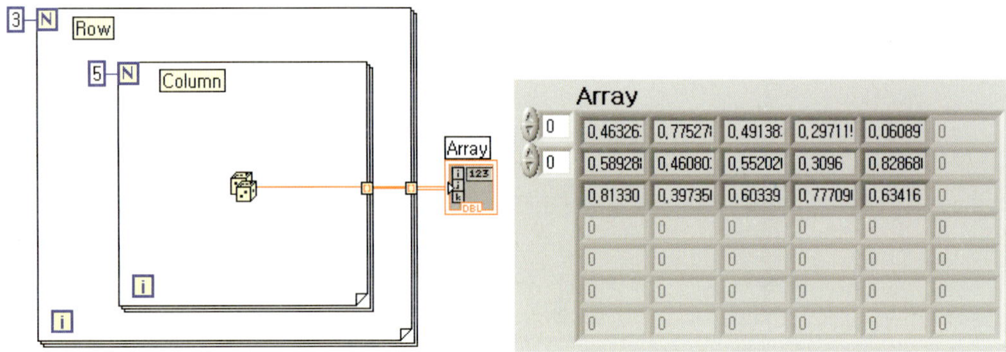

Fig. 3-8 2차원 배열의 생성

배열 입력

루프의 결과로 배열을 생성하는 개념과는 정반대로, 배열의 크기를 이용하여 For 루프의 반복 횟수를 지정하는 프로그래밍 기법이 있다. 즉, 전단계의 가변적으로 생성된 배열의 크기를 입력받아 그에 해당하는 횟수만큼만 루프를 반복하는 기법으로, 가변 배열의 연산 등에 사용되는 고급 프로그래밍 기술이다.
그림 3-9에 여러 종류의 기법을 소개하니 꼭 이해 바란다.

For 루프의 입력 터널에 연결된 배열에 Auto Indexing을 활성화하면, 입력된 배열의 크기만큼 반복 수행한다. 이때 루프 카운터 터미널의 입력값은 없어야 한다. 만약, 루프 카운터 터미널의 입력값이 있을 경우, 입력된 배열의 크기와 루프 카운터 터미널의 입력값 중 작은 수를 반복 횟수로 인식한다.

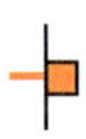

Auto Indexing이 비활성화 되면, For 루프의 반복 횟수는 루프 카운터 터미널의 입력값에 따른다.

다음의 그림을 보면 이해에 도움이 된다.

- ▶ 첫 번째 그림에서는 Array_Input에 6개의 원소를 가지는 숫자형 1차원 배열 컨트롤이 있고, 입력과 출력의 터널은 모두 Auto Indexing이 활성화 되었고, 루프 카운터 터미널의 입력값은 없다.
- ▶ 두 번째 그림에서는 첫 번째 조건과 동일하지만 루프 카운터 터미널의 입력값이 3이다.
- ▶ 세 번째 그림에서는 입력 터미널의 Auto Indexing이 비활성화 되었고, 루프 카운터 터미널의 입력값이 3이다.
- ▶ 네 번째 그림에서는 입력 터미널의 Auto Indexing이 비활성화 되었고, 루프 카운터 터미널의 입력값이 존재하지 않는다.

4가지 경우에서 각각 어떠한 차이가 있을까?

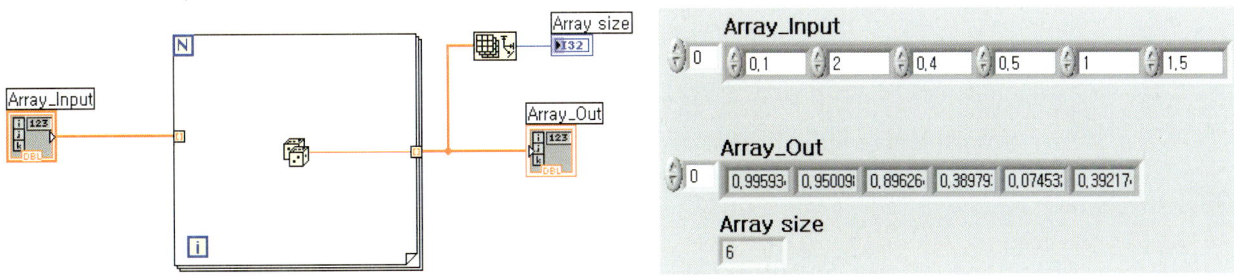

(a) First case

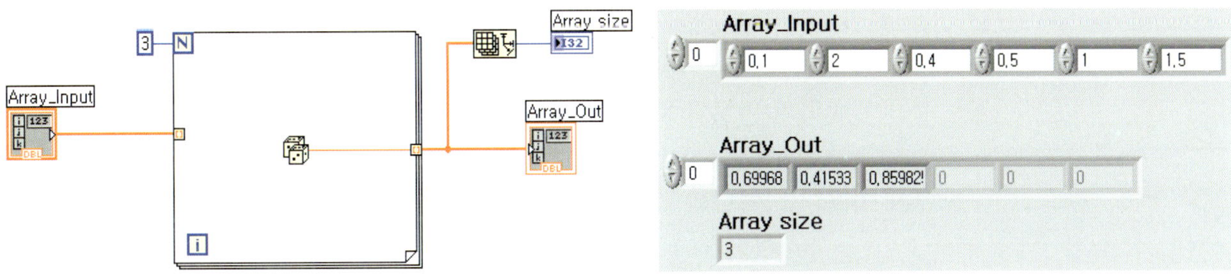

(b) Second case

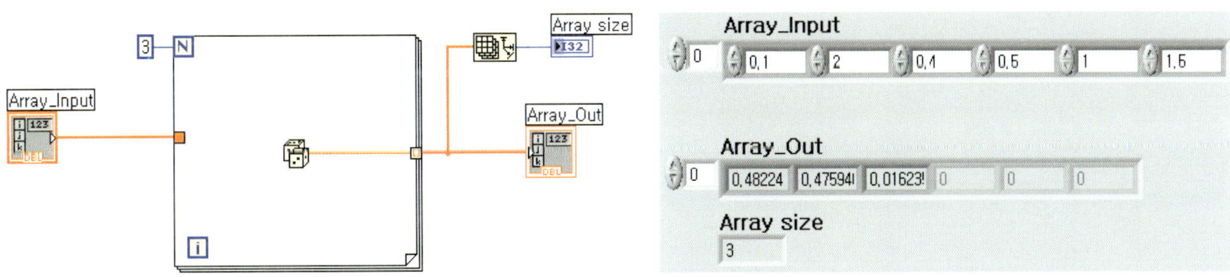

(c) Third case

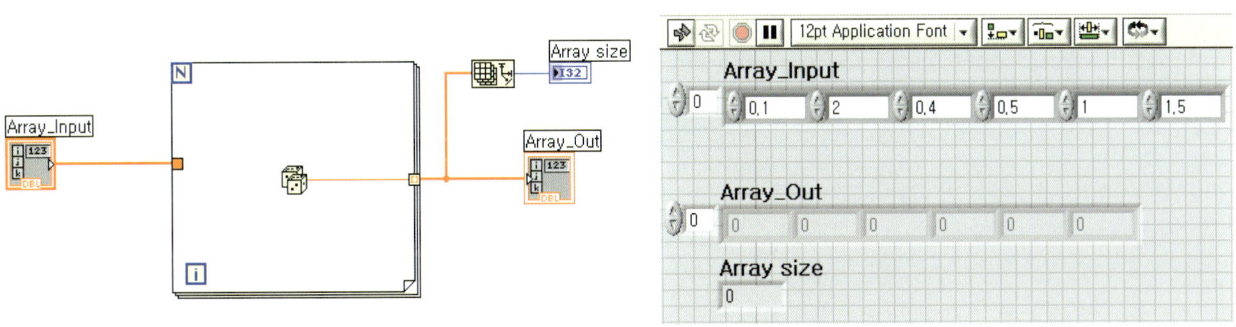

(d) Fourth case

Fig. 3-9 배열 입력의 여러 가지 경우 (For 루프 반복횟수 지정)

주의할 점은 4가지 모두 다른 결과를 초래하므로 잘 파악해야 한다.
4가지 경우의 결과를 정리하면 다음과 같다.

For 루프 입력 터널에 배열이 연결되고 Auto Indexing이 활성화된 상태(First & second cases)에서는 다음과 같다.

2nd ▶ 루프 카운터 터미널의 입력값이 존재할 때 : 두 개 중의 작은값이 루프의 반복 횟수로 인식

1st ▶ 루프 카운터 터미널의 입력값이 존재하지 않을 때 : 입력된 배열의 크기 만큼 반복 횟수로 인식

For 루프 입력 터널에 배열이 연결되어 있지만 Auto Indexing이 비활성화된 상태(Third & fourth cases)에서는 다음과 같다.

3rd ▶ 루프 카운터 터미널의 입력값이 존재할 때 : 카운터 터미널 숫자만큼 루프 반복

4th ▶ 루프 카운터 터미널의 입력값이 존재하지 않을 때 : VI 문법적 오류로 실행 불가

2. Array Functions

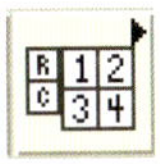

블록 다이어그램 윈도우에서 Functions 팔레트 〉 Programming 〉 Array 그룹에는 Array에 관련된 많은 함수들이 있다.
일반적으로 데이터 수집(DAQ) 후 생성된 많은 데이터 중에서 필요한 데이터만을 뽑아내어 재가공할 때 많이 사용되는 함수가 배열 함수들이다.
많이 사용되는 배열 함수 :

- Array Size
- Replace Array Subset
- Build Array
- Array Subset
- Transpose 2D Array

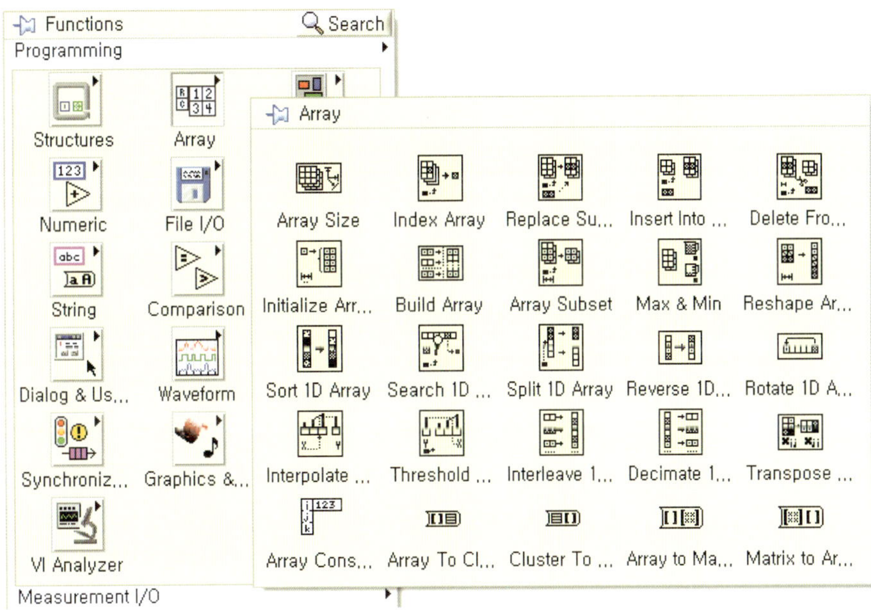

Fig. 3-10 배열 함수들의 위치

Array Size

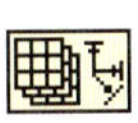

입력 받은 배열의 원소(elements) 크기를 리턴 한다.
1차원 배열(1-D)의 Array Size 함수 리턴값은 스칼라 타입이고, 2차원 배열(2-D)의 리턴값은 2차원 배열이다. 2차원 배열 리턴의 첫 인덱스(0)는 Row 이고 두 번째 인덱스(1)는 Column 이다.

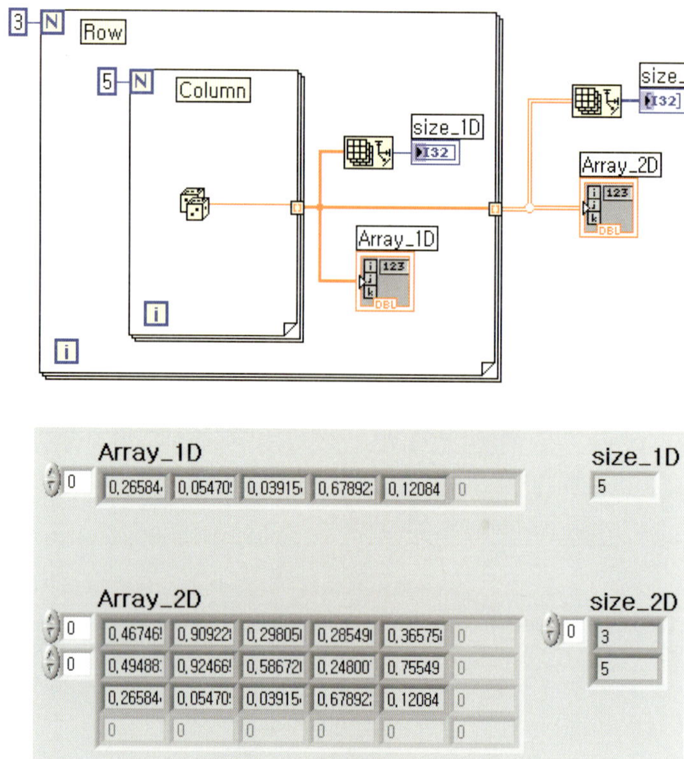

Fig. 3-11 Array Size

Index Array

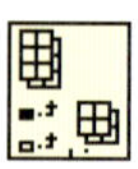

입력 받은 배열에서 특정한 위치에 있는 서브 배열 또는 원소를 리턴 한다.

입력 받은 배열이 1차원이면 특정한 원소를 리턴하고, 2차원이면 특정한 배열 또는 원소를 리턴 한다. 따라서 입력 받은 배열의 크기에 따라 선택하는 인덱스 커넥터 팬이 다르게 표시된다.
1차원 배열을 입력 받으면 선택용 인덱스는 1개이고, 2차원 배열을 입력 받으면 인덱스(row)와 인덱스(column)의 연결 유무에 따라 배열 또는 원소를 리턴 한다.

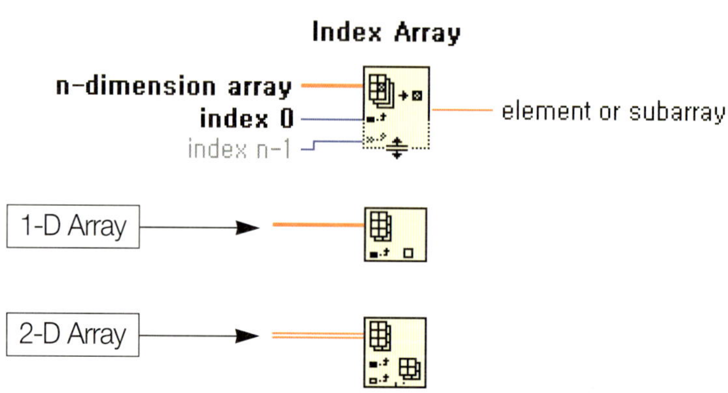

그림 3-12 VI에서, For 루프 내부의 인디케이터 element를 보면, index가 2(세 번째 원소)이므로 0.68520을 출력했다.
인덱스의 시작은 무조건 0부터 이다.

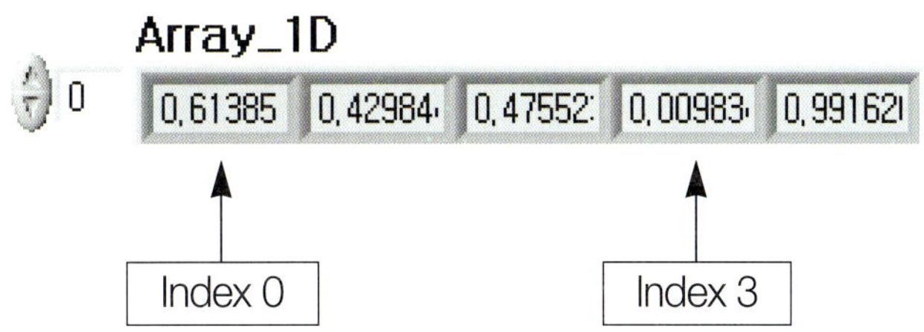

For 루프가 2개 있으므로 2중 For 루프를 빗어나면 배열은 2차원으로 생성된다. 2개의 For 루프 모두 Auto Indexing이 활성화 되어있다.

Index Array 함수 2개 중 상부의 것은 index(row)만 연결되고 인덱스 1이 입력되었으므로 두 번째 Row 배열을 subarray로 출력했다.
Index Array 함수 2개 중 하부의 것은 index(row)에 1이 입력되었고, index(col)에 인덱스 2가 입력되었으므로 두 번째 Row 배열 중 세 번째 원소(1,2)인 0.26422를 출력했다.

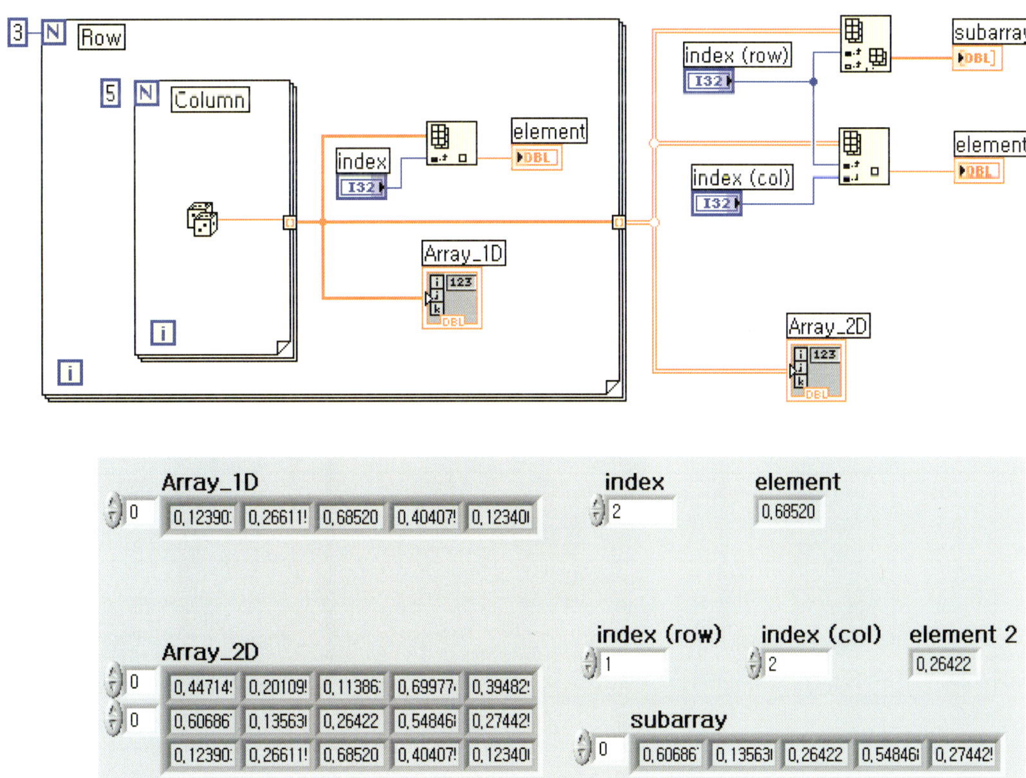

Fig. 3-12 Index Array

Replace Array Subset

입력 받은 배열에서 새로운 서브 배열 또는 원소를 특정한 위치에서 교체한 후 재배열된 Array를 리턴 한다.

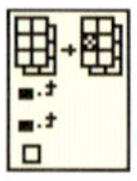

입력받은 배열이 1차원이면 교체할 위치의 인덱스를 선택하고 교체값을 입력하면, 원래의 배열에서 해당 인덱스 원소를 교체값으로 변경하여 수정된 1차원 배열을 리턴 한다. 입력받은 배열이 2차원이면 교체할 위치의 Row 인덱스와 Column 인덱스를 선택하고 교체값을 입력하면, 원래의 배열에서 해당 인덱스 원소를 교체값으로 변경하여 수정된 2차원 배열을 리턴 한다.

Replace Array Subset

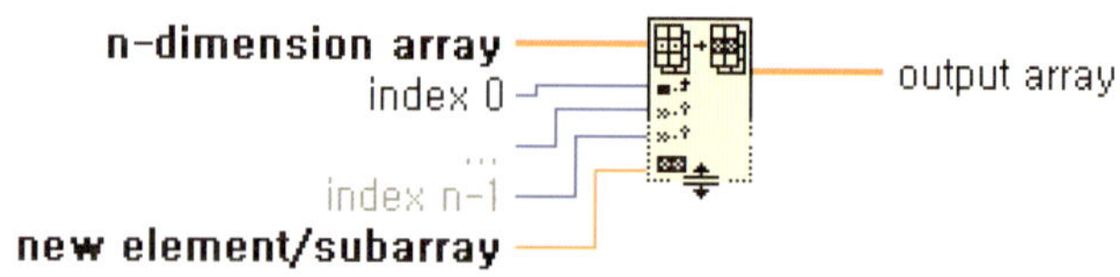

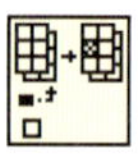

그림 3-13 VI 블록 다이어그램에서, 2중 For 루프 내부에서 생성된 배열은 1차원이고, 이 배열을 입력받은 Replace Array Subset 함수에 index ⟶ 2, 교체값 ⟶ 88을 입력하면 3번째 원소에 대해 교체가 이루어지고, Array_1D out 인디케이터에 출력되었다.

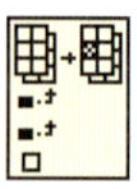

한편, 2중 For 루프 외부에서 생성된 2차원 배열을 Replace Array Subset 함수에 입력하고, index row ⟶ 2, index column ⟶ 3, 교체값 ⟶ 77을 입력하면 3번째 Row 4번째 원소(2,3)에 대해 교체가 이루어지고, Array_2D out 인디케이터에 출력되었다.

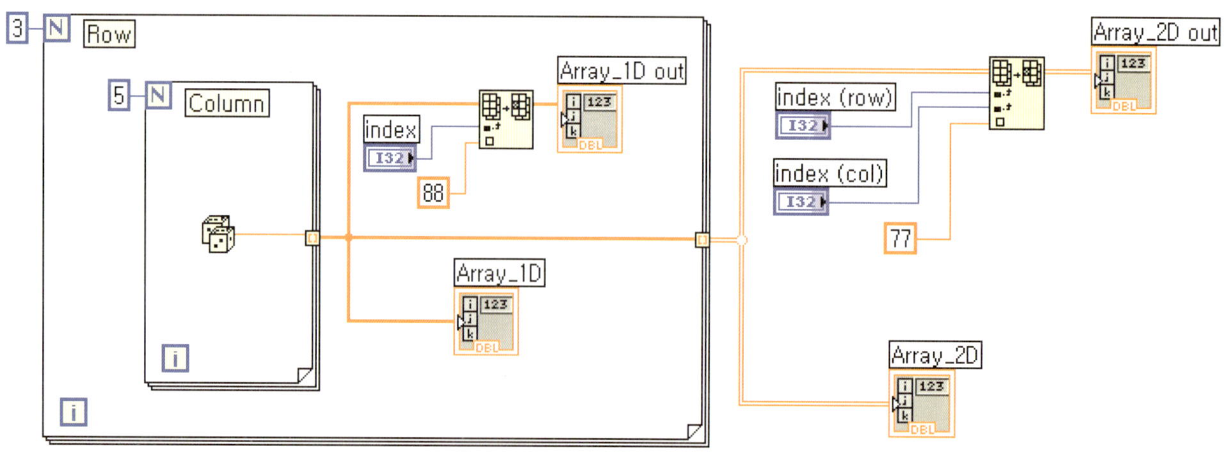

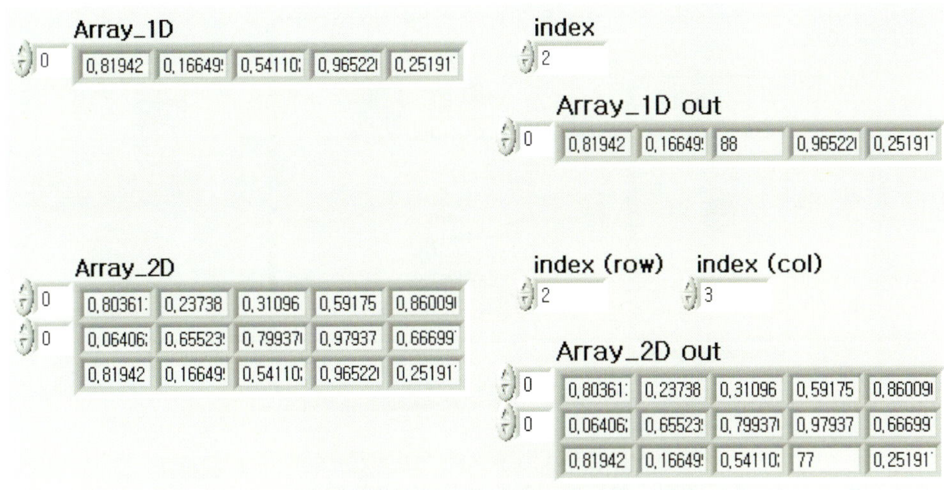

Fig. 3-13 Replace Array Subset

Insert Into Array

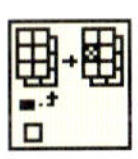

입력 받은 배열에서 새로운 서브 배열 또는 원소를 특정한 위치에 삽입하여 재배열된 Array를 리턴 한다.

입력받은 배열이 1차원이면 삽입할 위치의 인덱스를 선택하고 삽입값을 입력하면, 원래의 배열에서 선택한 인덱스 위치에 새로운 원소를 삽입하고 삽입한 원소의 크기만큼 증가되어 수정된 1차원 배열을 리턴 한다.
입력받은 배열이 2차원이면 위치 인덱스와 새로운 Row 단위의 1차원 배열 또는 Column 단위의 1차원 배열을 삽입하고, 삽입한 배열만큼 크기가 증가되어 수정된 2차원 배열을 리턴 한다.

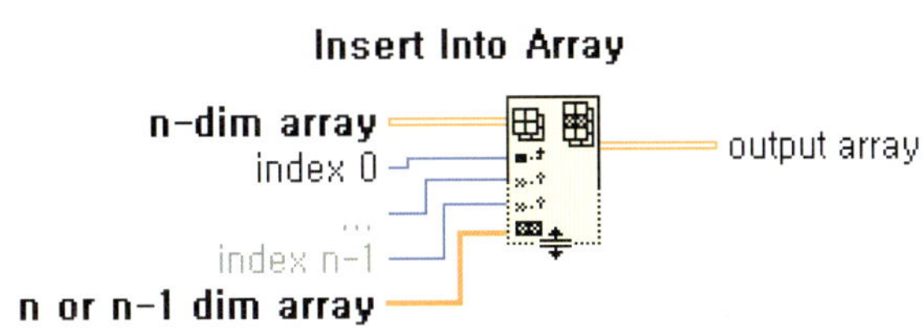

그림 3-14 VI 블록 다이어그램에서, 2중 For 루프 내부에서 생성된 1차원 배열에 index가 2를 입력받으면 3번째 인덱스 위치에서 원소가 삽입되고, 1개의 원소 크기가 증가한 수정된 1차원 배열을 리턴 한다.

2중 For 루프 외부에서 생성된 2차원 배열에 index row가 2를 입력하고 3번째 Row 위치에 삽입한 1차원 상수를 입력하면, Row가 1개 증가한 수정된 2차원 배열을 리턴 한다.

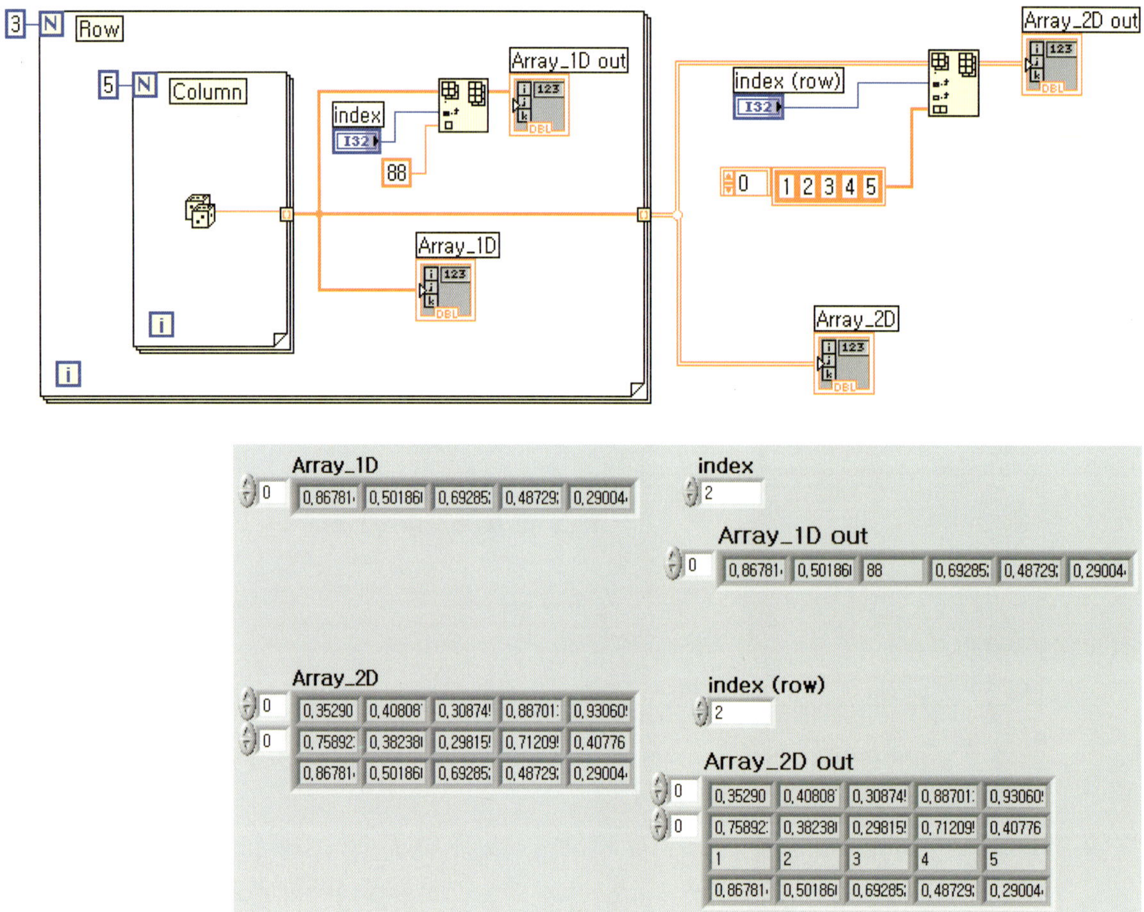

Fig. 3-14 Insert Into Array

Delete From Array

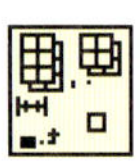

입력 받은 배열에서 특정한 위치에 있는 서브 배열 또는 원소를 제거하여, 재배열된 Array를 리턴 한다.

입력받은 배열이 1차원이고 제거할 위치의 인덱스와 크기를 지정하면, 지정된 인덱스 위치에서부터 크기까지 원소들이 삭제되어 array w/subset deleted 출력 커넥터 팬으로 출력되고, deleted portion 출력 커넥터 팬으로 삭제된 부분만 따로 출력 된다.

입력받은 배열이 2차원이면, 삭제할 Row 인덱스 또는 Column 인덱스를 지정하고 크기를 입력하면, 원래의 2-D 배열에서 해당 인덱스 위치에서부터 배열 단위로 크기만큼 삭제되고, 나머지 2차원 배열을 재배열하여 리턴 한다.

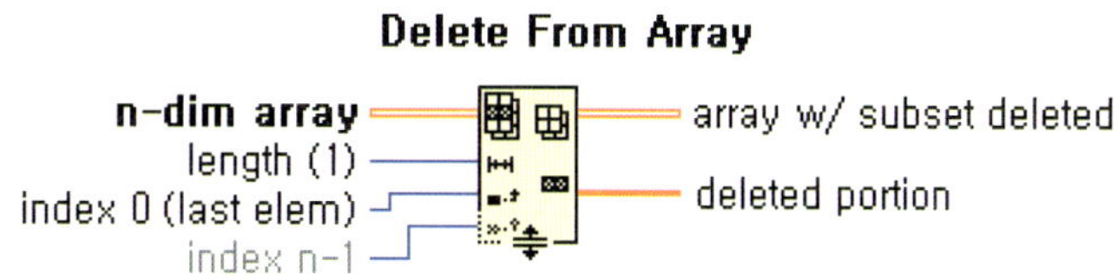

그림 3-15 VI 블록 다이어그램에서, 2중 For 루프 내부에서 생성된 1차원 배열이 Delete From Array 함수에 입력되고, index가 1, length가 2를 지정하면 2번째 원소부터 2개의 원소를 삭제한 후 나머지를 리턴하고, 삭제된 부분만 따로 deleted portion array에 리턴하였다.

2중 For 루프 외부에서 생성된 2차원 배열이 Delete From Array 함수에 입력되고, index row가 1, length가 1을 지정하면 2번째 Row부터 Row 단위로 1개의 Row를 삭제한 후 나머지를 리턴하고, 삭제된 부분만 따로 deleted portion array에 리턴 하였다.

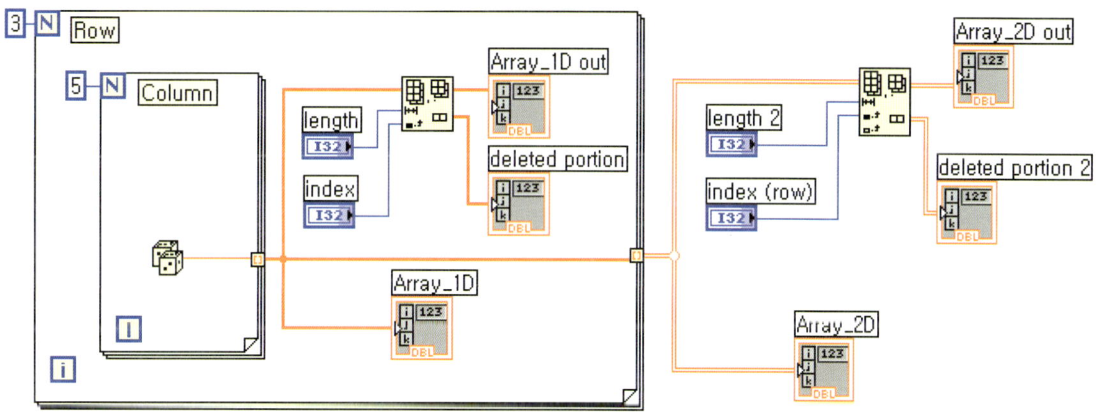

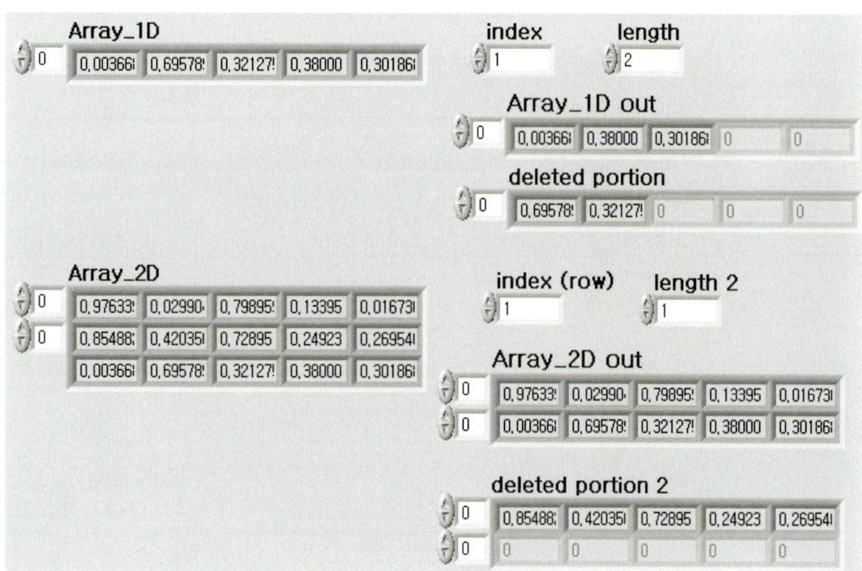

Fig. 3-15 Delete From Array

Initialize Array

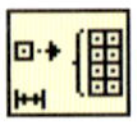

배열은 초기화 하거나 하지 않거나 사용할 수 있다. 배열이 초기화 되면 각 차원의 원소 개수와 배열의 내용을 사전에 정의한다.
초기화된 배열에는 차원은 있으나 원소는 없다.

아래 배열은 초기화되지 않은 2차원 배열을 보여준다. 원소가 모두 비활성화 되어있어 (그레이 색상), 배열이 초기화되지 않았음을 나타낸다.

1차원 배열을 초기화 할 때는 Initialize Array 함수의 아이콘 크기를 위아래 방향으로 최대한 줄여, dimension size 입력 커넥터 팬이 1개만 보이도록 한다. 차원이 증가할수록 1개씩 증가 시키면 된다.

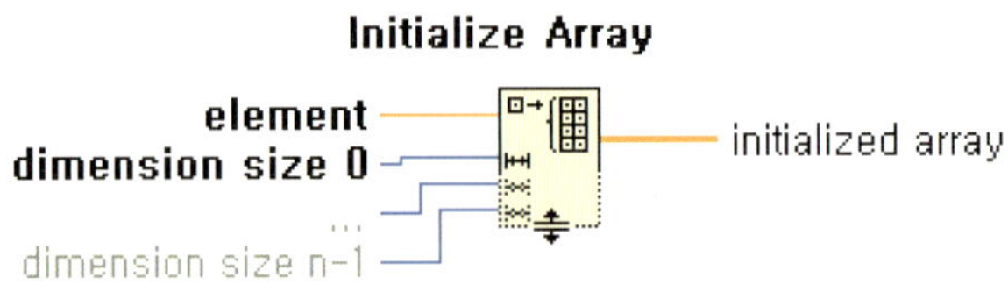

그림 3-16의 1차원 배열 초기화는 dimension size를 3으로 지정하여, 1차원 배열에서 원소 3개만 초기화 하였다.

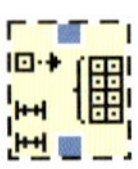

2차원 배열 초기화는 dimension size(row)를 2, dimension size(col)를 4로 지정하여, 2차원 배열에서 2×4 크기만 초기화 하였다.

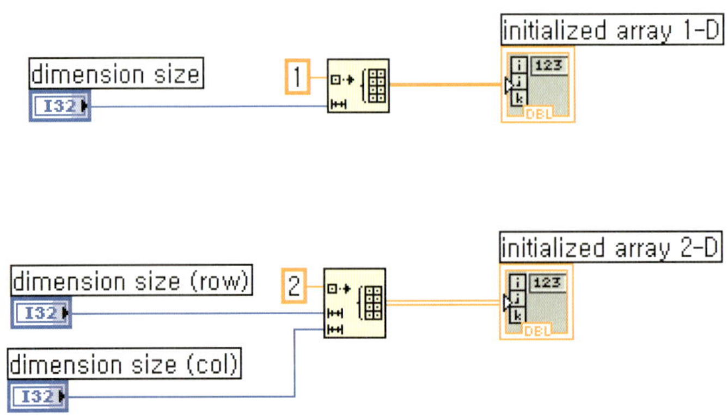

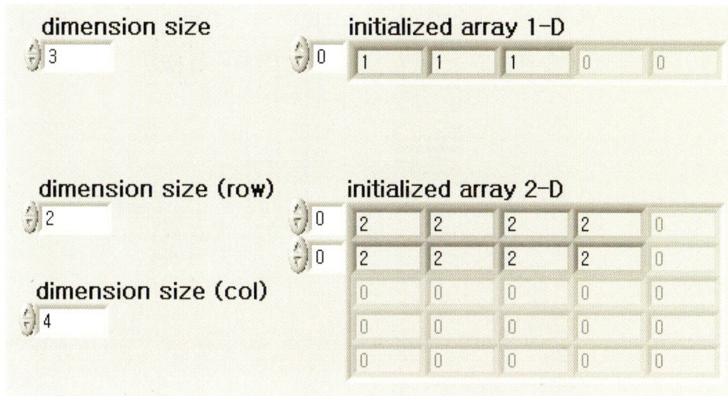

Fig. 3-16 Initialize Array

Build Array

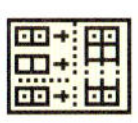

각각 다른 배열 또는 원소들을 조합해서 새로운 차원의 배열을 생성한다.
〈Build Array〉에는 Append Mode와 Concatenate Mode 두 가지 있다.
초기 Functions 팔레트에서 Build Array 함수를 놓으면 디폴트로 Append Mode가 된다.

Append Mode와 Concatenate Mode의 변경은 토글이고, 방법은 바로가기 메뉴에서 Concatenate Mode를 선택하여 체크하면 Concatenate Mode 이고, 체크가 해지되어있으면 Append Mode 이다.

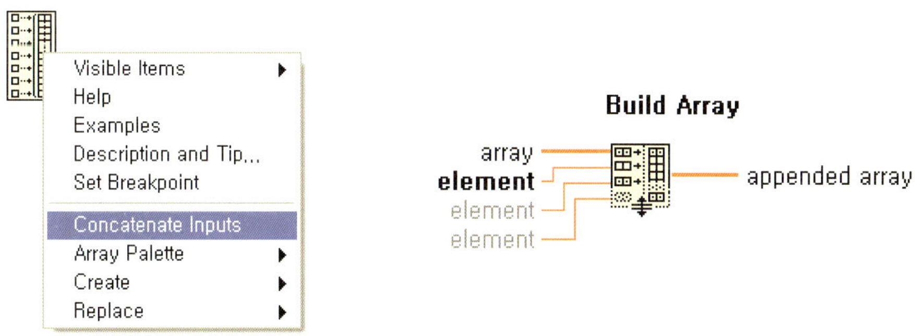

두 모드의 차이는 그림 3-17 VI의 예제를 보면 이해하기 쉽다.
Concatenate Mode는 하나의 차원으로 계속 이어가면서 배열을 조합하고, Append Mode는 추가되는 행렬을 Row 단위로 새롭게 조합해서 1개 차원이 증가된 배열을 생성한다.

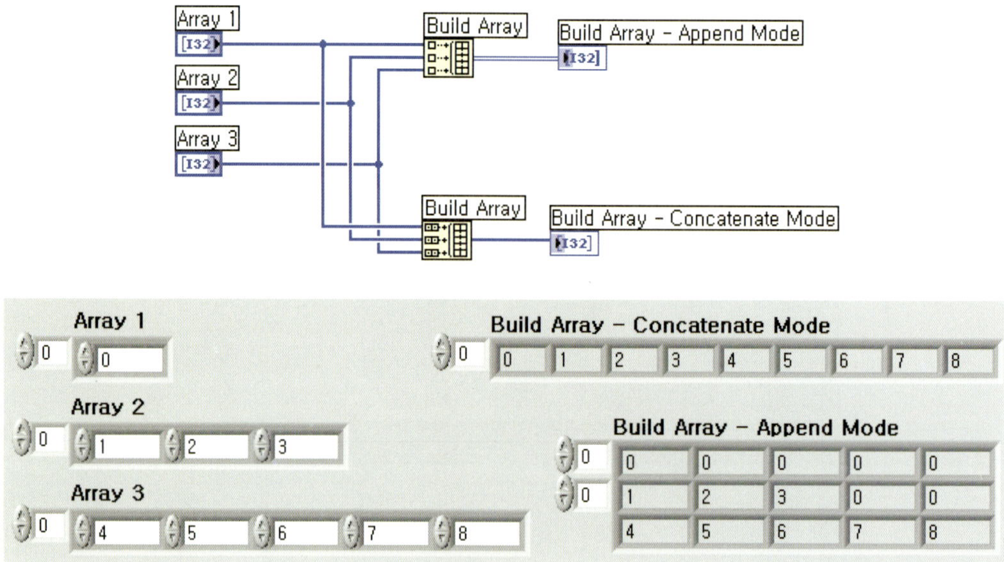

Fig. 3-17 Build Array

Array Subset

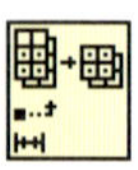

입력 받은 배열에서 특정한 위치에 있는 서브 배열 또는 원소만을 따로 떼어내어, 재배열된 Array를 리턴 한다.

입력받은 배열이 1차원이고 제거할 위치의 인덱스와 크기를 지정하면, 지정된 인덱스 위치에서부터 크기까지 해당 배열을 따로 떼어내어 리턴 한다.
입력받은 배열이 2차원이면, Row 단위로 떼어낼 것인가 Column 단위로 떼어 낼 것인가 따라 와이어링 위치가 다르다.

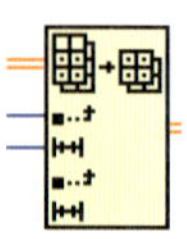

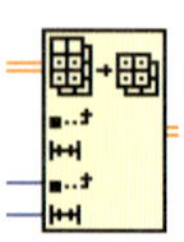

왼쪽 함수 아이콘 그림처럼, index와 length를 상부에 연결하면 Row 단위로 떼어내고, index와 length를 하부에 연결하면 Column 단위로 떼어낸다.

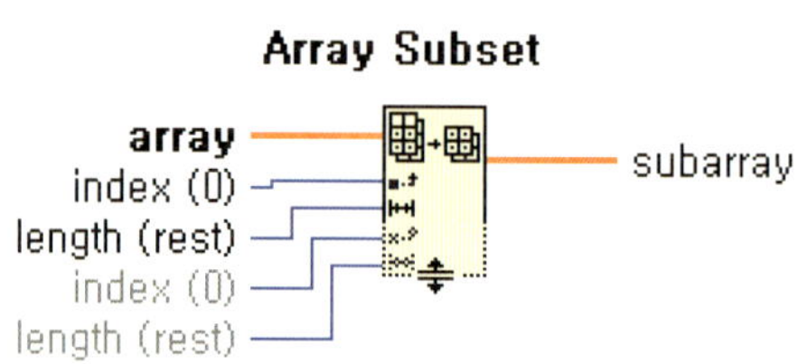

그림 3-18 VI 블록 다이어그램에서, 2중 For 루프 내부에서 생성된 1차원 배열에 index가 1, length가 2를 지정하면, Array Subset 함수의 출력은 2번째 원소부터 2개의 원소를 떼어낸다.

2중 For 루프 외부에서 생성된 2차원 배열에 대해, Row 단위로 떼어낼 경우 index row가 1, length가 2를 지정하면 2번째 Row부터 Row 단위로 2개의 Row를 떼어낸다. (Array-2D out)

Column 단위로 떼어낼 경우 index col이 1, length가 2를 지정하면 2번째 Column부터 Column 단위로 2개의 Column를 떼어낸다. (Array-2D out2)

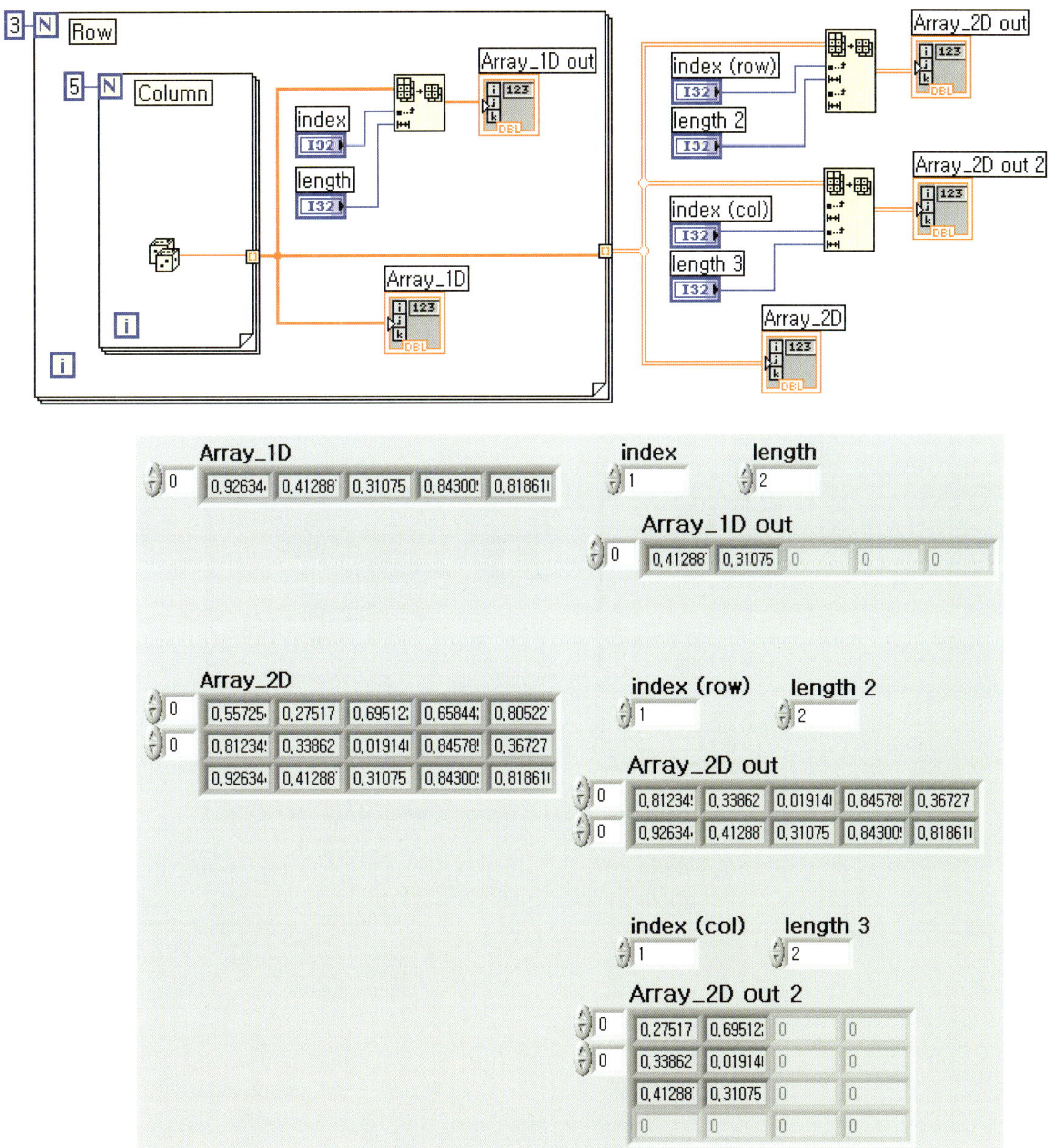

Fig. 3-18 Array Subset

Array Max & Min

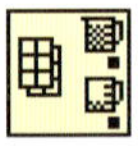

입력 받은 배열의 원소 중에서 최대값과 최대값의 인덱스 및 최소값과 최소값의 인덱스를 리턴 한다. 2차원 배열이라도 전체 원소 중에서 최대값과 최소값 및 각각 해당 인덱스들을 2차원 배열로 리턴 한다.

그림 3-19 VI 블록 다이어그램에서, 2중 For 루프 내부에서 생성된 1차원 배열의 원소 중에서 Array Max & Min 함수의 출력은 최대값 0.6874 (인덱스 1)이고 최소값 0.2241 (인덱스 4)를 출력하였다.

2중 For 루프 외부에서, Array Max & Min 함수에 입력받은 2차원 배열의 원소 중에서 최대값은 0.8288 (인덱스 1,1)이고 최소값은 0.0023 (인덱스 0,4)를 보였다. 인덱스 0,4는 첫 번째 Row 다섯 번째 Column 위치이다.

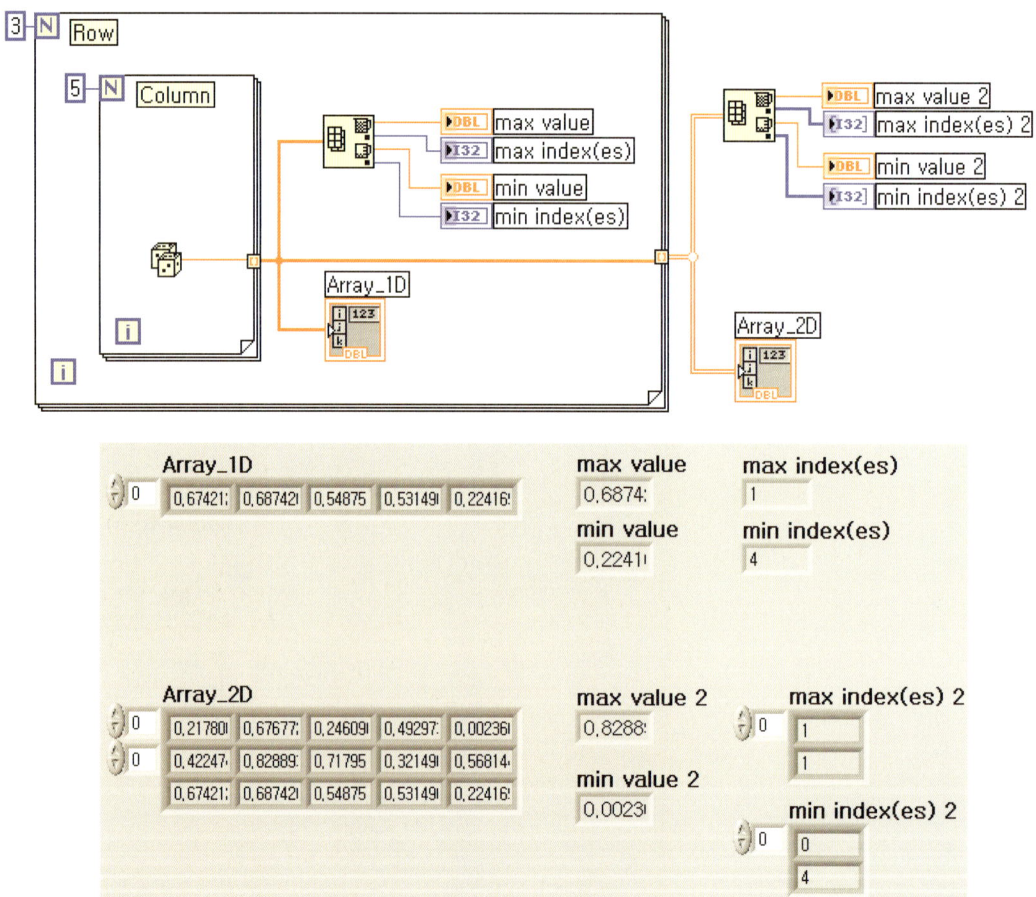

Fig. 3-19 Array Max & Min

Reshape Array

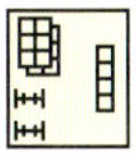

입력받은 n차원의 배열을 m차원의 배열로 차원을 변환하는 함수이다.
차원에 관계없이 입력 받은 배열들을 인덱스 순서대로 모든 원소를 1차원으로 변환한 후, 지정된 dimension size의 지정 값으로 재구성하여 다른 차원의 배열을 리턴 한다.

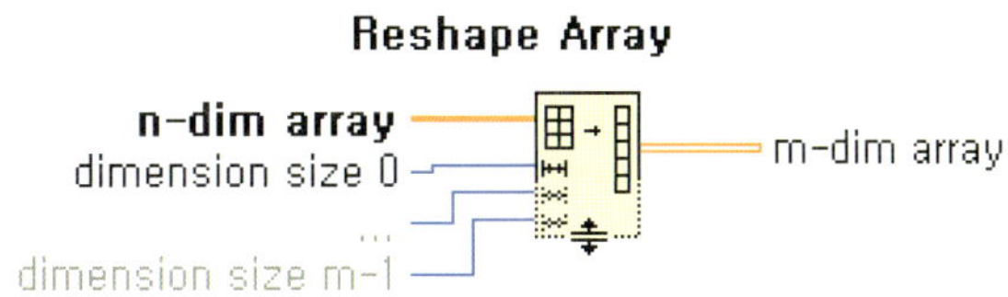

그림 3-20 VI 블록 다이어그램에서, 2중 For 루프 내부에서 생성된 1차원 배열을 입력하고, dimension (row)은 3, dimension (col)은 2를 지정하면 3×2 2차원 배열로 재구성하여 리턴 하였다 (output array). 재구성에 부족한 원소는 0으로 채워진다.

2중 For 루프 외부에서 생성된 2차원 배열을 입력하면, 2차원 배열의 원소들을 모두 1차원으로 나열한 후, dimension (row)이 2, dimension (col)이 3를 입력받아 2×3 2차원 배열로 재구성하여 리턴 하였다 (output array 2).

Reshape Array 함수를 적용하여 출력한 2차원 배열(output array 2)과 2중 For 루프를 완료하여 출력한 2차원 배열(Array-2D)을 상호 비교해보면, 그 차이를 알 수 있다.

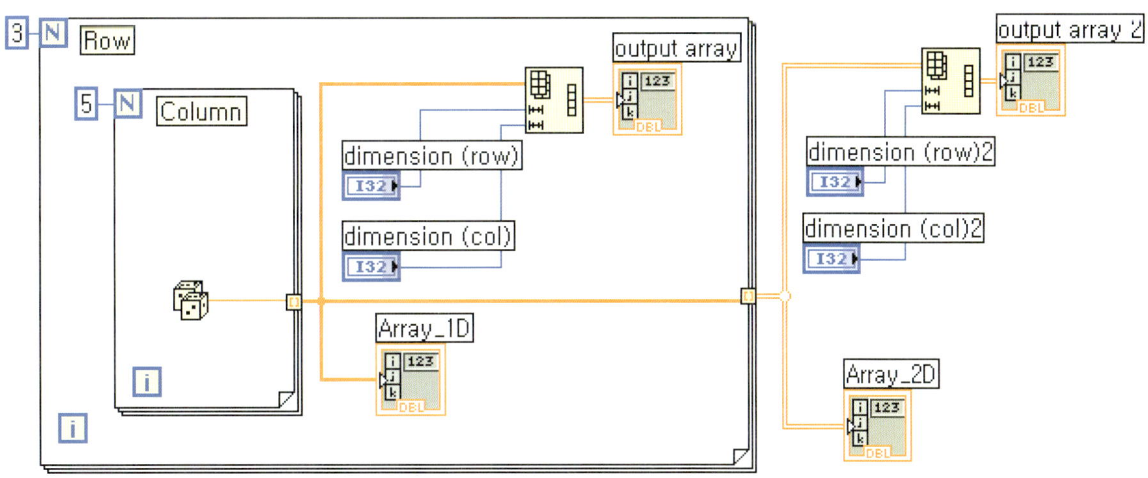

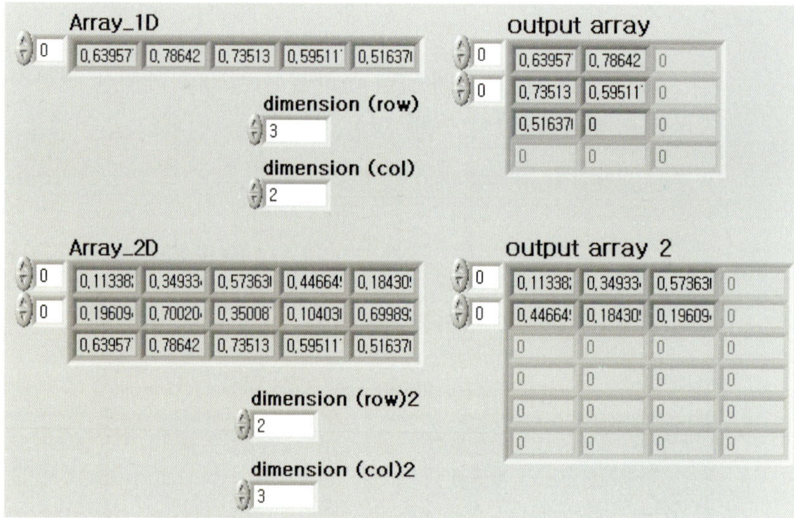

Fig. 3-20 Reshape Array

Transpose 2D Array

2차원 배열 n×m 을 2차원 배열 m×n으로 재구성하여 리턴 한다. 이 함수는 반드시 2차원 배열에서만 사용하여야 한다.
배열끼리 연산이나, 배열 데이터를 파일로 저장할 때 많이 사용된다.

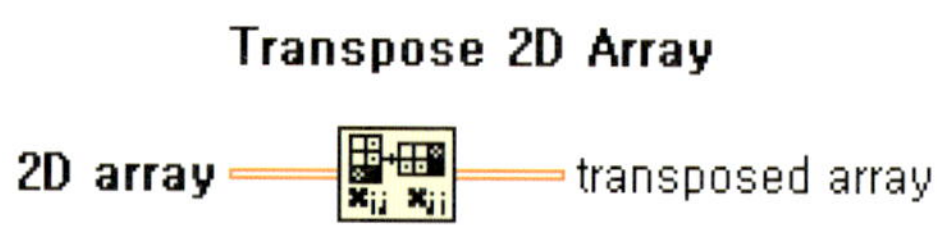

그림 3-20 VI 블록 다이어그램에서, 2중 For 루프의 출력 2차원 배열 (3×5)을 트랜스포즈 하여 2차원 배열 (5×3)로 재구성 하였다.

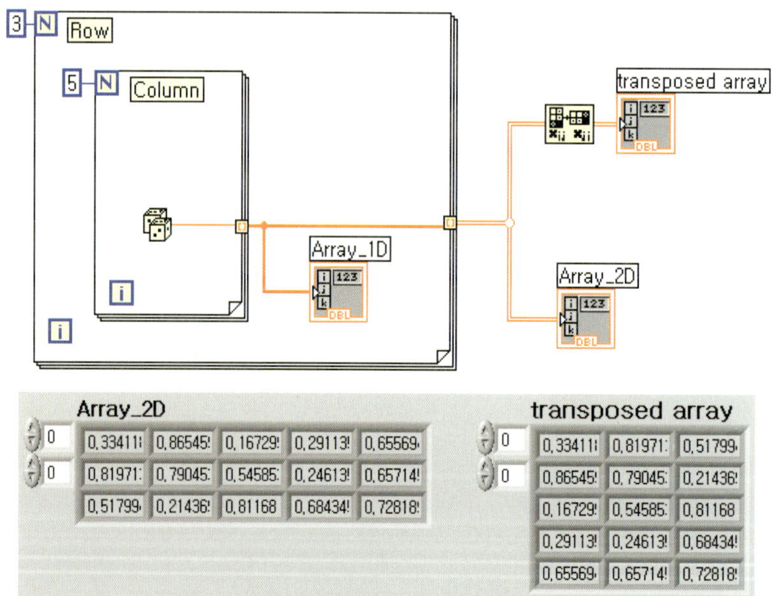

Fig. 3-21 Transposed Array

3. Array 예제 (#3-1)

난수와 Cosine 함수를 이용해서 2차원 배열을 만들고, Array 함수 그룹 중에서 적절한 함수를 이용하여 배열을 재구성하고 차트에 디스플레이 한다.

문제

2차원 배열 (5×100)을 난수를 이용하여 생성하고, 트랜스포즈 배열 함수를 적용하여 디스플레이 한다.

- ▶ 초기 생성된 배열을 일부 나열하고, Array Size 함수로 크기를 본다.
- ▶ Transpose 함수로 (100×5) 로 변환하고, 배열의 크기를 본다.
- ▶ Array Subset 함수로 일부 배열을 떼어온다 (3×100).
- ▶ 떼어낸 (3×100)배열로부터 Index Array 함수를 이용하여, Column 단위로 일부 배열을 떼어낸다. (1차 배열)

프론트 패널 프로그래밍

A. 새로운 VI를 오픈하고 저장한다.

- ▶ LabVIEW를 실행하여 Getting Started 창을 연다.
- ▶ New 〉 Blank VI
- ▶ File 〉 Save As 〉 c:₩temp₩Example #3-1.vi

B. 차트 인디케이터를 생성한다.

- ▶ Controls 팔레트 〉 Modern 〉 Graph 〉 Waveform Chart
- ▶ 바로가기 메뉴 〉 Properties 오픈 적절하게 구성한다.

C. 숫자형 컨트롤을 생성한다.

- ▶ Controls 팔레트 〉 Modern 〉 Numeric 〉 Numeric Control 숫자형 컨트롤을 2개 생성한다.
  Label 이름을 각각 row, col 으로 변경한다.
- ▶ 적절하게 위치 배치하고 폰트 크기, 스타일 및 색상 변경
- ▶ VI를 저장한다.

D. 더 필요한 컨트롤은 블록 다이어그램에서 프로그래밍할 때 터미널에서 직접 create 한다.

블록 다이어그램 프로그래밍

A. 2중 For 루프 생성 및 난수와 Cosine 함수 삽입

- 외부 For 루프는 row 컨트롤 터미널과 연결하고, 내부 For 루프는 col 컨트롤 터미널과 연결

- 외부 For 루프 내부에 난수함수를 놓는다.
  난수함수 위치 :
  Functions 〉 Programming 〉 Numeric 〉 Random Number

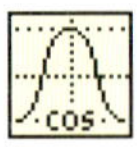

- 내부 For 루프 안에 Cosine 함수와 Multiply 연산노드를 놓는다.

- 내부 For 루프의 Iteration Terminal 과 난수를 Multiply 입력으로 와이어링 한다.

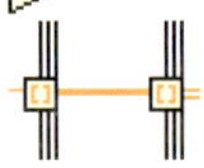

- Cosine 함수 출력을 2중 For 루프 경계에 와이어링하여, Auto Indexing을 활성화 한다.

B. 2중 For 루프로 생성된 2차원의 배열을 디스플레이 한다.

- 외부 For 루프의 Auto Indexing 위치에 마우스 포인터를 놓고 오른쪽 버튼을 클릭하여 바로가기 메뉴를 팝업 시킨다.
  바로가기 메뉴 〉 Create 〉 Indicator

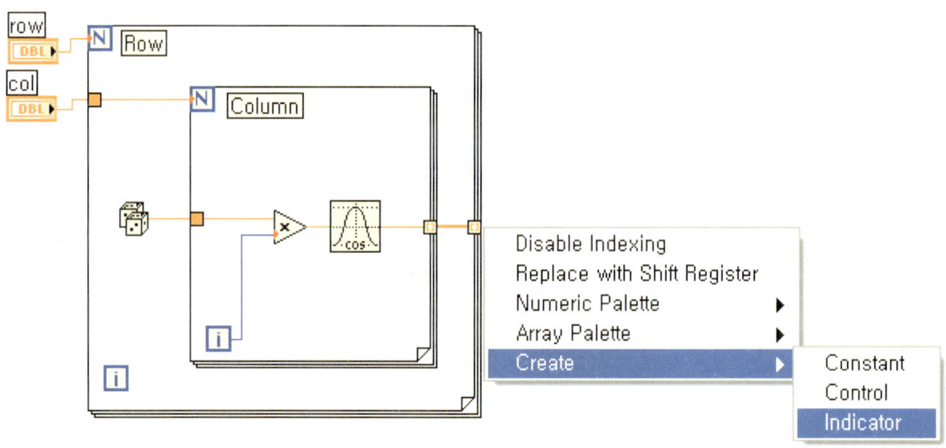

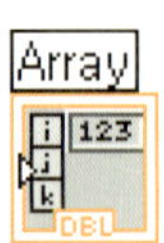

- Auto Indexing 활성화에 맞는 배열(Row×Column)이 생성된 것을 확인
- Label을 Array_2D로 변경
- Array_2D 터미널을 더블 클릭하여 프론트 패널의 해당 인디케이터로 이동

- 선택된 Array_2D 인디케이터 오른쪽 하단 경계에 마우스를 이동하면, Grid 커서로 변경되고 이때 적당한 사이즈로 드래그하여, 2차원 배열을 알아볼 수 있도록 크기를 조정.

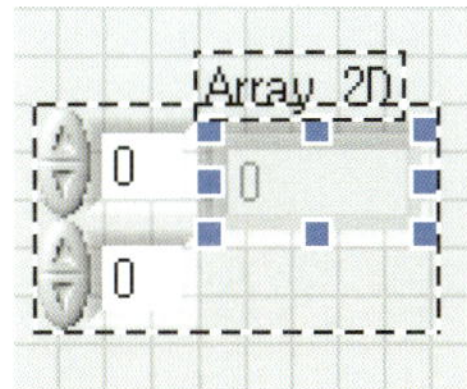

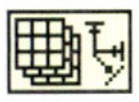

▶ Array Size 함수를 놓고, 입력 커넥터 팬은 2차원 배열에 와이어링하고, 출력 커넥터 팬은 바로가기 메뉴 〉 Create 〉 Indicator 하여 숫자형 인디케이터를 생성

▶ 생성된 숫자형 인디케이터를 Array_2D size 로 Label 변경

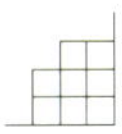

▶ Array_2D size 인디케이터도 상기와 같은 방법으로, Grid 커서를 이용하여 원소 2개가 보일 수 있도록 크기 조정

C. Transpose 함수로 Row와 Column 위치 전환 (Column × Row)

▶ Transpose 함수를 놓고 입력 커넥터 팬에 원래의 2차 배열을 연결

▶ Transpose 함수의 출력 커넥터 팬 위치에서 Array 인디케이터 생성
바로가기 메뉴 〉 Create 〉 Indicator

▶ 생성된 배열 인디케이터 Label을 transposed array로 변경

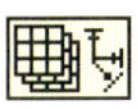

▶ Array Size 함수를 놓고, 입력 커넥터 팬은 transposed 배열을 받고, 출력 커넥터 팬은 바로가기 메뉴 〉 Create 〉 Indicator 하여 숫자형 인디케이터를 생성

▶ 생성된 숫자형 인디케이터를 trans array_2D size 로 Label 변경

▶ trans array_2D size 인디케이터도 Grid 커서를 이용한 상기와 같은 방법으로, 원소 2개가 보일 수 있도록 크기 조정

D. Waveform Chart 연결

▶ 웨이브폼 차트의 입력에 Transpose 함수 출력을 연결

▶ X축의 데이터는 내부 For 루프의 인덱스 (0~49)이고, Y축은 배열값이다.

▶ 따라서 웨이브폼 차트에 배열을 디스플레이하려면 Transpose 해야 한다.

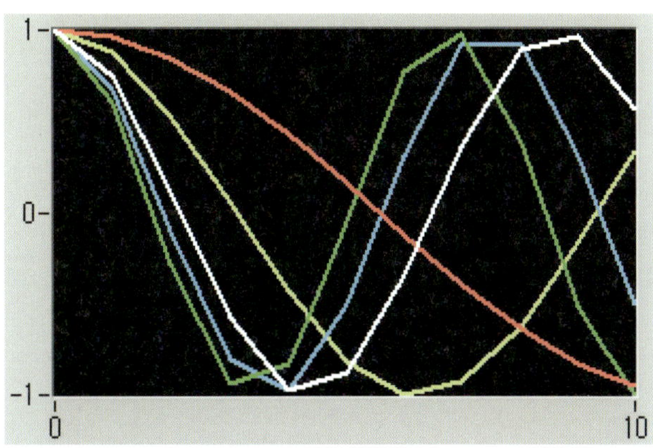

E. Array Subset 함수를 적용하여 Row 단위로 일부 배열을 떼어낸다.

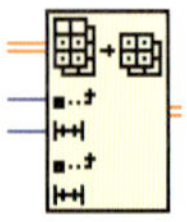

- Row 단위로 떼어내기 위해, 왼쪽 아이콘처럼 index와 length를 상부에 연결한다.
- index에는 1, length에는 3을 입력하여, 인덱스 1 (2번째 Row, 왜냐하면 인덱스 시작은 0부터 이다)부터 3개의 Row 만큼 떼어내어 출력한다.
- 〈Array Subset〉 함수의 출력 커넥터 팬 위치에서 Array 인디케이터 생성
  바로가기 메뉴 〉 Create 〉 Indicator
- 생성된 배열 인디케이터 Label을 array subset out 으로 변경

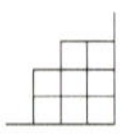

- 프론트 패널에서, Grid 커서를 이용하여 크기를 조절

F. Index Array 함수를 적용하여 Column 단위로 일부 배열을 떼어낸다.

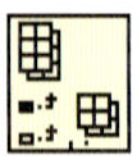

- Index Array 함수의 입력에 전단계의 〈Array Subset〉 함수 출력을 연결
- 입력 커넥터 팬 중의 Column 위치에 2를 입력
- 출력 커넥터 팬 위치에서 Array 인디케이터 생성
  바로가기 메뉴 〉 Create 〉 Indicator
- 생성된 배열 인디케이터 Label을 index array_out 로 변경

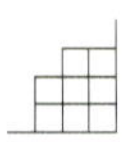

- 프론트 패널에서, Grid 커서를 이용하여 크기를 조절

G. 터미널들의 위치를 정비하고 VI를 저장한다.

- 블록 다이어그램 정리

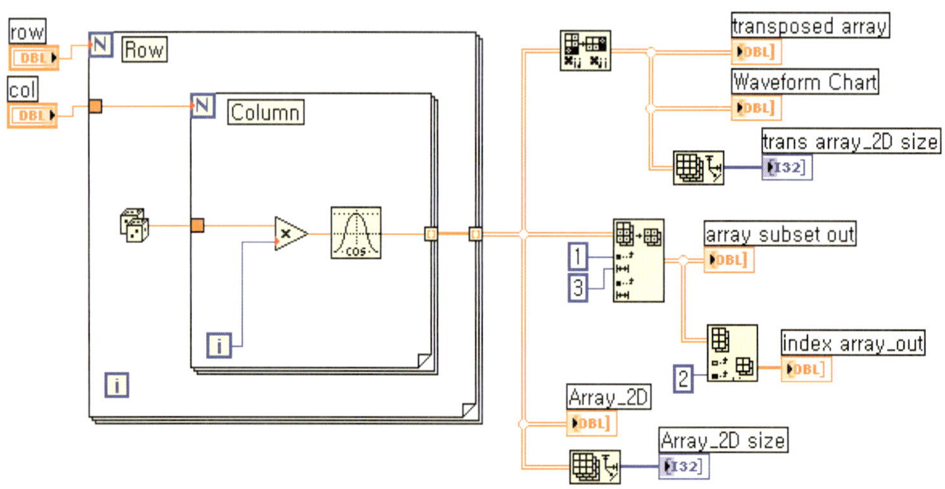

▶ 프론트 패널 정리

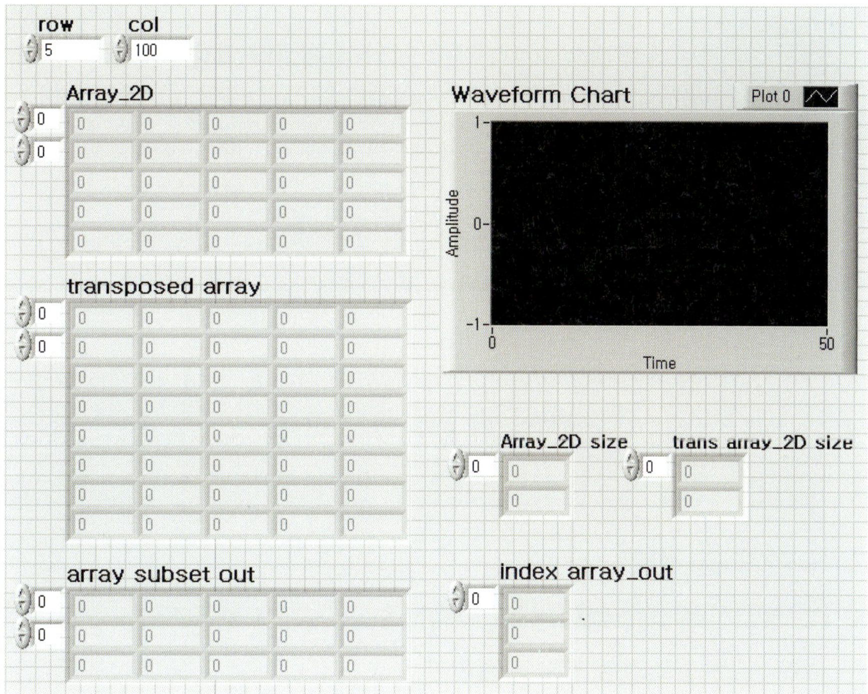

VI 실행

A. 프론트 패널 또는 블록 다이어그램 윈도우 메뉴에 있는 실행 버튼을 누르면 VI는 실행된다.

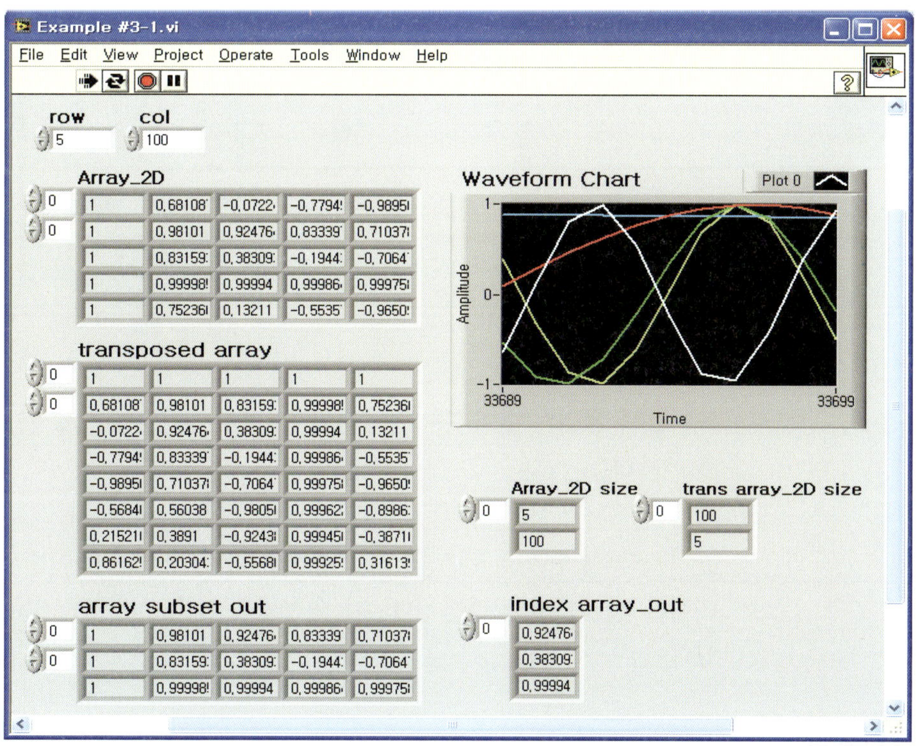

4. Cluster

여러 형태의 데이터들을 하나의 데이터 형태로 변환하는 작업을 클러스터 (Cluster)라 하며, Functions 팔레트 〉 Programming 〉 Cluster & Variant 그룹에 여러 종류의 클러스터 함수가 있다.

클러스터는 같은 데이터 타입 또는 다른 타입이라도 서로 묶어서 (데이터 원소의 그룹화) 전달되므로 (데이터 버스 개념), 와이어 결선시 매우 간결하게 VI를 프로그래밍 할 수 있다.
클러스터는 초기 생성때 고정된 크기를 가지며, 컨트롤 클러스터 또는 인디케이터 클러스터로 구성된다. 하나의 클러스터에는 컨트롤과 인디케이터를 동시에 가질 수는 없다.

클러스터 컨트롤 생성

프론트 패널에서 Controls 〉 Modern 〉 Array, Matrix & Cluster 〉 Clusters를 드래그해서 클러스터 셀을 생성한다.

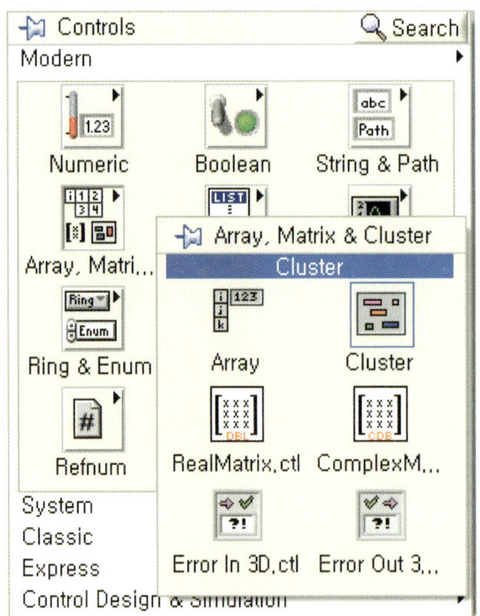

Fig. 3-22 Cluster 위치

Cluster

클러스터 셀에는 숫자, 불리언, 문자열, 경로, 배열 등을 셀 안으로 끌어다 놓아 클러스터를 만든다.

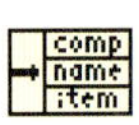

클러스터 셀 안으로 컨트롤 터미널 또는 인디케이터 터미널들을 끌어다 놓은 순서대로 데이터 전달순서가 결정된다. 이 순서들은 Unbundle By Name 함수를 적용하면 볼 수 있다.

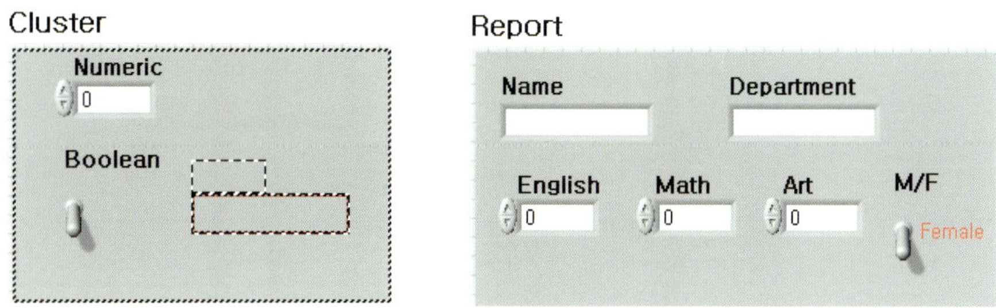

Fig. 3-23 클러스터 쉘에 컨트롤 삽입하기

클러스터 원소 인덱스

클러스터 원소 인덱스는 블록 다이어그램에서 〈Bundle〉 또는 〈Unbundle〉 함수로 원소들을 풀 때, 터미널에 나타나는 순서를 결정한다.

클러스터 원소 인덱스는 쉘에서의 원소들의 위치에 관계없이 논리적인 순서를 가진다. 논리적인 순서는 쉘에 놓이는 순서이며, 0부터 시작한다. 즉, 첫 번째 쉘에 놓인 원소는 인덱스 0이고, 두 번째 놓인 원소는 인덱스 1이다.

클러스터 생성을 완료한 후 원소들의 순서를 변경하려면 다음과 같다.
프론트 패널 윈도우에서 해당 클러스터의 경계면에 마우스 오른쪽 버튼을 클릭하여 바로가기 메뉴를 팝업 시킨다.

▶ 바로가기 메뉴 〉 Reorder Controls in Cluster

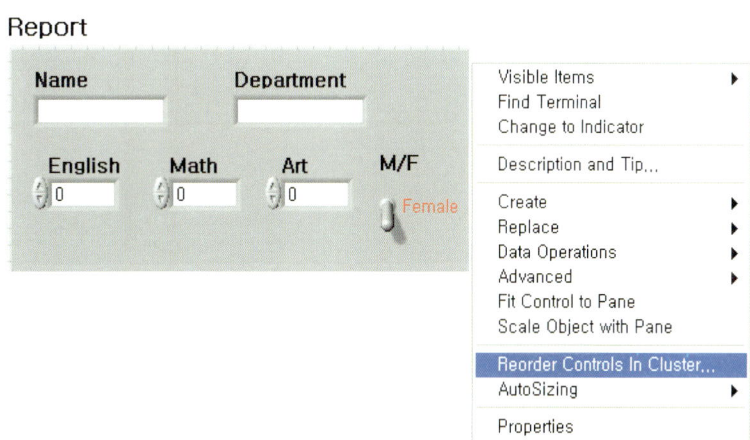

Fig. 3-24 클러스터 원소 인덱스 재순서

▶ 클러스터 원소 순서 변경 윈도우에서 원소들의 순서를 재조정 한다.
손 모양으로 바뀐 마우스 포인터를 새순서 위치에 놓고 클릭하면 순서가 재조정된다.

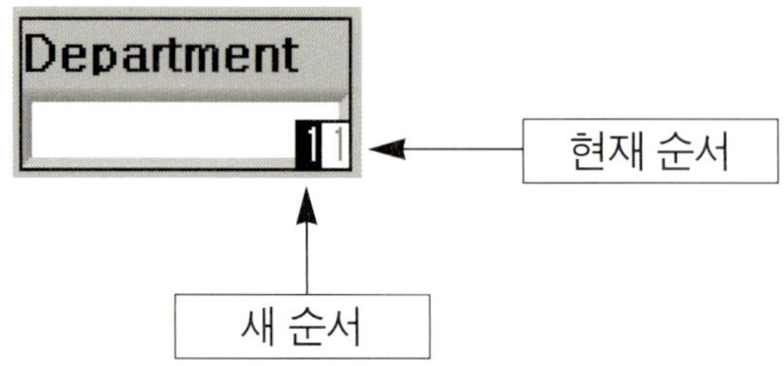

▶ 클러스터 원소 순서 변경 윈도우에서 변경 후 확인버튼으로 저장

 : 확인 버튼  : 취소 버튼

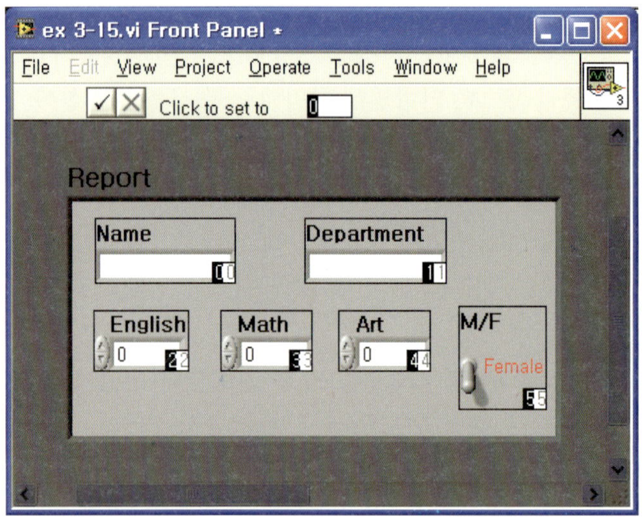

Fig. 3-25 클러스터 원소 순서 변경 윈도우

두 개의 클러스터를 연결하려면, 반드시 양쪽의 클러스터내의 원소들의 타입과 원소들의 순서가 일치하여야 한다. 만약 일치하지 않으면 연결된 와이어는 깨지고 VI는 실행되지 않는다.

클러스터 상수 생성

클러스터 상수는 숫자, 문자열, 불리언 등을 복합적으로 그룹화한 상수이며, 다른 클러스터와 비교하기 위한 기준으로 또는 상수 데이터를 저장하기 위해 사용된다.

클러스터 상수 생성 방법은 다음과 같다.

▶ 블록 다이어그램에서 〈Cluster Constant〉를 놓는다.

위치는 Functions 팔레트 〉 Programming 〉 Cluster & Variant 〉 Cluster Constant

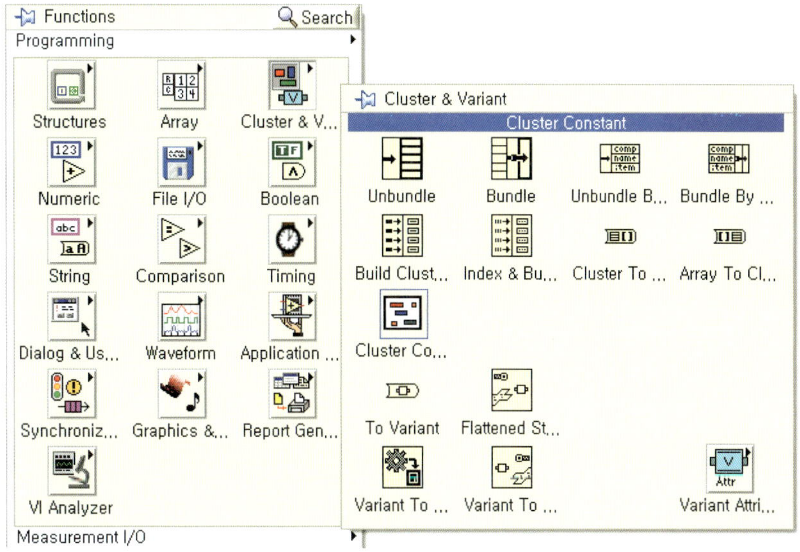

Fig. 3-26 Cluster Constant 위치

▶ 숫자형 상수, 문자열 상수, 불리언 상수들을 클러스터 상수 셸 안으로 끌어다가 놓는다.

▶ 클러스터 인디케이터를 생성하여 연결하여 보면 다음과 같다.

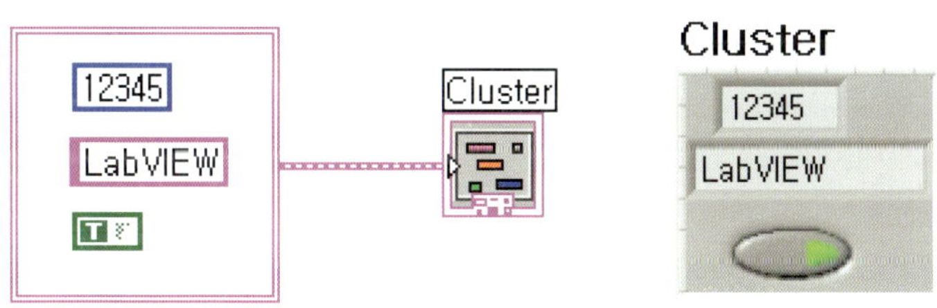

Fig. 3-27 클러스터 상수의 생성 및 출력

클러스터 함수들

클러스터 함수들은 아래와 같은 일들을 수행한다.

▶ 클러스터에서 개별 데이터 원소를 빼낸다.

▶ 클러스터에 개별 데이터 원소를 추가한다.

▶ 클러스터를 개별 데이터 원소로 나눈다.

클러스터 병합에는 〈Bundle〉 〈Bundle By Name〉이 있고, 클러스터 분해에는 〈Unbundle〉 〈Unbundle By Name〉이 있다.

〈Bundle〉과 〈Unbundle〉 함수를 클러스터에 연결하면 자동으로 클러스터 인덱스와 동일한 터미널이 생성되지만, 〈Bundle By Name〉과 〈Unbundle By Name〉 함수를 클러스터에 연결하면 첫 번째 원소만 나타난다.

이때 마우스로 함수의 크기를 아래로 조절하면 나머지 터미널을 볼 수 있다.

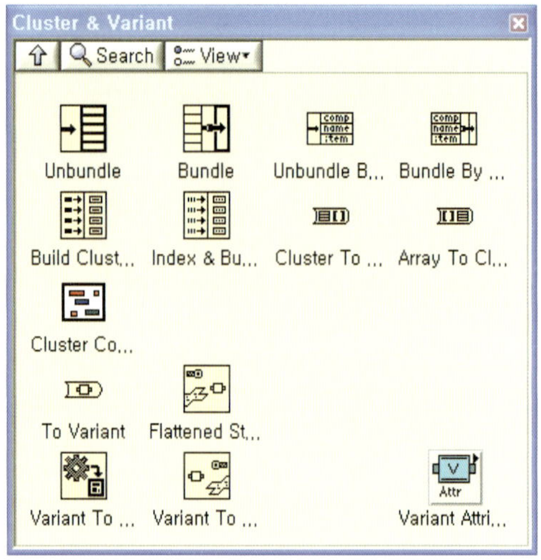

Fig. 3-28 클러스터의 함수들

Bundle / Unbundle 함수

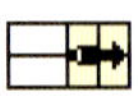

〈Bundle〉 함수는 개별 원소들을 묶어서 하나의 클러스터를 만들거나, 기존 클러스터의 개별 원소값을 변경한다.

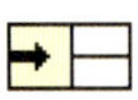

〈Unbundle〉 함수는 클러스터의 개별 원소들을 분리한다.

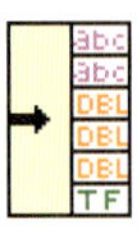

다음 (그림3-29)과 같은 예제를 보자.
Report 라는 클러스터 컨트롤에 문자열 2개 (Name, Department), 숫자형 3개(English, Math, Art), 불리언 1개(M/F)에 데이터를 입력하고, 〈Unbundle〉 함수를 사용하여 개별 원소들을 분리하였다.

〈Unbundle〉 함수의 터미널에 생성된 개별 원소들의 순서는 Report 클러스터를 생성할 때 터미널들을 클러스터 쉘 안에 놓은 순서대로, 원소들의 인덱스 순서가 결정되었다.

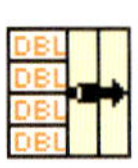

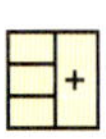

숫자형 원소 3개를 빼내서 〈Bundle〉 함수에 순차적으로 와이어링하고, 마우스로 길이방향 크기를 조절하여 1개의 터미널을 추가 한다. 3 과목의 합계에는 Compound Arithmetic 연산 노드를 사용하고, 그 결과를 추가된 〈Bundle〉 함수의 마지막 터미널에 연결한다.

〈Bundle〉 함수 출력 커넥터 팬 위치에서 바로가기 메뉴 〉 Create 〉 Indicator 를 놓아 새로운 클러스터를 생성하고, Label을 Score 로 변경한다.

VI를 실행한 후 〈Bundle〉 과 〈Unbundle〉 함수결과들을 고찰한다.

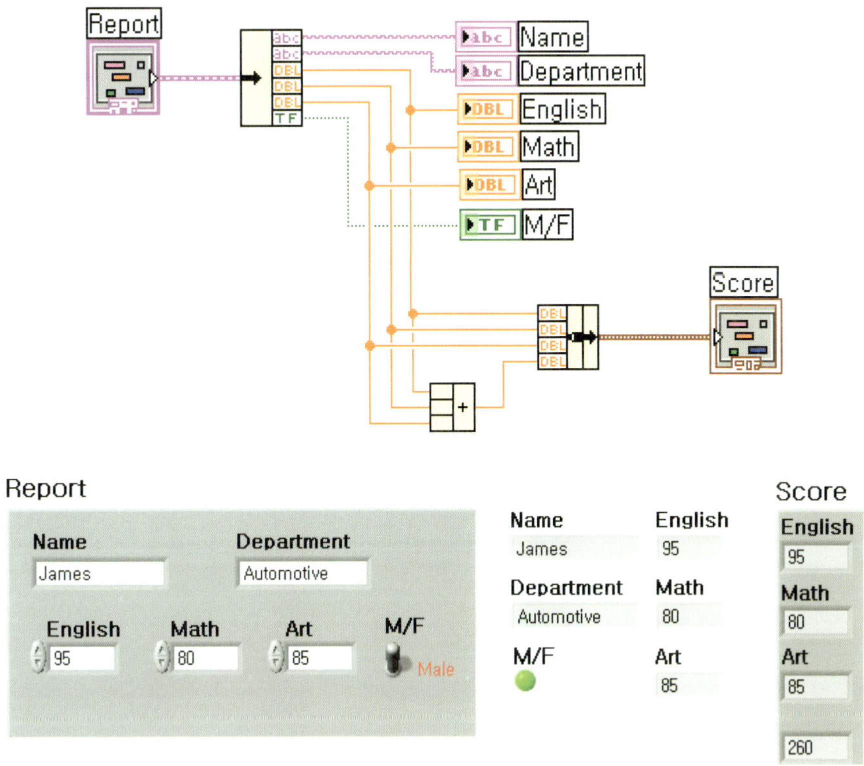

Fig. 3-29 〈Bundle〉 〈Unbundle〉 예제

Bundle By Name / Unbundle By Name 함수

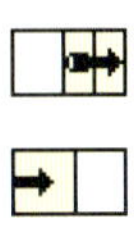

〈Bundle By Name〉과 〈Unbundle By Name〉 함수의 기능은 클러스터에서 개별 원소를 병합하거나 분리하는 기능으로써 〈Bundle〉과 〈Unbundle〉 함수의 기능과 같다.

단지 차이점은 〈Bundle〉과 〈Unbundle〉 함수를 클러스터에 연결하면 자동으로 클러스터의 모든 원소를 병합 또는 분리하지만, 〈Bundle By Name〉과 〈Unbundle By Name〉 함수는 선택적으로 해당 원소만 병합 또는 분리할 수 있다.

〈Bundle By Name〉과 〈Unbundle By Name〉 함수를 클러스터에 연결하면 첫 번째 원소만 나타나고, 마우스로 터미널 크기를 조절하여 필요한 터미널 개수를 생성한다.

상기 예제(그림 3-29)에서 생성한 클러스터 컨트롤 (Report)에 대해, 〈Unbundle By Name〉 함수를 적용하여 Name, English, M/F 만을 분리한다.

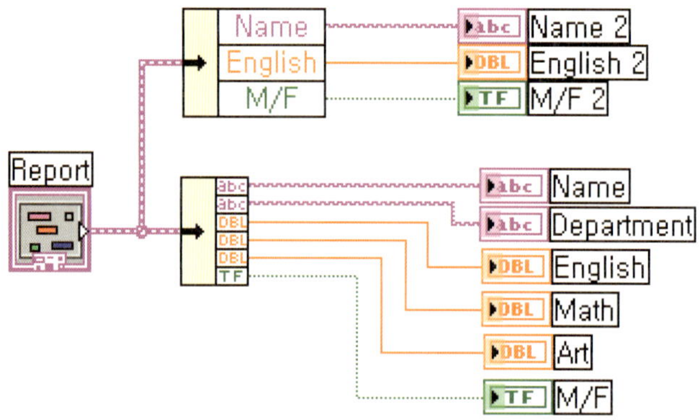

Fig. 3-30 〈Unbundle By Name〉 예제

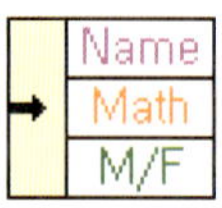

〈Unbundle By Name〉 함수에서 분리한 원소를 원하는 원소로 교체할 수 있다. 교체 방법에는 2가지 있다.

- ▶ 교체하고자 하는 원소위에서 바로가기 메뉴 〉 Select Item 〉 원소
- ▶ 교체하고자 하는 원소위에서 마우스 형상이 손 모양일 때, 왼쪽 마우스 버튼을 클릭하여 교체

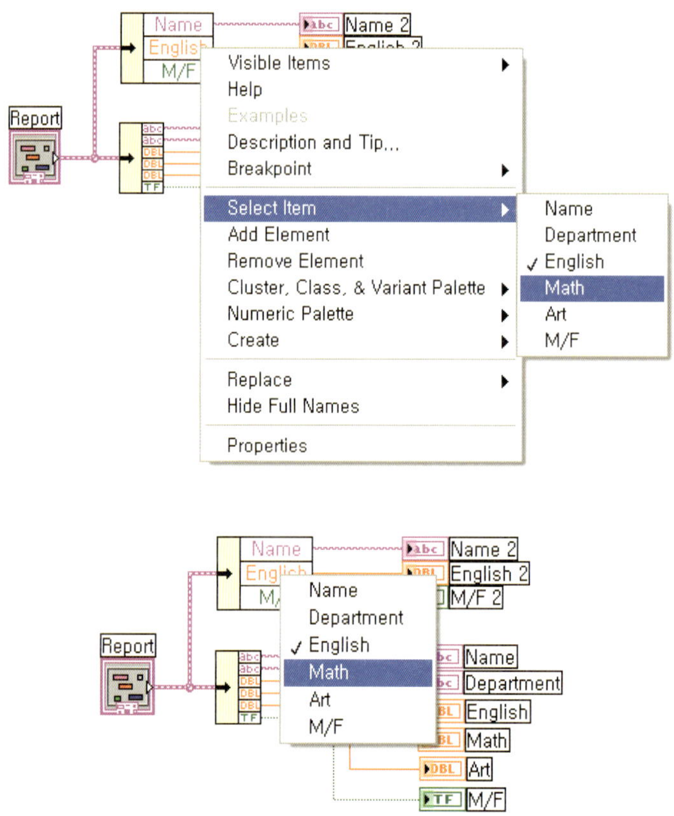

Fig. 3-31 〈Unbundle By Name〉 함수의 원소 교체

클러스터 변경

다른 클러스터의 어떤 특정한 원소만 변경하고자 할 때, 〈Bundle〉과 〈Bundle By Name〉 함수로 처리한다.
클러스터 원소들의 순서 (인덱스)를 아는 경우 〈Bundle〉 함수를 사용하고, 모르는 경우 〈Bundle By Name〉 함수를 이용하면 편리하다.

아래 예제에서, 기존의 English는 95이지만 새로운 값 90을 입력하면, 클러스터의 내의 다른 데이터는 그대로 전달되지만, English는 새로운 값으로 변경되어 새로운 클러스터를 생성하였다.

클러스터 인디케이터 Report2는 〈Bundle〉 함수를 적용해서 새로운 English 값을 수정하였고, 클러스터 인디케이터 Report3은 〈Bundle By Name〉 함수를 적용해서 새로운 클러스터를 생성하였다.
〈Bundle By Name〉 함수를 사용하는 것이 프로그래밍을 간결하게 하고 오류를 줄일 수 있는 방법이다.

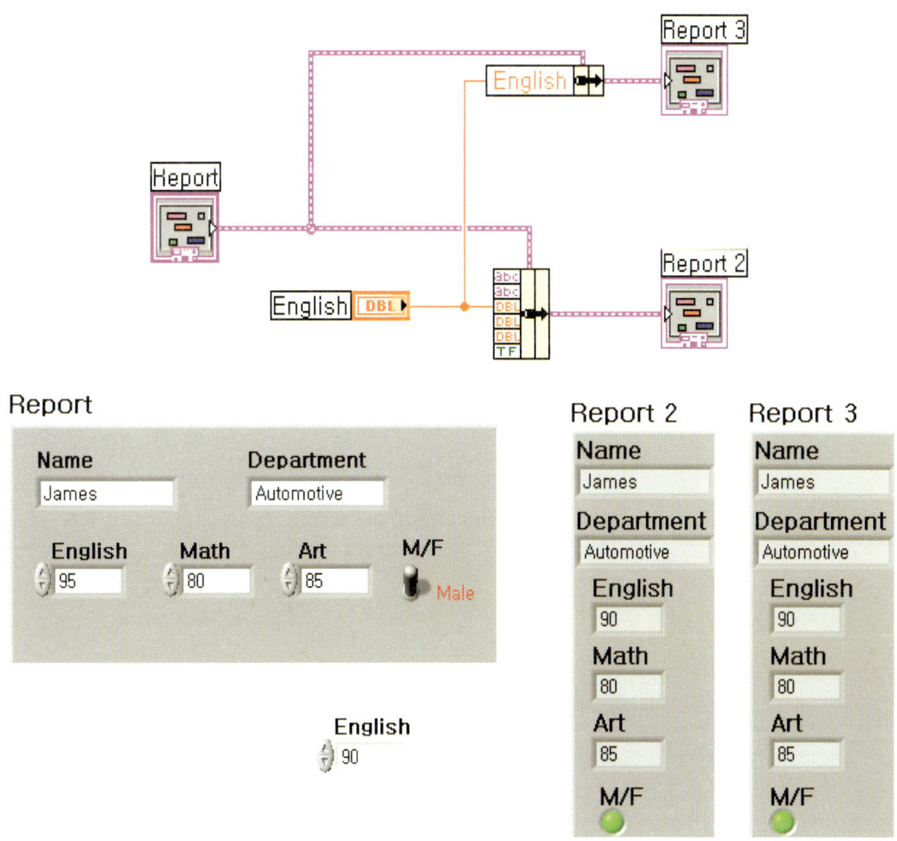

Fig. 3-32 클러스터 원소의 변경

5. Cluster 예제 (#3-2)

프론트 패널에 클러스터 컨트롤을 생성하고 클러스터 함수들을 사용해서, 원소들을 분리 및 연산 등을 하고, 몇 개의 원소들만 다시 병합하여 새로운 클러스터를 생성한다.

문제

문자열 2개 (Name, Department), 숫자형 3개(English, Math, Art), 불리언 1개(M/F)로 구성된 클러스터 컨트롤 Report를 프론트 패널에 생성한다.
Art 원소값에 10점을 추가하고, 기존 클러스터에서 해당 원소만 교체한 후 새로운 클러스터를 생성한다.
숫자형 원소 3개(English, Math, Art)를 분리하여, 합계, 평균을 구한다.
Name, 합계, 평균을 각각 디스플레이 하고, 이 원소들만 묶어 새로운 클러스터를 생성한다.

프론트 패널 프로그래밍

A. 새로운 VI를 오픈하고 저장한다.

- ▶ LabVIEW를 실행하여 Getting Started 창을 연다.
- ▶ New 〉 Blank VI
- ▶ File 〉 Save As 〉 c:₩temp₩Example #3-2.vi

B. 클러스터 컨트롤을 생성한다.

- ▶ 프론트 패널에서 Controls 〉 Modern 〉 Array, Matrix & Cluster 〉 Cluster 를 드래그해서 클러스터 쉘을 생성한다.
- ▶ 클러스터 쉘에는 문자열 컨트롤 2개, 숫자형 컨트롤 3개, 불리언 컨트롤 1개를 쉘 안으로 끌어다 놓아 클러스터를 만든다.
- ▶ Label 변경 (Name, Department, English, Math, Art, M/F)
- ▶ 클러스터 쉘에 끌어다 놓은 원소의 순서에 주의한다.
- ▶ 클러스터의 Label을 Report로 변경한다.

C. 인디케이터 및 컨트롤을 생성한다.

- ▶ 문자열 Name, 숫자형 sum, mean 을 생성한다.
- ▶ 불리언 Stop 버튼을 생성한다.
- ▶ VI를 저장한다.

블록 다이어그램 프로그래밍

A. While 루프 생성

▶ 모든 터미널들이 포함될 수 있도록 영역을 선택하여 생성한다.

▶ Stop 터미널과 Conditional Terminal을 연결

B. 〈Unbundle〉 함수를 놓고 클러스터 원소들을 분리한다.

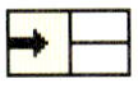

▶ Report 클러스터를 입력받아 〈Unbundle〉 함수의 터미널을 보인다.

▶ Report 클러스터 생성 때 끌어놓은 인덱스 순서인지 확인한다.

▶ Art 원소를 분리하여 Add 노드에 입력하고, 나머지 커넥터 팬에 10을 입력한다.

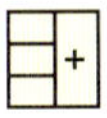

▶ Compound Arithmetic 노드를 놓고 터미널이 3개가 되도록 크기 조절, 분리된 English, Math 그리고 Add 노드 출력을 Compound Arithmetic 노드의 입력 커넥터 팬에 연결하여, 3과목 합계를 연산.

▶ 합계를 인디케이터 sum에 연결하고, 신호를 분기(分岐)하여 Divide 노드의 x-터미널에 연결.
Divide 노드의 y-터미널에 상수 3을 생성 후 연결.

▶ Divide 노드의 출력을 인디케이터 mean에 연결

▶ Report 클러스터에서 분기한 원소 Name을 인디케이터 Name에 연결

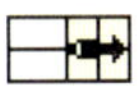

C. 〈Bundle〉 함수로 일부 원소 묶기

▶ 〈Bundle〉 함수의 크기를 조절하여 입력 터미널이 3개가 되도록 함.

▶ 첫 번째 터미널에 Name을 분기하여 연결.

▶ 두 번째 터미널에 sum을 분기하여 연결.

▶ 세 번째 터미널에 mean을 분기하여 연결.

▶ 〈Bundle〉 함수의 출력 커넥터 팬 위에 마우스 포인터를 위치하고, 바로가기 메뉴를 팝업 시켜 Create 〉 Indicator 을 선택하여 새로운 클러스터를 생성한다.

▶ 새로 생성된 클러스터의 Label을 Report3으로 변경한다.

D. 클러스터 원소값 교체하기

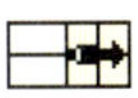

▶ 〈Bundle By Name〉 함수를 넣고, 1개만 생성된 element 위에서 마우스를 클릭하여 Art를 선택한다.

▶ 〈Bundle By Name〉 함수의 input cluster 입력 커넥터 팬에 클러스터 Report 신호를 분기하여 연결한다.

▶ 〈Bundle By Name〉 함수의 출력 커넥터 팬 위치에서, 바로가기 메뉴를 팝업 시켜 Create 〉 Indicator 을 선택하여 새로운 클러스터를 생성한다.

▶ 새로이 생성된 클러스터의 Label을 Report2 로 변경한다.

E. 터미널들의 위치 정비하고 VI를 저장한다.

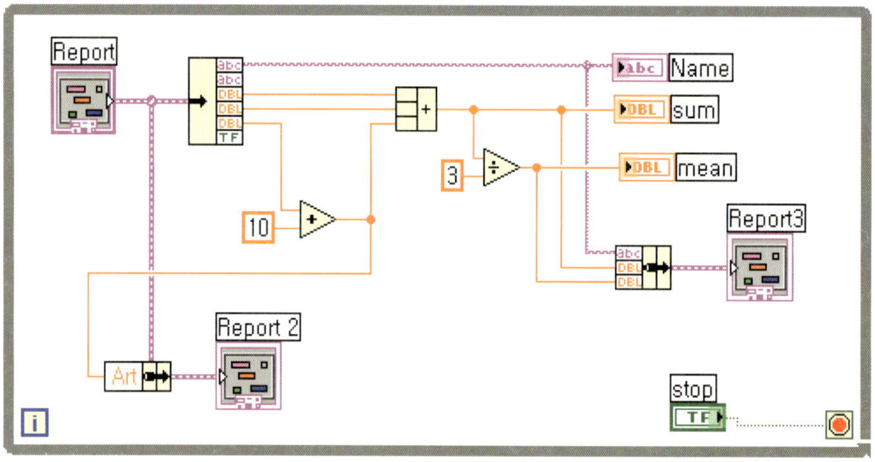

VI 실행

A. 프론트 패널 또는 블록 다이어그램 윈도우 메뉴에 있는 실행 버튼을 누르면 VI는 실행된다.

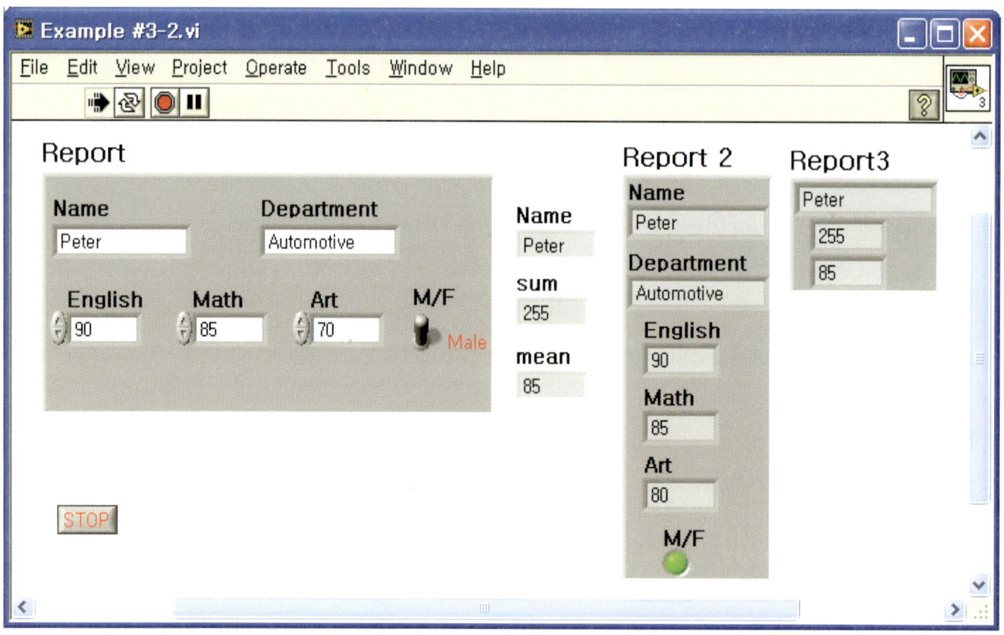

Chapter 04

Sub VI & File I/O

이 장에서는 Sub VI을 개발하는 방법과 파일 입출력에 대하여 설명한다.
LabVIEW의 장점은 VI의 계층구조(Hierarchy)적인 특성이다.
이것은 하나의 VI를 만든 후 다른 VI에서 이것을 불러들여
실행할 수 있다는 것이다.
Sub VI를 활용하는 것은 VI를 프로그래밍 하거나 디버깅할 때 매우 유용하다.
VI 실행에서 발생하는 데이터의 저장 방법 및 외부 파일을
불러오는 방법에 대하여 설명한다.

Focuses

1. Sub VI 개념
2. Sub VI 사용
3. Sub VI 예제 (#4-1)
4. File I/O
5. File I/O 예제 (#4-2)

1. Sub VI 개념

Sub VI는 메인 VI 안에 있는 또 다른 VI를 말한다.

VI를 프로그래밍 하다보면 동일한 코드를 반복적으로 사용하는 것을 발견할 수 있다. 이러한 부분을 하나의 VI로 만들고 메인 VI에서 호출하면, 전체적으로 프로그램도 간결해지고 오류도 저감할 수 있다.
Sub VI는 일반 VI와 매우 유사하며, Sub VI 안에 또 다른 Sub VI를 놓을 수 있다. 이러한 계층적 개수의 제한은 없다.

아래의 간단한 예를 보면, 왼쪽의 VI는 일반적인 VI 코드이다. 3개의 수를 받아 곱하고 제곱하고 더해서 결과를 출력한다. 만약 이러한 작업이 VI 내에 수십번 필요하다면 어떻게 할 것인가?

오른쪽 VI는 Sub VI (아이콘 Sub#1)를 사용한 VI이다. VI 안에서 수십번 필요하다면, 단지 이 Sub VI를 불러서 놓고 와이어링만 하면 된다.

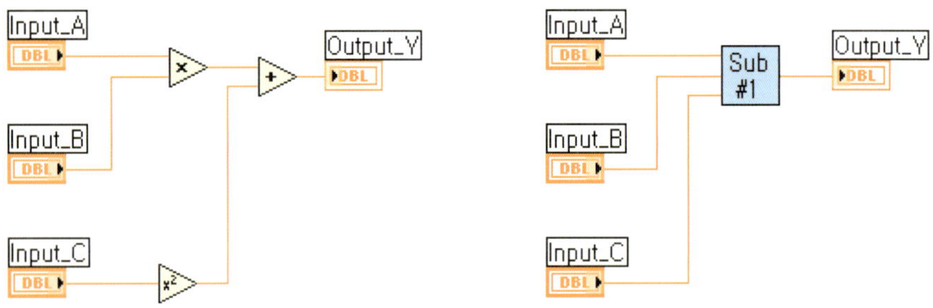

Fig. 4-1 Sub VI 개념

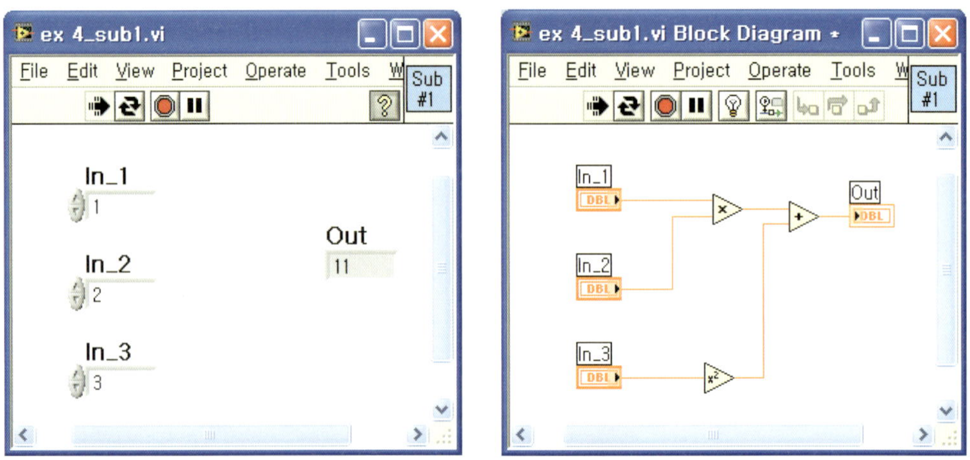

Fig. 4-2 그림4-1의 Sub VI

Sub VI 만들기

Sub VI는 일반 VI처럼 프론트 패널과 블록 다이어그램을 작성한 후, Sub VI로 사용할 수 있도록 커넥터 팬을 만들고, 아이콘을 수정해 주어야 한다.
Sub VI의 커넥터 팬은 호출하는 VI와 Sub VI 사이에서 데이터들의 입출력 통로 역할을 담당한다.

아이콘 편집 :

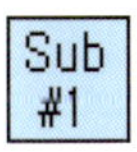

처음 Blank VI를 오픈하면, 프론트 패널 윈도우의 오른쪽 상부에 해당 VI를 대표하는 아이콘이 표시된다. Sub VI 개발시 이 아이콘을 변경하지 않아도 기능적으로 무관하나, 여러 개의 Sub VI가 모두 동일한 아이콘 형상이면 프로그램 개발 및 디버깅 때 매우 혼동될 것이다.
따라서 해당 Sub VI의 기능을 한눈에 파악할 수 있도록 아이콘을 변경하는 것이 좋다.

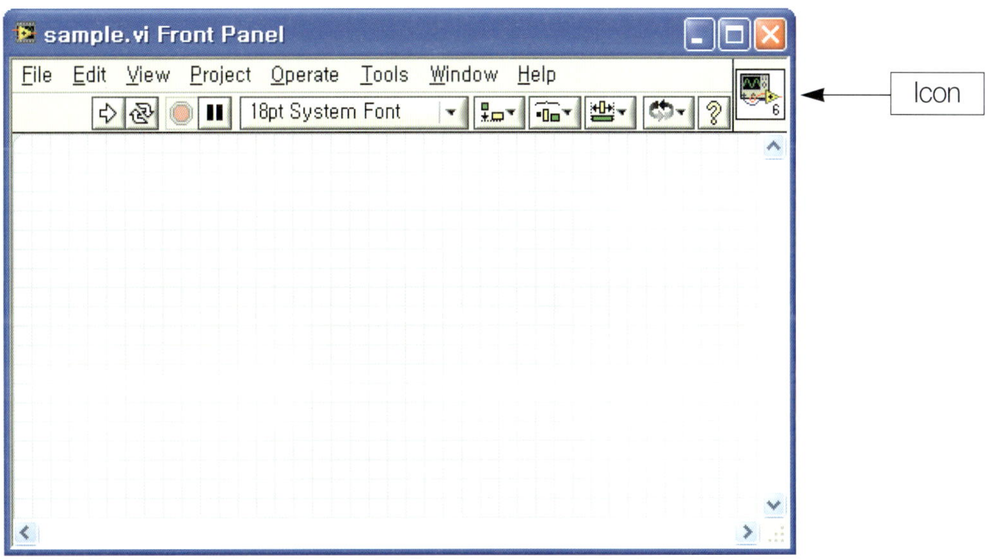

Fig. 4-3 Sub VI의 아이콘 위치

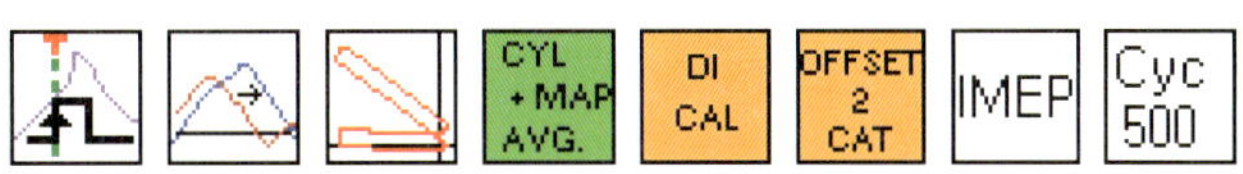

Fig. 4-4 Sub VI 아이콘 편집(예)

프론트 패널 윈도우 또는 블록 다이어그램 윈도우에서, 아이콘 위에 마우스 포인터를 위치하고 오른쪽 버튼을 클릭하여 바로가기 메뉴를 팝업 시킨다.
바로가기 메뉴 〉 Edit Icon 을 선택하면 아이콘 편집기 윈도우가 열린다.

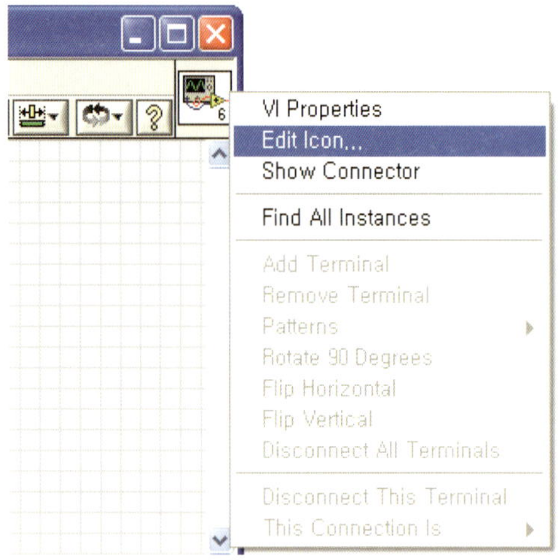

Fig. 4-5 아이콘 편집을 위한 바로가기 메뉴

아이콘의 편집 색상은 흑백, 16 컬러, 256 컬러이고, 픽셀 크기는 32×32이다.
왼쪽에 있는 편집 메뉴와 오른쪽에 있는 기본 메뉴를 사용하여 아이콘에 이미지를 첨가하고, 지우고, 복사하고, 칠하고, 글자 등을 삽입하여, 아이콘의 형상을 해당 Sub VI 기능과 관련된 모양으로 편집하는 것이 다른 Sub VI들과 식별하는데 도움이 된다.

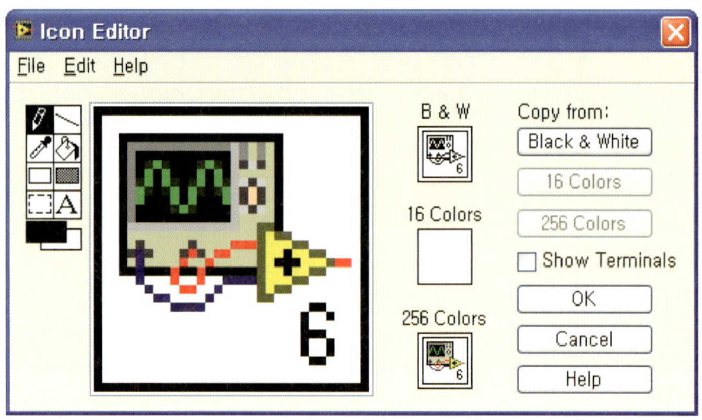

Fig. 4-6 아이콘 편집 윈도우

커넥터 팬 설정 :

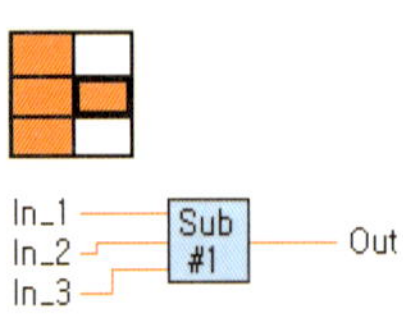

커넥터 팬 설정 작업은 매우 중요하다. 이 작업은 프론트 패널에 있는 컨트롤과 인디케이터를 외부에서 접근할 수 있도록, 입출력 단자를 지정하여 다른 VI와 연결될 수 있도록 정의하는 과정이다.

커넥터 팬을 정의하려면, 프론트 패널의 아이콘에서 바로가기 메뉴를 팝업하고 Show Connector를 선택한다.

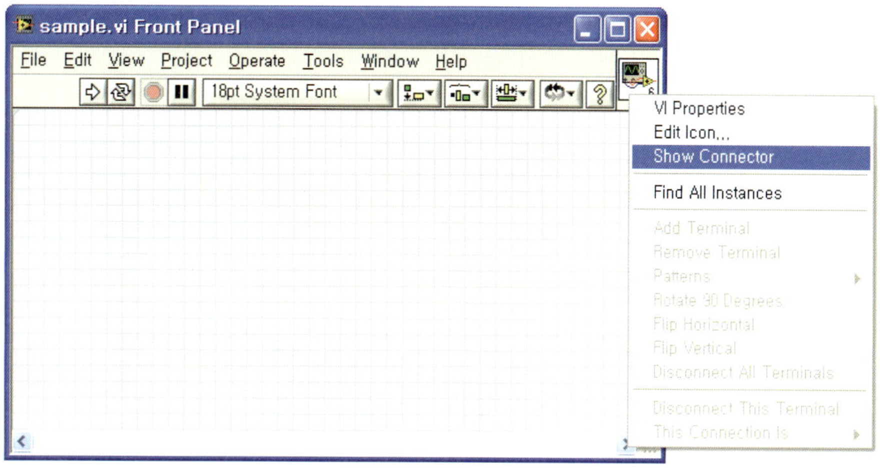

Fig. 4-7 커넥터 팬 정의

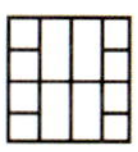

Show Connector 를 선택하면 기본적으로 12개의 커넥터 팬을 가지는 패턴으로 정의 된다. 12개의 커넥터 팬이란 입출력을 위한 컨트롤과 인디케이터의 연결 터널 수가 12개까지 가능하다는 것이다.

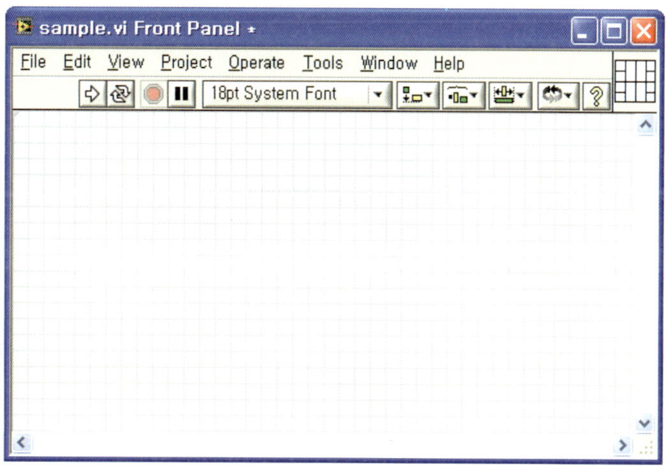

Fig. 4-8 커넥터 팬의 패턴 정의

선택한 커넥터 팬의 패턴 개수가 입출력 컨트롤과 인디케이터의 개수보다 적거나 많을 경우, 커넥터 팬의 패턴을 바꿀 수 있다.
패턴 변경은 커넥터 팬 아이콘 위치에서 바로가기 메뉴 〉 Patterns 〉 원하는 패턴을 지정하면 된다.

패턴의 종류는 총 36개 있으며, 입출력용 팬의 개수는 28개 이다. 즉, 입출력할 수 있는 컨트롤과 인디케이터의 최대 개수는 28이다.
그러면 그보다 더 많은 수의 커넥터 팬의 수가 필요하면 어떻게 하여야 할까?

바로 3장에서 배운 클러스터를 사용하는 것이다. 데이터를 묶어서 입력하고 Sub VI에서 풀어서 사용하면 된다.

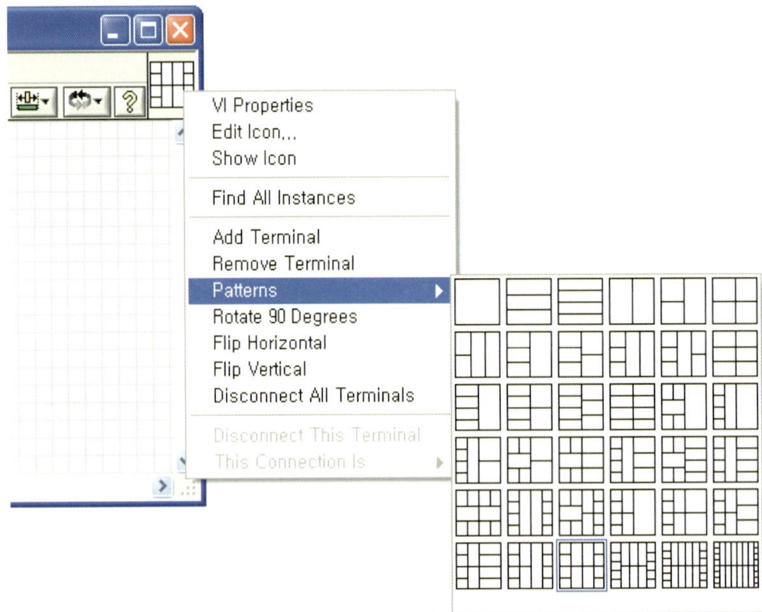

Fig. 4-9 커넥터 팬의 패턴들

일반적으로 커넥터 팬의 중앙을 기준으로 왼쪽을 입력 (컨트롤)으로 지정하고, 오른쪽을 출력(인디케이터)으로 지정하여 사용한다. 이러한 습성은 복잡하게 지정하여 혼동 및 오류를 발생하는 경우의 수를 줄일 수 있다.

커넥터 팬을 정의 할 때, 정의되지 않고 남은 여분의 팬들을 방치하여도 기능상 문제가 없으며, 추후 Sub VI를 업그레이드할 때 새로운 입력과 출력이 필요할 경우를 대비하여 여분의 커넥터 팬 몇 개을 남겨 놓는 것도 좋은 방법이다.
그러나 필요이상 너무 많은 커넥터 팬을 선택할 경우, 팬 사이 간격이 너무 좁아 와이어링 하는데 어려움이 있다.

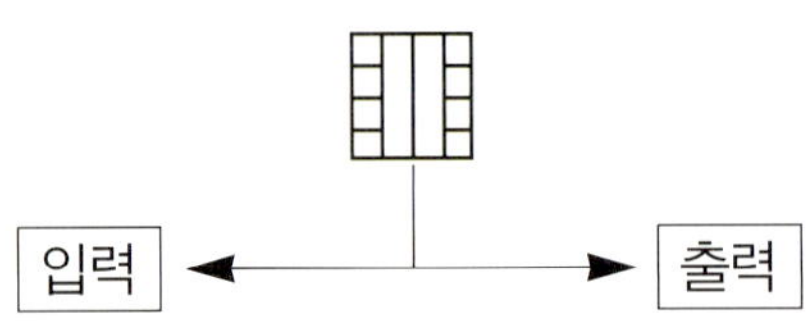

알맞은 커넥터 팬 패턴이 선정되면, 각각의 커넥터 팬과 컨트롤 또는 인디케이터를 대응하도록 링크해야만 Sub VI로 사용할 수 있다.

커넥터 팬 링크하는 방법 ;

- ▶ 커넥터 팬을 클릭하고
- ▶ 링크를 원하는 프론트 패널 윈도우에 있는 컨트롤 / 인디케이터를 클릭

다음의 그림들은 단계적으로 링크하는 작업의 예제이다.
1단계에서 4단계까지 반드시 순차적으로 진행하여야 만 링크가 된다.

- ▶ 1단계 : 프론트 패널에서, 36종의 패턴 중 1개를 선정한다.

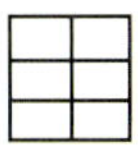

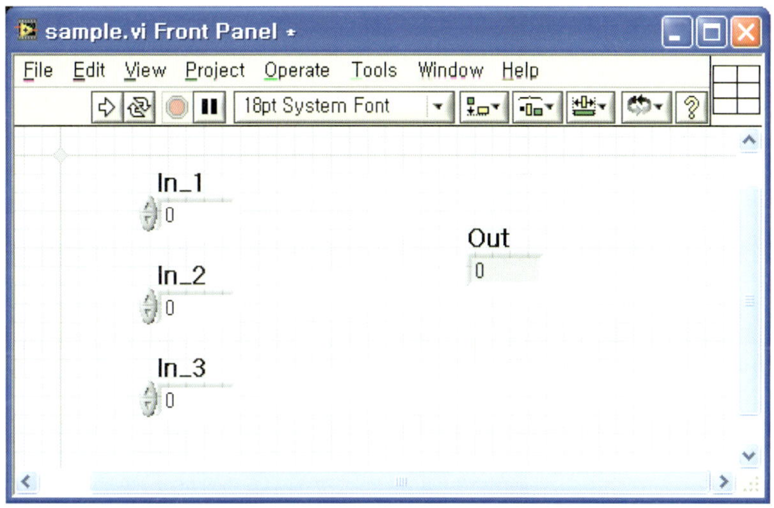

(a) 1단계 : 프론트 패널의 커넥터 팬 선정

- ▶ 2단계 : 링크하고자 하는 커넥터 팬 한 개를 마우스로 클릭

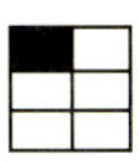

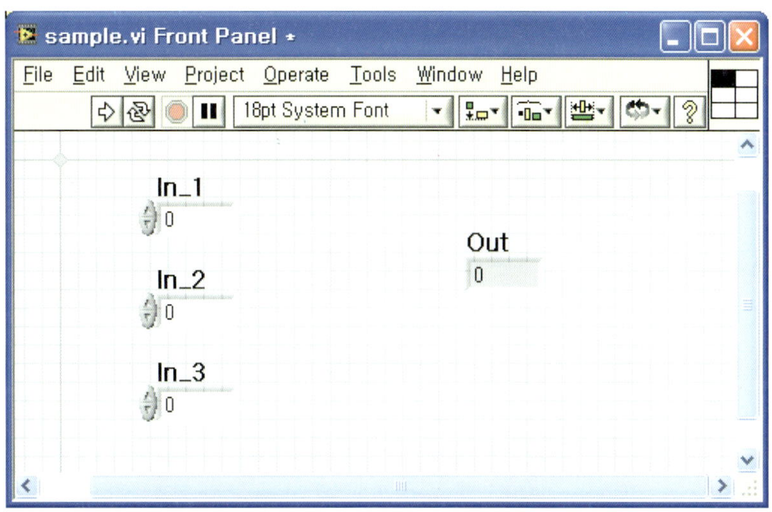

(b) 2단계 : 커넥터 팬의 요소를 클릭

▶ 3단계 : 선택한 커넥터 팬과 링크하고자 하는 컨트롤 또는 인디케이터 한 개를 마우스로 클릭

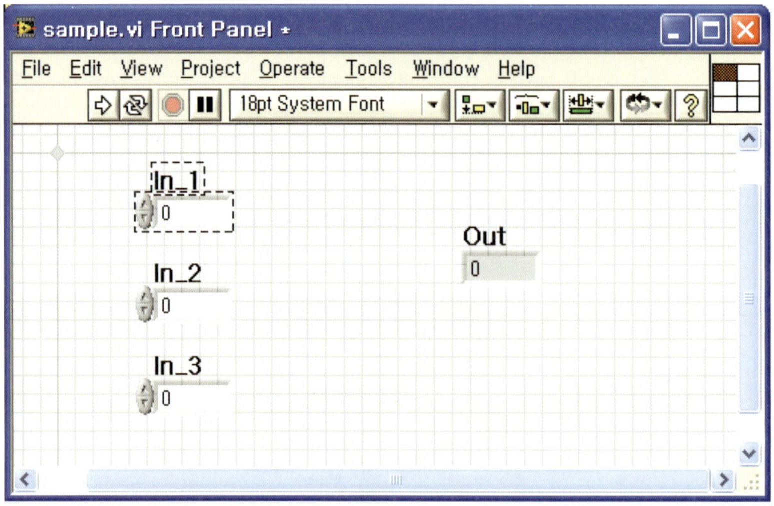

(c) 3단계 : 컨트롤 / 인디케이터를 클릭

▶ 4단계 : 링크된 컨트롤 또는 인디케이터의 데이터 타입에 따라, 커넥터 팬 요소의 색상이 바뀜.

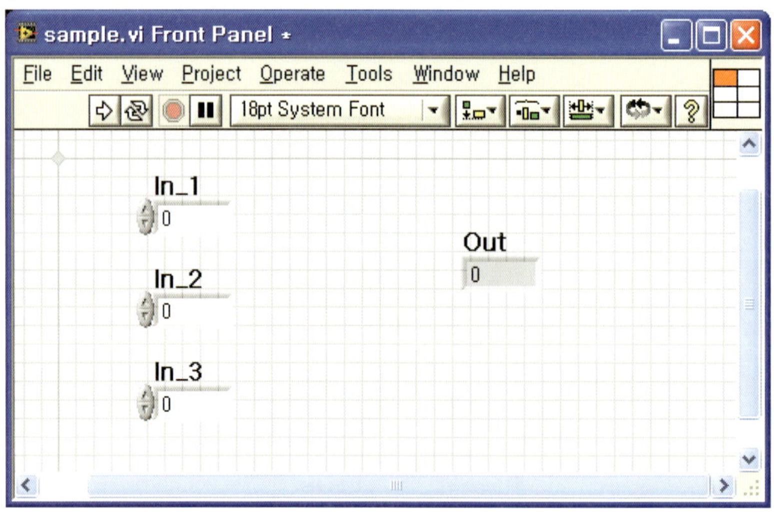

(d) 4단계 : 링크 완료

Fig. 4-10 커넥터 팬 링크 하기

모든 링크가 완료된 후, Ctrl+H 토글온하여 마우스 포인터를 아이콘 위로 이동하면, 링크된 커넥터 팬과 이름들이 아래처럼 보여준다.

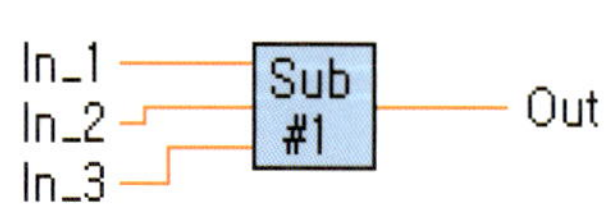

기존 VI의 일부분을 Sub VI로 만들기

기존 VI의 블록 다이어그램에서 일부 영역을 떼어내어 새로운 Sub VI를 만들면, 기존 VI의 블록 다이어그램은 간결해진다.

기존 VI에서 일부영역을 떼어내서 새로운 Sub VI를 만드는 순서는

- ▶ 기존 VI의 블록 다이어그램에서, 구성할 새로운 Sub VI 영역을 선정한다.
- ▶ 블록 다이어그램 윈도우의 Edit 메뉴 〉 Create SubVI 선택
- ▶ 선정한 영역이 자동으로 Sub VI로 생성된다.

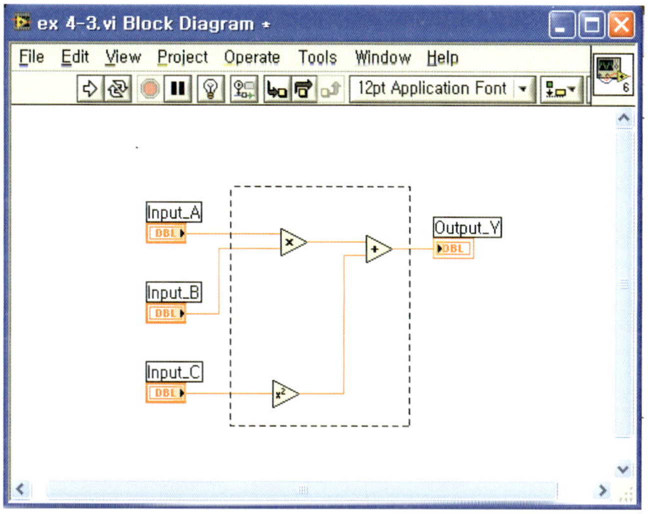

(a) 1단계 : 원하는 영역 확보

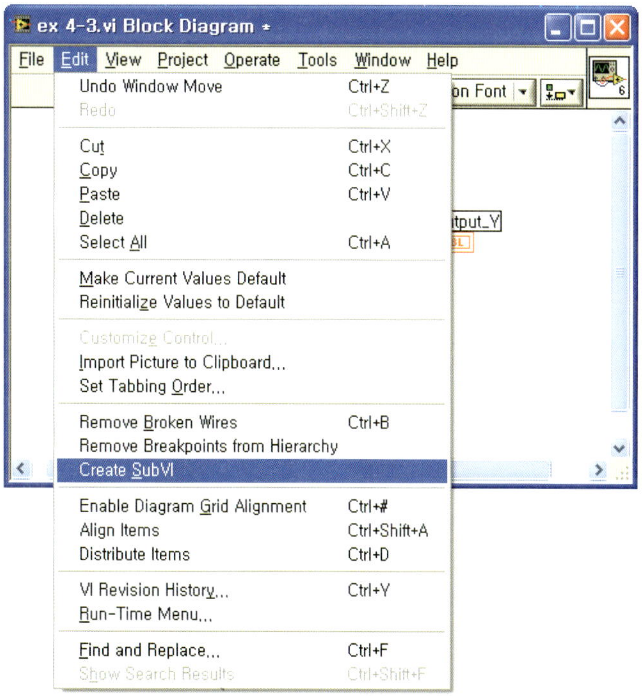

(b) 2단계 : 윈도우 Edit 메뉴 〉 Create SubVI 선택

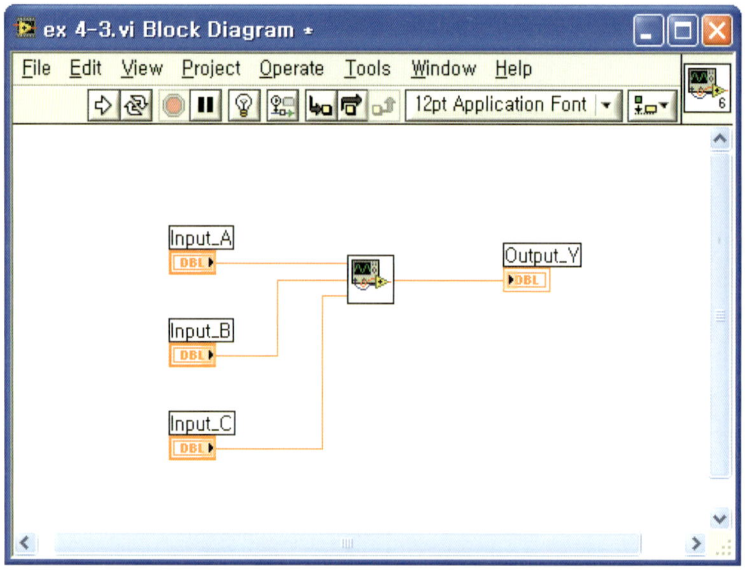

(c) 3단계 : Sub VI 생성 및 와이어 정리

Fig. 4-11 기존 VI에서 일부영역을 떼어내서 새로운 Sub VI 생성

2. Sub VI 사용

Sub VI를 메인 VI에서 사용하려면, 메인 VI 블록 다이어그램에서 Sub VI를 불러 놓으면 된다.
부르는 방법은 Functions 팔레트 〉 Select a VI… 선택
Select the VI to Open 윈도우가 오픈되며, 개발한 Sub VI를 선택하여 오픈한다.
또 다른 방법으로, Sub VI의 오른쪽 상부에 있는 아이콘 (프론트 패널 또는 블록 다이어그램 무관)을 클릭하여, 메인 VI의 블록 다이어그램으로 드래그 한다.

메인 VI에 한번 사용된 Sub VI를 반복적으로 사용할 경우, Ctrl+C로 복사한 후 Ctrl+V로 붙이거나, Sub VI를 선택한 후 Ctrl를 누르면서 드레그하여 복사할 수 있다.

Fig. 4-12 Sub VI 사용하기

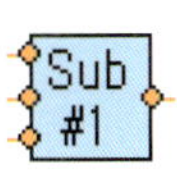

메인 VI의 블록 다이어그램에 놓은 Sub VI 위에 마우스를 올려놓으면, Sub VI의 커넥터 팬 터미널이 나타난다. 이때 도움말을 보면 (Ctrl+H) 해당 커넥터 팬의 링크된 컨트롤과 인디케이터를 보여주고, 데이터 타입에 따라 와이어 색상이 다르게 표시된다.

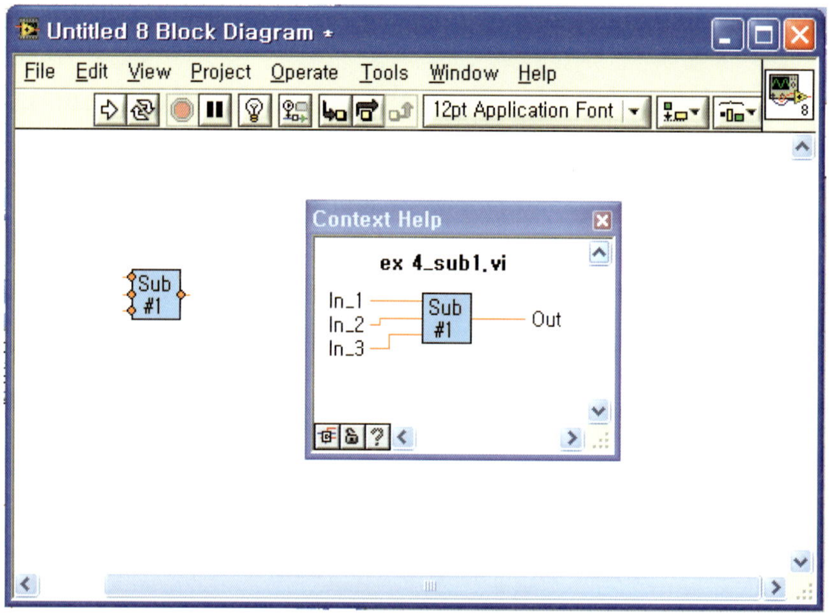

Fig. 4-13 Sub VI의 Help 메뉴창

간단한 예제를 통하여 메인 VI와 Sub VI의 관계를 이해한다.

▶ 다음과 같이 Sub VI (ex4_sub1.vi)를 만들고 아이콘을 Sub#1로 수정한다.

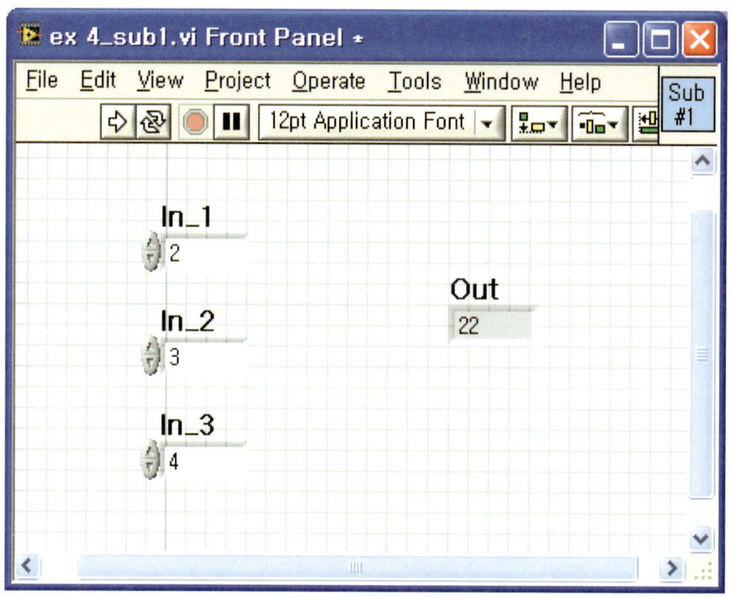

Fig. 4-14 Sub VI 사용하기 예제 1

▶ 메인 VI (ex4-2.vi)를 오픈하고 블록 다이어그램 내부에 Sub VI(ex4_sub1.vi)를 놓는다.

▶ 놓는 방법은 Functions 팔레트 > Select a VI로 파일을 찾거나, Sub VI의 아이콘을 끌어다 놓는다.

▶ 메인 VI (ex4-2.vi)의 프론트 패널에 컨트롤과 인디케이터를 생성하고, 불리언 Stop 버튼을 추가한다.

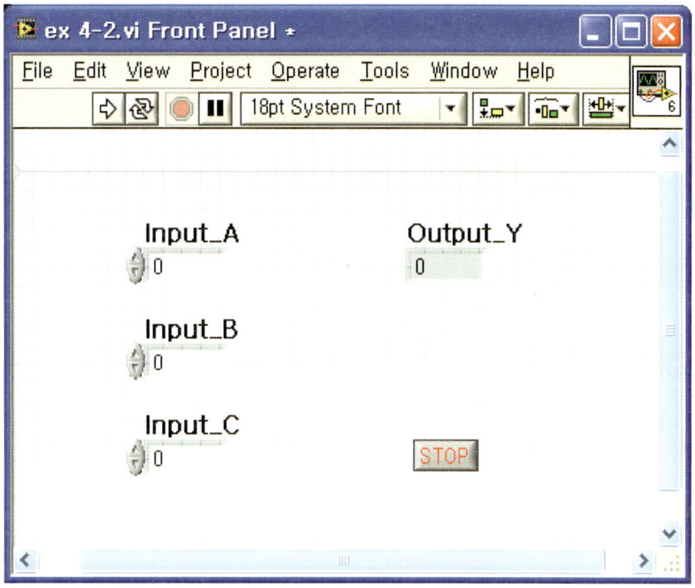

Fig. 4-15 Sub VI 사용하기 예제 2

▶ 메인 VI (ex4-2.vi)의 블록 다이어그램을 오픈해서 While 루프 및 입출력 터미널들을 Sub VI의 커넥터 팬에 연결한다.

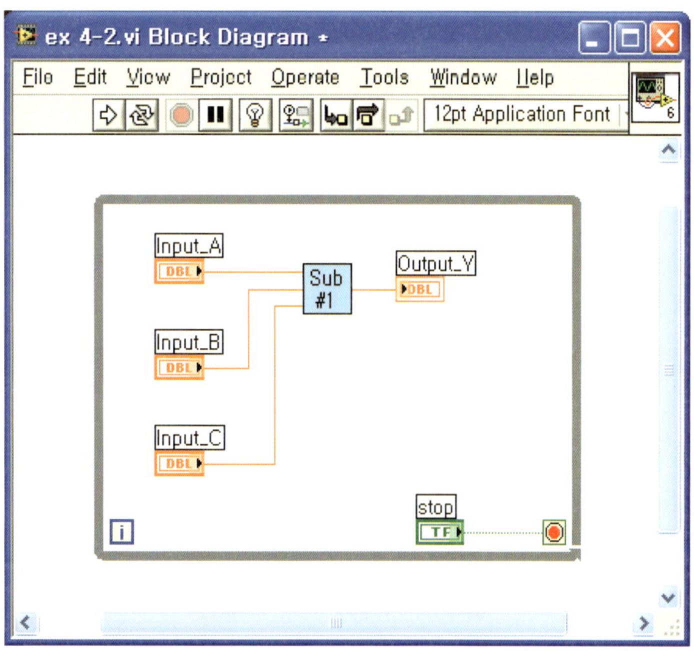

Fig. 4-16 Sub VI 사용하기 예제 3

그림 4-17의 왼쪽은 메인 VI의 프론트 패널이며 오른쪽은 Sub VI의 블록 다이어그램이다.

메인 VI의 실행 버튼을 클릭하면 메인 VI는 실행되면서 실행버튼이 로 변경되고, 해당 Sub VI의 실행 버튼은 으로 표시된다.
아이콘 표시는 해당 VI는 메인 VI에 종속되어 실행되고 있음을 의미한다.

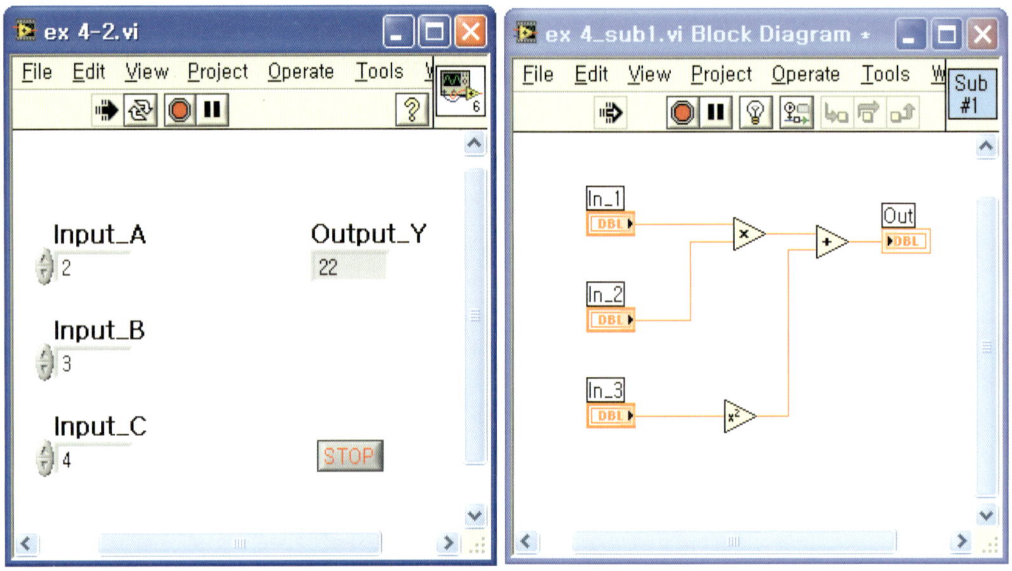

Fig. 4-17 메인 VI에 연동된 Sub VI의 실행

3. Sub VI 예제 (#4-1)

예제 #2-5 (Example #2-5.vi)의 댐 수위 경고 VI를 Sub VI를 이용하여 동일한 기능을 수행하는 VI를 프로그래밍 한다.

문제

Flood limit와 Drought limit의 불리언 값을 Sub VI로 보내, 경고 문자열 및 Flood와 Drought의 경고 LED 점멸 동작 영역까지 Sub VI에서 실행하여 그 결과를 메인 VI로 리턴 한다.

- ▶ 경고 문자열 생성 영역 ⟶ Sub VI
- ▶ Case 구조를 이용한 경고 LED 출력 영역 ⟶ Sub VI

프론트 패널 프로그래밍

A. 기존 VI를 오픈하고, 재 저장한다.

- ▶ LabVIEW를 실행하여 Getting Started 창을 연다.
- ▶ Open 〉 c:₩temp₩Example #2-5.vi
- ▶ File 〉 Save As 〉 c:₩temp₩Example #4-1.vi

B. 새로운 VI를 오픈하고 Sub VI로 저장한다.

- ▶ Example #4-1.vi 의 프론트 패널이나 블록 다이어그램 윈도우 메뉴의 File 〉 New VI 선택하여 새로운 VI를 연다.
- ▶ File 〉 Save As 〉 c:₩temp₩Example #4-1 sub.vi

C. 메인 VI(Example #4-1.vi)의 일부 영역을 Sub VI(Example #4-1 sub.vi)로 이동한다.

- ▶ 아래 그림에 해당되는 영역을 메인 VI에서 오려내어 Sub VI 블록 다이어그램으로 붙인다.

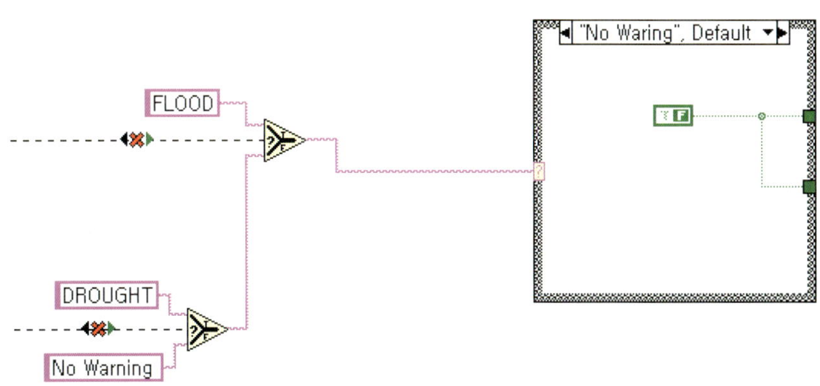

D. Sub VI의 프론트 패널 디자인

- ▶ 입력 불리언 컨트롤 2개 생성
  Controls 팔레트 〉 Modern 〉 Boolean 〉 Push Button
- ▶ 각각의 Label 명을 F_in, D_in 으로 변경
- ▶ 출력 불리언 인디케이터 2개 생성

  Controls 팔레트 〉 Modern 〉 Boolean 〉 Round LED
- ▶ 각각의 Label 명을 F_out, D_out 으로 변경
- ▶ 문자열 인디케이터 생성

  Controls 팔레트 〉 Modern 〉 String & Path 〉 String Indicator
- ▶ Label 명을 W_out 으로 변경

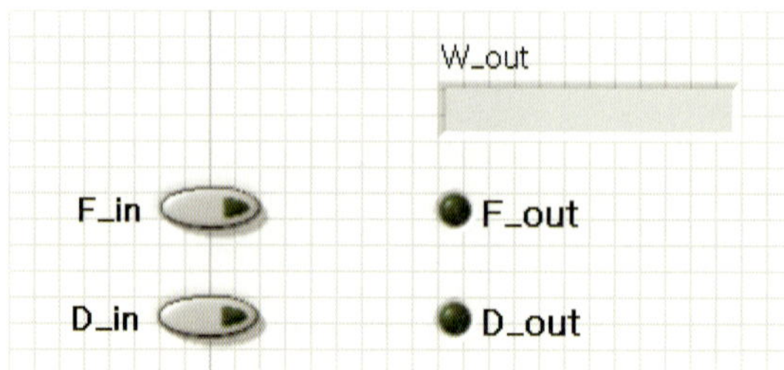

E. Sub VI의 블록 다이어그램 디자인

- ▶ 입력 불리언 컨트롤 2개의 터미널을 Select 노드와 와이어링 F_in은 첫 번째 Select 노드로, D_in은 두 번째 Select 노드로 연결
- ▶ Case 구조 경계면의 출력 단자를 불리언 인디케이터 2개의 터미널에 연결 Case 구조의 첫 번째를 F_out 으로, 두 번째를 D_out 으로 연결
- ▶ 첫 번째 Select 노드 출력을 문자열 인디케이터(W_out)에 연결
- ▶ 터미널들의 위치 재배치 및 와이어링 정리하고 VI를 저장

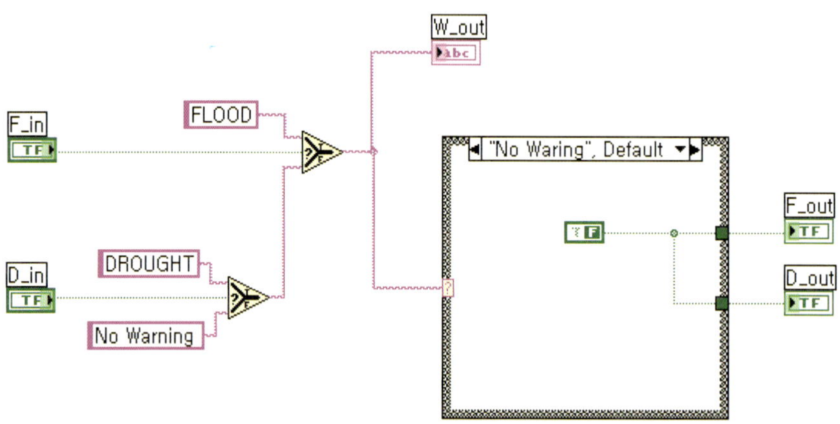

Sub VI 아이콘 편집 및 커넥터 팬 링크

A. Sub VI 아이콘 편집

▶ 프론트 패널 또는 블록 다이어그램에 있는 VI 아이콘의 바로가기 메뉴를 팝업 한다. 바로가기 메뉴 〉 Edit Icon 을 선택

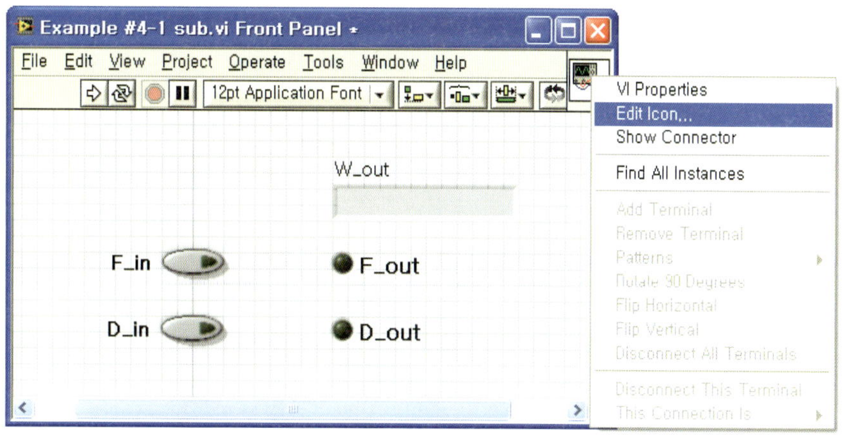

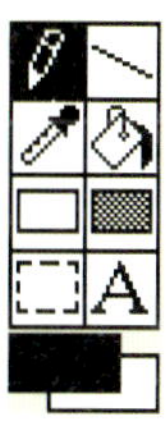

▶ Icon Edit 편집 윈도우가 열리면, 왼쪽의 편집도구를 이용하여 Sub VI 아이콘을 편집한다.

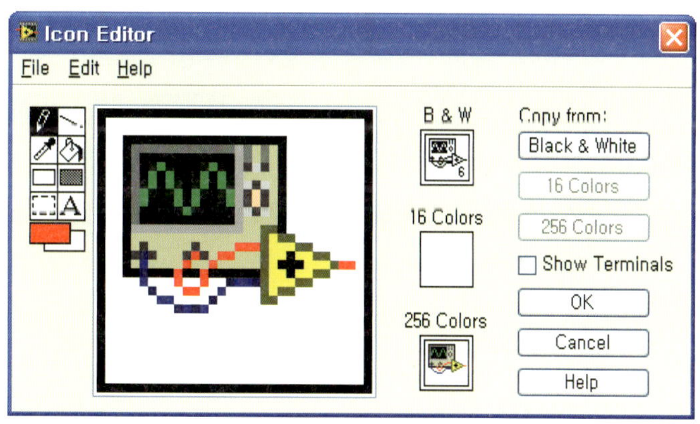

▶ 다음과 같이 Sub VI 아이콘을 변경한다.

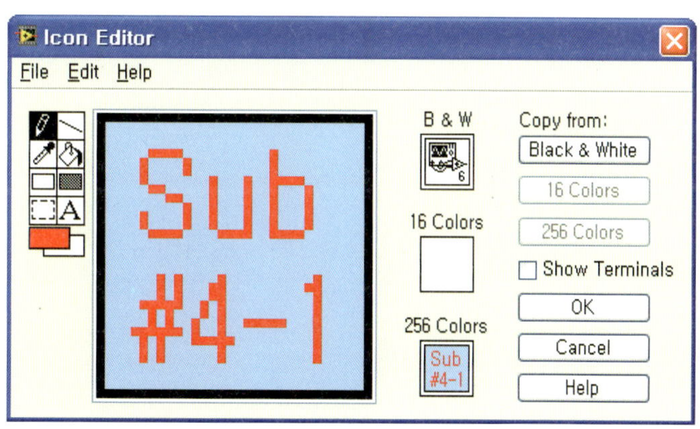

▶ OK 버튼을 눌러 저장하고 Sub VI로 돌아간다.

B. Sub VI 커넥터 팬 링크

▶ Sub VI의 프론트 패널에 있는 VI 아이콘의 바로가기 메뉴를 팝업 한다.
바로가기 메뉴 〉 Show Connector 을 선택

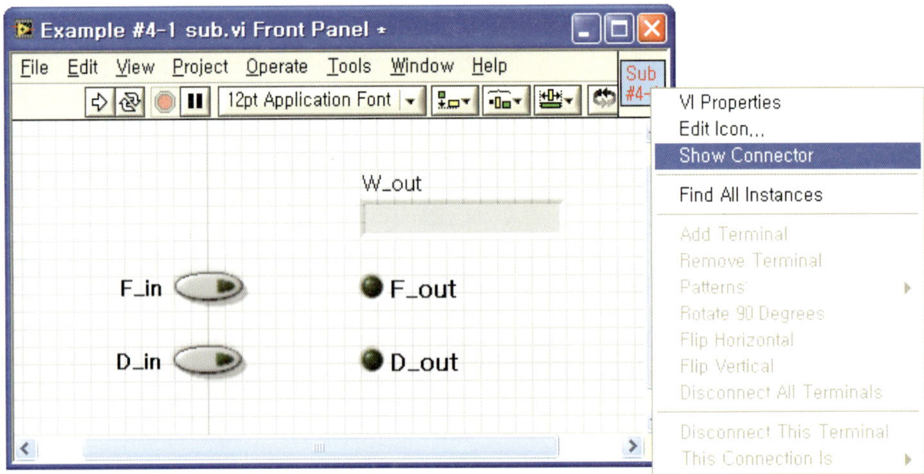

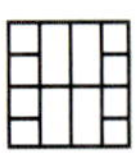

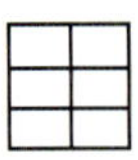

▶ 디폴트로 기본 패턴 (입출력 12개)으로 열린다.

▶ 다른 패턴 (입출력 3×3) 으로 변경한다.
패턴 위에서 바로가기 메뉴를 팝업 〉 Patterns 〉 3×3 선택

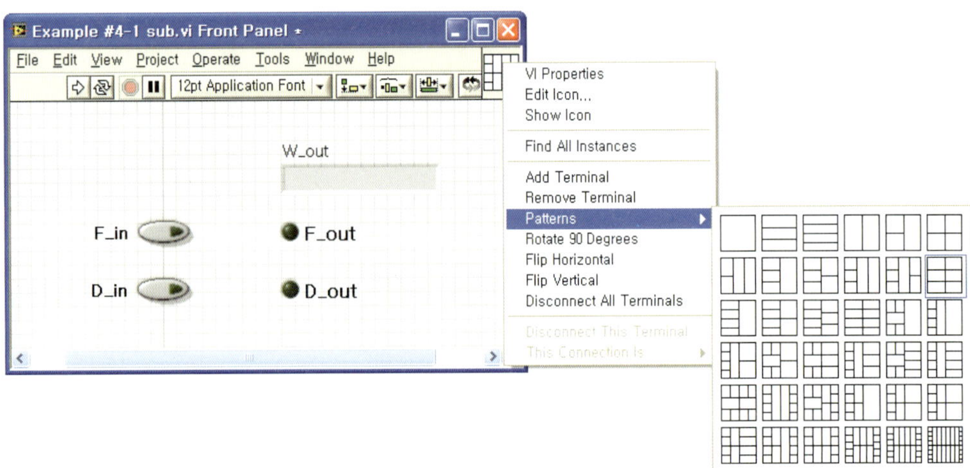

▶ 커넥터 팬과 컨트롤 및 인디케이터의 터미널 사이 링크 작업, 패턴의 왼쪽 3개를 입력 터미널 링크용으로 오른쪽 3개를 출력 터미널 링크용으로 사용한다.

1 단계 : 패턴 왼쪽 커넥터 팬을 마우스로 클릭
2 단계 : 입력 컨트롤 터미널(F_in)을 클릭
3 단계 : 동일한 방식으로 D_in 링크
4 단계 : 패턴 오른쪽 커넥터 팬을 마우스로 클릭
5 단계 : 출력 인디케이터 문자열(W_out)을 클릭
6 단계 : 동일한 방식으로 F_out, D_out 링크

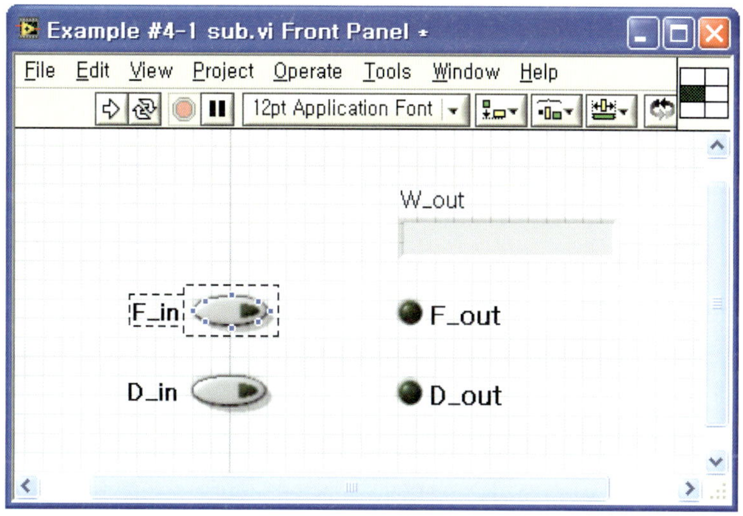

▶ 링크 완료된 Sub VI의 프론트 패널
패턴 내부의 색상은 링크된 터미널의 데이터 타입을 표시한다.

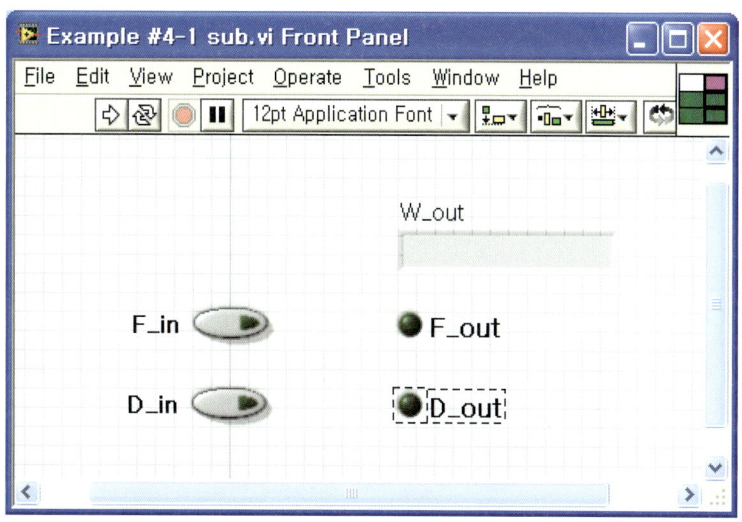

▶ Sub VI를 저장한다.

메인 VI 블록 다이어그램 프로그래밍

A. Sub VI를 메인 VI 블록 다이어그램에 놓는다.

▶ Sub VI를 놓는 방법에는 2가지가 있다.

첫 번째 방법 :

메인 VI 블록 다이어그램에서 Functions 팔레트 〉 Select a VI 를 선택하고, 파일찾기를 하여 해당 Sub VI (Example #4-1 sub.vi)을 선택한다.

두 번째 방법 :

오픈된 Sub VI의 아이콘을 선택한 후, 메인 VI의 블록 다이어그램 안으로 끌어 놓으면 자동으로 생성된다.

B. Sub VI의 커넥터 팬 확인

▶ 메인 VI의 블록 다이어그램에 놓은 Sub VI 위에 마우스를 올려놓으면, Sub VI의 커넥터 팬 터미널이 나타난다.

▶ 도움말을 보면 (Ctrl+H) 해당 커넥터 팬의 링크된 컨트롤과 인디케이터를 보여주고, 데이터 타입에 따라 와이어 색상이 다르게 표시된다.

문자열 ⟶ 분홍색

불리언 ⟶ 녹색

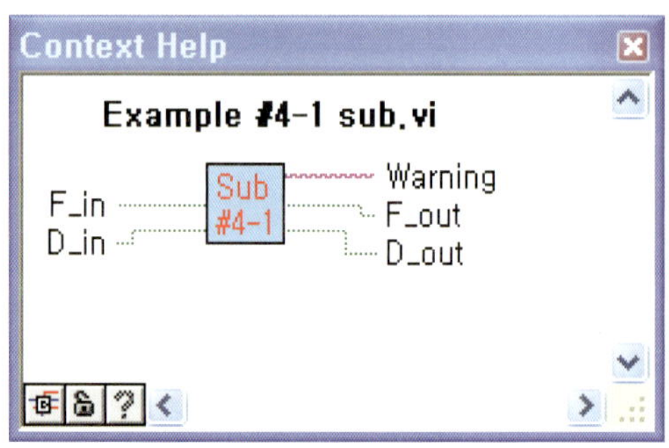

C. 프론트 패널에서 지워진 컨트롤과 인디케이터를 Sub VI 터미널의 일치하는 커넥터 팬과 연결한다.

D. VI를 저장한다.

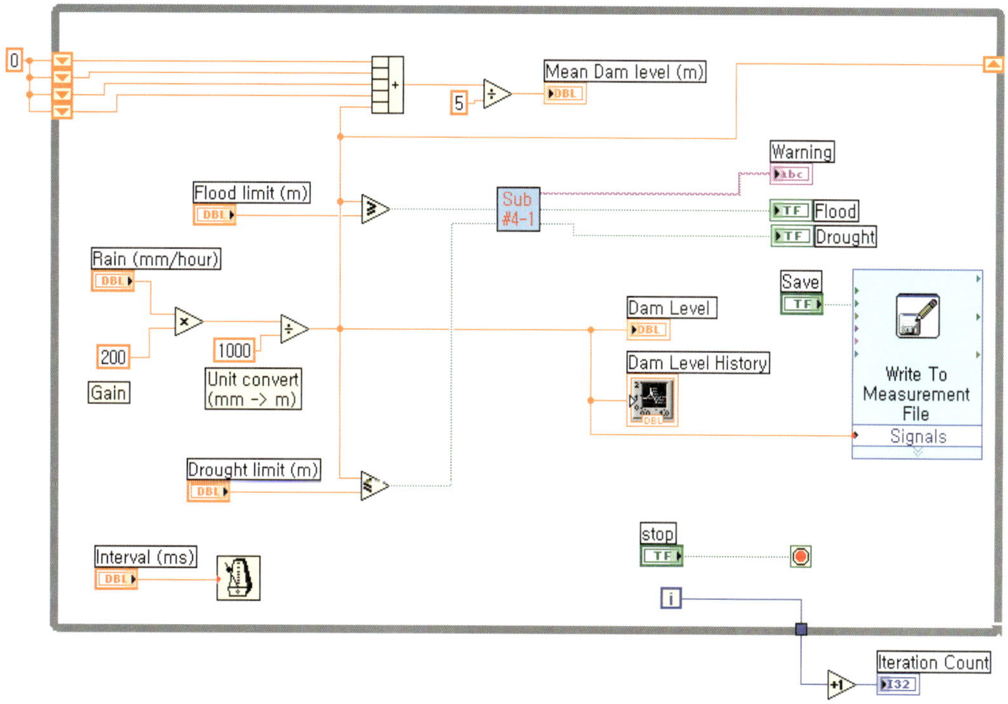

VI 실행

A. 프론트 패널 또는 블록 다이어그램 윈도우 메뉴에 있는 실행 버튼을 누르면 VI는 실행된다.

▶ 메인 VI는 실행되면 실행버튼이 로 변경되고,

▶ 해당 Sub VI의 실행 버튼은 으로 표시된다.

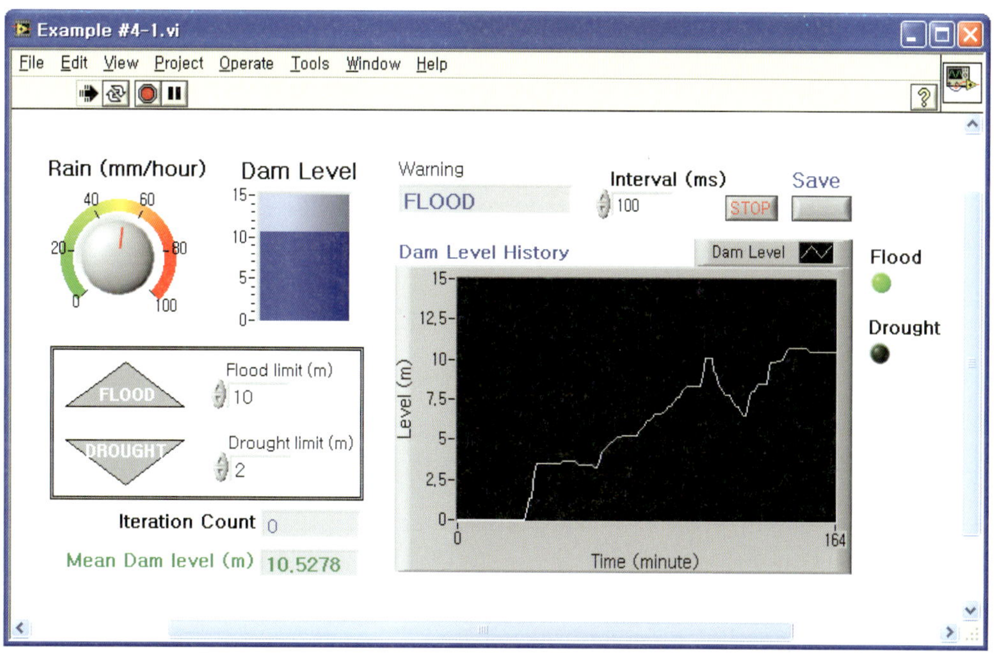

▶ 해당 Sub VI의 실행은 메인 VI 실행에 종속된다.

 ⟶ 메인 VI에 종속되어 실행 중

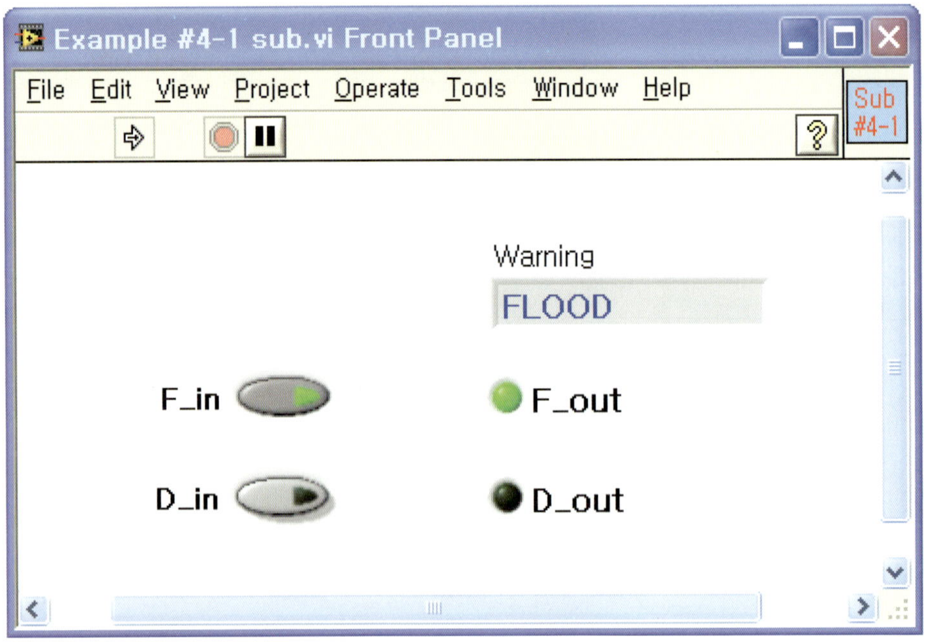

4. File I/O

데이터 수집 (DAQ) 같은 분야에서는 VI 수행 중 임의의 데이터를 파일에 저장하는 경우가 많다.

데이터를 파일에 저장하거나 파일로부터 읽거나하는 FIle I/O는 일반적으로 다음과 같은 과정으로 진행된다.

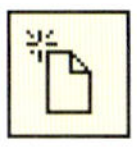

- ▶ 1단계 : 파일 열기 (Open / Create / Replace)
- ▶ 2단계 : 파일 쓰기 / 읽기 (Write / Read)
- ▶ 1단계 : 파일 닫기 (Close)

File Format

일반적으로 LabVIEW는 ASCII, Binary, LVM, TDM 등의 파일 포맷을 생성하거나 읽을 수 있다. 각 포맷은 서로서로 장단점이 있고, 일부 포맷은 특정 타입의 데이터를 처리하는데 매우 적합하다.

ASCII 파일 포맷 :

텍스트 파일이라고도 불리며 대부분의 프로그램에서 표준으로 사용된다.

ASCII 파일 타입은 육안 판독 및 다른 코드와의 데이터 공유가 가장 쉬운 포맷이다.

또한, 다른 응용 프로그램 (워드 프로세서, 스프레드시트 등)에서 이용하기 가장 편리한 포맷으로, 데이터를 ASCII 포맷으로 저장하기 위해서는 데이터를 문자열로 변환해야 한다.

ASCII 포맷을 사용해야 하는 경우,

- ▶ 파일 I/O 속도와 디스크 공간이 문제되지 않을 경우
- ▶ 숫자 정밀도가 중요하지 않을 경우
- ▶ 임의 접근 쓰기 또는 읽기를 수행하지 않아도 되는 경우

Binary 파일 포맷 :

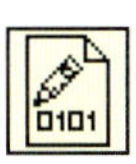

Binary 파일은 이기종의 모든 파일 포맷에 대한 기본적인 포맷이다.

Binary 파일은 사람이 판독 가능한 ASCII 포맷과는 달리 기계에서만 판독 가능하고, 데이터 저장방법에 가장 효율적이고 빠른 데이터 처리 속도와 저장 크기가 작은 포맷이다.

Binary 포맷을 사용해야 하는 경우,

- ▶ 파일 데이터의 변환이 필요 없으므로 파일에 읽고 쓰기 속도가 빠른 경우
- ▶ 작은 파일 크기가 필요할 때

LVM 파일 포맷 :

LVM 파일 포맷은 LabVIEW에서 생성된 ASCII 파일의 특정한 포맷이다. 특히 측정 Express VI로 수집된 데이터는 데이터 생성 날짜, 시간 등이 포함하고, 데이터 사이를 탭으로 구분된 특수한 포맷이다.

LabVIEW의 데이터 로깅에 쓰이는 LVM 포맷은 클러스터 타입으로 저장되어 있어, 클러스터 정의 부분을 손실하거나 인덱스의 순서가 틀릴 경우 데이터 복원이 매우 어렵다.
또한, 이 포맷으로 저장된 파일은 LabVIEW 외의 다른 응용 프로그램에서 정확하게 읽는 것은 거의 불가능하다.
따라서 저장된 데이터의 다른 응용 프로그램과의 공유 또는 다른 유저와의 공유 등에 사용될 경우 권장되지 않는 포맷이다.

TDM 파일 포맷 :

TDM(Test Data Exchange) 포맷은 National Instruments 제품을 위해 고안된 Binary 및 XML 포맷 ASCII가 혼합된 특수한 포맷이다.

이 포맷은 테스트 또는 측정 데이터의 수집 등으로 생성된 배열 데이터 처리에 적합하게 디자인 되어있다. DAQ 신호처리에 많이 사용되는 채널 생성, 채널 그룹 지정, 측정 타입, 수행자, 일련번호, 테스트 시간, 테스트 조건 등의 데이터 구조를 가진다.
이 파일 포맷은 TDM 파일을 인식하고 해석하도록 특수 디자인된 프로그램에서만 TDM 파일을 읽을 수 있다.

디스크 스트리밍

디스크 스트리밍 작업은 파일 I/O 함수들을 열고 닫는 횟수를 줄여, 실행 속도 향상 및 메모리 리소스를 절약하는 기술이다.
일반적으로 Low Level File I/O 함수를 사용하며, 루프 내에서 파일을 닫지 않고 연 상태를 유지하면서 여러 가지 데이터 저장 작업을 수행하는 프로그래밍 기법이다.

다음 예제(그림 4-18)는 디스크 스트리밍 기법을 사용할 때와 사용하지 않을 때를 비교한 것이다. 실행시간 1초 동안에 저장한 파일의 개수를 비교하면, 디스크 스트리밍 기법을 사용한 경우가 파일 I/O 횟수를 줄일 수 있음을 명확하게 알 수 있다.

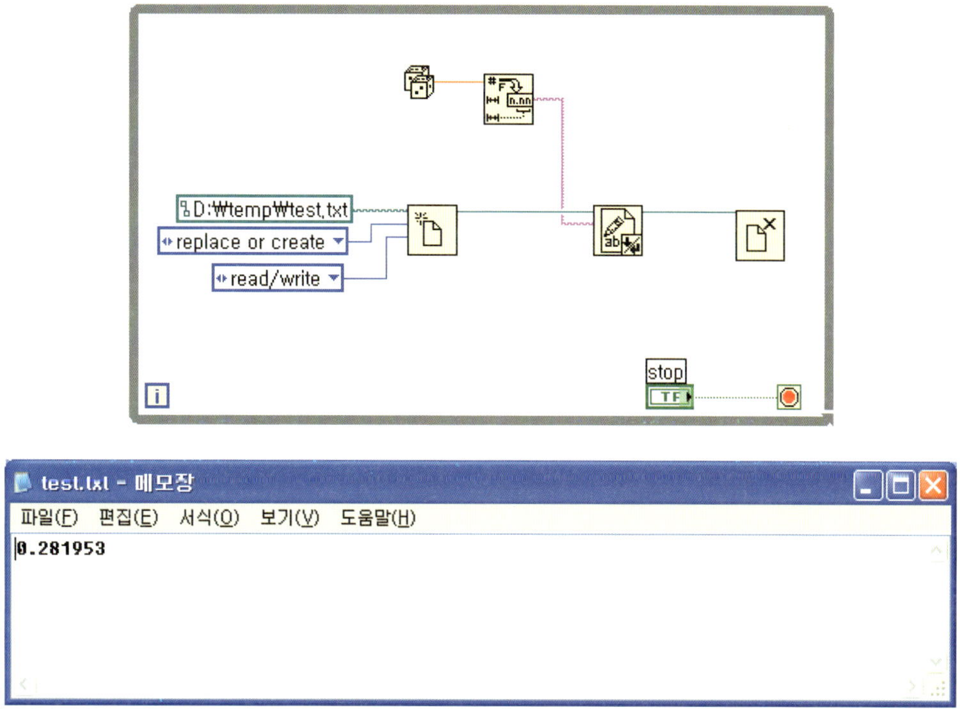

(a) 디스크 스트리밍이 아닌 경우

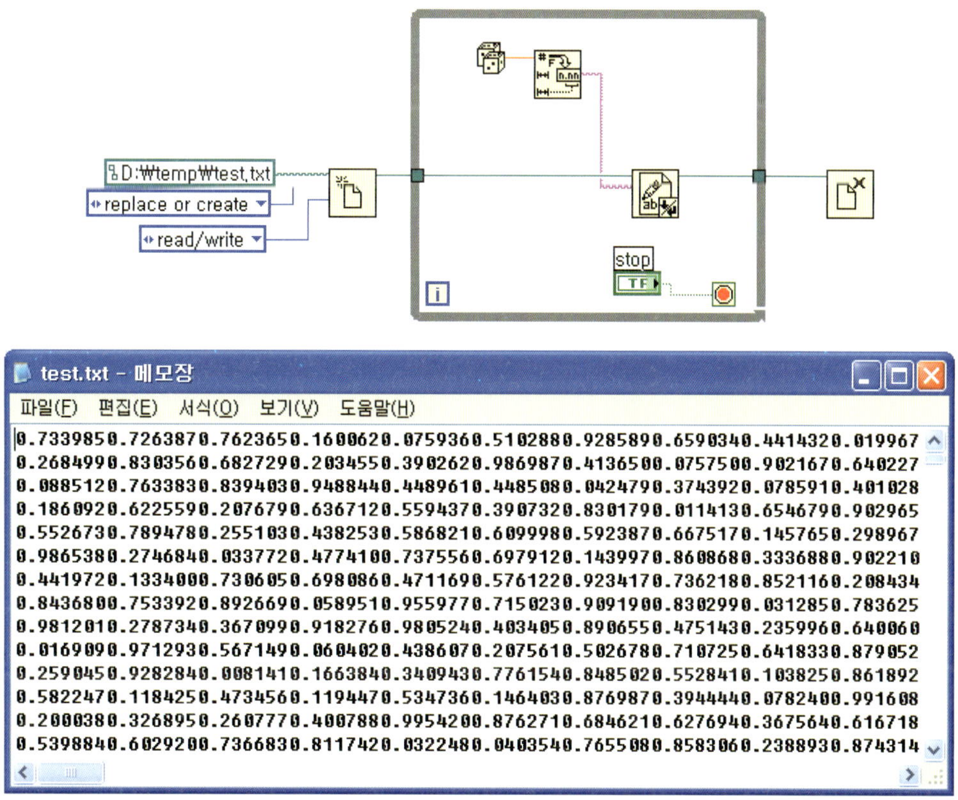

(b) 디스크 스트리밍 경우

Fig. 4-18 디스크 스트리밍 기법

High Level File I/O

〈Write To Spreadsheet File〉 〈Read From Spreadsheet File〉 〈Write To Measurement File〉 〈Read From Measurement File〉 등은 상위 레벨 파일 I/O 그룹에 속하는 함수들이다. 이 함수들은 VI 수행 중에 필요한 대부분의 파일 형태를 쉽게 관리할 수 있다.

Write To Spreadsheet File 함수 :

숫자형 2차원 (2-D) 배열 또는 1차원 (1-D) 배열을 ASCII 파일에 쓰거나, 기존의 파일에 추가하여 저장하는 함수이다.

File path 커넥터 팬에 아무것도 연결하지 않으면 파일의 경로와 이름을 물어보는 다이얼로그 화면을 제공한다.

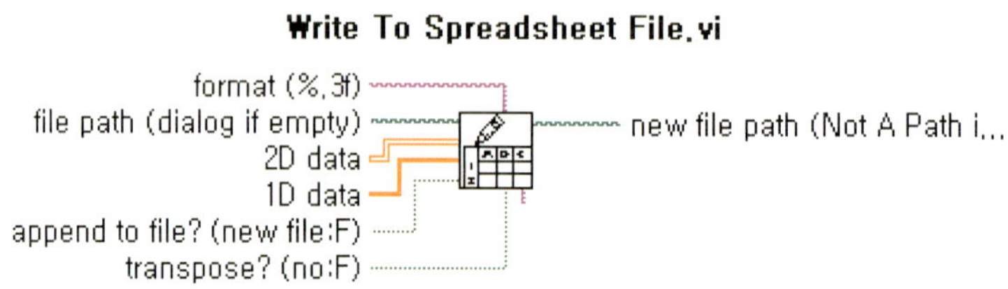

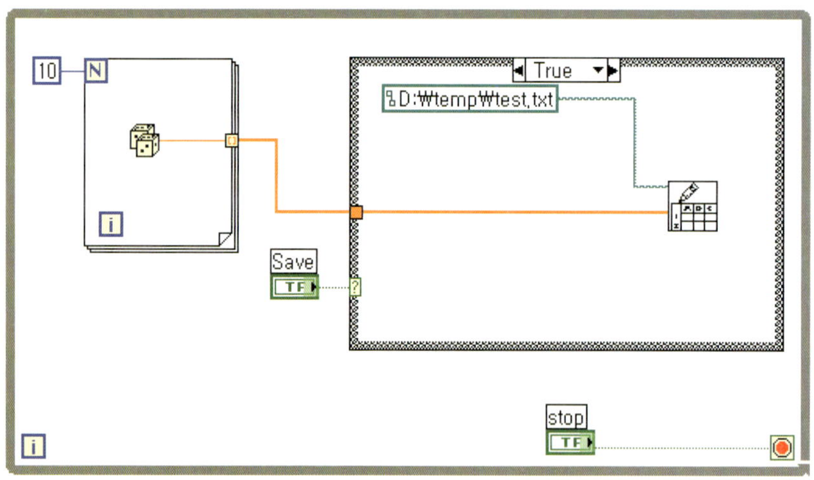

Fig. 4-19 Write To Spreadsheet File 함수

Read From Spreadsheet File 함수 :

지정된 문자 또는 숫자를 파일에서 읽어오는 함수이며, 읽어올 라인 또는 행을 지정할 수 있다.

읽은 데이터들을 2차원 또는 1차원 배열로 변환하여 디스플레이 한다. 또한, 이 함수를 이용하여 텍스트 포맷으로 저장된 스프레드시트 파일을 읽을 수 있다.

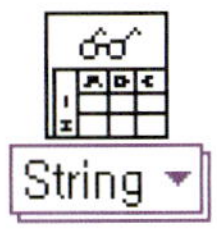

데이터를 읽을 때는 데이터 타입 (Double, Integer, String)을 사전에 지정하여야 한다.

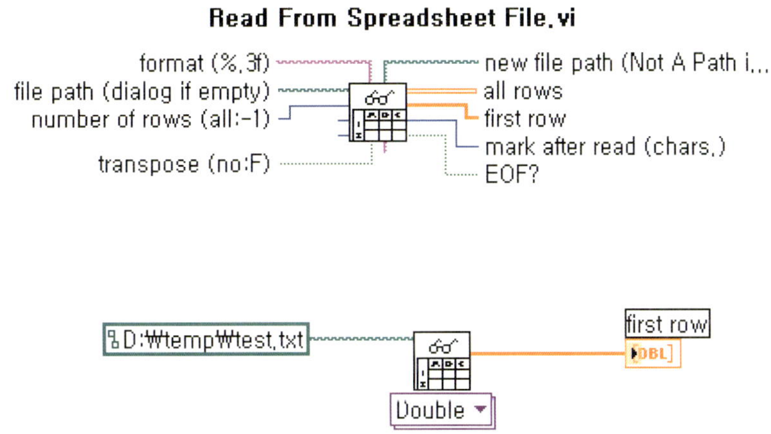

Fig. 4-20 Read From Spreadsheet File 함수

Write To Measurement File 함수 :

텍스트 기반 측정 파일(*.lvm) 또는 2진 측정 파일(*.tdm)로 저장하는 Express VI 함수이다. Functions 팔레트에서 이 함수를 드래그할 때 기본적인 파일 정보 (경로, 파일명, 파일 포맷, 헤더 정보, 탭 등)를 지정할 수 있는 다이얼로그 창을 지원한다.

데이터 저장 타입 종류 ;

- Text (LVM)
- Binary (TDMS)
- Binary with XML Header (TDM)

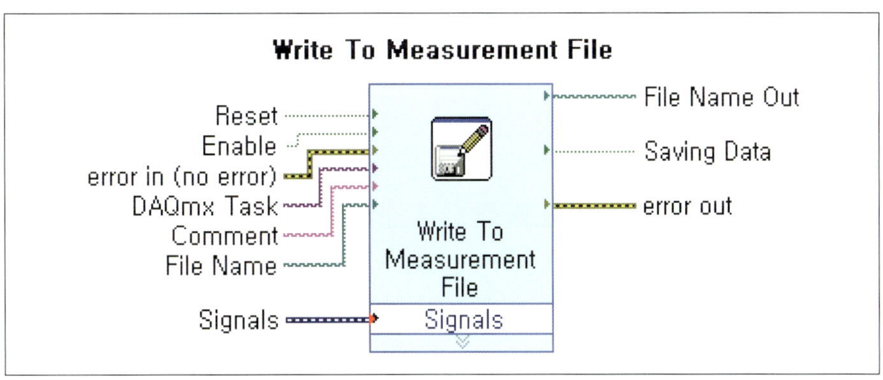

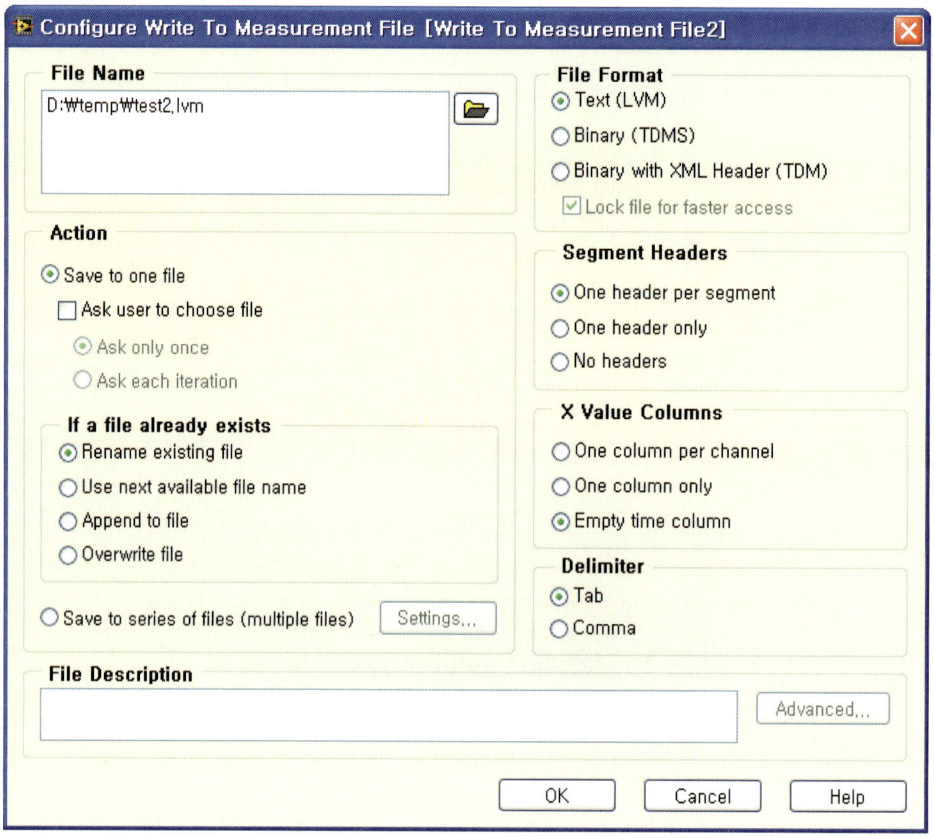

Fig. 4-21 Write To Measurement File 함수의 대화창

Read From Measurement File 함수 :

텍스트 기반 측정 파일(*.lvm) 또는 2진 측정 파일(*.tdm)로 저장된 데이터를 읽어오는 Express VI 함수이다. Functions 팔레트에서 이 함수를 드래그할 때 기본적인 파일 정보(경로, 파일명, 파일 포맷, 헤더 정보, 탭 등)를 지정할 수 있는 다이얼로그 창을 지원한다.

데이터 읽기 타입 종류 ;

- Text (LVM)
- Binary (TDMS)
- Binary with XML Header (TDM)

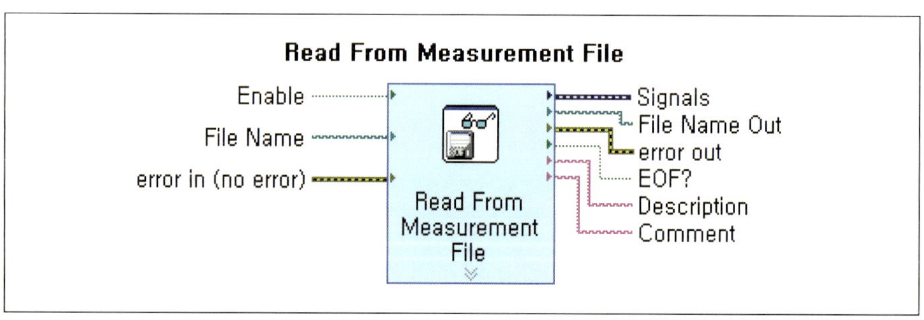

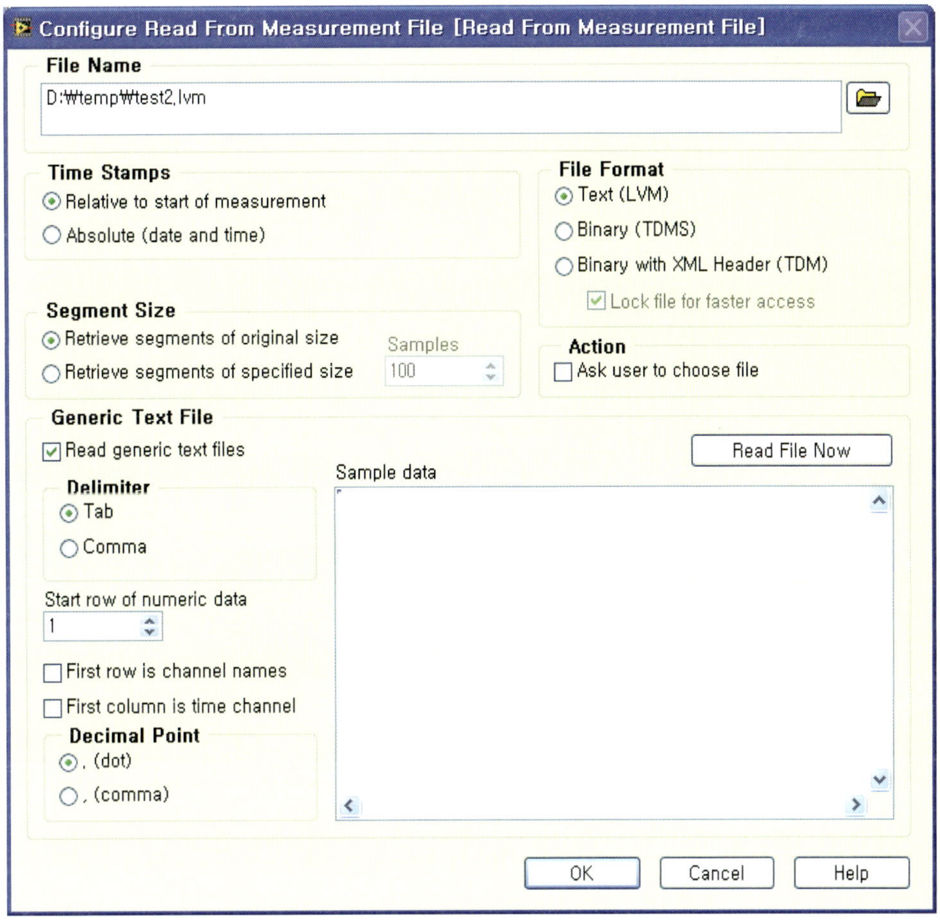

Fig. 4-22 Read From Measurement File 함수의 대화창

5. File I/O 예제 (#4-2)

예제 (#2-4) Example #2-4.vi 에 Write To Spreadsheet File 함수를 적용하여, 수집한 데이터를 마이크로소프트 엑셀 포맷으로 저장하는 VI를 프로그래밍 한다.

문제

온도 시뮬레이션 함수와 For 루프를 이용하여 1초 단위로 20회 반복하는 동안 수집한 온도 데이터를 웨이브폼 그래프에 디스플레이 하고, 수집한 데이터 중에서 최소값, 최대값 및 평균값을 계산하여 마이크로소프트 엑셀 포맷으로 저장한다.

- ▶ 1초 단위로 20회 동안 수집한 데이터를 1차원 배열(1-D)로 생성
- ▶ 헤더 정보 (최소값, 최대값, 평균값)를 파일의 선두에 삽입하기
- ▶ 순번, 수집 시간, 온도(섭씨), 온도(화씨) 을 엑셀 포맷으로 저장하기
- ▶ 화씨온도 변환식 $T_F[°F] = \frac{9}{5} \times T_C + 32$

프론트 패널 프로그래밍

A. 기존 VI를 오픈하고, 재 저장한다.

- ▶ LabVIEW를 실행하여 Getting Started 창을 연다.
- ▶ Open 〉 c:₩temp₩Example #2-4.vi
- ▶ File 〉 Save As 〉 c:₩temp₩Example #4-2.vi

B. 웨이브폼 차트 삭제

C. VI 저장

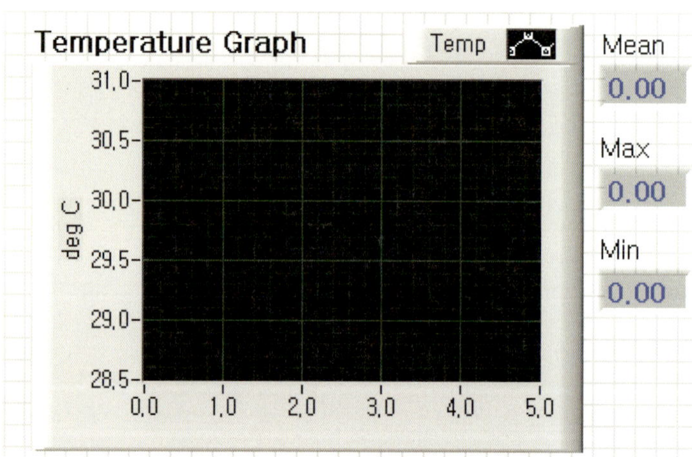

블록 다이어그램 프로그래밍

A. For 루프 내부에 여러 가지 함수 배치

▶ Wait Until Next ms Multiple 함수에 1000 [ms]을 입력하고 1초에 한번씩 루프를 실행하여, 1초에 한 개씩 데이터를 수집한다.

▶ Digital Thermometer.vi 에관한 설명은 2장의 Example #2-4를 참조

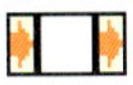

▶ Expression Node 함수를 이용한 간단한 수식 계산

위치 : Functions 팔레트 〉 Programming 〉 Numeric 〉 Expression Node

노드 함수내의 x값은 입력된 값이다. 섭씨를 화씨로 변환한다.

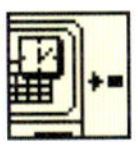

▶ Get Date/Time In Seconds 함수를 이용한 날짜 및 시간 데이터 확보

위치 : Functions 팔레트 〉 Programming 〉 Timing 〉 Get Date/Time In Seconds

▶ Get Date/Time In Seconds 함수의 출력 커넥터 팬에서,

바로가기 메뉴 〉 Create 〉 Indicator 로 Time stamp 인디케이터 생성

▶ Format Date/Time String 함수를 이용하여 Time stamp를 String 으로 변환한다.

위치 : Functions 팔레트 〉 Programming 〉 Timing 〉 Format Date/Time String

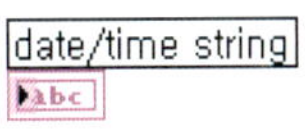

▶ Format Date/Time String 함수의 출력 커넥터 팬에서,

바로가기 메뉴 〉 Create 〉 Indicator 로 String 인디케이터 생성

▶ Increment 함수를 Iteration Terminal 에 연결하여, 0부터 시작되는 루프 카운터에 1을 더하여 순번으로 쓰일 1차원 배열을 생성한다.

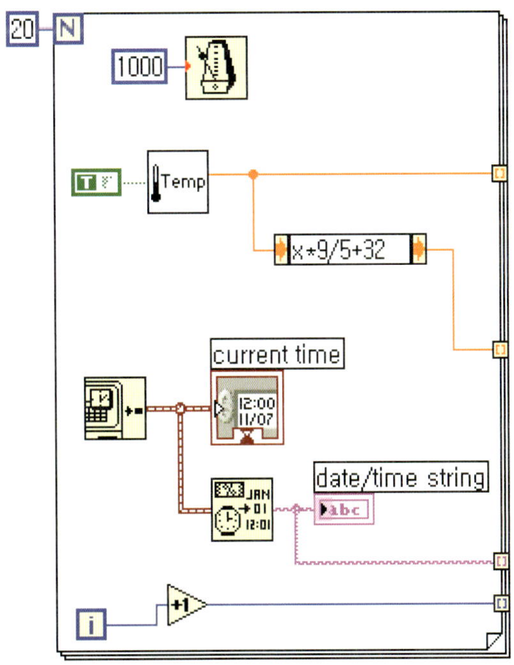

B. 1차원 배열 데이터 생성

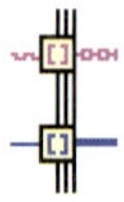

- ▶ For 루프 내부에서 생성된 데이터를 1차원 배열(1×20) 데이터로 생성
- ▶ 각각의 데이터 출력을 For 루프 경계에 연결
- ▶ Auto Indexing을 Enable 한다. (경계에 연결시 디폴트로 지정됨)
- ▶ 아래와 같이 배열의 원소를 확인하고, 블록 다이어그램의 간결화를 위하여 배열보기는 삭제한다.

C. 각각의 온도 데이터 (섭씨, 화씨)를 빌드하여 2차원 배열로 재구성

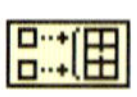

- ▶ Build Array 함수를 사용하여 2차원 배열 구성
  위치 : Functions 팔레트 〉 Programming 〉 Array 〉 Build Array
- ▶ Build Array 함수를 놓고 마우스로 크기를 늘려 요소(element)가 2개가 되도록 한다.
- ▶ 첫 번째 요소에 화씨 1차원 배열을 연결하고, 두 번째 요소에 섭씨 1차원 배열을 연결한다.

D. Transpose 2D Array 함수를 이용한 배열의 전치 행렬

- ▶ 2차원 배열 (2×20)을 트랜스포즈 하여 2차원 배열 (20×2)로 재구성
- ▶ C 단계에서 빌드되어 생성된 2-D 배열 (2×20)은 2D build array로 표기

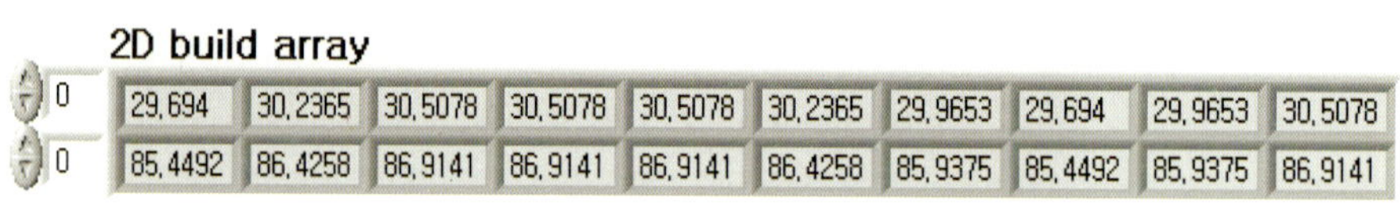

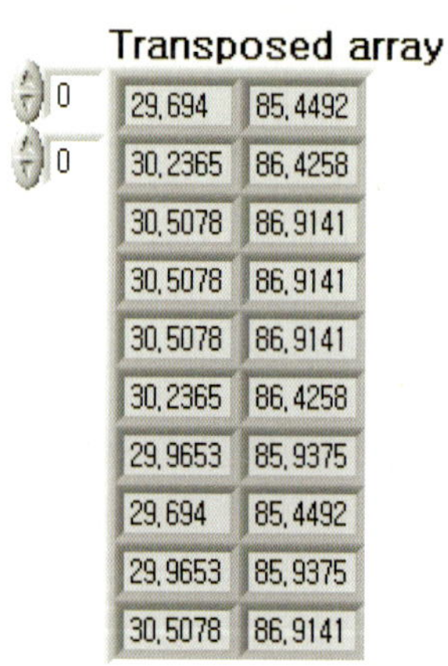

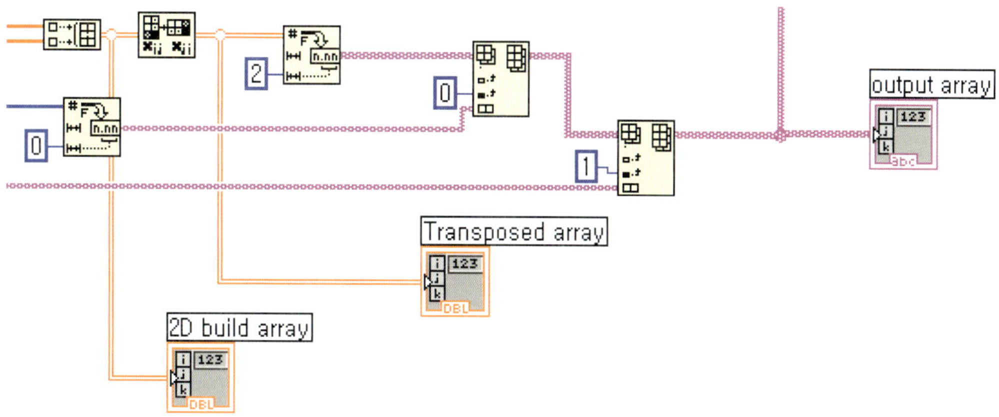

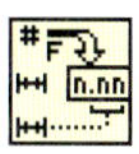

E. Number To Fractional String 함수를 적용하여 숫자형 데이터를 문자열로 변환한다.

- ▶ Number To Fractional String 함수의 precision 입력 터미널에 소수점 자릿수 2를 숫자 상수로 입력
- ▶ 자릿수를 지정하지 않을 경우 디폴트로 6이 적용된다.
- ▶ For 루프 반복 카운터 (순번)도 동일한 방법으로 문자열로 변환한다.

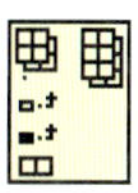

F. Insert Into Array 함수를 적용하여, 1차원 배열 데이터를 Column 단위로 삽입한다.

- ▶ 순번의 1차원 배열 데이터를 첫 Column 위치에 삽입하기 위해, Column 입력 터미널에 0을 입력한다.

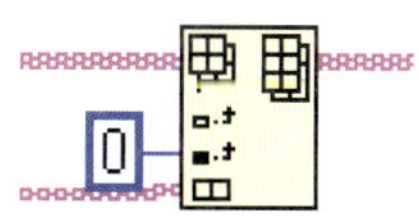

- ▶ 동일한 방법으로, 날짜 및 시간 문자열의 1차원 배열 데이터를 둘째 Column 위치에 삽입하기 위해, Column 입력 터미널에 1을 입력한다.

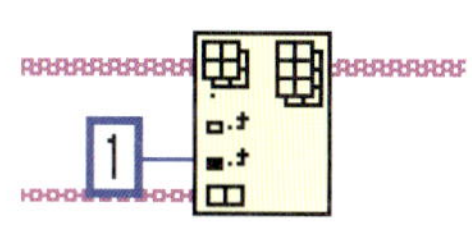

- ▶ 〈Insert Into Array〉 함수의 출력 데이터는 2차원 배열 (20×4)로 재구성 (output array), 칼럼 순서 : 순번, 날짜 및 시간, 온도(섭씨), 온도(화씨)

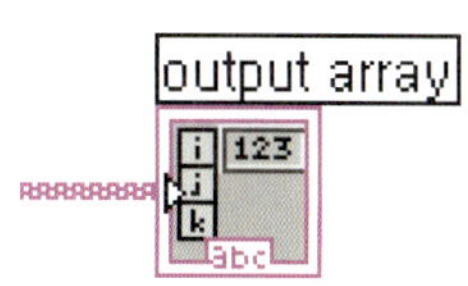

output array

1	2010-05-04 오후 4:50:07	29.69	85.45
2	2010-05-04 오후 4:50:07	30.24	86.43
3	2010-05-04 오후 4:50:08	30.51	86.91
4	2010-05-04 오후 4:50:09	30.51	86.91
5	2010-05-04 오후 4:50:10	30.51	86.91
6	2010-05-04 오후 4:50:11	30.24	86.43
7	2010-05-04 오후 4:50:12	29.97	85.94
8	2010-05-04 오후 4:50:13	29.69	85.45
9	2010-05-04 오후 4:50:14	29.97	85.94
10	2010-05-04 오후 4:50:15	30.51	86.91
11	2010-05-04 오후 4:50:16	30.78	87.40
12	2010-05-04 오후 4:50:17	31.05	87.89
13	2010-05-04 오후 4:50:18	30.78	87.40
14	2010-05-04 오후 4:50:19	30.51	86.91
15	2010-05-04 오후 4:50:20	30.51	86.91
16	2010-05-04 오후 4:50:21	29.97	85.94
17	2010-05-04 오후 4:50:22	29.97	85.94
18	2010-05-04 오후 4:50:23	29.97	85.94
19	2010-05-04 오후 4:50:24	29.42	84.96
20	2010-05-04 오후 4:50:25	29.42	84.96

G. 헤더 정보 (최소값, 최대값, 평균값)를 파일의 선두에 삽입하기

Max (C)

- ▶ 문자열 상수 (Max (C), Min (C), Mean (C))를 생성

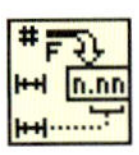

- ▶ Number To Fractional String 함수로 숫자형 데이터 (Max (C), Min (C), Mean (C)) 들을 문자열로 변환

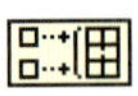

- ▶ Build Array 함수로 스칼라 타입의 데이터를 1차원 배열로 구성

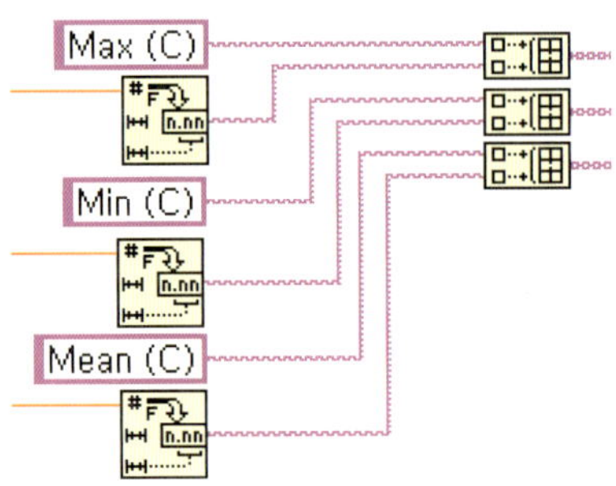

H. 칼럼 데이터 2차원 배열 (20×4)의 설명문 삽입

No.

- ▶ 문자열 상수 (No., Time, Deg (C), Deg (F))를 생성
- ▶ Build Array 함수로 스칼라 타입의 데이터를 1차원 배열로 구성

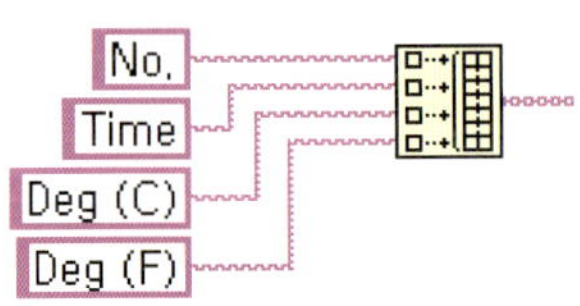

I. 저장될 데이터 빌드

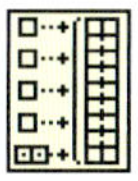

- Build Array 함수의 크기를 조절하여 입력 터미널을 5개로 조절
- 상부부터 순서대로 데이터 연결

  헤더정보 ⟶ 칼럼 설명문 ⟶ 온도 데이터

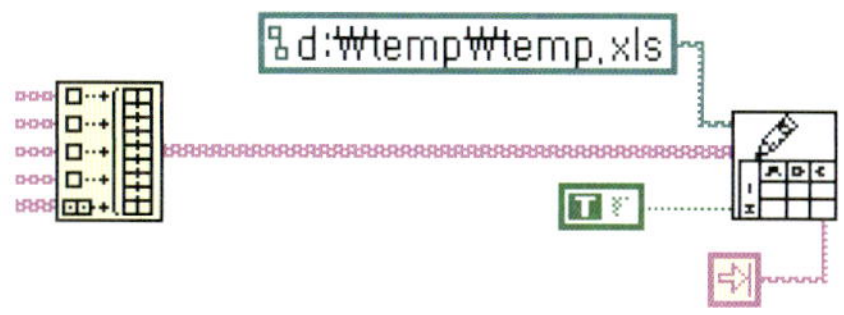

J. 마이크로소프트 엑셀 포맷으로 저장

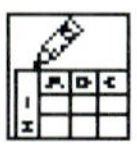

- Write To Spreadsheet File 함수를 놓는다.

  위치 : Functions 팔레트 〉 Programming 〉 File I/O 〉 Write To Spreadsheet File
- Write To Spreadsheet File 함수의 file path 입력 터미널에서,

  바로가기 메뉴 〉 Create 〉 Constant

- 생성된 경로 상수 창에 경로와 파일이름 (temp.xls)을 직접 타이핑한다.

- Write To Spreadsheet File 함수의 append to file 입력 터미널에서, 불리언 True 상수를 와이어링 한다.

- Write To Spreadsheet File 함수의 delimiter 입력 터미널에서, Tab Constant를 와이어링 한다.

  위치 : Functions 팔레트 〉 Programming 〉 String 〉 Tab Constant

K. 터미널 재배치 및 와이어링 정리

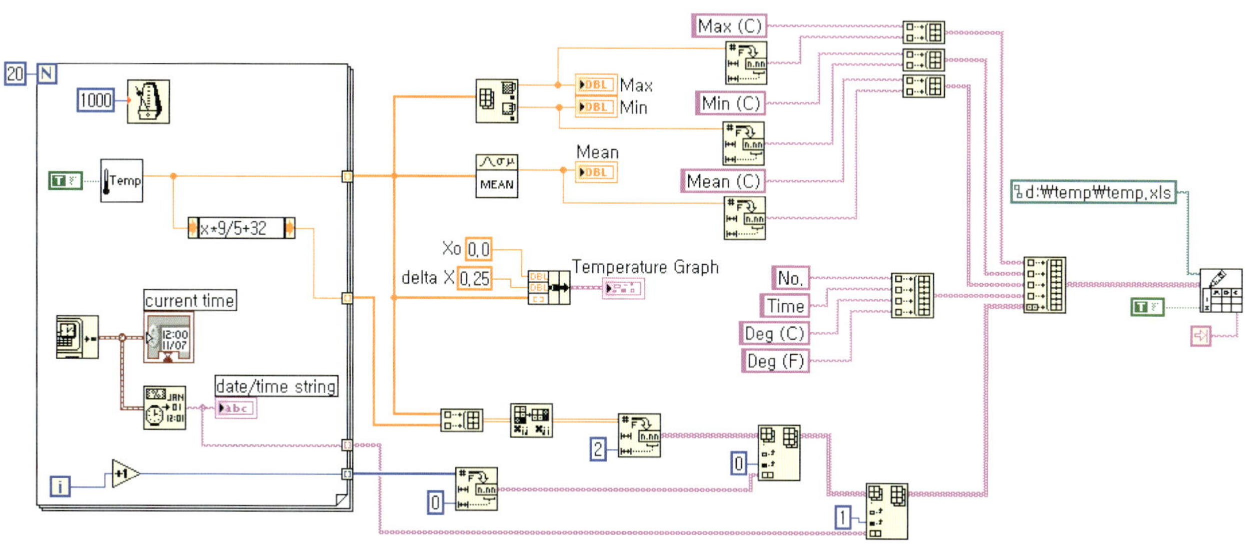

VI 실행

A. 프론트 패널 또는 블록 다이어그램 윈도우 메뉴에 있는 실행 버튼을 누르면 VI는 실행된다.

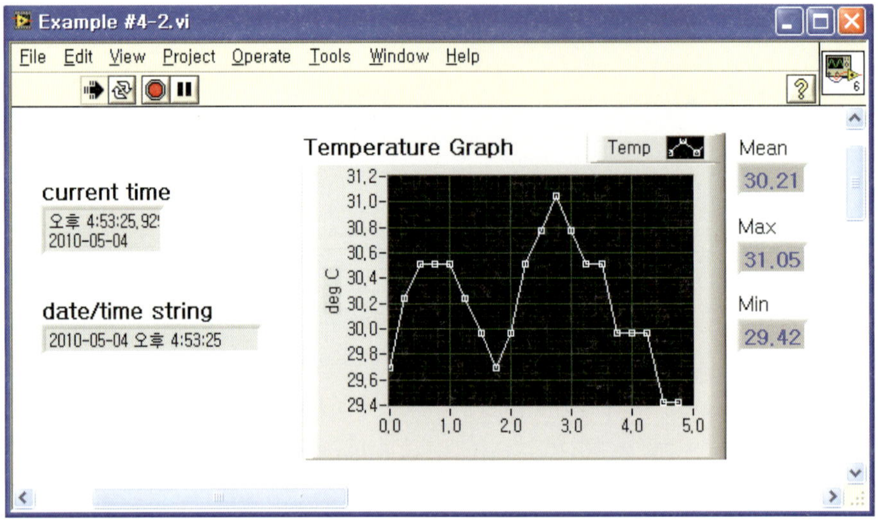

B. 저장된 파일 (temp.xls)을 오픈한다.

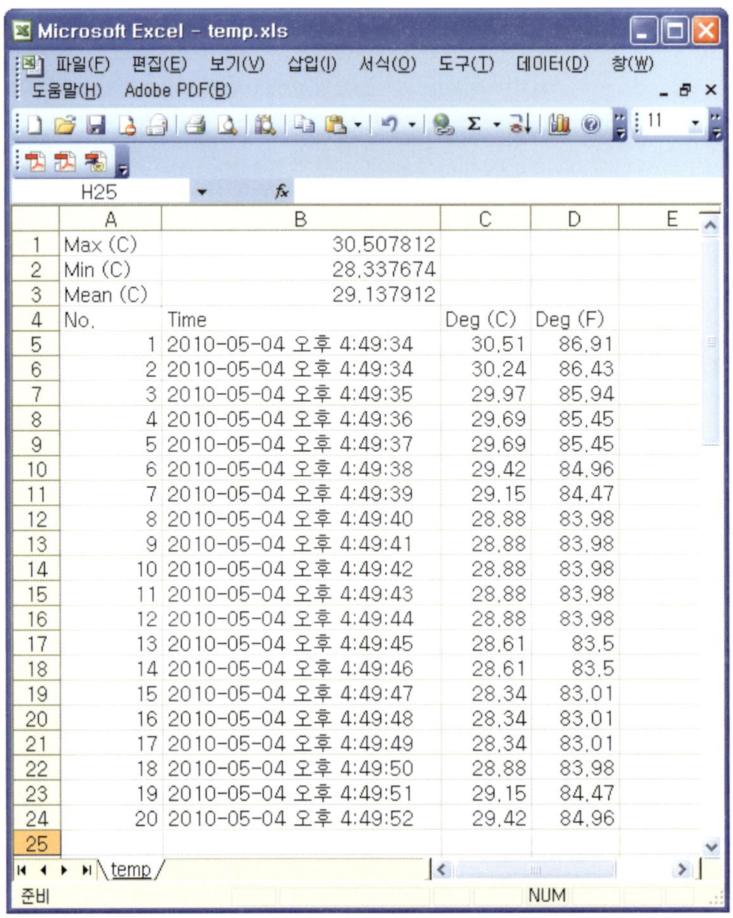

	A	B	C	D	E
1	Max (C)	30.507812			
2	Min (C)	28.337674			
3	Mean (C)	29.137912			
4	No.	Time	Deg (C)	Deg (F)	
5	1	2010-05-04 오후 4:49:34	30.51	86.91	
6	2	2010-05-04 오후 4:49:34	30.24	86.43	
7	3	2010-05-04 오후 4:49:35	29.97	85.94	
8	4	2010-05-04 오후 4:49:36	29.69	85.45	
9	5	2010-05-04 오후 4:49:37	29.69	85.45	
10	6	2010-05-04 오후 4:49:38	29.42	84.96	
11	7	2010-05-04 오후 4:49:39	29.15	84.47	
12	8	2010-05-04 오후 4:49:40	28.88	83.98	
13	9	2010-05-04 오후 4:49:41	28.88	83.98	
14	10	2010-05-04 오후 4:49:42	28.88	83.98	
15	11	2010-05-04 오후 4:49:43	28.88	83.98	
16	12	2010-05-04 오후 4:49:44	28.88	83.98	
17	13	2010-05-04 오후 4:49:45	28.61	83.5	
18	14	2010-05-04 오후 4:49:46	28.61	83.5	
19	15	2010-05-04 오후 4:49:47	28.34	83.01	
20	16	2010-05-04 오후 4:49:48	28.34	83.01	
21	17	2010-05-04 오후 4:49:49	28.34	83.01	
22	18	2010-05-04 오후 4:49:50	28.88	83.98	
23	19	2010-05-04 오후 4:49:51	29.15	84.47	
24	20	2010-05-04 오후 4:49:52	29.42	84.96	
25					

Chapter

05

DAQ (Data Acquisition) 1단계

LabVIEW를 사용하는 주목적은 데이터의 수집 (DAQ) 및 분석이므로, 이 장에서는 DAQ 프로그래밍에 앞서 기본적이고 효과적인 측정 기법에 대해 설명한다. 각종 센서, 측정 신호 소스, 신호와 측정시스템과의 접지 및 노이즈, 시그널 컨디셔닝, 샘플링 주파수 등 계측의 품질을 결정하는 보편적인 것들을 설명한다.

Focuses

1. NI DAQ 측정 시스템
2. Analog Input & Output
3. 측정 유형 및 접지
4. 신호 소스와 측정 유형 예제 (#5-1)
5. 신호 소스와 측정 유형 예제 (#5-2)

1. NI DAQ 측정 시스템

NI DAQ 측정 시스템의 특징은 컴퓨터 기반으로 자유롭게 구성된 가상 계측 시스템이다. 특정한 센서 계측에만 사용되는 독립 인스트루먼트와는 구조적으로 다르며, 적용대상 범위가 매우 넓고 VI 프로그램 구성에 따라 측정부터 분석 저장까지 단일화 작업이 가능한 것이 특징이다.

모든 계측 시스템의 기본 작업은 계측 대상의 물리적 신호를 가감 없이 수집하고, 신호처리하고, 분석하고, 제어하고, 저장하는 것이다.
이러한 이유로 응용성이 넓은 컴퓨터 기반의 NI DAQ 장비는 매우 훌륭한 시스템이라고 본다.

NI DAQ 시스템은 물리적인 변화에 대응하는 센서의 전기적인 신호 (전압, 저항, 전류, 주파수, 듀티 등)의 컨디셔닝이 필요하다. 신호 컨디셔닝이란 일종의 센서의 출력 타입과 NI DAQ의 입력단 사이의 인터페이스이다.

이러한 신호 컨디셔닝에는 노이즈 제거를 위한 필터링, Low 레벨 신호 증폭기, 브리지 회로제공 등이 있고, 이를 통과한 신호를 NI DAQ 보드의 신호입력용 채널에 연결하여 사용된다.
물론, 센서의 전기적 출력이 NI DAQ의 입력레벨과 유사하여 컨디셔너 없이 직접 연결하여 사용하는 경우도 있다.

DAQ System

신호 계측을 위해서는 기본적으로 하드웨어 (메인 플렛폼, DAQ 보드, 케이블, 터미널 블록)와 소프트웨어(LabVIEW)가 필요하며, 센서 또는 트랜스듀서의 타입에 따라 DAQ 보드 전단계에 신호조절모듈(Signal Conditioning Module)이 탑재되어야 한다.

예를 들면, 단순 DC 전압을 측정할 때는 신호조절모듈 없이도 바로 DAQ 보드에 신호를 연결하면 되지만, 서모커플을 사용하여 온도를 측정하려면 Thermocouple Signal Conditioning Module 이 반드시 필요하다.
그렇지만 단순 DC 전압이라도 낮은 레벨이거나 고전압일 경우에는 반드시 신호조절모듈을 DAQ 보드 입력단 전 단계에 적용해야만 한다.

그림 5-1은 신호계측을 위한 기본적인 하드웨어를 보여준다.

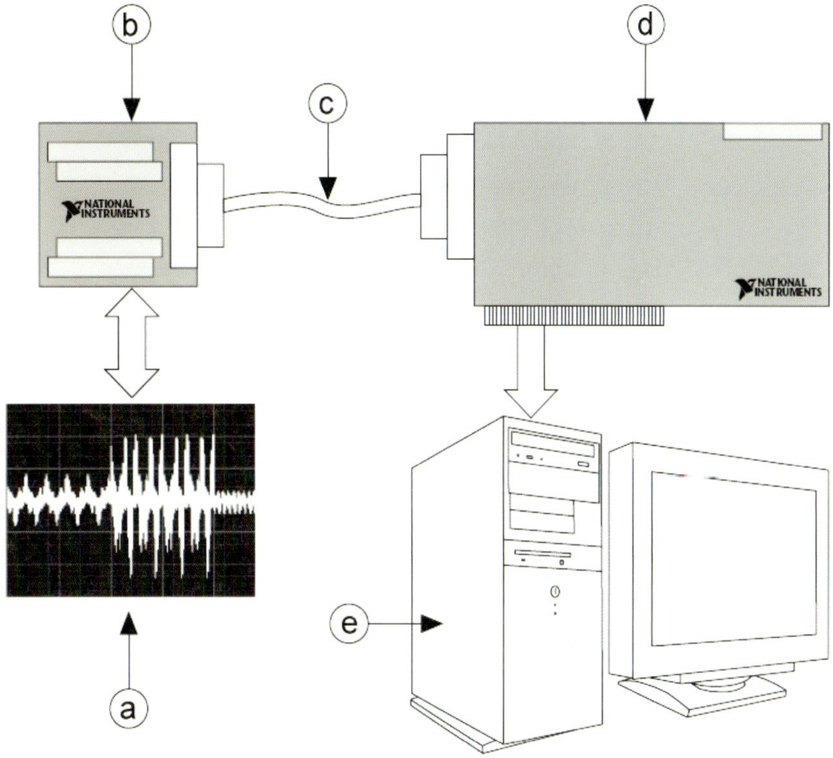

ⓐ 신호 ⓑ 터미널 블록 ⓒ 케이블 ⓓ DAQ 보드 ⓔ 메인 플랫폼

Fig. 5-1 기본적인 DAQ 시스템 구성

메인 플랫폼 (Main Platform) :

소규모 또는 학교 실험실 등에서 주로 많이 사용되는 메인 플랫폼으로는 개인용 컴퓨터, CompactDAQ, CompactRIO 등이 사용되고, 공장 자동화 또는 제품 검사 등에서는 PXI platform, SCXI 등이 사용된다.
메인 플랫폼 선정에는 계측 용도, 사용 장소, 기능, 구매 가격 등을 종합적으로 검토하여 알맞은 시스템을 선정하는 것이 중요하다.

DAQ 보드 :

아날로그 신호를 수집하여 디지털 데이터로 변환하거나, 메인 플랫폼에서 생성된 디지털 신호를 아날로그 전기적 신호로 변환하여 외부장치로 내보내는 가상계측시스템의 핵심 구성품이다.

DAQ 시스템의 기본적 성능은 DAQ 보드 성능과 매우 밀접하므로, 선정할 때 매우 주의요망된다.

그림 5-2는 본 교재의 예제로 사용될 DAQ 보드 (PCI-6040E (PCI-MIO-16E-4))를 보여주며, 이 보드의 특성은 다음과 같고 DAQ 보드 선정시 꼭 고려해야 할 주요 항목들이다.

- 12-bit 분해능, 16 채널(Single-Ended) 아날로그 입력
- 500 KS/s (1 채널), 250 KS/s (Multi-channel)
- 12-bit 분해능, 2 채널 아날로그 출력
- 8 채널 디지털 I/O 포트
- 24-bit 분해능, 20 MHz, 2 채널 카운터 / 타이머

Fig. 5-2 NI PCI-6040E (PCI-MIO-16E-4)

터미널 블록 :

터미널 블록은 I/O 신호들을 DAQ 보드에 연결하기 위한 접속단자를 제공하며, I/O 신호 연결을 위한 스크루 타입, BNC 타입, 스프링 타입들의 단자와 케이블 접속 커넥터로 구성된다.

그림 5-4처럼 터미널 블록에는 핀 번호가 있으며, 해당 DAQ 보드에 따라 다른 핀 번호의 기능이 있으므로 외부 신호와 연결시 꼭 주의가 요망된다.

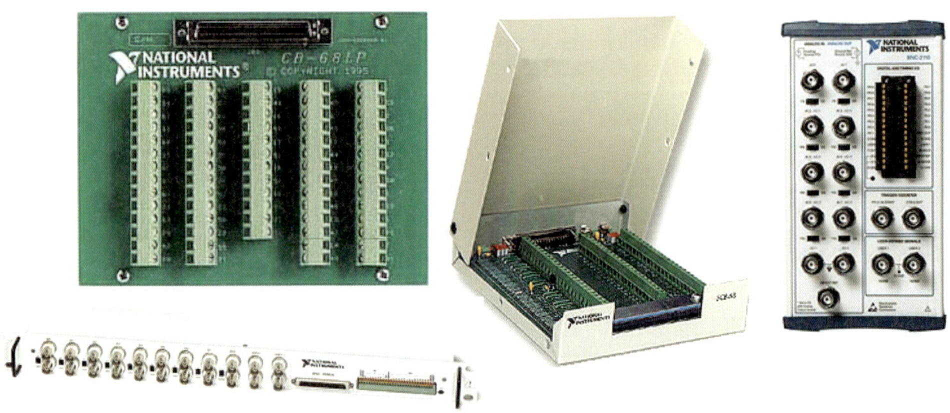

Fig. 5-3 여러 가지 형태의 터미널 블록

AI 8	34	68	AI 0
AI 1	33	67	AI GND
AI GND	32	66	AI 9
AI 10	31	65	AI 2
AI 3	30	64	AI GND
AI GND	29	63	AI 11
AI 4	28	62	AI SENSE
AI GND	27	61	AI 12
AI 13	26	60	AI 5
AI 6	25	59	AI GND
AI GND	24	58	AI 14
AI 15	23	57	AI 7
AO 0	22	56	AI GND
AO 1	21	55	AO GND
AO EXT REF	20	54	AO GND
P0.4	19	53	D GND
D GND	18	52	P0.0
P0.1	17	51	P0.5
P0.6	16	50	D GND
D GND	15	49	P0.2
+5 V	14	48	P0.7
D GND	13	47	P0.3
D GND	12	46	AI HOLD COMP
PFI 0/AI START TRIG	11	45	EXT STROBE
PFI 1/AI REF TRIG	10	44	D GND
D GND	9	43	PFI 2/AI CONV CLK
+5 V	8	42	PFI 3/CTR 1 SRC
D GND	7	41	PFI 4/CTR 1 GATE
PFI 5/AO SAMP CLK	6	40	CTR 1 OUT
PFI 6/AO START TRIG	5	39	D GND
D GND	4	38	PFI 7/AI SAMP CLK
PFI 9/CTR 0 GATE	3	37	PFI 8/CTR 0 SRC
CTR 0 OUT	2	36	D GND
FREQ OUT	1	35	D GND

Fig. 5-4 NI PCI-6040E 보드에 해당하는 핀 번호 정의

케이블 :

I/O 신호들을 접속된 터미널 블록에서 전용 케이블을 통해 DAQ 보드로 전달하며, 100-100 PIN, 68-68 PIN, 50-50 PIN, 37-37 PIN, 68-50 PIN 등 여러 가지 전용 케이블 타입이 있다.
해당 DAQ 보드를 기준으로 터미널 블록과 전용 케이블을 선정하여야 한다.

케이블은 Shielded (차폐)와 Unshielded (비차폐)로 구분되며, 차폐 케이블이 외부 전기적 노이즈의 영향을 덜 받는다.

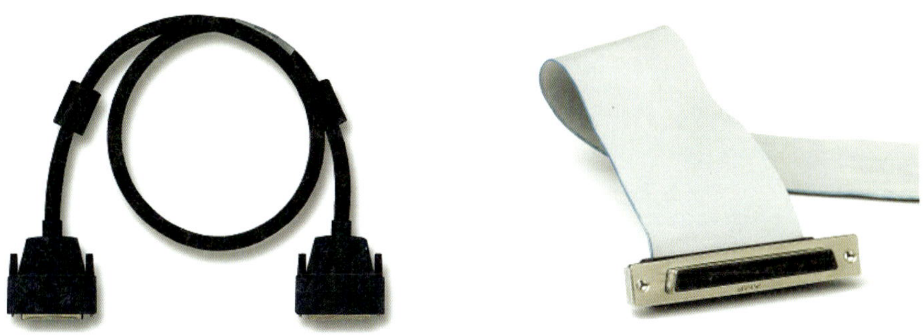

Fig. 5-5 여러 가지 형태의 케이블

신호조절모듈(Signal Conditioning Module) :

DAQ 보드의 아날로그 채널은 기본적으로 전압(-10~+10 Volts)을 받아 ADC(아날로그-디지털-변환기)를 통과하여 디지털 신호로 변환된다.
만약 외부 신호가 계측 범위를 벗어나거나 신호 전압이 아닌 기타 신호일 경우, 반드시 외부신호가 DAQ 보드의 입력범위(Input Range)와 호환될 수 있도록 적절한 신호 컨디셔닝을 해주는 신호조절모듈이 필요하다.

예를 들면 센서의 출력 신호의 잡음을 줄여주거나, 온도 또는 압력의 변화를 전압으로 변환시키거나, 고 전압을 입력범위에 만족할 수 있도록 변환하는 등에서 신호조절모듈은 필요하다.
아울러 적절한 신호조절모듈의 선정은 원신호의 계측 정확성, 노이즈 절감, 신호 분리, 필터링, 증폭, 선형화 등을 고려해서 선정해야 한다.

신호조절모듈은 SCXI 플랫폼용과 기타 다른 플랫폼용이 있으며, 다채널 신호 컨디셔닝이 필요할 경우 대부분 SCXI 플랫폼용을 사용한다.

일반적인 신호조절모듈의 신호 컨디셔닝 형태는 다음과 같다.

- Thermocouple & Thermistor
- Strain gauge
- Frequency
- Filters
- Digital
- Current
- Bridge-based sensor
- RTD(Resistance Temperature Detector)
- 기타 (Humidity, Accelerometer, LVDT(Linear Variable Differential Transformers, Resistance 등)

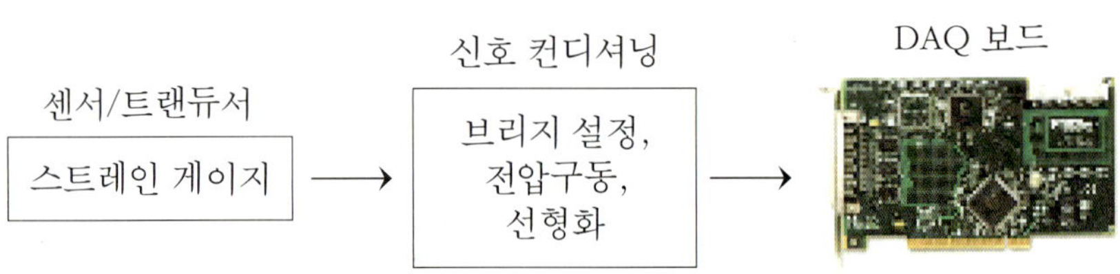

Fig. 5-6 신호 컨니셔닝 연결도 예

DAQ 보드의 구성

대부분의 DAQ 보드는 아날로그 입력, 아날로그 출력, 디지털 I/O 및 타이머/카운터의 4가지 표준 기능이 있다.

본 교재 예제에 사용되는 E 시리즈는 이러한 4가지 표준 기능을 가지고 있으며, 표준 기능보다 더 우수한 기능(고 분해능, 고속 샘플링, 다 채널)이 필요하거나, Waveform 생성(PCI-5406) 등 다른 특수 기능이 필요하면 사양에 맞는 보드를 적절하게 선정해야 한다.

인터페이스 (I/F) :

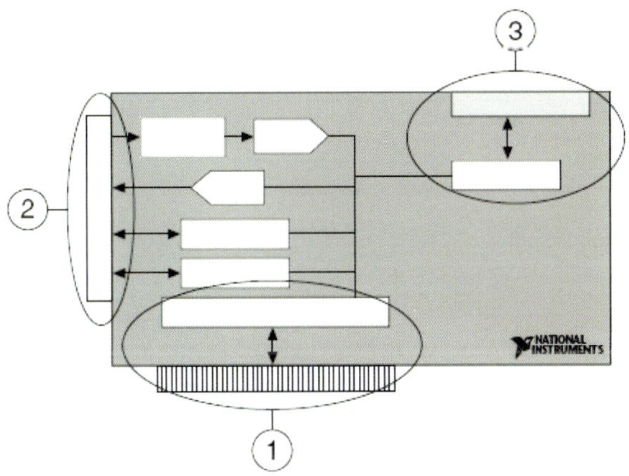

① PC I/O 인터페이스 리드

② 외부 I/O 커넥터

③ RTSI (Real-Time System Integration, 실시간 시스템 통합) 버스

일반적인 DAQ 보드에는 신호 I/O를 위해, PC I/O 인터페이스 리드, 외부 I/O 커넥터, RTSI 버스의 3가지 인터페이스를 지원한다.

- PC I/O 인터페이스 리드 : DAQ 보드와 PC 사이에 데이터 전송을 담당.
- 외부 I/O 커넥터 : DAQ 보드를 기준으로 데이터의 입출력을 담당.
- RTSI 버스 : 하나의 PC안에 다수의 DAQ 보드가 존재할 경우, DAQ 보드 사이에 신호를 공유하거나 동기화 시킨다.

아날로그 입력 (AI) :

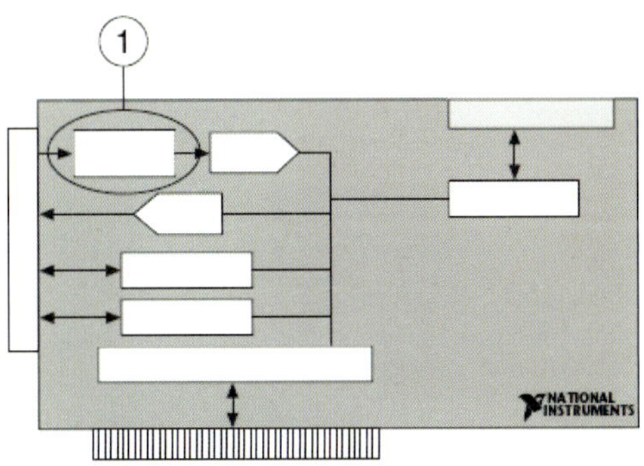

① 아날로그 입력회로

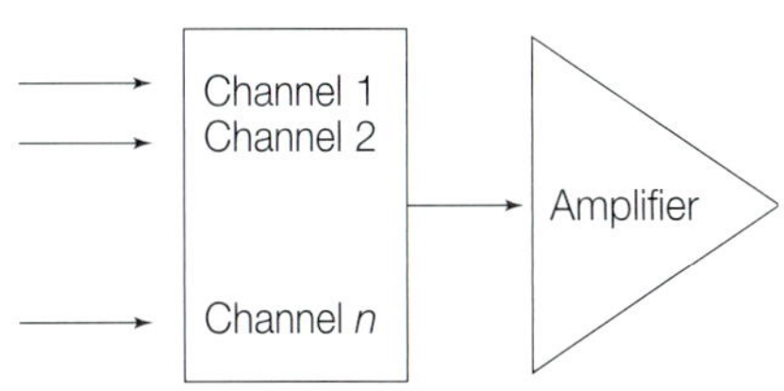

아날로그 커넥터를 통하여 들어온 아날로그 신호는 아날로그-디지털 변환기(ADC)로 전달되기 전에 아날로그 입력회로를 통과한다.

아날로그 입력회로에는 멀티플렉서(MUX)와 증폭기(Amp.)로 구성되어 있다.

- 멀티플렉서 : 다수의 입력 채널을 한 번에 하나씩 증폭기로 연결하는 스위치 이다.
- 증폭기 : 입력된 아날로그 신호를 증폭하거나 감쇄시킨다. Gain이 3이면 3배 증폭되고, 0.5이면 절반으로 감쇄된다는 의미이다.

아날로그-디지털 변환기 (ADC) :

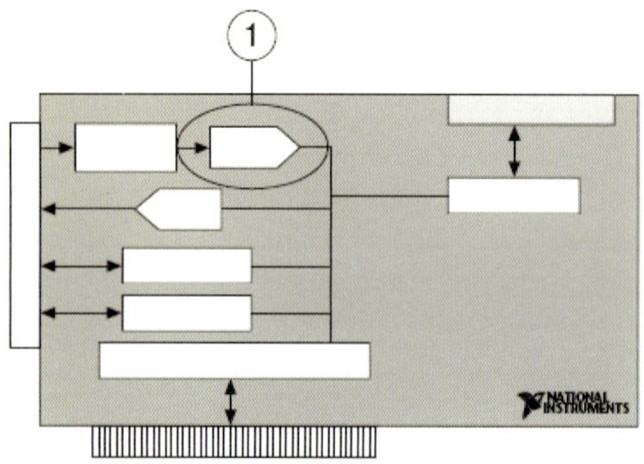

① ADC : Analog-Digital-Converter

아날로그-디지털 변환기는 입력 신호의 레벨, 타입 또는 주파수를 측정할 수 있도록 전단계의 아날로그 입력 회로와 결합하여, 외부 아날로그 신호를 수집 및 디지털 데이터로 변환한다.

디지털로 변환할 때는 ADC의 분해능 및 입력 범위 등이 매우 중요한 요소가 된다. 예를 들면, 0~5 Volts 전압을 12bit 분해능 (2^{12}=4096 step)의 ADC로 변환하면 0.00122 Volts/step의 정밀도를 가진다.
ADC에 대한 자세한 사항은 다음 단계에서 자세히 설명하겠다.

아날로그 출력 (AO 또는 DAC) :

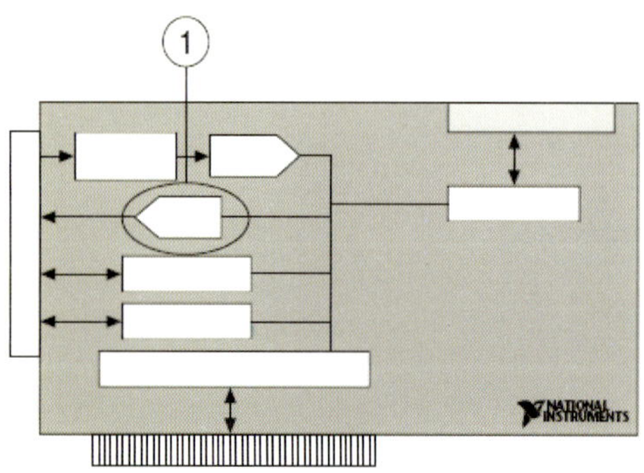

① DAC : Digital-Analog-Converter

아날로그 출력 방식은 디지털-아날로그 변환기(DAC)의 출력이다. DAC는 ADC와 반대로 작동되는 회로이며, 디지털 데이터를 아날로그 전압 신호로 출력한다.
DAC는 DC 레벨 신호 출력, 주파수 출력, 임의파형 출력을 생성할 때 유용하다. 자동제어에 많이 사용되는 PID 제어 출력, 액추에이터 동작 등에 많이 사용된다.

디지털 I/O (DIO) :

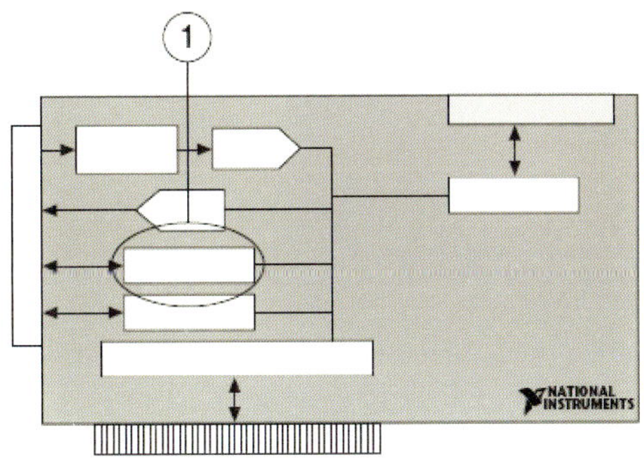

① 디지털 I/O 회로 : Digital Input/Output

디지털 I/O 회로는 입력 및 출력 기능을 모두 수행할 수 있다.
스위치의 ON/OFF 상태, 릴레이 동작 유무, 솔레노이드 밸브 동작 등에 많이 사용된다.

디지털 I/O 로직 레벨은 대부분 5V TTL 로직 레벨을 따라 작동된다.

TTL 로직 레벨			
입력 논리 레벨		출력 논리 레벨	
HIGH	LOW	HIGH	LOW
5 ~ 2 [V]	0.8 ~ 0 [V]	5 ~ 2.5 [V]	0.4 ~ 0 [V]

또한, 전기적 특성은 다음과 같다.

전원 전압 (Vcc)	5[V] ± 0.25[V]
I_{OH} (HIGH 일 때 출력전류)	-400 [㎂]
I_{OL} (LOW 일 때 출력전류)	16 [㎂]
I_{IH} (HIGH 일 때 출력전류)	40 [㎂]
I_{IH} (LOW 일 때 출력전류)	-1.6 [㎂]

카운터/타이머 회로 :

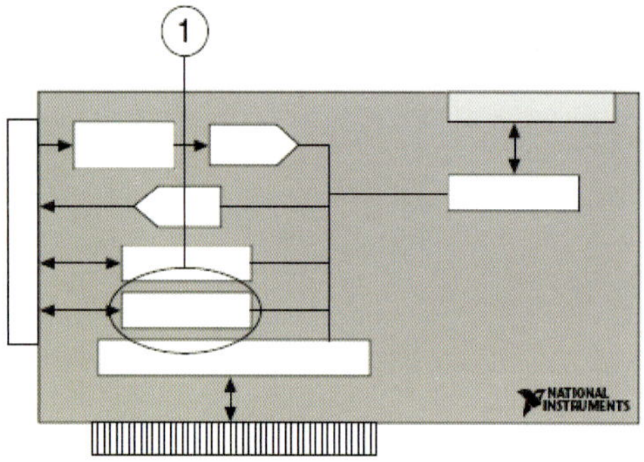

① Counter / Timer 회로

카운터에는 Timebase라는 내장 타이밍 신호가 있어서 디지털 신호의 변화율을 측정하기에 적합하다.

회전형 인코더 A-상 신호를 주기적으로 수집하여 회전수를 계산하거나, 신호의 주파수 및 주기 등을 측정하는데 유용하다.

2. Analog Input & Output

아날로그 입력과 출력을 수행할 때는 계측 품질을 향상시키고 신호의 노이즈를 줄이기 위해 다음과 같은 몇 가지 사항을 고려해야 한다.

- 아날로그 채널의 입력 범위 및 ADC 분해능
- 샘플링 주파수
- 노이즈 절감

Resolution

아날로그 신호를 디지털로 변환하는 ADC의 Resolution(분해능)에 의해 감지할 수 있는 최소 전압 변동값이 결정된다. 즉, 분해능이 높을수록 입력범위를 세분할 수 있는 분할의 개수(Step)가 많아져, 더 작은 전압변화를 감지할 수 있다.

예를 들어 그림5-6과 같이, 0~10 Volts 입력범위를 갖는 아날로그 채널이 3-bit ADC를 가지고 있다면, 2^3=8등분 (8개의 디지털 데이터로 변환)되므로 1등분의 전압범위는 1.25 Volts (=10/8) 이며, 이보다 더 작은 전압의 변동은 감지할 수 없다.
만약 16-bit ADC라면 2^{16}=65536등분 되므로, 1등분의 전압범위는 0.000153 Volts 가 된다.

따라서 ADC 분해능이 높을수록 아날로그 신호를 매우 정확하게 디지털로 재현할 수 있다.
아래 그림은 3-bit ADC와 16-bit ADC의 수집한 정밀도를 보여준다. ADC 분해능이 높을수록 원래의 아날로그 신호를 재현함을 알 수 있다.

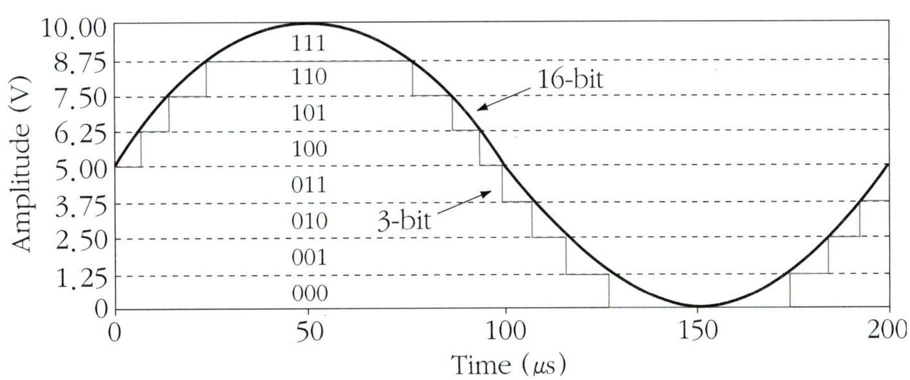

Fig. 5-6 3-bit ADC와 16-bit ADC 결과

Device Range

Device Range (디바이스 범위)는 ADC가 디지털화 할 수 있는 최소와 최대 아날로그 신호 레벨을 의미한다.

대부분의 DAQ 디바이스는 범위(-10 ~ +10, -5 ~ +5, 0 ~ +5, 0 ~ +10 Volts)를 선택할 수 있으나, 특정한 보드는 범위가 고정(-5 ~ +5 Volts)되어 있으므로 제품 선정시 주의를 요한다.
즉, 측정하려는 신호 출력 범위가 0 ~ +5 Volts 인데, 디바이스 범위를 -10 ~ +10으로 설정할 경우 정확한 신호 측정을 위한 최대 분해능을 얻을 수 없다.

아래 그림처럼 측정하려는 신호 출력 전압이 0 ~ +10 Volts 일 때, 3-bit 분해능 ADC를 입력범위 0 ~ +10 과 -10 ~ +10 Volts 로 했을 경우, 필요이상의 입력 범위(-10 ~ +10 Volts)를 선정한 경우가 훨씬 더 부정확하게 디지털로 변환됨을 알 수 있다.

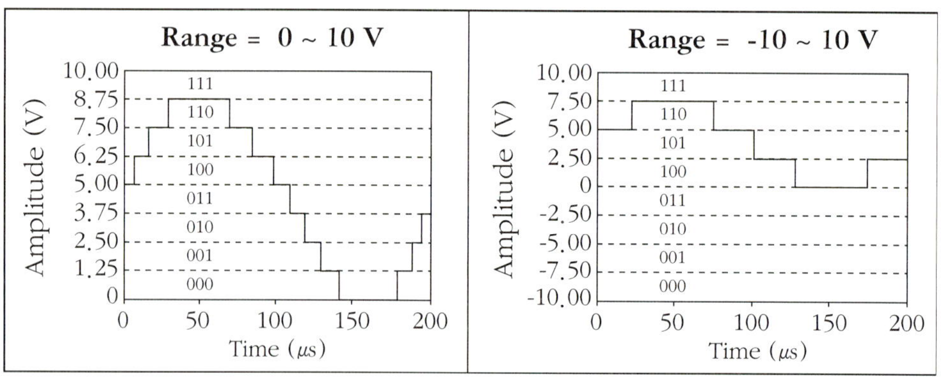

Fig. 5-7 디바이스 범위의 예

Amplification

입력 신호를 디지털로 변환하기 전에 신호의 증폭이나 감쇄를 적용하여, 디바이스 입력범위에 가장 적합하도록 일치시켜는 과정이다.
신호 증폭 또는 감쇄를 통하여 가능한 원래의 신호를 더 잘 수집할 수 있도록 높은 디지털 등분을 적용하기 위함이다.

예를 들어 디바이스 입력범위가 0 ~ +10 Volts 이고 측정하려고하는 신호의 전압범위가 0 ~ +5 Volts 인 경우에서, 3-bit 분해능 ADC로 디지털 변환을 하면 증폭을 안했을 경우 (Gain=1) 8등분 중에 4개만 사용하고, 2배 증폭했을 경우 (Gain=2) 8등분 중에 8개 모두를 사용하므로 변환된 디지털 값이 더 정밀해짐을 알 수 있다.

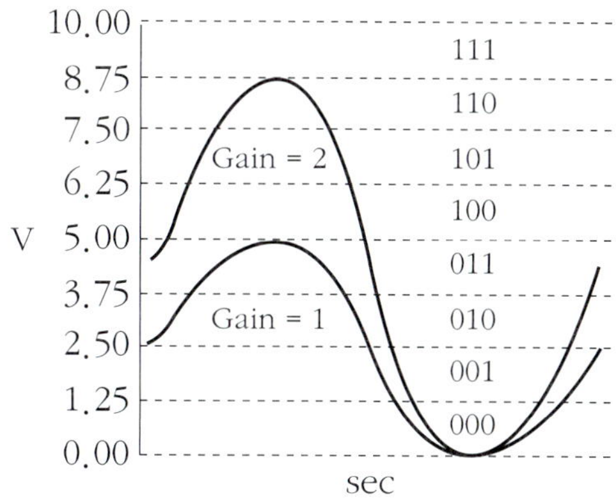

Fig. 5-8 증폭(Gain) 변화의 예

Code Width

DAQ 보드의 입력범위, 분해능, 증폭의 선정은 입력 전압에서 감지할 수 있는 가장 작은 전압의 변화를 결정한다. 이러한 ADC로 측정할 수 있는 가장 작은 전압 값을 Code Width(코드 폭)라고 불린다.

코드 폭이 작을수록 DAQ 디바이스는 신호를 더 정확하게 변환한다.
코드 폭은 다음과 같이 계산한다.

$$\text{코드폭} = \frac{\text{디바이스 입력 전압범위}}{Gain \times 2^{\text{분해능비트}}}$$

- ▶ 큰 분해능 = 작은 코드 폭 = 신호를 더 정밀하게 변환
- ▶ 큰 증폭 = 작은 코드 폭 = 신호를 더 정밀하게 변환
- ▶ 큰 입력범위 = 큰 코드 폭 = 신호를 덜 정밀하게 변환

Sampling Rate

원(Original) 신호를 가장 정확하게 계측하는 방법은 코드 폭을 줄이고 샘플링 주파수를 올리는 것이다. 신호를 계측할 때는 최소한 Nyquist Frequency(나이퀴스트 주파수) 이상에서 샘플링 해야만 한다. 나이퀴스트 주파수 이하에서 샘플링하면 원 신호의 성질이 손상되어 계측한 값이 정확하지 않을 수 있다.

원신호의 손실 없는 가장 좋은 계측 방법은 계측 신호의 가장 높은 주파수 성분의 2배보다 더 높은 주파수로 샘플링 하여야 원 신호를 손상하지 않고 수집할 수 있다.

- 나이퀴스트 정리 : 한정된 대역의 주파수를 갖는 함수의 경우, 적절한 샘플링 간격을 취하면 샘플링 과정에서 아무런 정보의 유실도 없이 완전하게 재생될 수 있다는 이론.
  이때 특정 주파수 성분의 한 사이클을 제대로 나타내기 위해서는 적어도 2개 이상의 샘플이 있어야 한다.

- 나이퀴스트 주파수 = $(2\Delta t)^{-1}$ Δt : 샘플링 간격

- 권장 샘플링 주파수 $f > 2 \cdot f_{계측신호}$

DAQ 작업을 수행할 때, 데이터를 초당 몇 개씩 받을 것인가는 상당히 중요하다.

아래의 그림은 원 신호와 샘플링 주파수 변화에 따른 계측 후 결과를 보여준다. 샘플링 주파수가 높을수록 원 신호에 가깝게 재현할 수 있지만, 하드웨어 성능 및 수집 후 방대한 데이터 처리 등도 함께 고려하여야 한다.

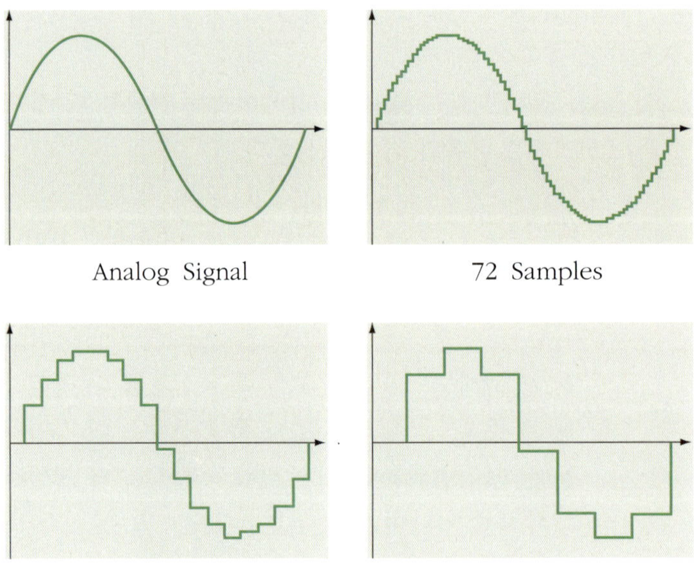

Fig. 5-9 샘플링 주파수 변화에 따른 재현 정도

그림 5-10은 주파수(f)를 갖는 사인파를 여러 가지 샘플링 주파수에서 계측한 결과이다.

모든 경우에서 나이퀴스트 주파수가 $2f$ 이상이 안 되어 계측된 데이터가 모두 올바르지 않은 결과를 보인다.
따라서, 원 신호를 계측할 때 샘플링 주파수가 올바르지 않으면 엉뚱한 결과를 보이므로, 샘플링 주파수 설정에 주의가 요망된다.

CASE	샘플링 주파수	나이퀴스트 주파수	결과
# A	f, 사인파와 동일	0.5 f	DC Aliasing 발생
# B	2f, 사인파의 2배	f	삼각파로 재현
# C	4f/3, 사인파의 1.3배	0.6 f	잘못된 형태로 재현

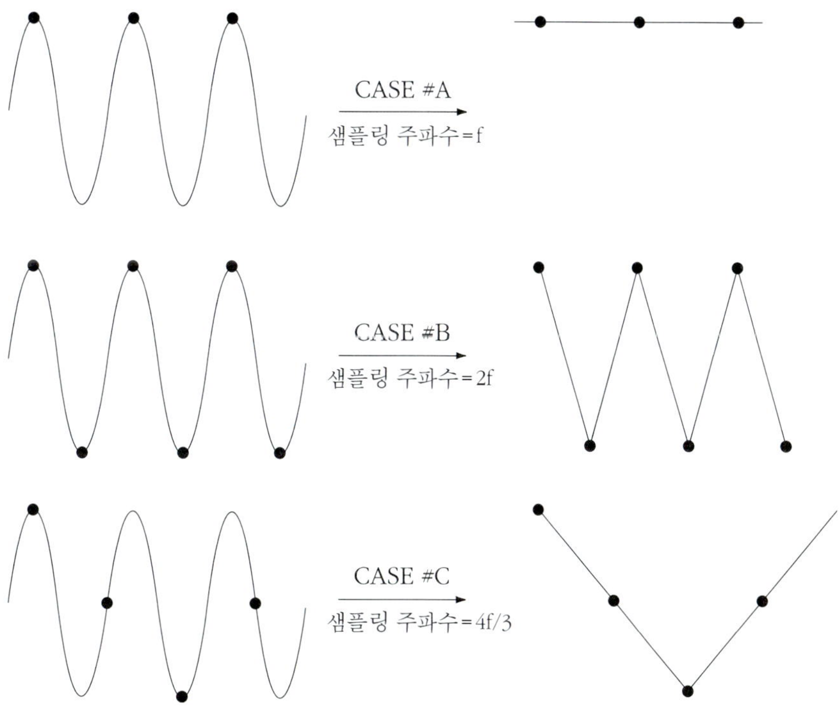

Fig. 5-10 $2f$ 이하의 샘플링 주파수에서의 계측 결과

Noise Reduction

노이즈를 경감하려면 다음과 같은 사항을 지켜야 한다.

▶ 신호소스 종류에 따른 측정시스템 접속 규약을 철저히 지킨다. (그림 5-18 참조)

▶ 센서 출력 연결선은 쉴드 와이어 또는 트위스트된 와이어를 사용한다.

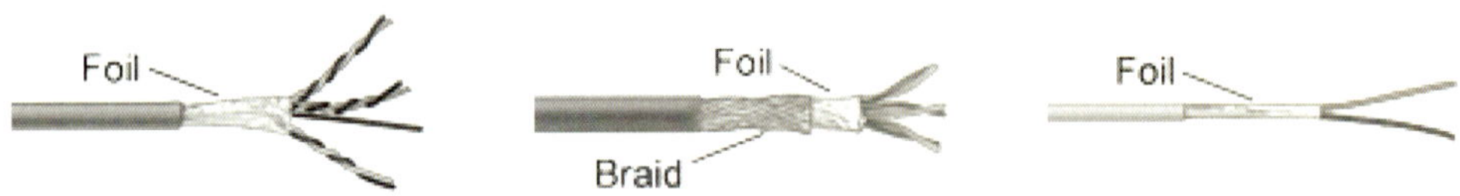

Fig. 5-11 여러 가지 쉴드 와이어

▶ 아날로그 입력 계측에서는 접지신호를 잘 처리한다. Floating 신호와 Grounded 신호에 따라 접지 결선도가 달라진다.

▶ 와이어를 타고 오는 노이즈를 줄이기 위해 선의 길이를 최소화 한다.

▶ 교류신호와 직류신호를 서로 가까이 두지 않는다.

▶ 필요한 계측 주파수 보다 더 높은 주파수에서 데이터를 DAQ 하여 노이즈의 영향을 줄인다.

3. 측정 유형 및 접지

NI DAQ 보드에는 다양한 응용사례에 폭넓게 적용하기 위해 몇 가지 아날로그 입력 방법이 있다.
이러한 연결방법의 선정은 원 신호의 정확한 재현성 및 노이즈 없는 계측 결과를 얻기 위해, 측정하려는 신호 소스의 유형에 따라 알맞게 선정되어야 한다. 훌륭한 계측 결과는 완벽한 신호 소스 유형 및 측정 유형의 적용에서 나온다는 것을 명심해야 한다.

예를 들어, 센서나 트랜스듀서와 해당 신호 컨디셔닝 모듈로부터 출력되는 가장 일반적인 전기적 신호형태는 전압이다.
아래의 그림처럼 전압 신호는 두 지점간의 전위차로 측정된다.

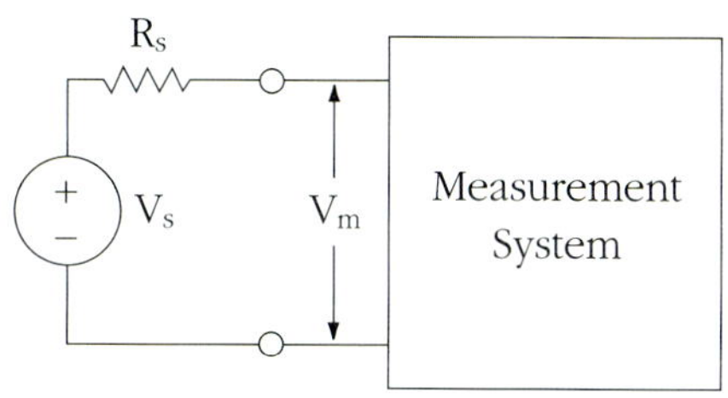

Fig. 5-12 전압 측정

Grounded Signal Sources (접지 신호 소스)

접지 신호 소스는 아래의 그림처럼 전압 신호가 건물 접지를 기준으로 하는 경우의 소스이다.
접지 신호 소스는 건물 접지를 사용하므로 공통 접지를 측정 디바이스와 공유한다.
가장 일반적인 접지 신호 소스로는 전원 공급기처럼 벽에 설치된 콘센트 전원을 통해 사용되는 장비 등이다.

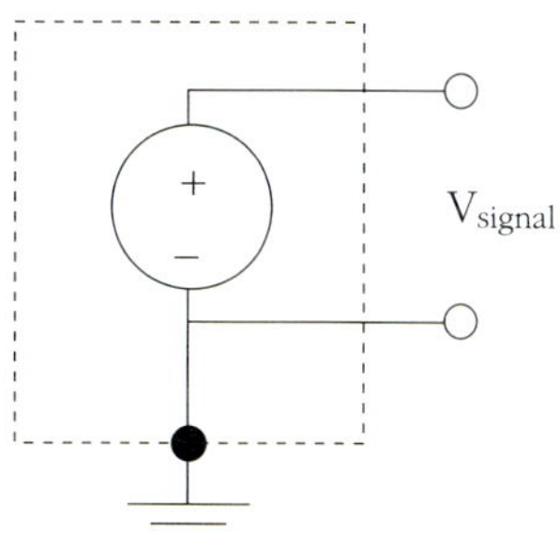

Fig. 5-13 접지된 신호 소스

Floating Signal Sources (플로팅 신호 소스)

플로팅 신호 소스는 아래의 그림처럼 전압 신호가 건물 접지를 기준으로 하지 않는다. 각각의 전압 신호들은 건물 접지로부터 독립적이다.

이러한 플로팅 신호 소스들은 배터리 전원, 트랜스듀서 앰프 출력, 서머커플, 변압기 출력 등이 있다.

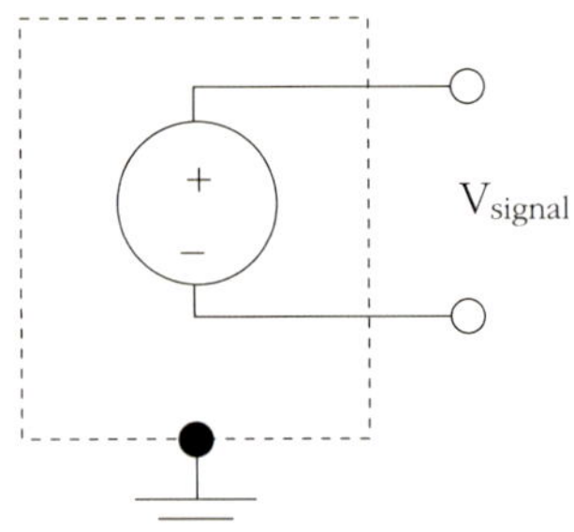

Fig. 5-14 플로팅된 신호 소스

Differential (차동) 측정 유형

Differential 측정 유형은 측정 시스템 접지와 다른 플로팅 접지에 대하여 측정이 이루어진다는 점에서 플로팅 신호 소스와 유사하다.
또한, 차동 측정 유형의 전압 신호들은 건물 접지로부터 독립적이다.
센서 출력을 수집할 때 가장 많이 사용되는 유형이다.

다음 그림(5-15)은 일반적인 NI DAQ 보드가 지원하는 8채널 차동 측정 유형의 작동 구조를 보여준다.
S-시리즈 보드가 아닌 경우에는 아날로그 멀티플렉서를 사용하여 다채널 (예, 8채널)이 입력될 수 있도록 스위칭 한다.
S-시리즈 보드는 멀티플렉서가 없고 각각의 채널마다 각각의 ADC가 있어, 다채널 DAQ 동작일 경우 샘플링 속도가 일정해서 고속 수집이 가능하다.

그림에 있는 AIGND 입력 핀은 측정 시스템의 접지이다.

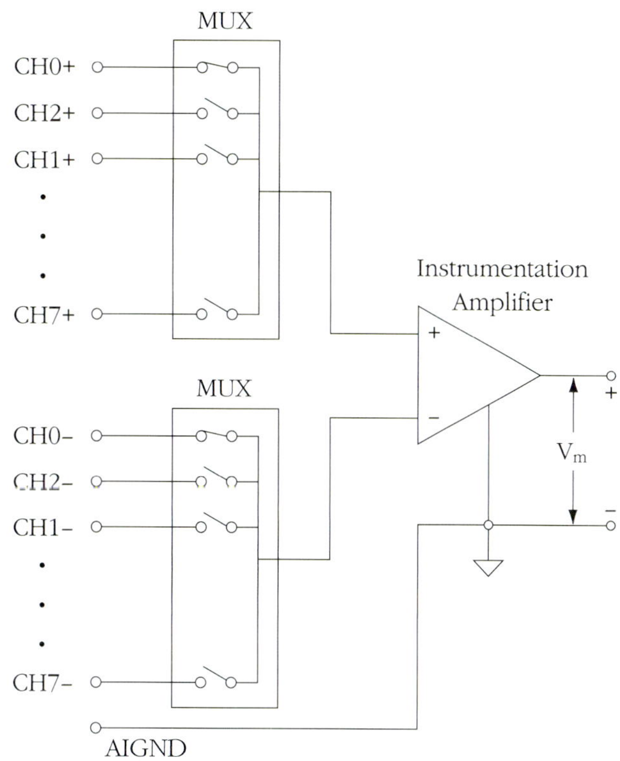

Fig. 5-15 Differential 측정 유형

Referenced Single-Ended (RSE) 측정 유형

Referenced Single-Ended 측정 유형은 접지에 관련하여 계측이 이루어진다는 점에서 접지 신호 소스와 유사하다.

이 측정 유형은 측정 시스템 접지에 직접 연결되어 있는 접지용 입력 핀 AIGND에 대한 전위차를 측정한다. 이러한 측정 유형은 차동 8채널의 아날로그 입력을 RSE 16채널로 사용할 수 있다.

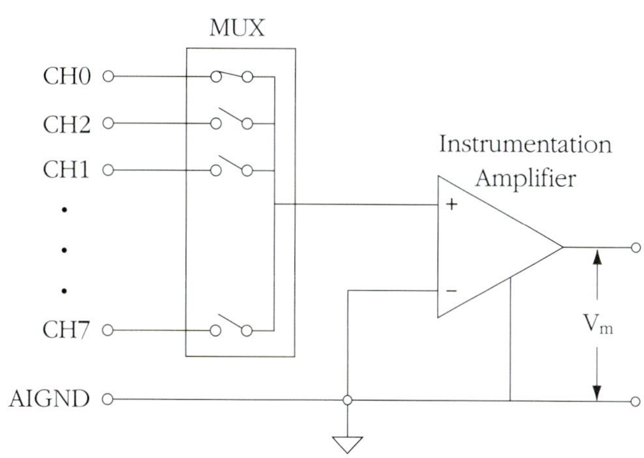

Fig. 5-16 Referenced Single-Ended 측정 유형

Non-Referenced Single-Ended (NRSE) 측정 유형

Non-Referenced Single-Ended 측정 유형은 Differential 측정 유형의 변종으로, Differential 측정 유형으로 사용하면서 아날로그 입력 채널 개수는 Referenced Single-Ended 측정 유형만큼 사용할 수 있는 측정 유형이다.

모든 측정은 입력 채널들과 아날로그 입력 센스 (AISENSE)의 전위차로 계측된다. 이러한 측정 유형은 같은 종류의 센서들을 다 채널로 사용할 때 문제가 발생할 수 있다.
따라서 센서 출력 등에는 많이 사용되지 않는다.

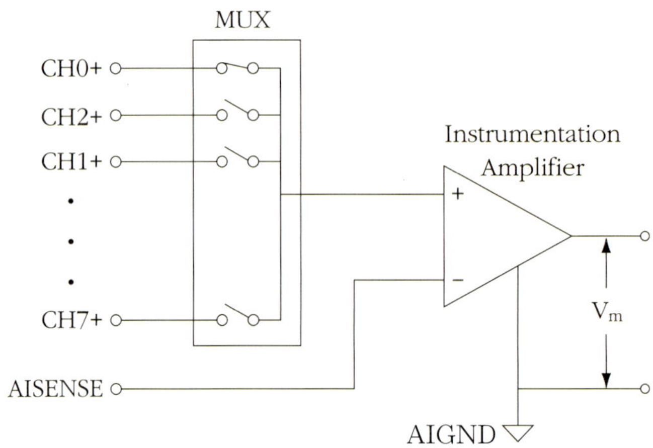

Fig. 5-17 Non-Referenced Single-Ended 측정 유형

신호 소스와 측정 유형 요약

아래의 그림은 NI에서 권장하는 신호 소스와 측정 유형 기법이다.

<table>
<tr><th rowspan="3">Input</th><th colspan="2">Signal Source Type</th></tr>
<tr><th>Floating Signal Source
(Not Connected to Building Ground)</th><th>Grounded Signal Source</th></tr>
<tr><td>Examples
• Ungrounded Thermocouples
• Signal Conditioning with Isolated Outputs
• Battery Devices</td><td>Examples
• Plug-in Instruments with Nonisolated Outputs</td></tr>
<tr><td>Differential
(DIFF)</td><td>
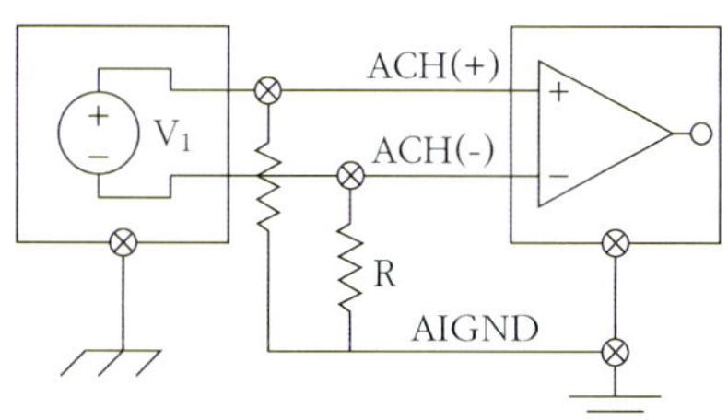

</td><td>
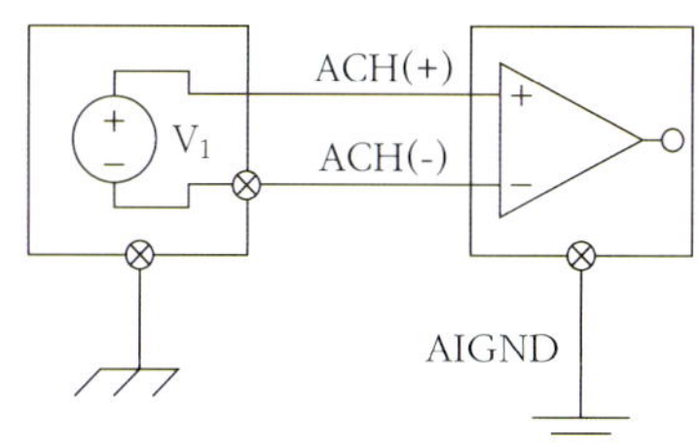

</td></tr>
<tr><td>Single-Ended –
Ground
Referenced
(RSE)</td><td>
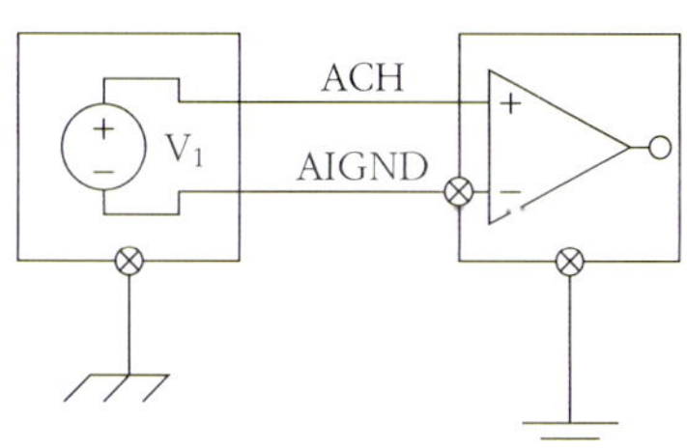

</td><td>NOT RECOMMENDED
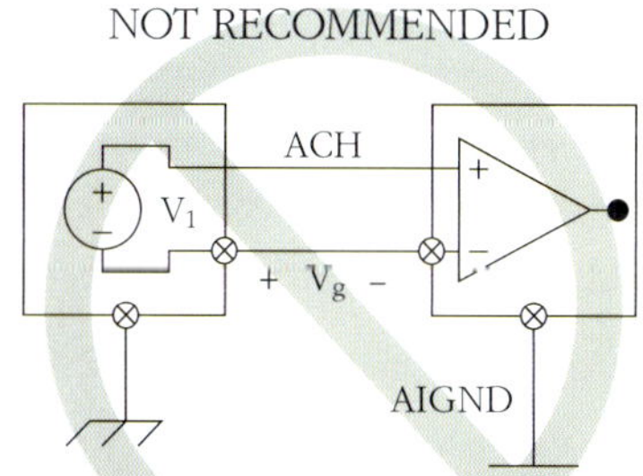

Ground-loop losses, V_g, are added to measured signal.</td></tr>
<tr><td>Single-Ended –
Nonreferenced
(NRSE)</td><td>
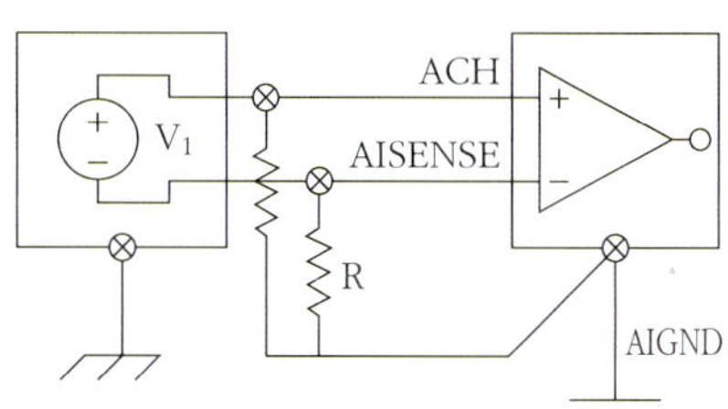

</td><td>
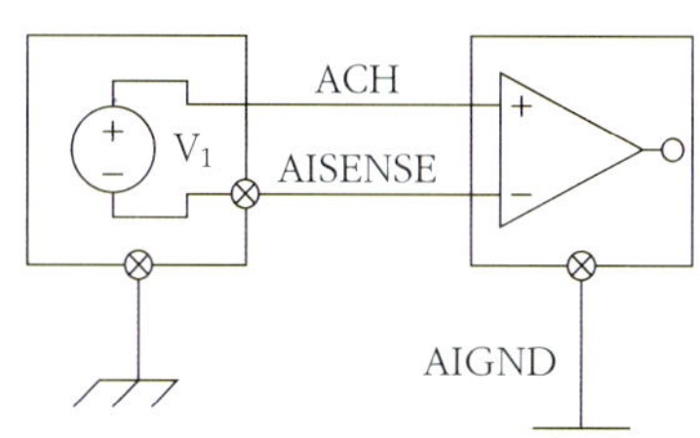

</td></tr>
</table>

Fig. 5-18 신호 소스와 측정 유형 요약 (출처 www.ni.com)

4. 신호 소스와 측정 유형 예제 (#5-1)

계측하려는 신호 소스를 파악하고 올바른 측정 유형을 구성한다.

문제

다음과 같은 출력을 내는 디바이스의 신호를 계측할 수 있는 측정 유형을 모두 조사하고, 교제에서 사용하는 DAQ 보드(PCI-6040E)에 대해 접속할 때, 올바른 터미널 블록 핀 번호를 설정하라.

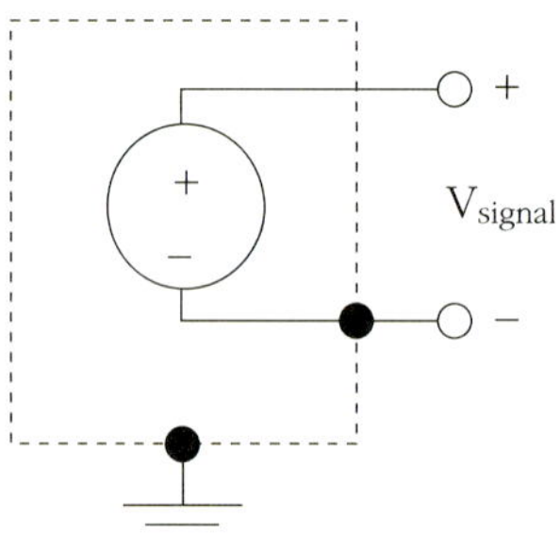

와이어링

① Differential 측정 유형

- ▶ V_{signal} (+) ⟶ 핀 #68
- ▶ V_{signal} (–) ⟶ 핀 #34

② Referenced Single-Ended 측정 유형

- ▶ 신호 소스가 건물 접지이므로 RSE를 선택할 수 없다.

③ Non-Referenced Single-Ended 측정 유형

- ▶ V_{signal} (+) ⟶ 핀 #68
- ▶ V_{signal} (–) ⟶ 핀 #62 (AISENSE)

5. 신호 소스와 측정 유형 예제 (#5-2)

계측하려는 신호 소스를 파악하고 올바른 측정 유형을 구성한다.

문제

다음과 같은 출력을 내는 디바이스의 신호를 계측할 수 있는 측정 유형을 모두 조사하고, 교재에서 사용하는 DAQ 보드(PCI-6040E (PCI-MIO-16E-4))에 대해 접속할 때, 올바른 터미널 블록 핀 번호를 설정하라.

와이어링

① Differential 측정 유형

- ▶ V_{signal} (+) ⟶ 핀 #68
- ▶ V_{signal} (–) ⟶ 핀 #34
- ▶ V_{signal} (–) ⟶ 핀 #67, 바이어스 저항 10kΩ ~100kΩ 사용

② Referenced Single-Ended 측정 유형

- ▶ V_{signal} (+) ⟶ 핀 #68
- ▶ V_{signal} (–) ⟶ 핀 #67 (AIGND)

③ Non-Referenced Single-Ended 측정 유형

- ▶ 사용은 가능하나 좋은 측정 유형은 아님

Chapter

06

DAQ (Data Acquisition) 2단계

이 장에서는 하드웨어 DAQ 보드를 통한 데이터 수집에 앞서, DAQ 보드 설치 및 시뮬레이션, DAQ 소프트웨어, Measurement & Automation Explorer (MAX) 사용, NI-DAQmx 함수 및 Express VI (DAQ Assistant) 함수를 이용한 간단한 데이터 수집 프로그램 기법을 설명한다. 아울러 물리적 채널 설정 및 터미널 블록 접속도 등을 소개한다.

Focuses

1. DAQ 소프트웨어
2. MAX를 활용한 데이터 DAQ 연습 예제 (#6-1)
3. DAQ Assistant Express VI 함수

1. DAQ 소프트웨어

NI (National Instruments) DAQ 소프트웨어에는 하드웨어 드라이버와 어플리케이션 소프트웨어로 구성된다.

NI-DAQ 같은 드라이버는 디바이스를 메인 플렛폼에 인식시키고 입출력을 수행하는 명령 등으로 구성되어 있다. LabVIEW 같은 어플리케이션은 수집한 데이터를 분석하거나 디스플레이하고 수학적 함수 등을 포함한다.

Measurement & Automation Explorer (MAX)는 LabVIEW와 NI-DAQ를 연결하는 기초 소프트웨어이며, 설치된 디바이스 하드웨어 설정 및 하드웨어 동작 점검용 모듈 등을 포함한다.

가상 계측 측정 시스템은 다음과 같은 소프트웨어로 구성되었다.

- NI-DAQ
- Measurement & Automation Explorer (MAX)
- LabVIEW

NI-DAQ

NI-DAQ 버전 7.0 이상에서는 Traditional NI-DAQ과 NI-DAQmx의 두 가지 드라이버를 지원하고, 드라이버 각각에 어플리케이션 프로그래밍 인터페이스(API), 하드웨어 구성 및 소프트웨어 구성들을 가지고 있다.

NI-DAQ는 다음과 같은 어플리케이션 및 개발 프로그램 언어와 호환된다.

- LabVIEW
- Measurement Studio
- Microsoft Visual C/C++
- Visual Basic

Traditional NI-DAQ :

Traditional NI-DAQ (Legacy)는 NI-DAQ 6.9 에서 업그레이드된 드라이버이다.

Traditional NI-DAQ (Legacy)는 NI-DAQ 6.9와 같이 VI 함수를 가지고 있지만, NI-DAQmx가 설치되어 있는 같은 PC에서도 사용할 수 있다.

NI-DAQ 6.9는 NI-DAQmx가 설치된 같은 PC에서 사용할 수 없다.

NI-DAQmx :

NI-DAQmx은 NI-DAQ의 최신 버전으로, 측정 디바이스를 제어하기 위한 새로운 VI 함수 및 개발도구를 포함한 드라이버이다. 이 드라이버는 구 버전에 비하여 보다 빠른 I/O, 멀티스레딩 등의 향상된 기능을 가지고 있다.
본 교재는 NI-DAQmx 드라이버만을 사용한다.

Measurement & Automation Explorer (MAX)

MAX는 Windows 기반 어플리케이션으로 NI-DAQ 설치과정 중에 자동적으로 설치된다. MAX를 사용하여 NI 소프트웨어 및 하드웨어를 구성 및 테스트하고, I/O 채널과 인터페이스를 추가 및 수정하여 설치된 DAQ 디바이스 등을 사전 동작 평가 한다.
PC에 처음 DAQ 디바이스를 설치하면 반드시 MAX를 실행하여, 논리 디바이스 번호를 각 DAQ 디바이스에 할당해야 한다. 이 논리 디바이스 번호는 LabVIEW에서 디바이스를 호출할 때 기초적으로 사용된다.

다음 그림은 MAX 초기 화면이다.

Fig. 6-1 MAX 초기화면

채널 및 태스크 관리 :

DAQ 가상 채널 및 특정한 채널들의 그룹인 태스크를 생성하여, LabVIEW에서 손쉽게 엑세스할 수 있도록 환경을 구축한다.

가상채널이란 VI에서 물리적 채널을 설정하여 실행할 수 도 있지만, MAX에서 다수의 물리적 채널을 하나의 태스크 이름으로 그룹화하면 VI에서 물리적 채널을 인식하는데 간결하고 편리한 점이 있다.

그림 6-2 (a)는 가상채널을 이용한 DAQ이다. DAQmx 함수의 채널 입력 커넥터 팬 위치에 MAX에서 설정한 가상채널 이름(DERC_INPUT_PTE)을 사용했다. 이 가상채널의 이름은 다수의 온도, 압력, 전압 채널을 그룹화 한 것이다.

그림 6-2 (b)는 물리적 채널 ai0부터 ai4까지 직접 명명하고 접속한 것이다.
따라서 여러 종류 및 다수의 채널일 경우 가상채널 태스크를 생성하는 것이 프로그래밍을 간결하게 만든다.

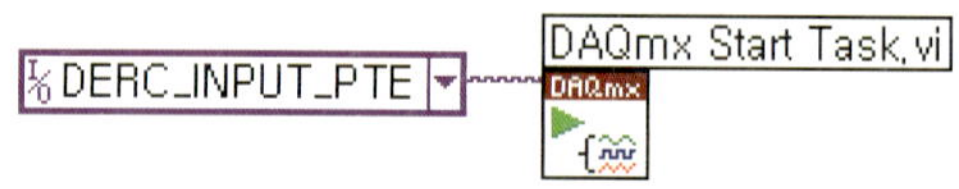

(a) 가상채널을 이용한 DAQ

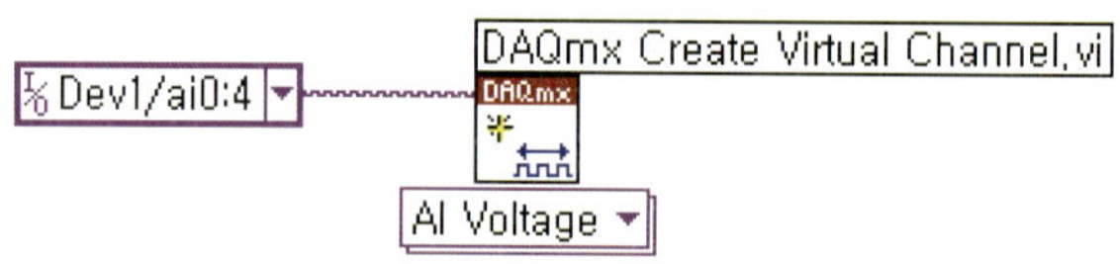

(b) 물리적 채널을 이용한 DAQ

Fig. 6-2 가상채널과 물리적 채널의 설정 비교

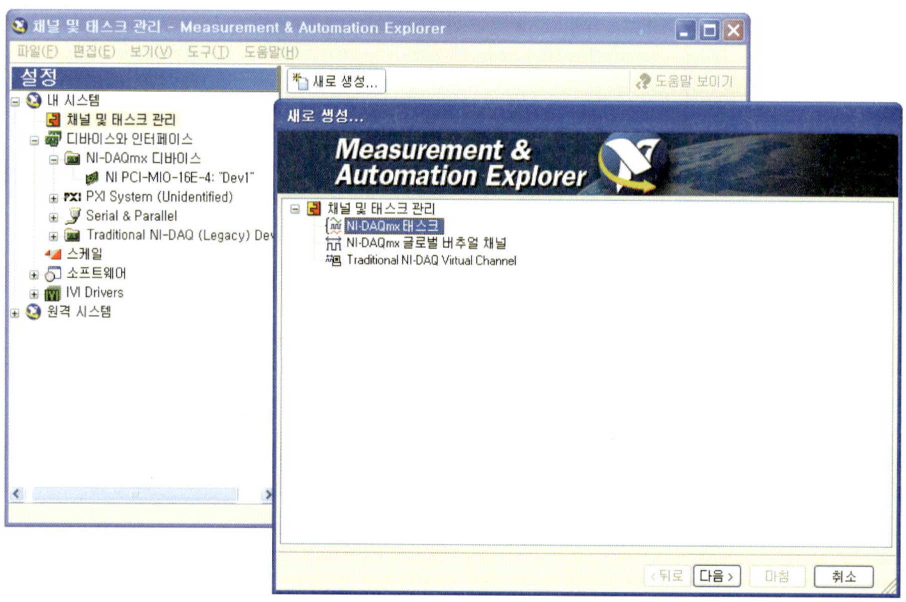

Fig. 6-3 MAX > 채널 및 태스크 관리

▶ 태스크 생성

태스크는 특정한 채널, 타이밍, 트리거, 샘플링 주파수 및 기타 프로퍼티를 가지는 버추얼 채널의 그룹이다.

NI-DAQmx 태스크를 선택하고 다음 버튼을 누르면,

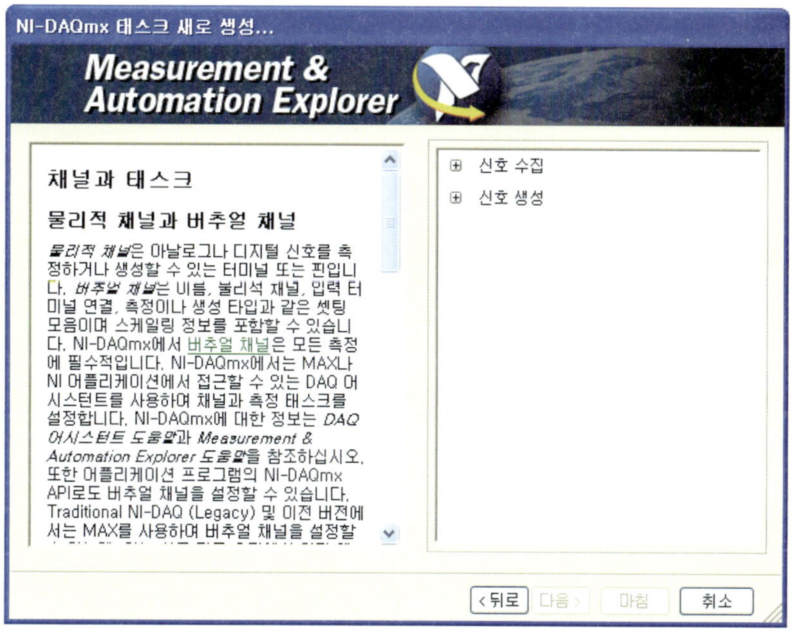

Fig. 6-4 MAX > 태스크 생성

신호 수집과 신호 생성 구분이 나온다. 아날로그 채널을 생성하려면,

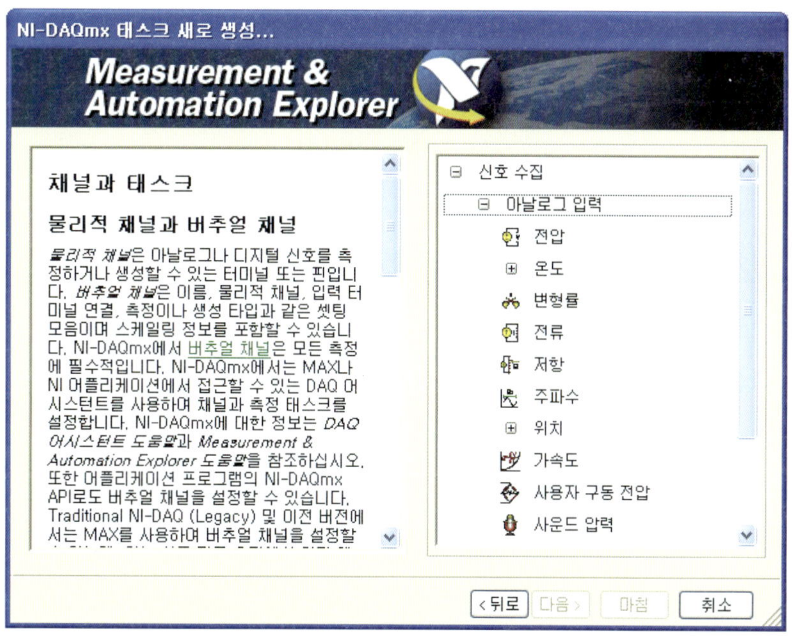

Fig. 6-5 MAX > 태스크 생성 > 신호수집 > 아날로그 입력

아날로그 입력 중에서 원하는 물리적 신호 소스를 선정 (예, 전압)

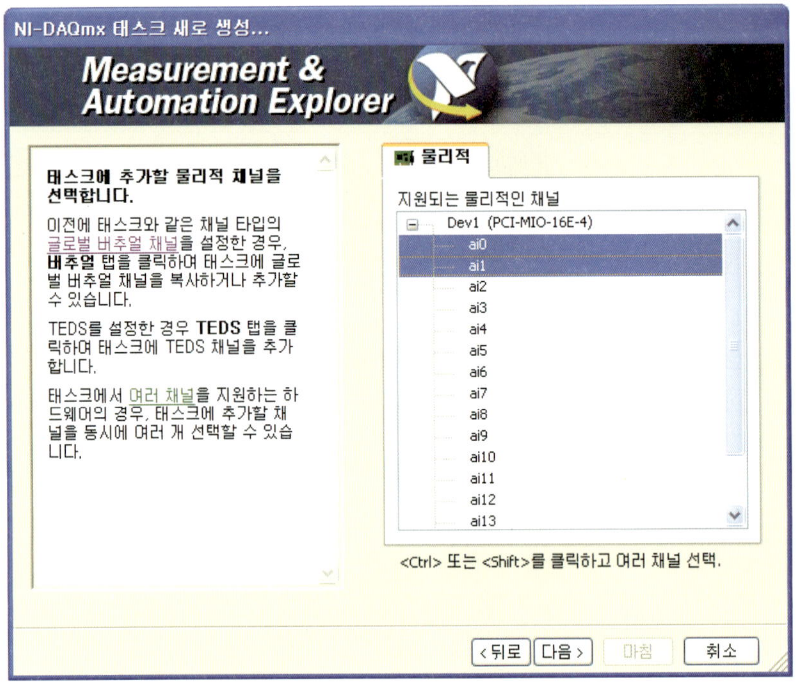

Fig. 6-6 MAX 〉 태스크 생성 〉 신호수집 〉 아날로그 입력 〉 채널 설정

다음 버튼을 누르면, 현재까지 설정한 채널들의 그룹명 (태스크 이름)을 지정한다. 이 태스크 이름은 LabVIEW에서 호출할 때 사용된다.

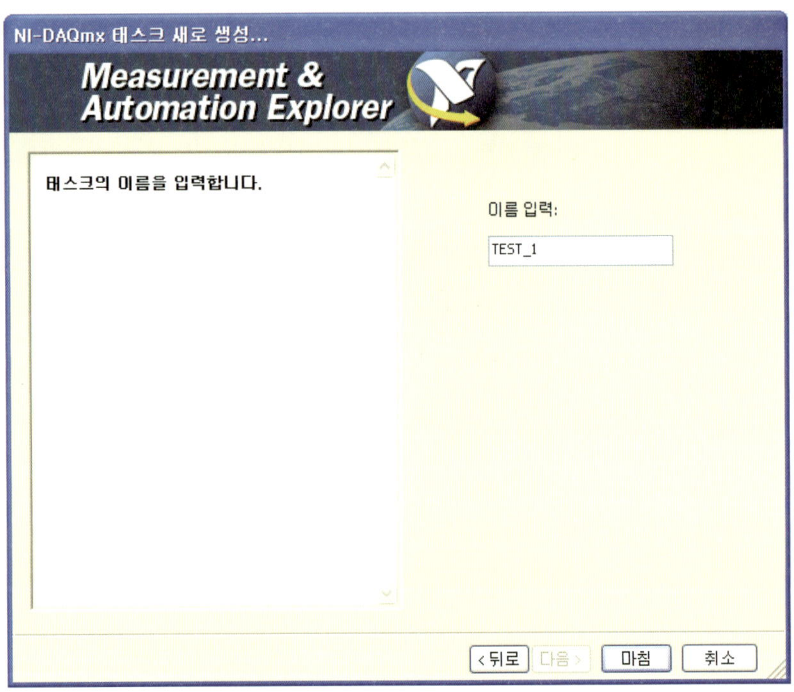

Fig. 6-7 MAX 〉 생성된 태스크 이름 명명

명명한 태스크 이름(TEST_1)이 채널 및 태스크 관리 〉 NI-DAQmx 태스크 밑에 생성되었고, 각 채널에 대한 신호 입력 범위, 단위, 터미널 설정, 수집 모드, 샘플링 개수, 샘플링 주파수 등의 기타 프로퍼티들을 설정할 수 있다.

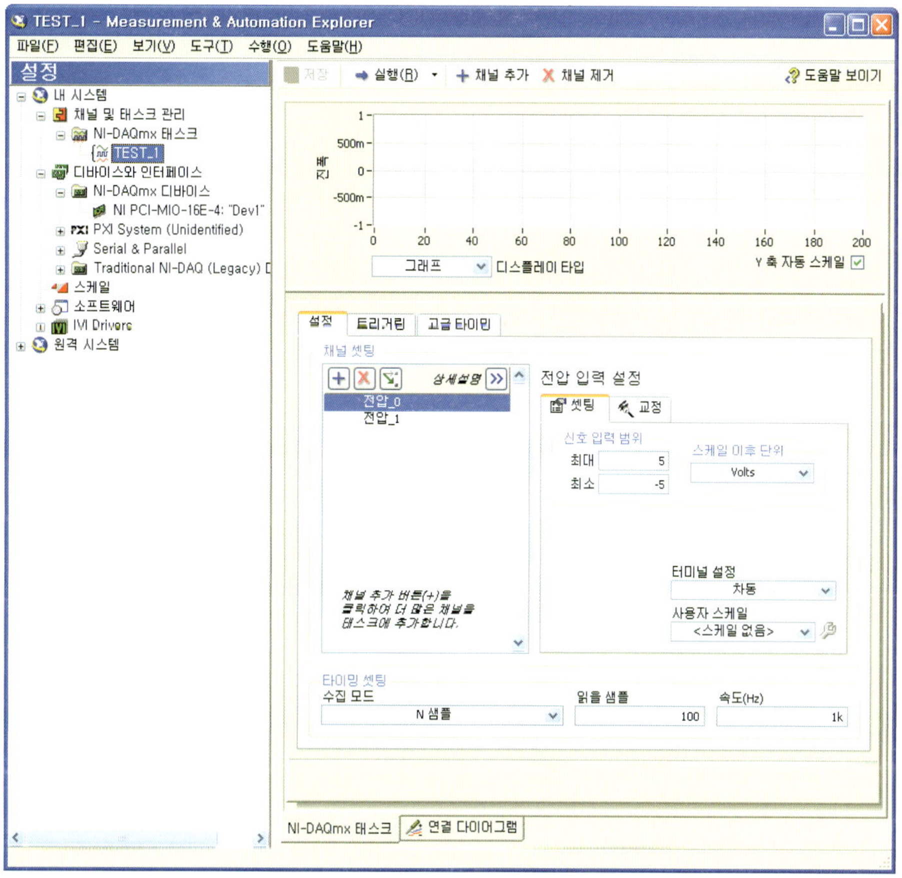

Fig. 6-8 MAX 〉 생성된 태스크의 프로퍼티 설정

디바이스와 인터페이스 :

디바이스와 인터페이스 트리에는 사용 가능한 디바이스와 인터페이스를 표시하며, 본 교제에서는 NI-DAQ 최신 버전인 NI-DAQmx 디바이스를 사용한다.

PC에 새로운 DAQ 디바이스를 연결할 경우 순차적으로 디바이스 번호를 명명 받는다. 예를 들면 DAQ 보드(PCI-6040E)를 설치하면 "Dev1" 으로 인식되어, LabVIEW에서 "Dev1"를 호출하면 이 보드와 인터페이스 된다.

인식된 디바이스는 테스트를 위한 셀프 테스트, 테스트 패널, 리셋, 프로퍼티, 디바이스 핀 출력 정보, 자기 교정 등 여러 가지 유틸리티를 수행할 수 있다.

- 셀프 테스트 : DAQ 디바이스의 내부 테스트를 수행하여 모든 리소스가 제대로 할당되었는지를 체크한다.
- 테스트 패널 : DAQ 디바이스의 아날로그 I/O, 디지털 I/O, 카운터 I/O 기능을 테스트한다.

  외부 전기적 신호들을 터미널 블록에 연결하고, 테스터 패널에서 샘플링 개수, 샘플링 주파수, 입력 범위 등을 조절하여, 아날로그-디지털 변환 결과를 확인할 수 있다.

  만약, DAQ 디바이스가 테스트 패널에서 작동하지 않으면 LabVIEW에서도 작동하지 않는다.
- 리셋 : DAQ 디바이스를 기본 상태로 재설정한다.
- 프로퍼티 : RTSI 구성 및 사용자의 DAQ 디바이스와 함께 사용되는 액세서리 디바이스를 구성한다.
- 디바이스 핀 출력 : 해당 DAQ 디바이스의 핀 번호의 성격을 보여준다.
- 자기 교정 : DAQ 디바이스의 내부 캘리브레이션을 수행한다.

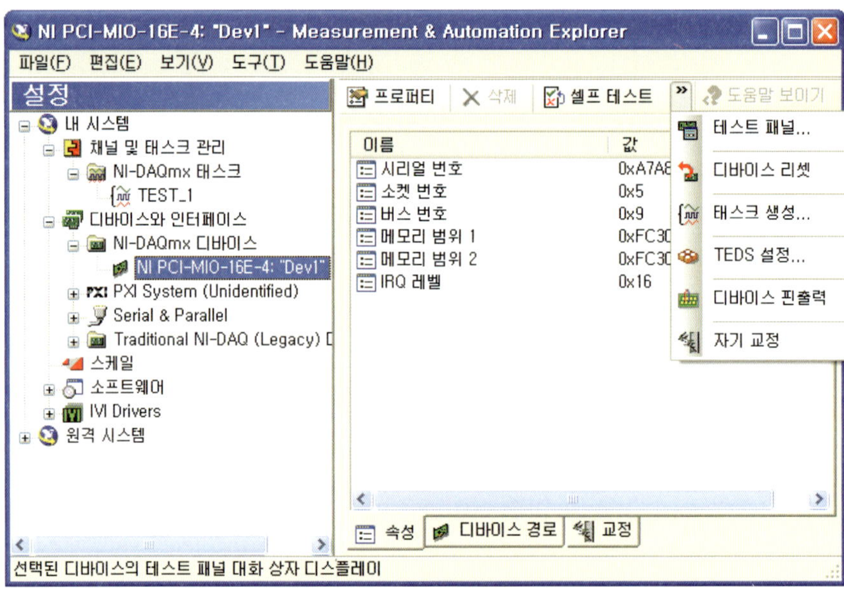

Fig. 6-9 디바이스와 인터페이스

DAQ 시뮬레이션 디바이스

DAQ 시뮬레이션 디바이스란 물리적인 DAQ 디바이스 하드웨어 없이 디바이스를 가상으로 인식시켜 동일한 작업을 수행하는 것이다.

NI-DAQmx 버전 7.4 이후에서 사용 가능하고, 시뮬레이션 디바이스로 생성한 가상 하드웨어는 LabVIEW 어플리케이션에서 동일하게 프로그래밍 할 수 있다.

물리적인 DAQ 디바이스는 녹색 아이콘으로 표시되고, 시뮬레이션 디바이스는 노란색으로 표시된다.

생성 :

다음과 같은 단계로 DAQ 시뮬레이션 디바이스를 생성한다.

- 디바이스와 인터페이스 〉 마우스 오른쪽 버튼으로 바로가기 메뉴 팝업 〉 새로 생성 〉 선택
- 팝업 윈도우에서, 디바이스와 인터페이스 〉 NI-DAQmx 디바이스 〉NI-DAQmx 시뮬레이션 디바이스 〉 선택

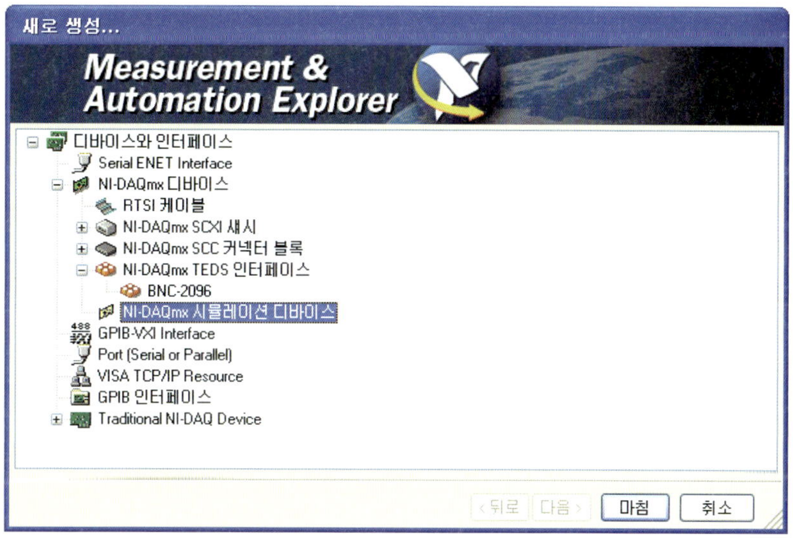

Fig. 6-10 DAQ 시뮬레이션 디바이스 생성 1

- 또는, NI-DAQmx 디바이스에서 바로가기 메뉴를 오픈해서 생성한다.

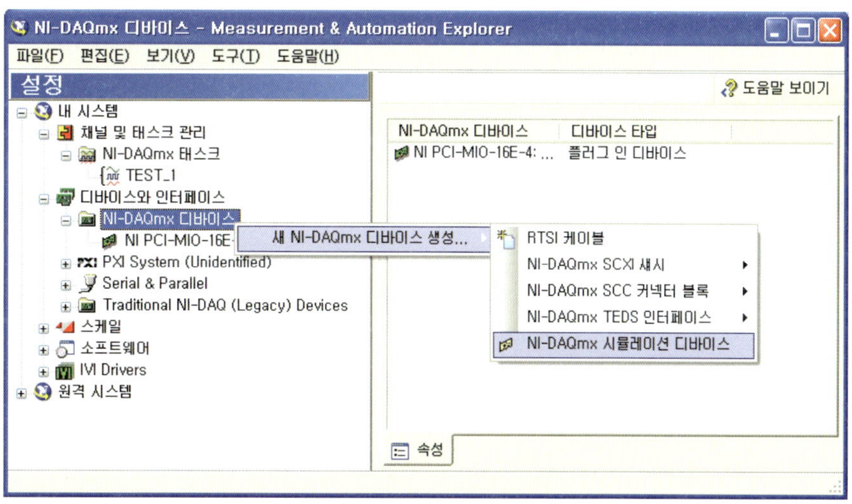

Fig. 6-11 DAQ 시뮬레이션 디바이스 생성 2

▶ 디바이스 선택 대화 창에서 시뮬레이션하려는 디바이스를 디바이스 그룹에서 선택한다. (예, S-시리즈 PCI-6110)

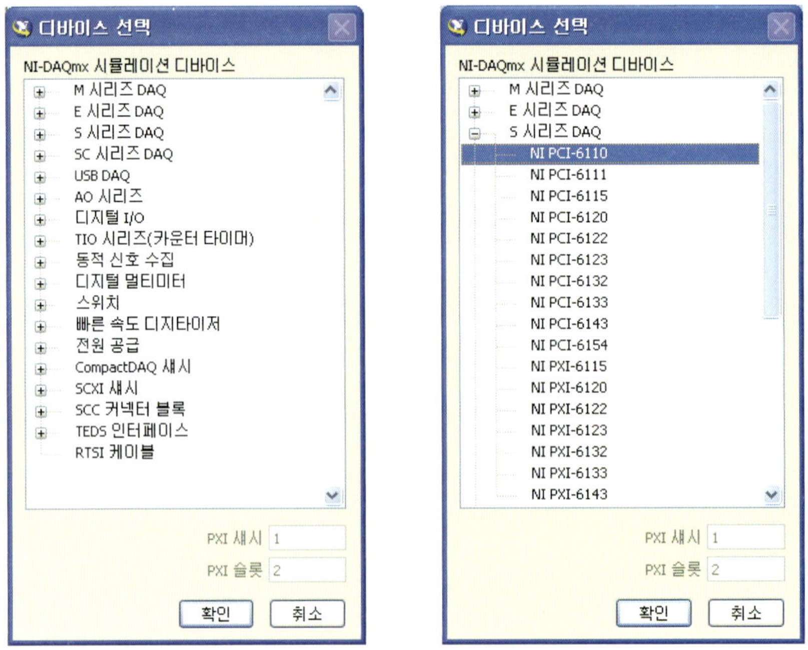

Fig. 6-12 DAQ 시뮬레이션 디바이스 생성 3

▶ LabVIEW에서 호출하는 디바이스 번호 ("Dev2")를 부여 받는다.
▶ PXI 또는 SCXI를 선택할 경우, 샤시 번호, 슬롯 번호 등을 설정한다.

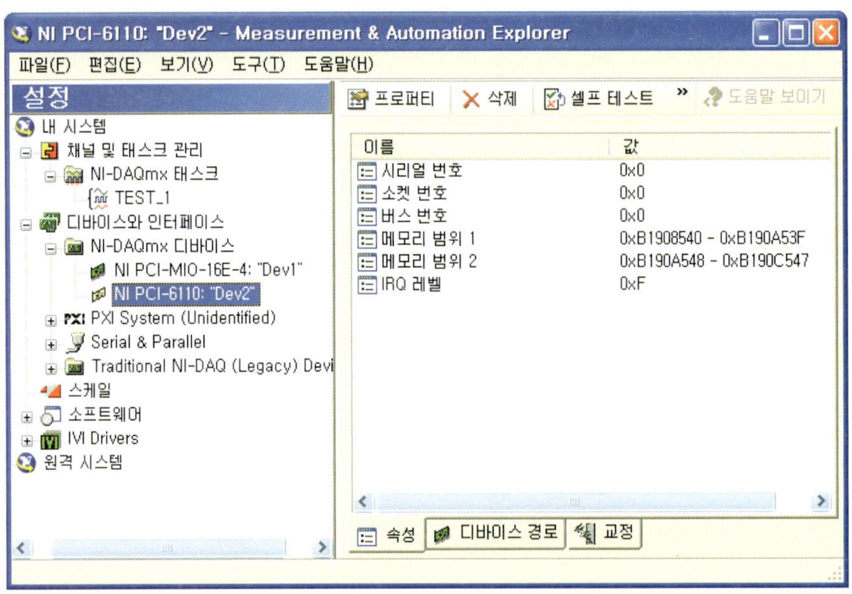

Fig. 6-13 DAQ 시뮬레이션 디바이스 생성 4

제거 :

NI-DAQmx 시뮬레이션 디바이스를 제거하려면 다음과 같이 진행한다.

▶ 제거할 시뮬레이션 디바이스를 선택한 후, 마우스 오른쪽 버튼을 클릭하여 바로가기 메뉴에서 삭제를 선택한다.

▶ 또는, 제거할 시뮬레이션 디바이스를 선택한 후, 키보드 Del 를 누른다.

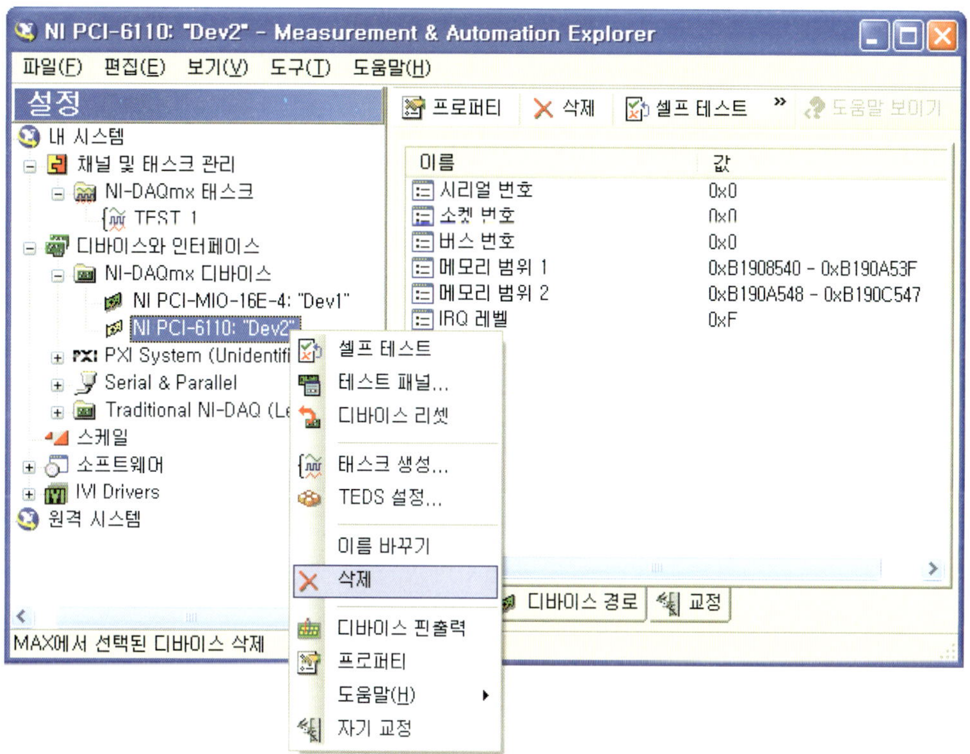

Fig. 6-14 DAQ 시뮬레이션 디바이스 제거

2. MAX를 활용한 데이터 DAQ 연습 예제 (#6-1)

MAX의 테스트 패널을 사용하여 아날로그 입력, 아날로그 출력, 디지털 I/O 및 카운터 I/O를 테스트한다.

하드웨어 준비

본 예제는 DAQ 디바이스 하드웨어 및 액세서리가 있어야 완성할 수 있다.

- ▶ DAQ 보드 (PCI-6040E (PCI-MIO-16E-4)), 케이블, 터미널 블록
- ▶ 함수 발생기
- ▶ 오실로스코프
- ▶ LED, 토글 스위치, 330 Ω

문제

① 함수 발생기의 사인파를 아날로그 입력 채널에 연결하여 계측한다.
② 아날로그 출력 채널을 오실로스코프에 연결하여 DAC을 체크한다.
③ 디지털 I/O 포트에 토글스위치 및 LED를 연결하여 디지털 I/O를 체크한다.
④ 카운터 소스 입력 단자에 함수 발생기의 구형파를 연결하여 펄스를 카운팅한다.

MAX에서 디바이스 설정 확인

A. 윈도우에서 MAX를 실행한다.

Start 〉 Programs 〉 National Instruments 〉 Measurement & Automation

B. 디바이스와 인터페이스 〉 NI-DAQmx 디바이스 〉 NI PCI-MIO-16E-4: "Dev1"

DAQ 디바이스 기본 이름은 "Dev1"이다.
한 개 이상의 디바이스가 연결되어 있으면 디바이스의 숫자는 증가된다.
디바이스가 표시되지 않으면 보기 〉 새로고침 을 선택한다.

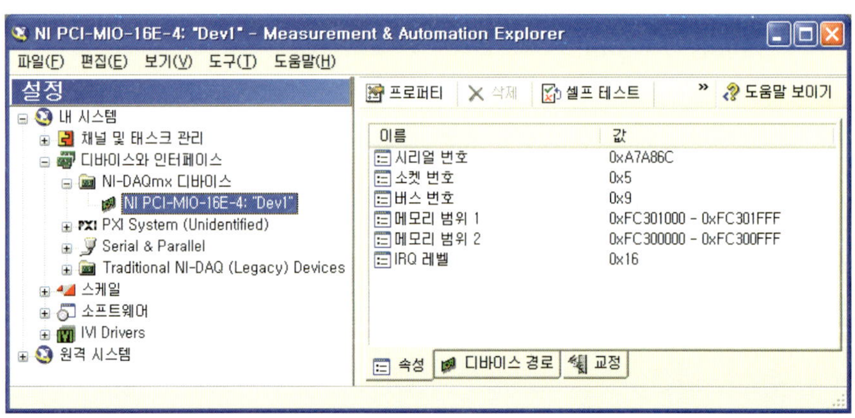

C. "Dev1"을 선택한 후 마우스 오른쪽 버튼을 클릭하여 바로가기 메뉴를 팝업한다. 바로가기 메뉴 〉 테스트 패널을 오픈한다.

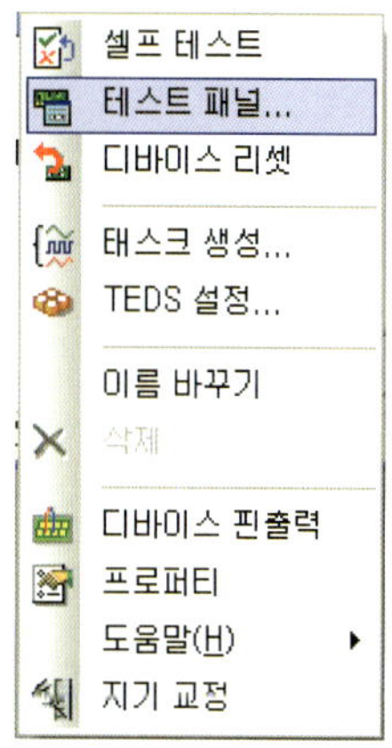

아날로그 입력 체크

A. 함수 발생기에서 사인파를 출력한다.

▶ 파형 : 주파수 1 kHz, Amplitude ±5 V

B. 사인파를 터미널 블록에 연결한다.

▶ 측정 유형 : Referenced Single-Ended (RSE)

▶ 터미널 블록 핀 #68 (AI0) ⟵ 함수 발생기의 + 출력 단자

▶ 터미널 블록 핀 #67 (AIGND) ⟵ 함수 발생기의 – 출력 단자

C. DAQ 디바이스 (PCI-MIO-16E-4) 핀 출력 정보 확인

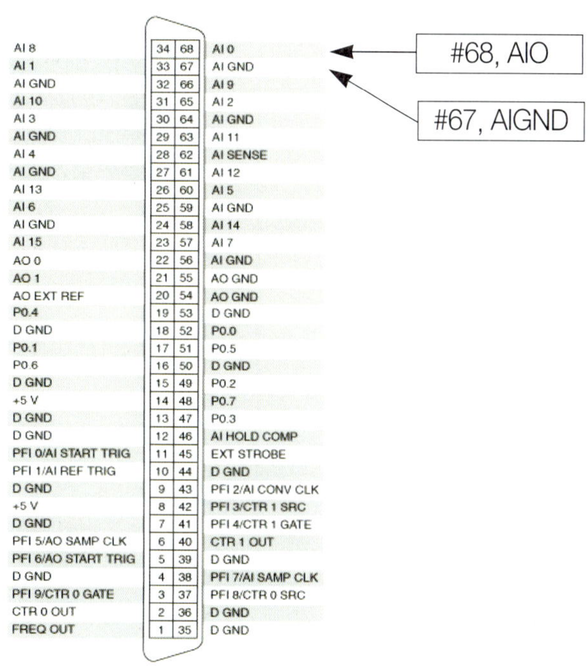

D. 테스트 패널의 아날로그 입력 탭을 오픈하고, 아래와 같이 입력 조건들을 설정하고 시작 버튼을 누른다.

- ▶ 채널 이름 : Dev1/ai0
- ▶ 모드 : 연속
- ▶ 입력 설정 : RSE
- ▶ 최대 입력 리미트 : 10
- ▶ 최소 입력 리미트 : -10
- ▶ 속도(Hz) : 1000
- ▶ 읽을 샘플 : 100

E. 샘플링 주파수(Hz)를 변경하면서 계측결과를 비교한다.

- ▶ 테스트 패널에서 외부 전기신호를 수집 및 디스플레이 한 경우, 디바이스 인식과 MAX는 정상 동작함을 알 수 있다.

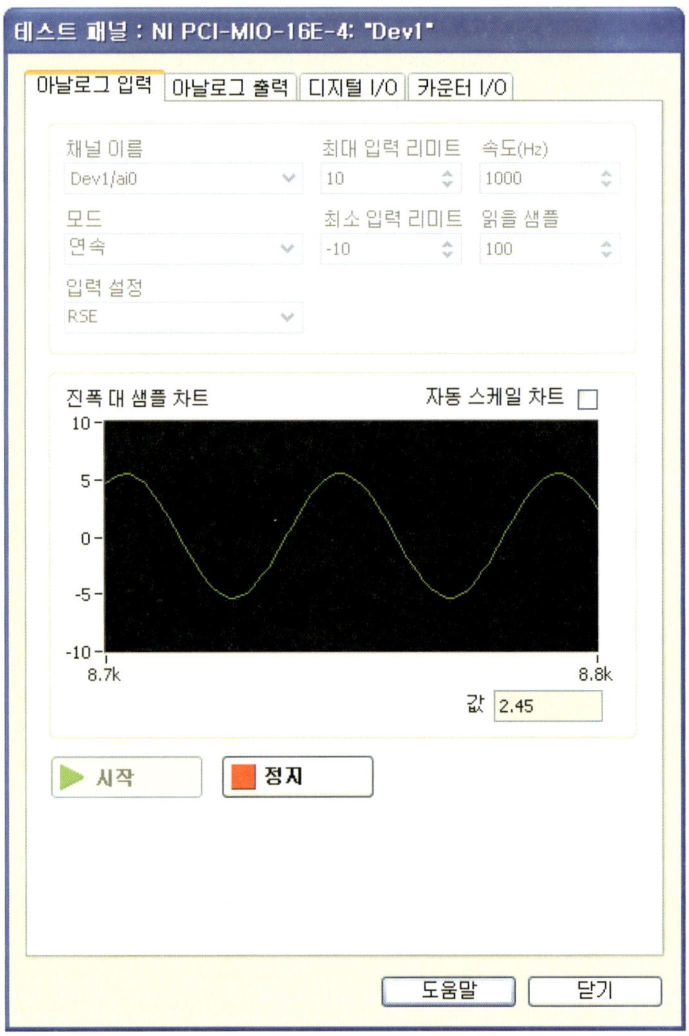

아날로그 출력 체크

A. 터미널 블록에서 아날로그 출력 단자를 오실로스코프 또는 멀티메타로 측정한다.

- ▶ 터미널 블록 핀 #21 (AO1) ⟼ 오실로스코프 + 프로브
- ▶ 터미널 블록 핀 #55 (AOGND) ⟼ 오실로스코프 - 프로브

B. 테스트 패널의 아날로그 출력 탭을 오픈하고 아래와 같이 설정하고 시작.

- ▶ 채널 이름 : Dev1/ao1
- ▶ 모드 : DC 값
- ▶ 최대 입력 리미트 : 10
- ▶ 최소 입력 리미트 : -10
- ▶ 출력 값 : -10 ~ +10 중에서 1.842 선택 후, 업네이트 버튼 클릭

C. 오실로스코프 또는 멀티메타로 출력 전압을 확인한다.

D. 아날로그 출력을 아날로그 입력으로 연결하여, MAX로 입력전압을 확인.

▶ 터미널 블록 핀 #21 (AO1) ⟶ 터미널 블록 핀 #68 (AI0)

▶ 터미널 블록 핀 #55 (AOGND) ⟶ 터미널 블록 핀 #67 (AIGND)

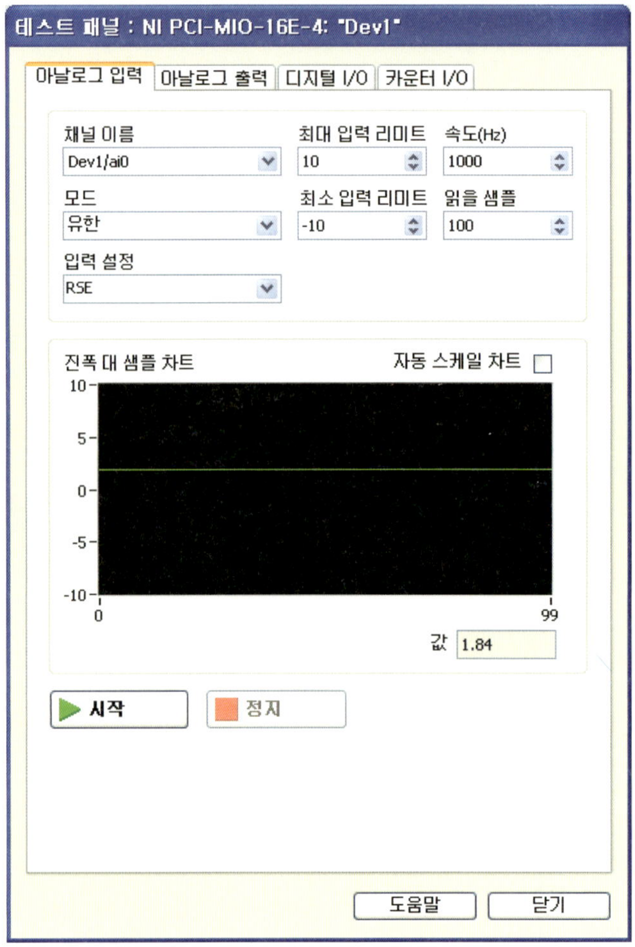

디지털 I/O 체크

A. 터미널 블록에 아래 회로와 같이 토글스위치와 LED을 이용하여 디지털 I/O를 만든다. 디지털 I/O 포트는 8채널(PCI-MIO-16E-4)을 가지며 전부 입력 포트 또는 출력 포트로 설정할 수 있으며, 각각의 채널별로 입력과 출력포트를 설정할 수 있다.

본 예제에서는 입력 4채널(P0.0 ~ P0.3)과 출력 4채널(P0.4 ~ P0.7)로 설정한다.

▶ 디지털 입력 4 채널 : P0.0 ~ P0.3

P0.0 ⟶ 터미널 블록 핀 #52

P0.1 ⟶ 터미널 블록 핀 #17

P0.2 ⟶ 터미널 블록 핀 #49

P0.3 ⟶ 터미널 블록 핀 #47

▶ 디지털 출력 4 채널 : P0.4 ~ P0.7

P0.4 ⟶ 터미널 블록 핀 #19

P0.5 ⟶ 터미널 블록 핀 #51

P0.6 ⟶ 터미널 블록 핀 #16

P0.7 ⟶ 터미널 블록 핀 #48

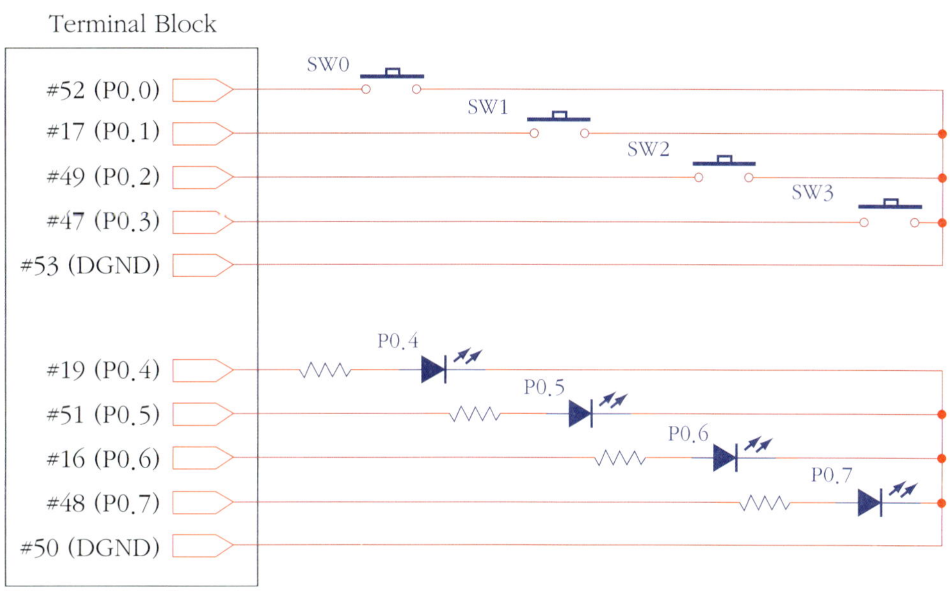

B. 디지털 입력 포트(P0.0 ~ P0.3)는 내부적으로 풀업저항이 연결되어있어 항상 HIGH 상태이고, 토글 스위치 (SW0 ~ SW3)가 Close 되면 LOW 상태가 된다.

▶ P0.0 (SW0) ⟶ Close

▶ P0.1 (SW1) ⟶ Open

▶ P0.2 (SW2) ⟶ Close

▶ P0.3 (SW3) ⟶ Open

C. 디지털 출력 포트(P0.4 ~ P0.7)는 슬라이더 스위치가 HIGH 이면 +5 Volts를 출력하고, 슬라이더 스위치가 LOW 이면 0 Volts를 출력한다.

▶ P0.4 ⟶ Low

▶ P0.5 ⟶ Low

▶ P0.6 ⟶ High

▶ P0.7 ⟶ High

D. 테스트 패널의 디지털 I/O 탭을 오픈하고 아래와 같이 설정하고 시작.

▶ 포트 이름 : port0

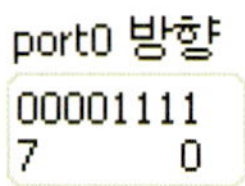

▶ 방향 선택 : 출출출출입입입입 (오른쪽부터 포트 0번이다)

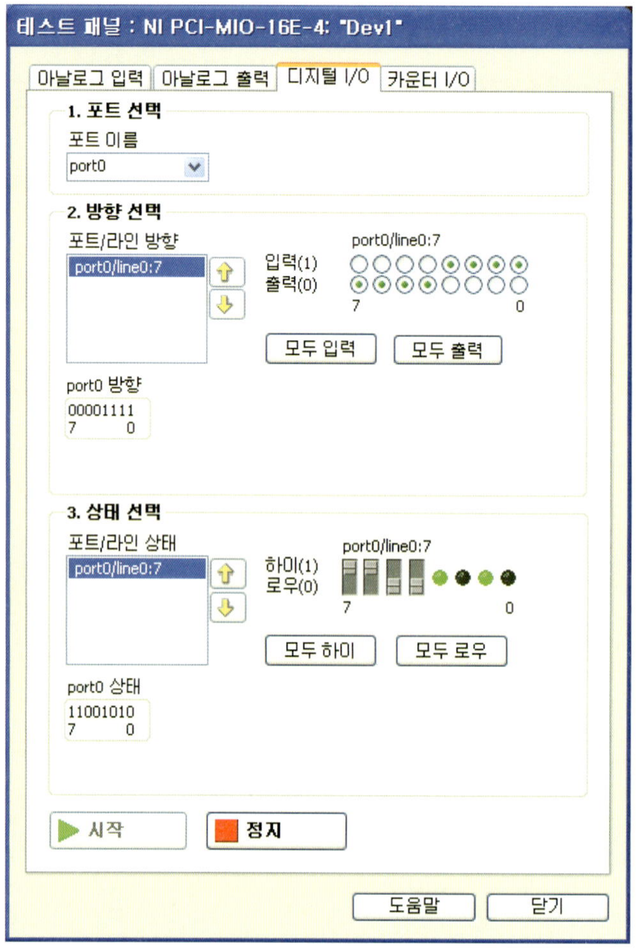

E. 디지털 I/O 테스트

▶ 터미널 블록에 설치한 입력 토글스위치들을 OPEN / CLOSE 하면, 해당되는 테스트 패널의 LED 들이 ON / OFF 한다.

▶ 테스트 패널의 출력 슬라이더 스위치를 올리거나 내리면, 터미널 블록에 설치한 해당 LED 들이 ON / OFF 한다.

카운터 I/O 체크

A. 함수 발생기에서 구형파를 출력한다.

▶ 파형 : 주파수 1kHz, Amplitude ±5 V

B. 구형파를 터미널 블록에 연결한다.

▶ 터미널 블록 핀 #42 (PFI3/CTR1 SRC) ⟵ 함수 발생기의 + 출력 단자

▶ 터미널 블록 핀 #9 (DGND) ⟵ 함수 발생기의 - 출력 단자

C. 테스트 패널의 카운터 I/O 탭을 오픈하고 아래와 같이 설정하고 시작.

▶ 채널 이름 : /Dev1/ctr1

▶ 모드 : 에지 카운팅

▶ 에지 소스 : /Dev1/PFI3

D. 시작 버튼을 클릭한다.

▶ 주파수 1kHz 출력에서는 초당 1000개씩 카운트 된다.

▶ 함수 발생기의 출력 주파수를 조절하면 카운트 값이 초당 주파수만큼 증가됨을 알 수 있다.

3. DAQ Assistant Express VI 함수

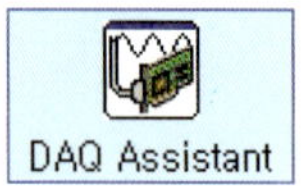

DAQ Assistant 익스프레스 함수는 신호 수집 (아날로그 입력, 디지털 입력, 카운터 입력) 또는 신호 출력 (아날로그 출력, 카운터 출력, 디지털 출력)을 위한 VI를 손쉽게 만들어주는 함수이다.

DAQ Assistant 함수를 사용한 데이터 수집은 NI-DAQmx Read VI 같은 저순위 함수를 이용했을 때 보다 프로그래밍은 편리한 점은 있으나, 파일 사이즈가 커지고 메모리 관리가 어려운 등 불편한 것들이 있다.
따라서 프로그램 개발 기초 단계에서는 많이 사용되나 고급 단계에서는 잘 사용하지 않는다.

위치 :

Functions 팔레트 〉 Measurement I/O 〉 NI-DAQmx 〉 DAQ Assistant

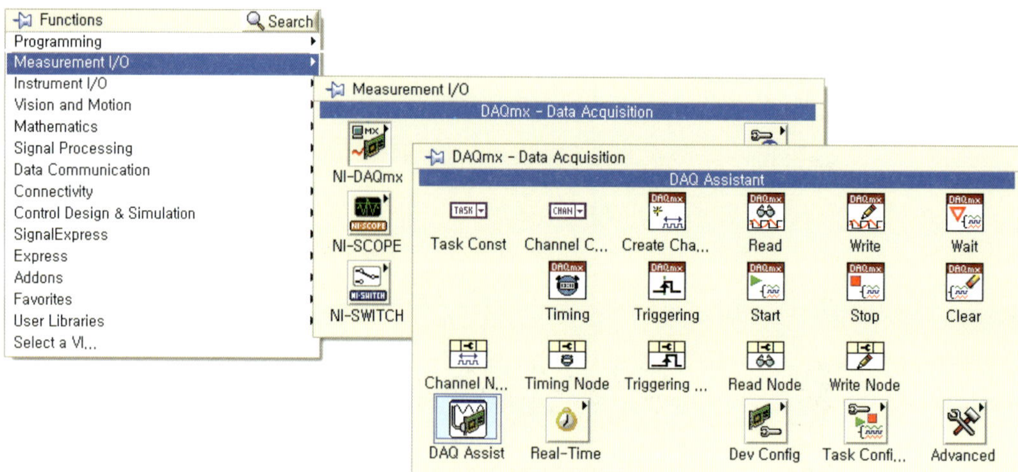

Fig. 6-15 DAQ Assistant 익스프레스 함수

DAQ Assistant 1 단계

블록 다이어그램에 DAQ Assistant 함수를 놓으면 아래와 같은 대화창이 팝업하여, 한 단계씩 문답형으로 설정한다.

예를 들어, 1개의 아날로그 신호를 입력을 받아 디스플레이하는 VI를 개발한다고 보면, 다음과 같은 과정을 따른다.

▶ DAQ Assistant 함수를 블록 다이어그램에 놓는다.

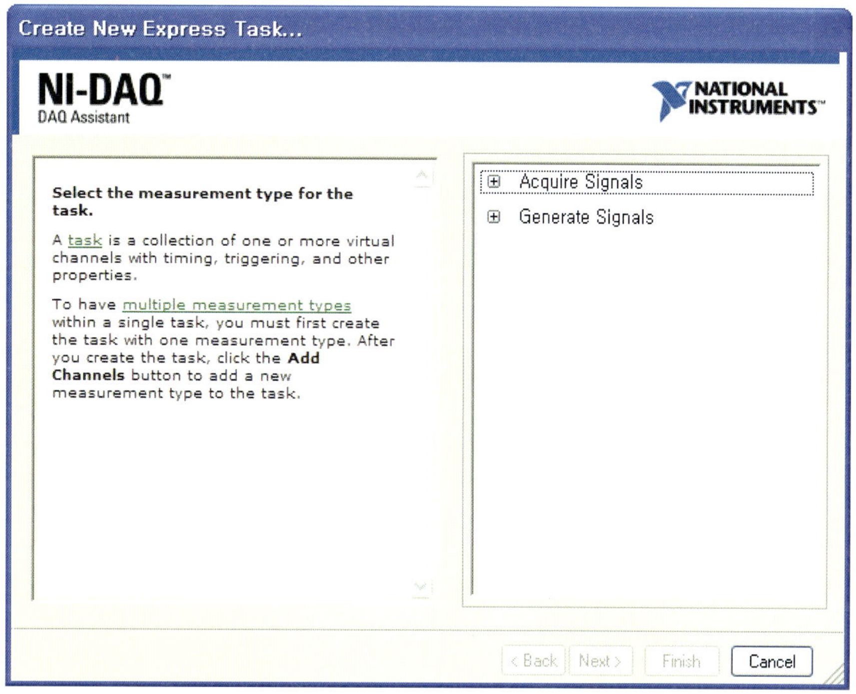

Fig. 6-16 DAQ Assistant 설정 1

▶ Acquire Signals 〉 Analog Input 〉 Voltage 선택

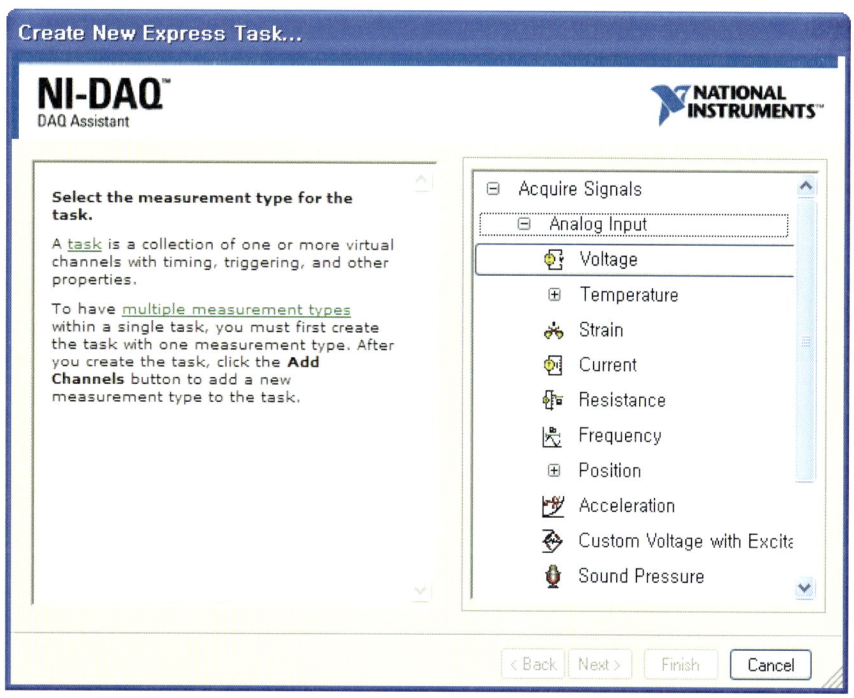

Fig. 6-17 DAQ Assistant 설정 2

▶ 데이터 수집에 사용될 DAQ 보드의 채널을 선택

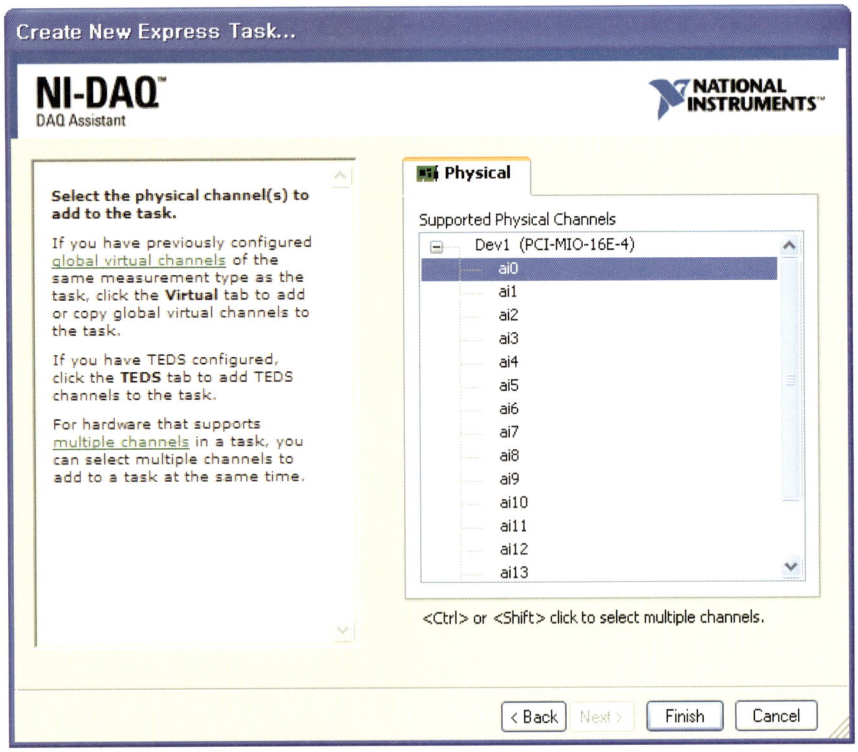

Fig. 6-18 DAQ Assistant 설정 3

▶ Single channel 입력이므로 ai0 만 선택

▶ 만약, 멀티채널 입력일 경우, Shift 누르고 마우스로 선택하면 멀티채널로 설정할 수 있다.

▶ Finish 버튼을 누르면, DAQ Assistant 프로퍼티 대화창이 팝업 한다.
Configuration 탭에서 아래와 같이 프로퍼티를 조절한다.

▶ Signal Input Range 의 Max / Min 조정
많이 사용하는 범위는 -10 ~ +10, -5 ~ +5, 0 ~ +10, 0 ~ +5 이다.

▶ Scaled Units 조정

▶ Terminal Configuration : RSE 선택
터미널 블록 핀 #68 (AI0) ⟵ 함수 발생기의 + 출력 단자
터미널 블록 핀 #67 (AIGND) ⟵ 함수 발생기의 - 출력 단자

▶ Acquisition Mode : N Samples

▶ Samples to Read : 100

▶ Rate (Hz) : 10k

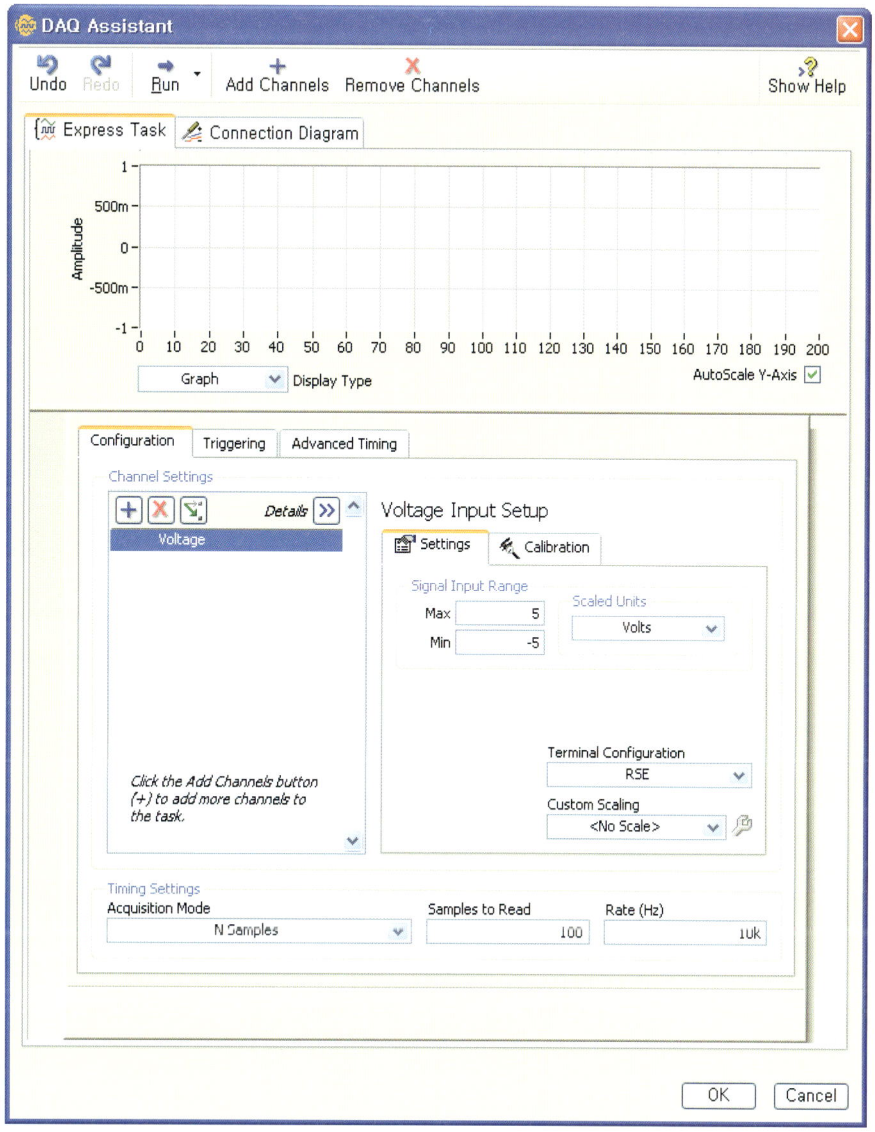

Fig. 6-19 DAQ Assistant 설정 4

▶ Triggering 탭

데이터 수집 시작이 외부 신호에 의해서 시작하고 싶을 때 사용한다.

Trigger Type이 〈None〉 이면 내부적으로 VI가 실행할 때 트리거 된다.

트리거 기법에는 2종류 Start Trigger와 Reference Trigger가 있는데, Start Trigger는 트리거가 되자마자 바로 데이터를 수집하기 시작하는 것이고, Reference Trigger는 트리거 전후로 데이터를 수집하는 기법이다.

아래와 같이 디지털 에지로 Start Trigger를 지정하면, 트리거 신호 입력 채널 및 에지 종류를 설정하여야 한다.

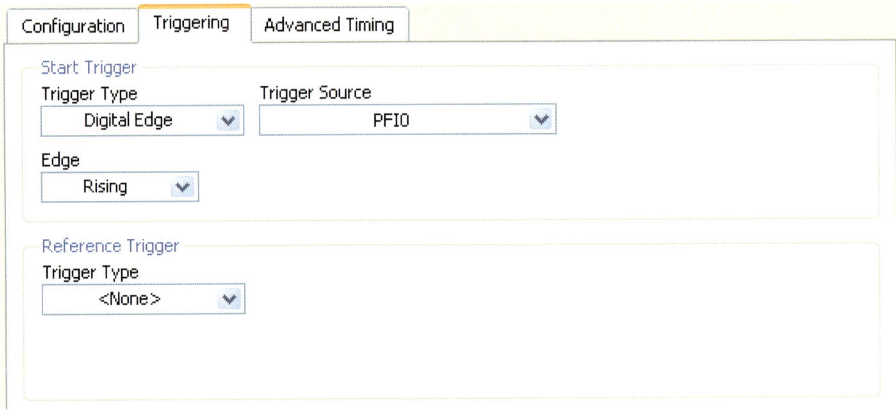

Fig. 6-20 DAQ Assistant 설정 5

▶ Advanced Timing 탭

샘플링 클록은 2가지가 있는데, 하나는 DAQ 디바이스의 내장 클록을 사용하는 것이고, 다른 하나는 외부에서 구형파 클록을 입력하는 것이다.

디폴트로 지정된 내장 클록은 매우 정밀하고 노이즈에 매우 강해서 많이 사용되지만, 외부 기기와 동기하여 수집할 경우에는 External 클록을 사용하기도 한다.

External 클록을 사용할 때는 정해진 외부 클록 포트에 구형파를 입력하고, 연결된 와이어가 노이즈에 강할 수 있도록 쉴드선을 사용하여야 한다.

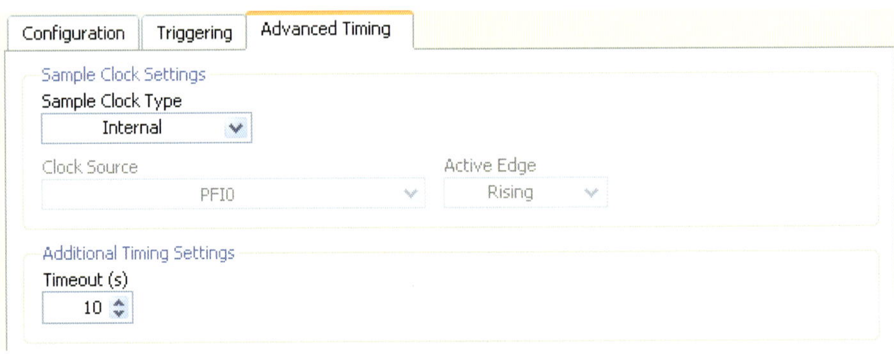

Fig. 6-21 DAQ Assistant 설정 6

DAQ Assistant 2 단계

Connection Diagram 탭을 오픈하면 현재 연결된 터미널 블록을 보여주며, 아날로그 신호 입력을 위한 와이어 연결도를 보여준다.

- ▶ 터미널 블록 핀 #68 (AI0) ⟵ 함수 발생기의 + 출력 단자
- ▶ 터미널 블록 핀 #67 (AIGND) ⟵ 함수 발생기의 – 출력 단자

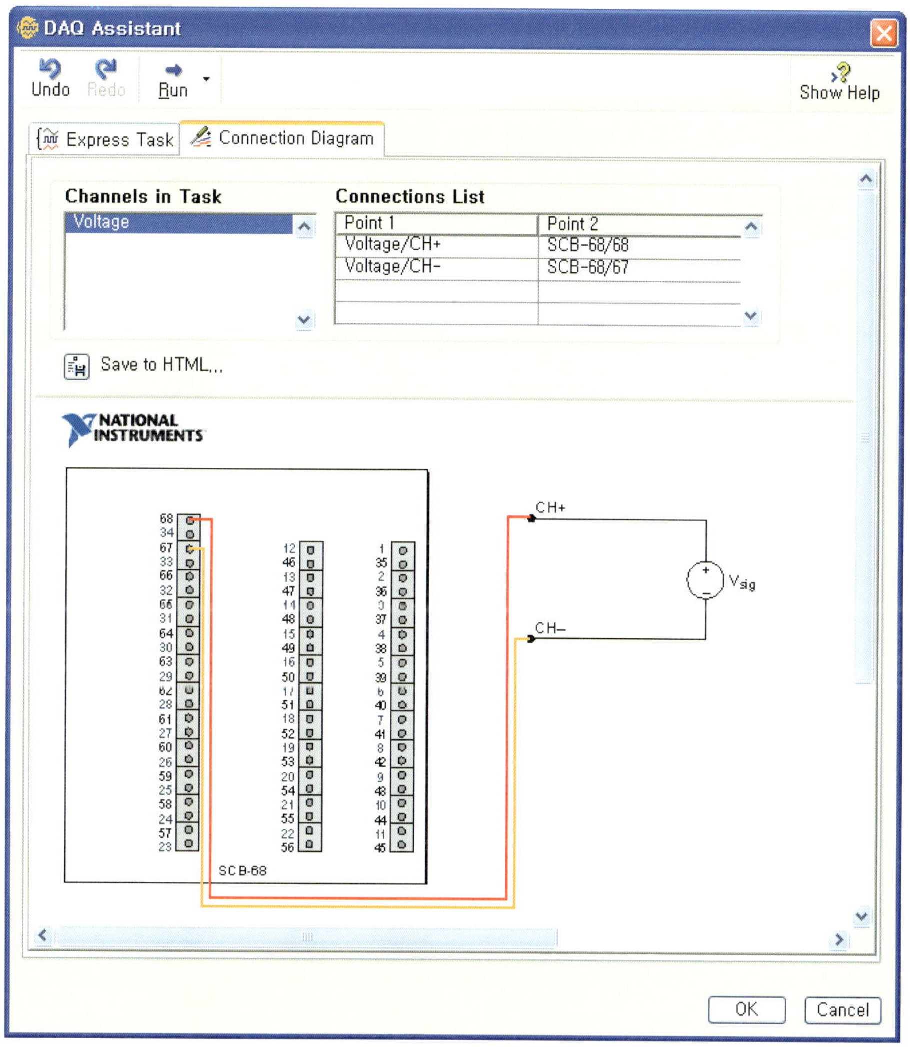

Fig. 6-22 아날로그 신호 연결도

OK 버튼을 눌러 VI를 생성하기 전에 상부의 Run 실행버튼을 눌러서 원활하게 동작하는지 체크한다.

정상적으로 동작하면 OK눌러 VI를 생성하고 블록 다이어그램으로 복귀한다.

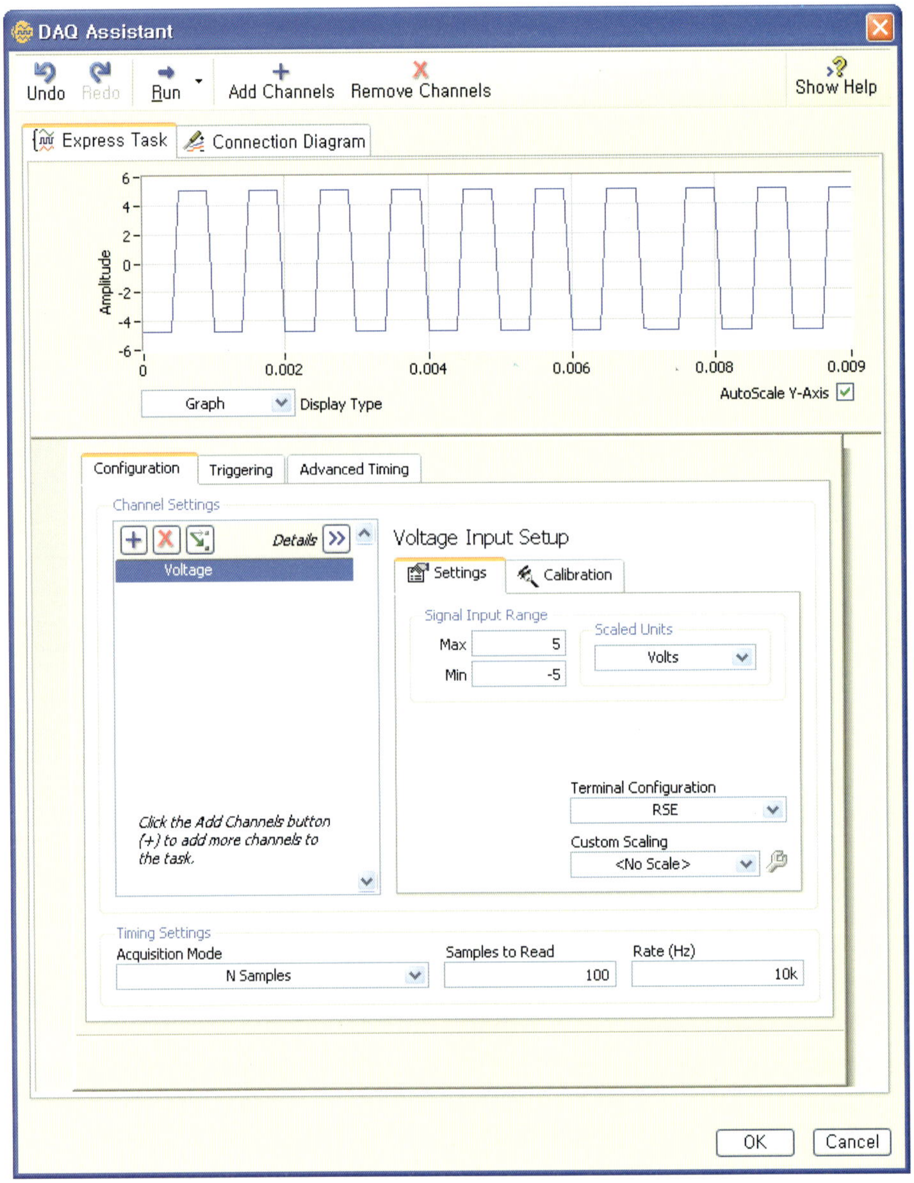

Fig. 6-23 VI 생성 전 동작여부 체크

DAQ Assistant를 적용한 VI 개발

OK를 눌러 VI를 생성한 후이라도 채널 수정 및 프로퍼티 수정이 필요하면, DAQ Assistant 함수의 바로가기 메뉴 〉 Properties를 선택하여 수정할 수 있다.

그림 6-24 같은 간단한 VI를 보면, 상기 과정을 통해 생성된 DAQ Assistant 함수의 data 출력 터미널을 웨이브폼 그래프에 접속하고 수행하면 그림 6-25 같은 결과를 얻는다.

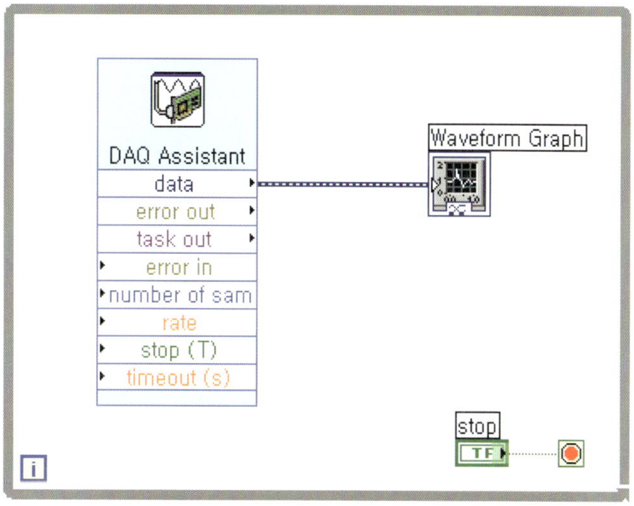

Fig. 6-24 DAQ Assistant 함수를 적용한 간단한 DAQ VI

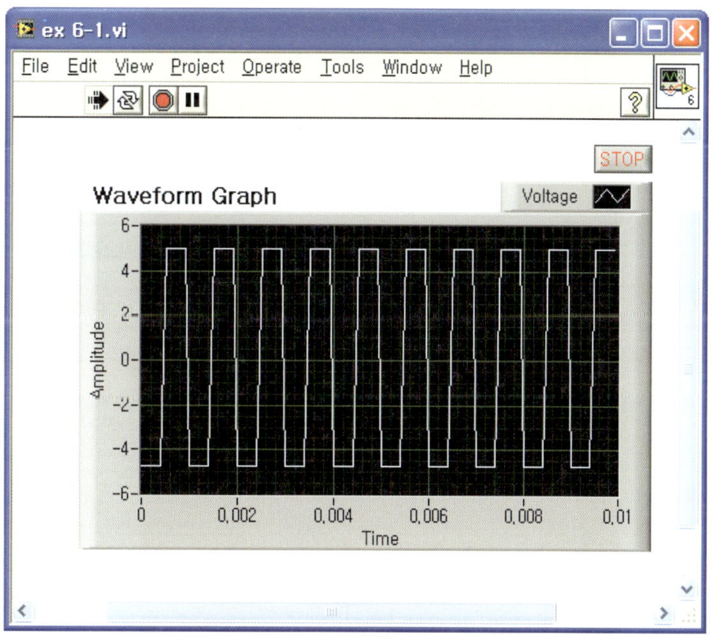

Fig. 6-25 DAQ Assistant 함수를 적용한 간단한 DAQ 결과

액세서리 달기

상기과정에서 생성한 DAQ Assistant 함수를 적용한 간단한 DAQ VI 코드에서, 샘플링 개수와 주파수를 가변으로 입력받아 에러 발생시 실행을 정지시키도록 수정한다.

컨트롤 생성 :

▶ DAQ Assistant 함수의 입력 터미널 number of samples 위에 마우스를 올려놓고, 오른쪽 버튼을 눌러 바로가기 메뉴 팝업 〉 Create 〉 Control

▶ 같은 방법으로 rate에도 문자 컨트롤 생성

인디케이터 생성 :

▶ 프론트 패널에서 문자 인디케이터를 생성하여 DAQ Assistant 함수의 출력 터미널 data에 연결

▶ 웨이브폼 그래프 생성

에러 핸들러 생성 :

▶ 위치 : Functions 팔레트 〉 Programming 〉 Dialog & User Interface 〉 Simple Error Handler.vi
단순 에러 핸들러(Simple Error Handler)를 While 루프 밖에 놓고, 〈DAQ Assistant〉 Expreee VI 함수의 출력 터미널 error out과 연결

▶ Functions 팔레트 〉 Programming 〉 Cluster & Variant 〉 Unbundle By Name error out 연결라인과 연결하면, status로 변경됨
에라가 발생하면 status 출력이 TRUE 가 됨

▶ Stop 버튼과 status 출력을 로직 OR에 입력
에러 발생시 또는 stop 버튼이 동작하면 While 루프를 정지시킨다.

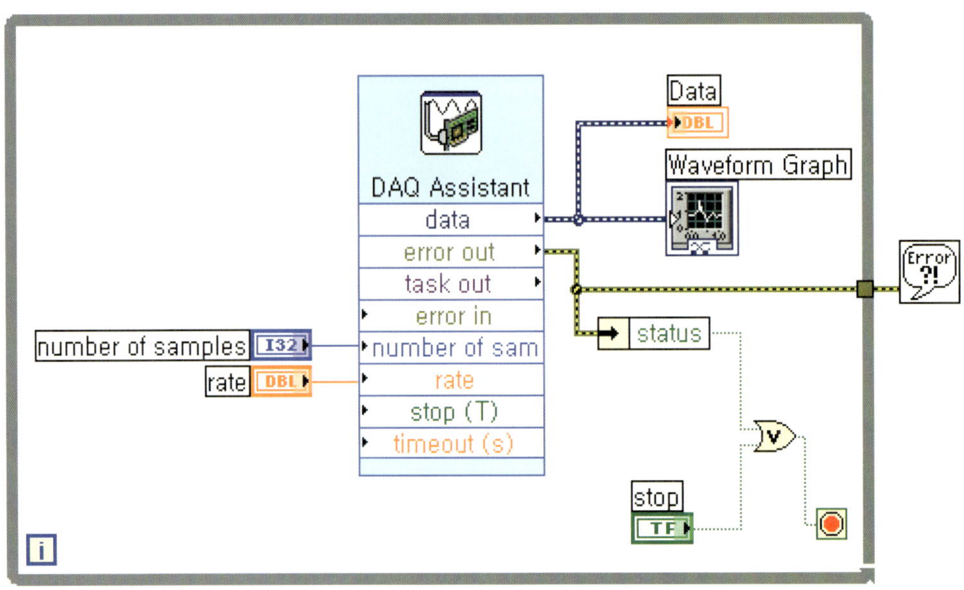

Fig. 6-26 간단한 DAQ VI에 액세서리 첨부

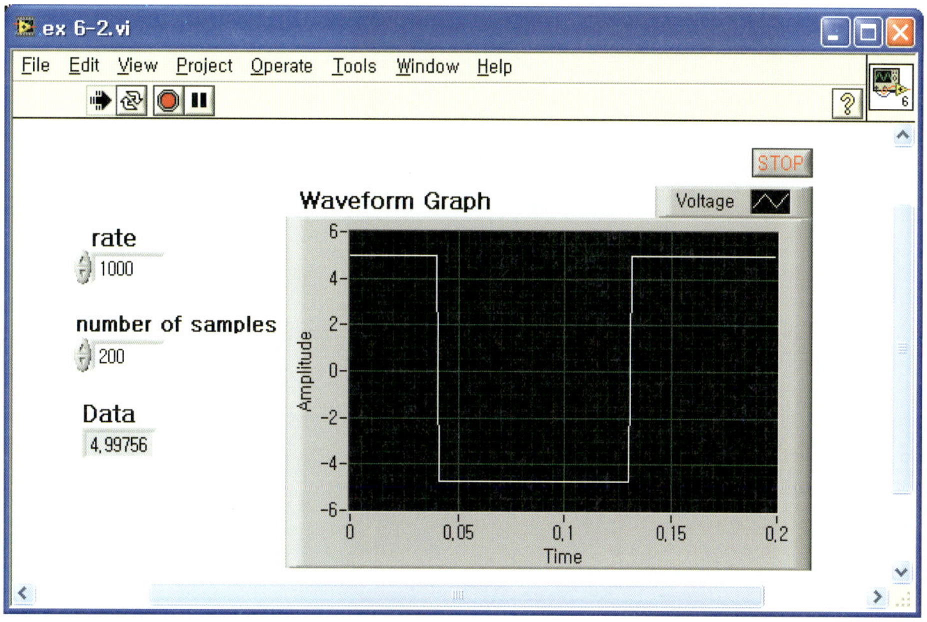

Fig. 6-27 간단한 DAQ VI에 액세서리 첨부한 결과

Chapter

07

DAQ (Data Acquisition) 3단계

이 장에서는 LabVIEW 어플리케이션에 의한 DAQ 고급 프로그래밍을 소개한다. NI-DAQmx 기초 함수들을 이용한 아날로그 및 디지털 트리거링, 싱글 및 멀티 채널 아날로그 입력, 아날로그 출력, 디지털 I/O 등 VI 프로그램 기법을 학습한다. 실습 예제에는 DAQ 디바이스 하드웨어가 필요하나 없을 경우 6장에서 설명한 시뮬레이션 디바이스를 생성하여 가상으로 하드웨어를 인식시킨 후 프로그래밍 한다.

Focuses

1. NI-DAQmx VI 기초 함수들
2. 트리거링
3. 아날로그 입력
4. 아날로그 입력 / 싱글 채널 싱글 샘플링 예제 (#7-1)
5. 아날로그 입력 / 싱글 채널 싱글 샘플링 / 시작 트리거 예제 (#7-2)
6. 아날로그 입력 / 싱글 채널 멀티 샘플링 예제 (#7-3)
7. 아날로그 입력 / 싱글 채널 멀티 샘플링 / 리퍼런스 트리거 예제 (#7-4)
8. 아날로그 입력 / 싱글 채널 멀티 샘플링 / 리퍼런스 트리거 / 저장 예제 (#7-5)
9. 아날로그 출력
10. 아날로그 출력 / 싱글 채널 싱글 데이터 / 연속 출력 예제 (#7-6)
11. 디지털 I/O

1. NI-DAQmx VI 기초 함수들

6장에서 소개한 DAQ Assistant 익스프레스 VI 함수도 DAQ(아날로그 입출력, 디지털 I/O, 카운터 등)가 가능하지만, 사이즈도 크고 메모리 관리 및 데이터 처리 등이 불편하여, 고급 VI 어플리케이션에서는 많이 사용되지 않는다.
LabVIEW를 사용하여 데이터 수집 및 제어 어플리케이션을 개발할 때에는 일반적으로 NI-DAQmx VI 기초 함수들을 많이 사용한다.

NI-DAQmx VI 기초 함수들을 Functions 팔레트 〉 Measurement I/O 〉 DAQmx-Data Acquisition 경로에 있고, 다음과 같은 주요 함수들이 있다.

- ▶ DAQmx Read.vi
- ▶ DAQmx Write.vi
- ▶ DAQmx Timing.vi
- ▶ DAQmx Trigger.vi
- ▶ DAQmx Start Task.vi
- ▶ DAQmx Stop Task.vi

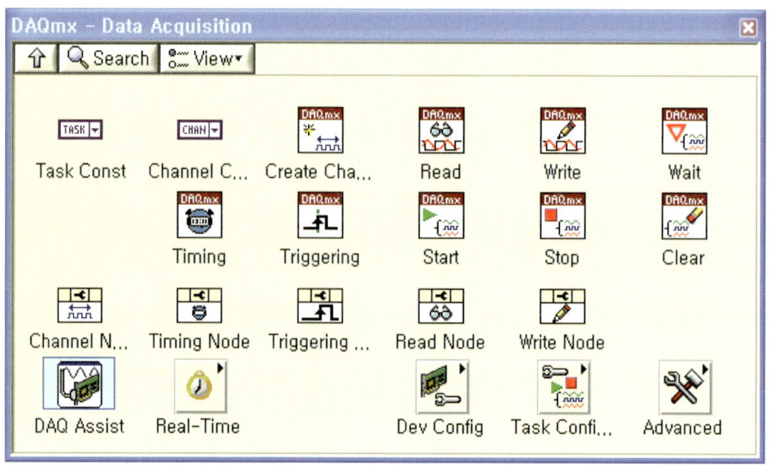

Fig. 7-1 DAQmx-Data Acquisition 기초 함수들

DAQmx-Data Acquisition 팔레트

DAQmx-Data Acquisition 팔레트는 다음과 같은 상수, 기초 VI 함수, 프로퍼티 노드(Property Node) 등을 포함한다.

상수 :

▶ DAQmx Task Name : MAX에서 생성한 태스크(Task)들을 나열한다.
즉, 태스크를 지정하는 상수 컨트롤이다.

▶ DAQmx Global Channel : MAX에서 생성한 가상 태스크(Task)들을 나열한다.

VI 함수 :

▶ DAQmx Create Virtual Channel.vi : 가상 채널을 생성하여 태스크 목록에 추가하며, 이 함수의 설정은 MAX에서 구성하는 설정과 같다.

프로그램 연산자가 정기적으로 물리적 채널 연결을 변경하는 경우에는 이 함수를 사용하지만, 터미널 구성 모드 등과 같은 중요한 설정에는 사용하지 않는다.

▶ DAQmx Read.vi : 지정한 태스크 또는 가상 채널에서 데이터 샘플들을 읽는다.
한번에 1개의 샘플 또는 다수의 샘플을 읽을지 와, 1개의 채널 또는 다수의 멀티채널을 읽을지를 결정한다.

▶ DAQmx Write.vi : 지정한 태스크 또는 가상 채널에 샘플들을 쓴다.
한번에 1개의 샘플 또는 다수의 샘플을 쓸지 와, 1개의 채널 또는 다수의 멀티채널을 쓸지를 결정한다.

▶ DAQmx Wait Until Done : 측정 또는 생성이 완료될 때까지 기다린다.
사용자가 태스크를 중지하기 전에 지정된 작업 수행을 완료할 수 있다.

▶ DAQmx Timing.vi : 측정 또는 출력할 샘플 개수를 지정하고 필요시 버퍼를 생성한다.

▶ DAQmx Trigger.vi : 태스크용 트리거링(트리거 종류 및 유형)을 설정한다.

▶ DAQmx Start Task.vi : 측정 또는 출력을 시작하기 위해 작업을 실행 상태로 바꾼다. 일부 어플리케이션에서는 반드시 사용해야 하지만, 일부 어플리케이션에서는 선택사항이다.

▶ DAQmx Stop Task.vi : 태스크를 중지하고 DAQmx Start Task.vi를 사용하기 전의 태스크 상태로 되돌아 간다.

▶ DAQmx Clear Task.vi : 태스크를 해제한다. 해제하기 전에, 이 함수는 태스크를 중지하고 태스크가 수행한 모든 리소스를 해제한다.

프로퍼티 노드(Property Node) :

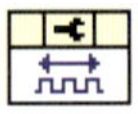

▶ DAQmx Channel Property Node : 미리 선택된 DAQmx Channel 클래스를 갖는 프로퍼티 노드를 설정한다.

이 함수위에 마우스 포인터를 놓고 오른쪽 버튼을 눌러 바로가기 메뉴를 팝업한다. 메뉴에서 Select Filter를 선택하면 프로퍼티 노드가 PC에 설치된 특정 디바이스 또는 모든 디바이스에 의해 지원되는지를 보여준다.

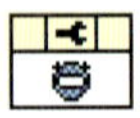

▶ DAQmx Timing Property Node : 미리 선택된 DAQmx Timing 클래스를 갖는 프로퍼티 노드를 설정한다.

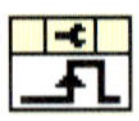

▶ DAQmx Trigger Property Node : 미리 선택된 DAQmx Trigger 클래스를 갖는 프로퍼티 노드를 설정한다.

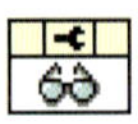

▶ DAQmx Read Property Node : 미리 선택된 DAQmx Read 클래스를 갖는 프로퍼티 노드를 설정한다.

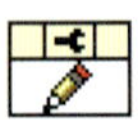

▶ DAQmx Write Property Node : 미리 선택된 DAQmx Write 클래스를 갖는 프로퍼티 노드를 설정한다.

2. 트리거링

트리거는 데이터 수집을 시작하도록 하는 신호이다.
트리거링을 구성할 때는 트리거가 수행하려는 루틴 및 트리거 생성 방법(트리거 소스)을 미리 설정하여야 한다.

트리거 소스에는 아날로그 신호(아날로그 에지 트리거 및 아날로그 윈도 트리거)와 디지털 신호(디지털 에지 트리거 및 디지털 패턴 트리거)를 사용할 수 있다.

트리거 방법에는 시작 트리거(Start Trigger)와 리퍼런스 트리거(Reference Trigger)가 있다. 시작 트리거는 트리거 시점 직후부터 데이터를 수집하는 것이고, 리퍼런스 트리거는 트리거 시점을 기준하여 전후 데이터를 수집한다.

트리거 소스 (외부에서 인가하는 전기적 신호) ;

- Analog Edge Trigger
- Analog Window Trigger
- Digital Edge Trigger
- Digital Pattern Trigger

트리거 방법 (트리거 전후 데이터 처리 방법) ;

- Start Triggcr
- Reference Trigger

아날로그 에지 트리거(Analog Edge Trigger)

아날로그 에지 트리거는 트리거링 아날로그 신호가 유저가 지정한 전압레벨 및 Rising / Falling 에지를 충족시킬 때 트리거를 발생시킨다.

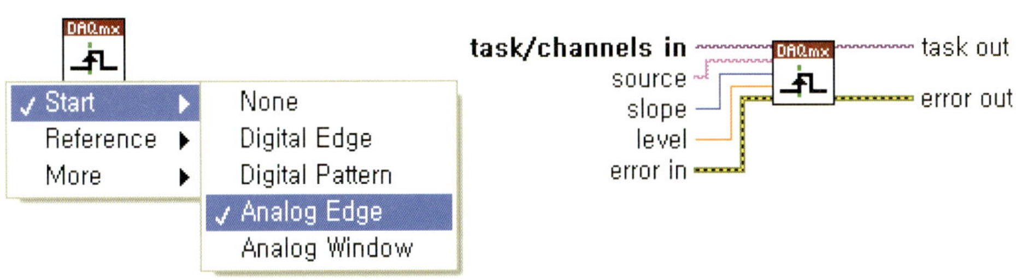

Fig. 7-2 아날로그 에지 트리거

함수의 입력 커넥터 팬 〈source〉는 트리거로 사용될 아날로그 신호이며, 〈slope〉는 Rising 또는 Falling 상수이고, 〈level〉은 트리거 아날로그 전압 레벨이다.

예를 들어 트리거 신호가 3.5Volts 및 Rising 상태일 때 트리거링을 설정하면, 아래의 그림처럼 조건을 만족하는 시점에서 트리거 된다.

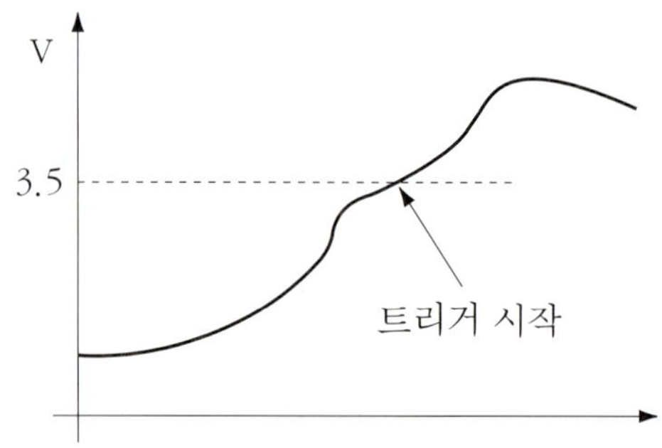

Fig. 7-3 아날로그 에지 트리거 레벨

아날로그 윈도 트리거(Analog Window Trigger)

아날로그 윈도 트리거는 트리거링 아날로그 신호가 지정한 전압 레벨 범위(top~bottom) 윈도우로 들어가거나(Entering Window) 또는 나올(Leaving Window) 때 트리거를 발생시킨다.

함수의 입력 커넥터 팬 〈when〉에 Entering Window / Leaving Window 상수를 입력하여 조건을 설정한다.

Fig. 7-4 아날로그 윈도 트리거

아래의 그림은 window top과 window bottom이 이루는 범위 안으로 들어갈 때(Entering Window) 트리거 되는 예이다.

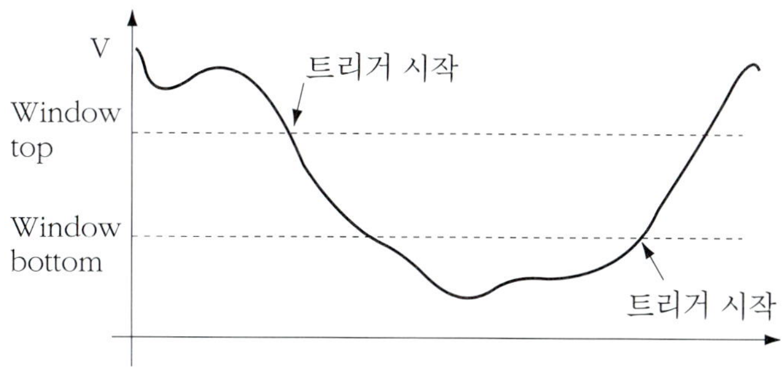

Fig. 7-5 아날로그 윈도 트리거 레벨

디지털 에지 트리거(Digital Edge Trigger)

디지털 에지 트리거는 트리거링 디지털 신호(TTL 레벨)가 Rising 에지(Low ⟶ High) 또는 Falling 에지(High ⟶ Low) 에서 트리거 된다. 일반적으로 디지털 트리거 신호는 DAQ 보드의 특정한 PFI 핀에 연결하여야만 작동한다.

예를 들어, DAQ 보드 PCI-6040E (PCI-MIO-16E-4) 의 경우,

- AI Start Trigger 신호 ⟼ PFI 0 (핀 #11)
- AO Start Trigger 신호 ⟼ PFI 6 (핀 #5)
- AI Reference Trigger 신호 ⟼ PFI 1 (핀 #10)

그림 7-7은 디지털 트리거 조건을 Rising 에지로 설정할 때, Low에서 High로 전환되는 시점에서 트리거가 시작되는 레벨을 보여준다.

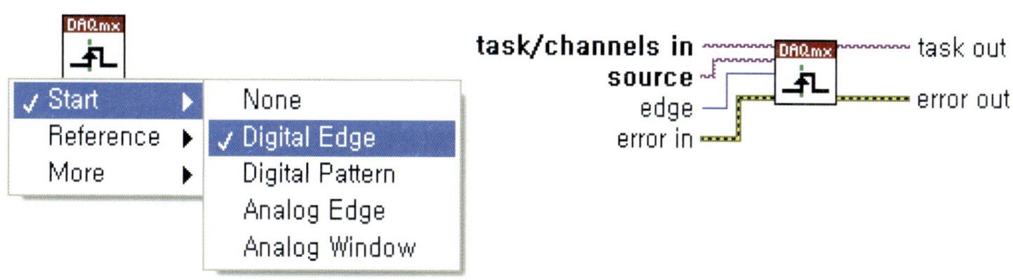

Fig. 7-6 디지털 에지 트리거

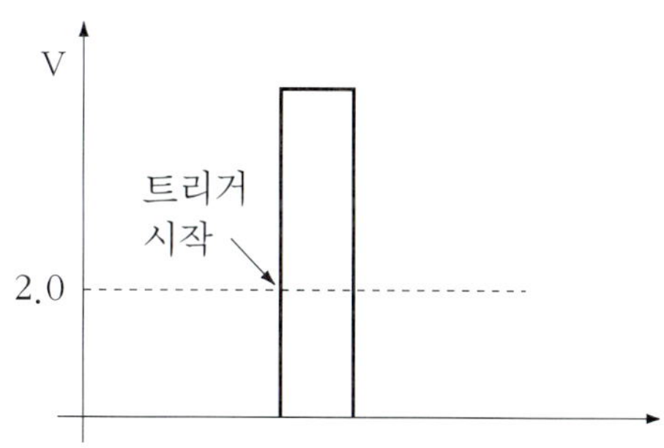

Fig. 7-7 디지털 에지 트리거 레벨

디지털 패턴 트리거(Digital Pattern Trigger)

디지털 패턴 트리거는 트리거링 디지털 신호가 요청 패턴와 일치할 때 트리거 된다. Start Trigger 함수의 입력 커넥터 팬〈pattern〉에 입력되는 컨트롤은 다음과 같이 표기되며, 왼쪽부터 port0/line0이고 오른쪽 끝은 port0/line7 이다. (일반적인 디지털 비트 표기 방법과는 역순이다)

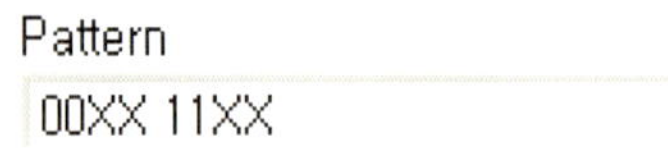

요청 패턴 표시 방법 ;

▶ X : 물리적 입력 신호 무시

▶ 0 : 입력신호가 LOW 이면 매칭

▶ 1 : 입력신호가 HIGH 이면 매칭

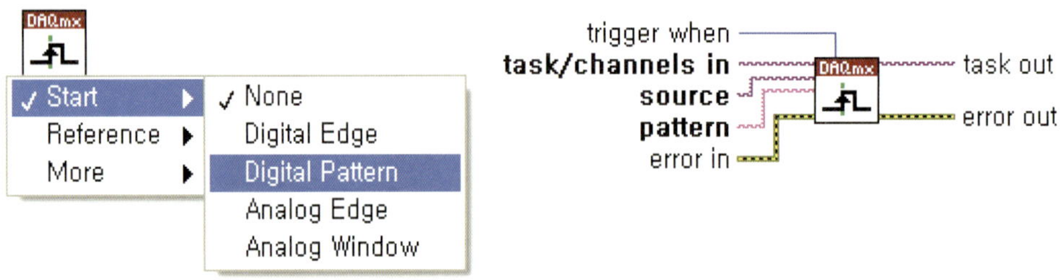

Fig. 7-8 디지털 패턴 트리거

그림 7-9는 디지털 패턴 트리거를 사용할 때, Start Trigger 함수의 입력 컨트롤 적용 방법을 보여준다.

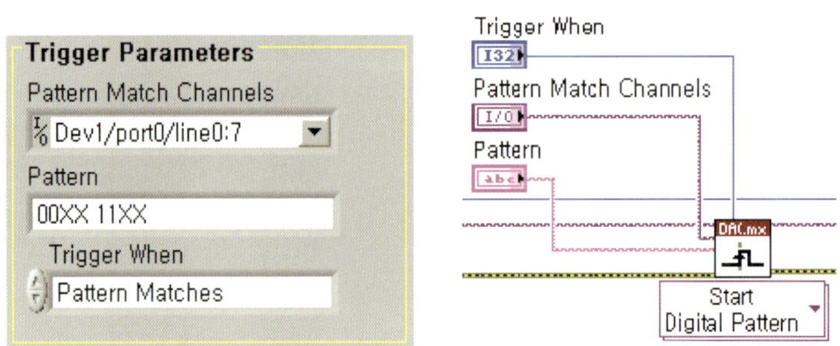

Fig. 7-9 디지털 패턴 매칭 예

그림 7-10과 같이 요청 패턴이 Line0부터 Line7까지 X11100XX (역순)으로 지정하고, 소스로부터 HHHHLLXX 가 입력되면 요청한 패턴을 만족하여 트리거가 시작된다.

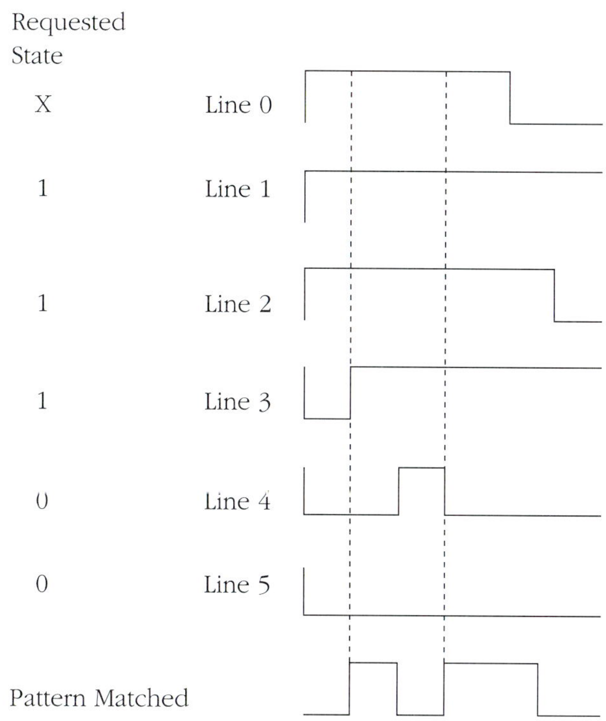

Fig. 7-10 디지털 패턴 매칭 예

시작 트리거(Start Trigger)

시작 트리거는 입력 커넥터 팬 〈source〉와 〈edge〉에 인가되는 신호 (아날로그 / 디지털)와 엣지가 일치될 때, 트리거를 시작한다. 트리거 된 시점을 기준으로 전 데이터는 수집하지 않고, 후 데이터만 수집하는 방식으로 리퍼런스 트리거와는 비교가 된다.

소스 형식으로는 아날로그 에지, 아날로그 윈도, 디지털 에지, 디지털 패턴 등이 있다. 〈None〉을 선택하면, VI 프로세서가 이 함수를 만나자 마자 곧바로 트리거를 시작한다.

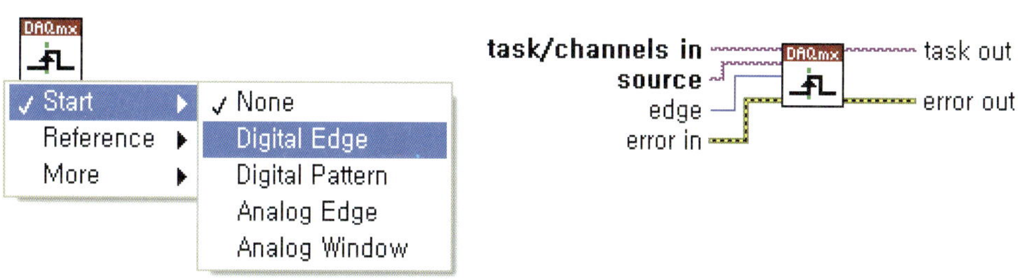

Fig. 7-11 시작 디지털 에지 트리거

리퍼런스 트리거(Reference Trigger)

리퍼런스 트리거는 트리거링 시키는 신호 유형은 시작 트리거와 동일하나, 트리거 시점을 기준하여 전후 데이터를 수집하는 특징을 가진다.

트리거 전 데이터를 프리 트리거(Pre-Trigger)라 하고 반드시 함수의 입력 터미널에 지정해야 하며, 트리거 후 데이터는 포스트 트리거(Post-Trigger)라 한다.
Start 트리거와 같이 리퍼런스 트리거도 아날로그 에지, 아날로그 윈도, 디지털 에지, 디지털 패턴 등이 있다.

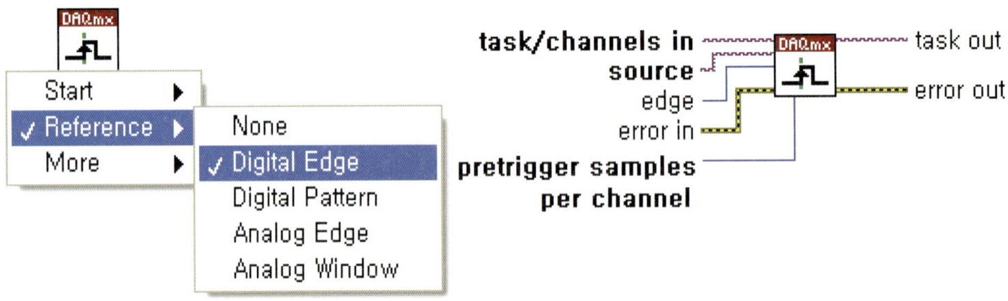

Fig. 7-12 리퍼런스 디지털 에지 트리거

아래의 그림은 리퍼런스 트리거가 발생하였을 때 프리와 포스트 데이터의 영역을 보여준다.
리퍼런스 트리거를 사용할 때는 프리 트리거(Pre-Trigger) 용량 및 포스트 트리거(Post-Trigger) 용량을 정확하게 설정해야만 한다. 프리 트리거용 데이터는 FIFO 같은 버퍼 메모리에 임시 저장되었다가, 리퍼런스 트리거를 만나면 시스템 메모리로 전송한다.

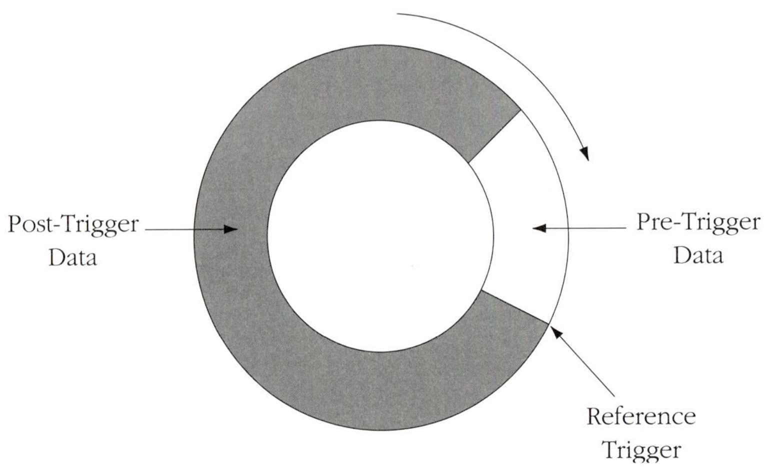

Fig. 7-13 리퍼런스 트리거의 프리와 포스트 데이터 영역

3. 아날로그 입력

아날로그 신호를 수집한다는 의미는 아날로그 방식의 전기적 신호를 아날로그 -디지털-변환기 (ADC)를 통하여 디지털 신호로 변환하는 것이다.

ADC 과정에서 가장 중요한 요소는 샘플링 속도이다.
샘플링 속도가 너무 느리면 (언더 샘플링) Aliasing이 되어 수집된 아날로그 신호가 실제의 신호와 다르게 재현된다.
이러한 오류를 방지하기 위하여 나이퀴스트(Nyquist) 주파수의 2배 이상으로 샘플링 하여야 한다.
나이퀴스트 주파수란 Aliasing 없이 주어진 샘플링 속도에서 최대로 정확하게 재현할 수 있는 최대 주파수이다. (자세한 내용은 5장 참조)

- 나이퀴스트 주파수 = $(2\Delta t)^{-1}$　　　Δt : 샘플링 간격

- 권장 샘플링 주파수 $f > 2 \cdot f_{계측신호}$

따라서 샘플링 속도는 측정 디바이스 하드웨어가 가지는 최대 속도로 하는 것이 원 신호의 손실을 줄일 수 있지만, 장시간 사용에 따른 데이터 저장 공간이 부족해지고, 데이터 상호 전송에도 시간이 소요될 수 있으므로, 해당 데이터 수집 타겟에 알맞은 샘플링 속도를 설정하는 것이 매우 중요하다.

Single Channel 아날로그 입력

DAQmx Read.vi 는 지정한 작업(태스크) 또는 채널에서 샘플(아날로그, 디지털, 카운터) 데이터를 읽어온다.

멀티선택 VI 인스턴스들은 다수의 선택 메뉴를 통해서 입력 유형을 설정한다.
DAQmx Read.vi 인스턴스는 어떠한 형태의 신호를 지정하고, 하나의 채널 또는 멀티 채널들을 읽을지를 지정하고, 하나의 데이터 또는 다수의 데이터를 샘플링 할지를 지정하고, 웨이브폼 인지 배정도 타입인지를 세부 메뉴로 설정한다.

DAQmx Read.vi 인스턴스 위치는 블록 다이어그램 〉 Measurement I/O 〉 DAQmx-Data Acquisition 〉 DAQmx Read.vi 에 있다.

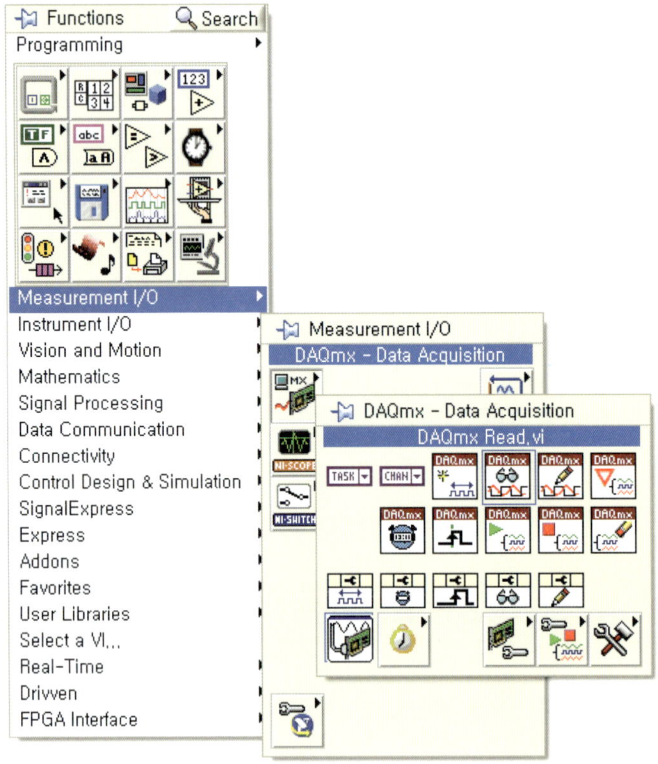

Fig. 7-14 DAQmx Read.vi 인스턴스 위치

다음의 그림처럼 풀다운 메뉴를 이용하여 멀티선택 VI 인스턴스를 설정한다.

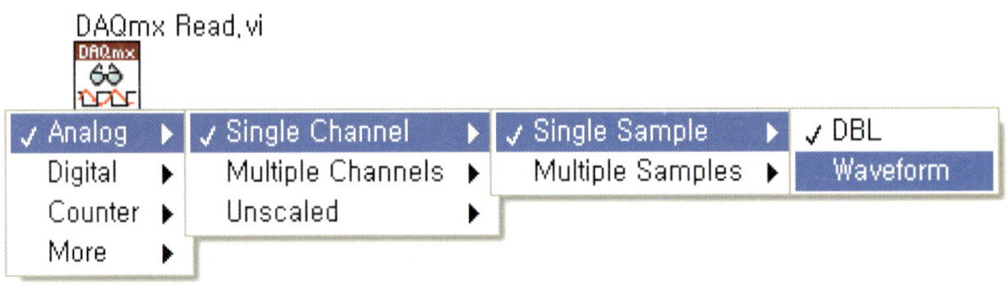

Fig. 7-15 DAQmx Read.vi 인스턴스 풀다운 메뉴

(a) 첫 번째 선택 : 입력 신호 유형

- Analog
- Digital
- Counter
- More

(b) 두 번째 선택 : 입력 채널 개수

- Single Channel ⟶ 하나의 채널을 수집
- Multiple Channels ⟶ 다수의 채널을 수집
- Unscaled ⟶ 스케일 조정안함

(c) 세 번째 선택 : 샘플링 방법

▶ Single Sample ⟶ 하나의 데이터를 수집

▶ Multiple Samples ⟶ 다수의 데이터를 수집

(d) 네 번째 선택 : 리턴 데이터 포맷

▶ DBL (1D DBL, 2D DBL)

▶ Waveform (1D Waveform)

A. Single Sample 아날로그 DAQ, DBL 포맷 :

선택 옵션 : Analog 〉 Single Channel 〉 Single Sample 〉 DBL

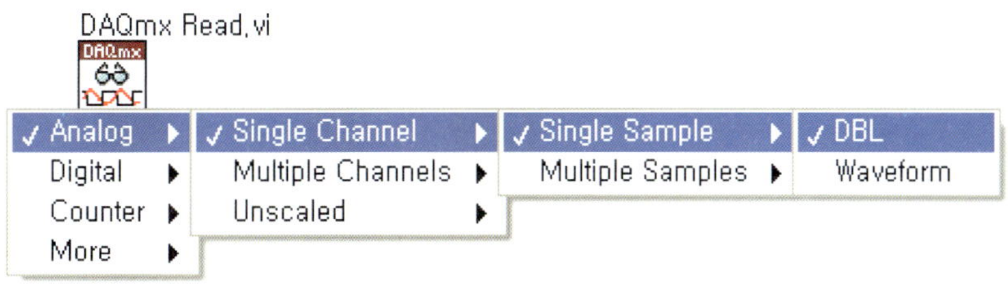

Fig. 7-16 Single Sample 아날로그 DAQ, DBL 포맷

▶ 터미널 블럭 설정 (차동 측정 유형) ;

#68 (AI0) ⟵ 외부 신호 (Ch#0) +

#34 (AI8) ⟵ 외부 신호 (Ch#0) –

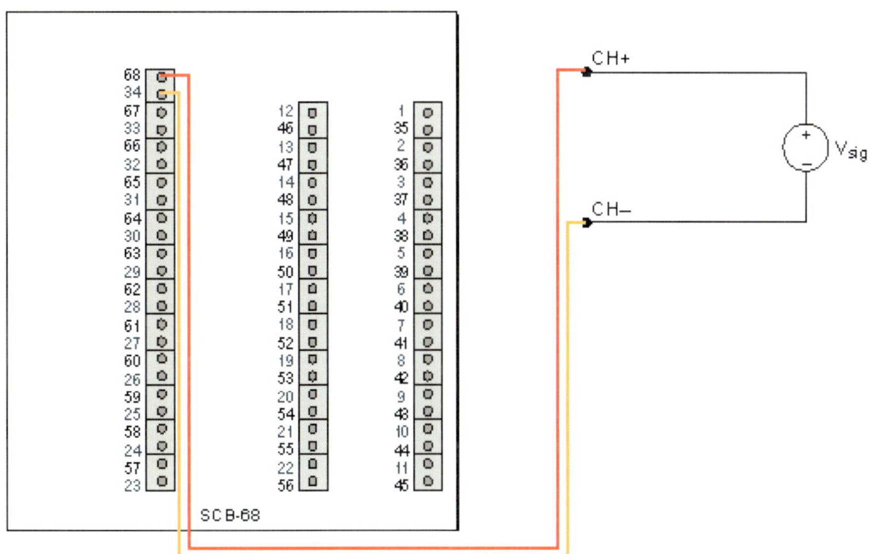

Fig. 7-17 외부 신호 입력을 위한 터미널 블록 설정

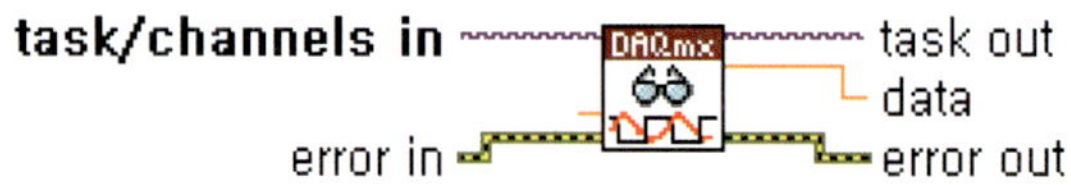

Fig. 7-18 DAQmx Read.vi 커넥터 팬 설명

물리적 채널을 설정하는 방법에는 MAX를 이용한 태스크 이름 명명법과 채널 직접 입력법이 있는데, 본 예제에서는 전자 방법을 사용하고 추후 예제에서는 후자 방법을 사용하겠다.
물리적 채널을 설정하는 방법은 입력 커넥터 팬 〈task/channels in〉의 접속 방법에 따라 결정된다.

▶ 입력 커넥터 팬 〈task/channels in〉 생성 및 구성 ;

프론트 패널 〉 task/channels in 컨트롤 창에서 〉 Browse... 선택

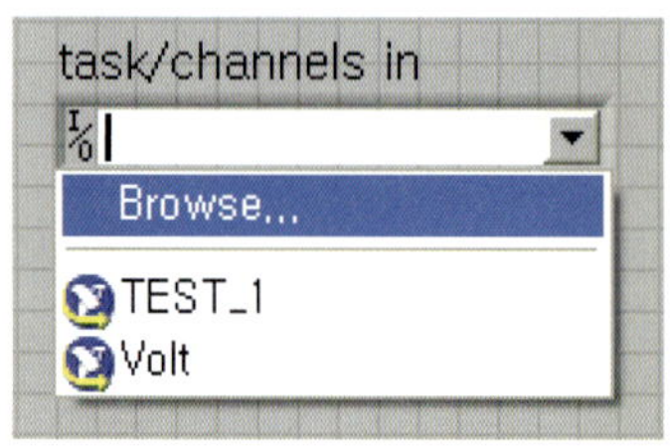

Fig. 7-19 태스크 명명 방법 1

아이템 선택 윈도우 팝업 〉 새로 생성... 〉 MAX 태스크

Fig. 7-20 태스크 명명 방법 2

Create New NI-DAQmx Task... 윈도우 팝업 〉 Acquire Signals 〉 Analog Input 〉 Voltage

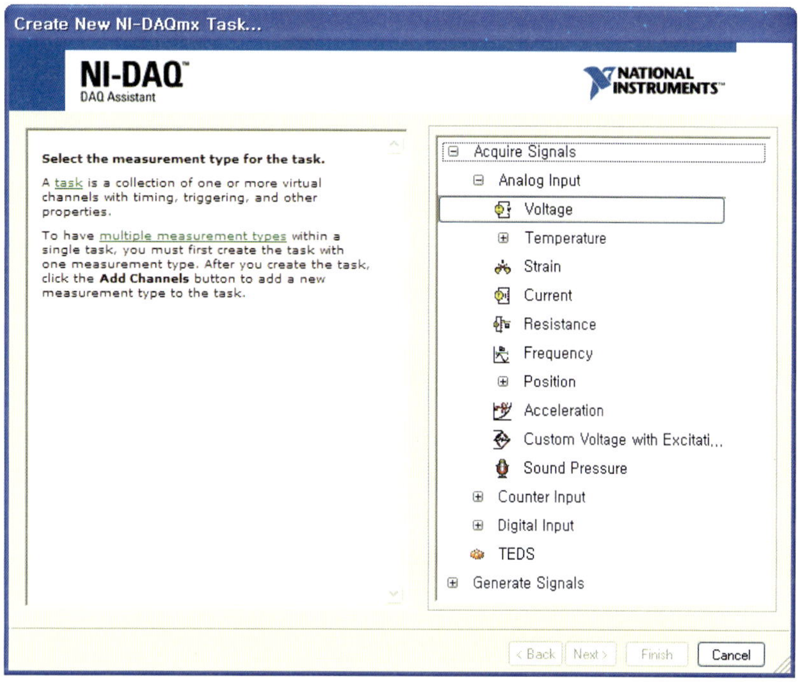

Fig. 7-21 태스크 명명 방법 3

Physical 탭 〉 Dev1 〉 ai0 (주의, DAQmx Read.vi 인스턴스 설정시 Single Channel 로 했으므로, ai0 과 같은 채널 1개만 선택)

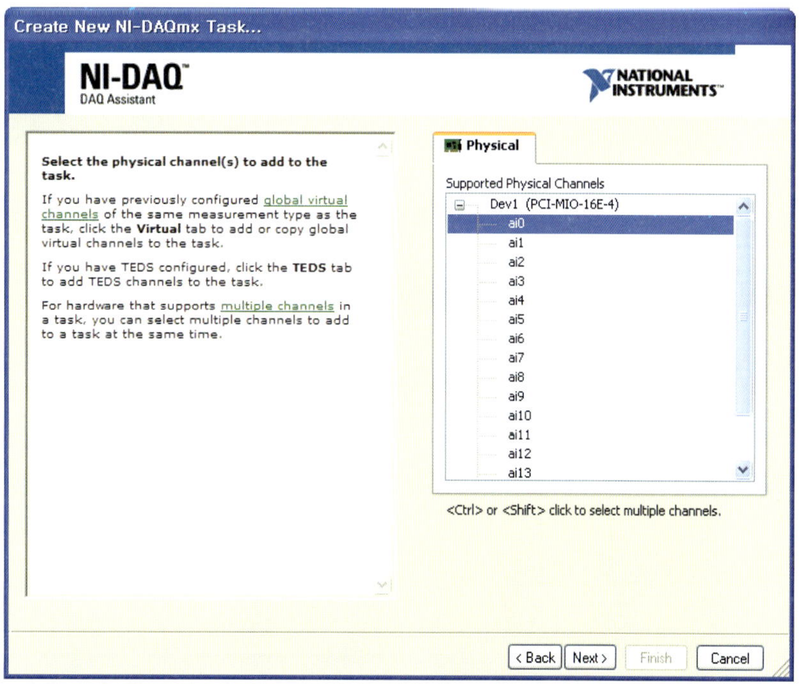

Fig. 7-22 태스크 명명 방법 4

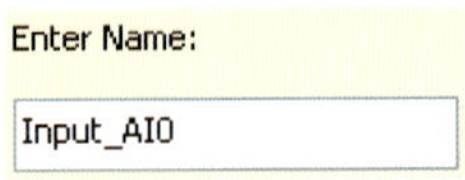

Next 선택

Enter Name 창 ⟶ 임의 이름 지정 (Input_AI0)

Finish 선택

Configuration 탭 에서 〉 Acquisition Mode ⟶ 1 Sample (On Demand)

Terminal Configuration ⟶ Differential

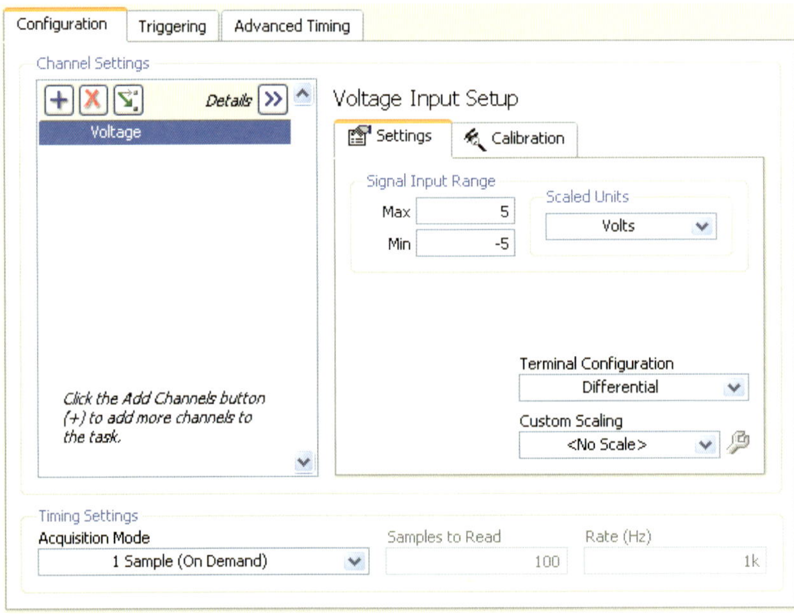

Fig. 7-23 태스크 명명 방법 5

OK

아이템 선택 윈도우 팝업 〉 Input_AI0 태스크 생성 확인 후 선택

Fig. 7-24 태스크 명명 방법 6

프론트 패널 〉 task/channels in 컨트롤 창 〉 Input_AI0 태스크 확인

Fig. 7-25 태스크 명명 방법 7

▶ 수집한 데이터 출력 인디케이터 생성
DAQmx Read.vi 인스턴스의 커넥터 팬 〈data〉 에서 바로가기 메뉴 〉 Create 〉 Indicator 〉 DBL 숫자형 인디케이터 생성 (data)

▶ 외부 신호 인가하면서, VI 실행

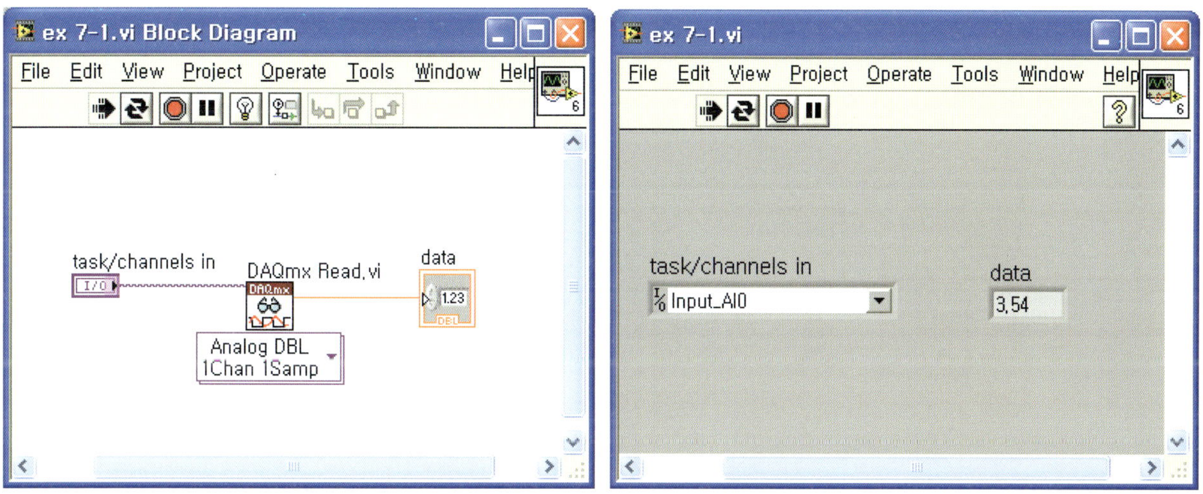

Fig. 7-26 Single Sample 아날로그 DAQ, DBL 포맷 예제

B. Single Sample 아날로그 DAQ, Waveform 포맷 :

선택 옵션 : Analog 〉 Single Channel 〉 Single Sample 〉 Waveform

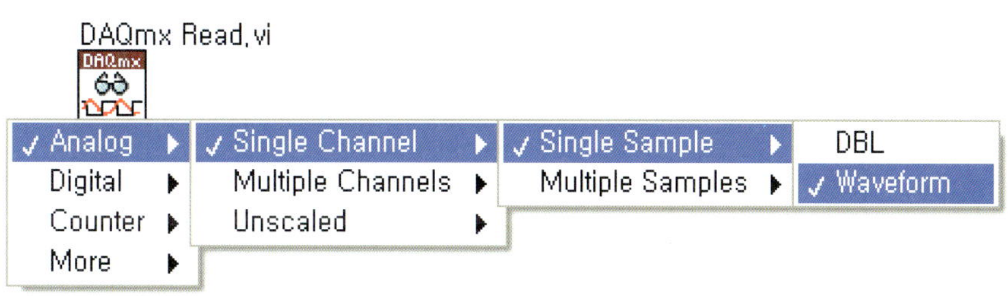

Fig. 7-27 Single Sample 아날로그 DAQ, Waveform 포맷

Waveform 출력 유형은 t0, dt, Y 같은 기타 정보를 하나로 묶어서 내보내는 문자열 출력 방식으로, Waveform Chart 그래프에 직접 연결하여 손쉽게 그래픽 출력이 가능하다.

- ▶ t0 : 첫 포인트가 수집되었을 때 시스템 클럭 시간 (초기시간)
- ▶ dt : 데이터 포인트 사이의 간격 시간
- ▶ Y : 수집한 수치 데이터

DAQmx Read.vi 인스턴스의 커넥터 팬 〈data〉 에서 바로가기 메뉴 〉 Create 〉 Indicator 〉 Waveform 인디케이터 생성 (data2)

프론트 패널 〉 Modern 〉 Graph 〉 Waveform Chart 생성 후 와이어링

생성된 Waveform Chart는 t0, dt, Y 등이 묶인 데이터를 직접 받으므로, 손쉽게 그래프 처리가 가능하다.

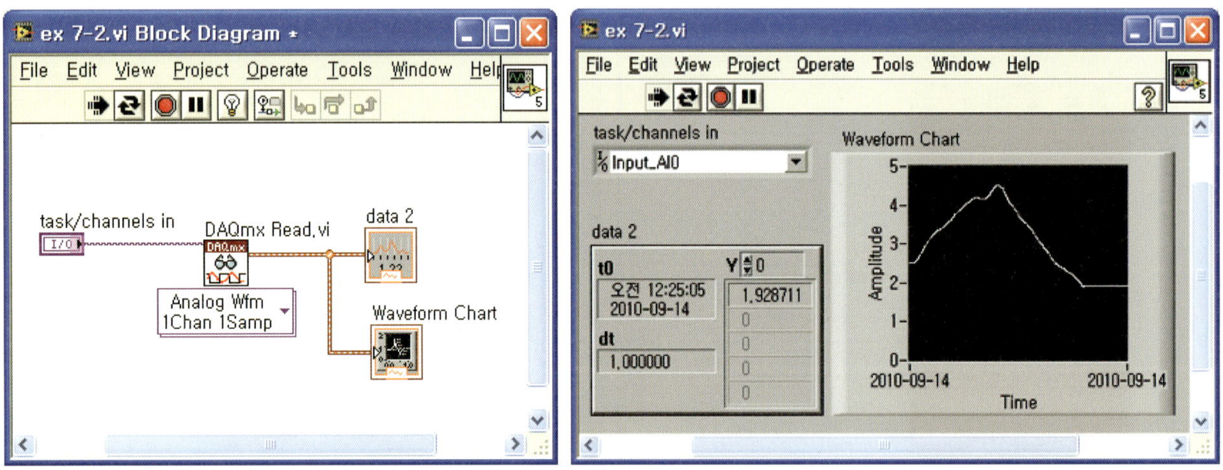

Fig. 7-28 Single Sample 아날로그 DAQ, Waveform 포맷 예제

C. Multiple Samples 아날로그 DAQ, 1D DBL 포맷 :

선택 옵션 : Analog 〉 Single Channel 〉 Multiple Samples 〉 1D DBL

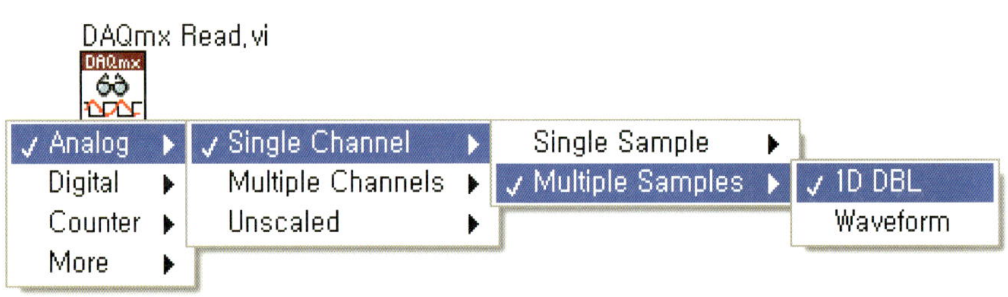

Fig. 7-29 Multiple Samples 아날로그 DAQ, 1D DBL 포맷

▶ Multiple Samples 이므로 MAX를 통해서 태스크 세팅을 변경해야 함.
프론트 패널 〉 태스크 창 〉 바로가기 메뉴 〉 Edit NI-DAQmx Task

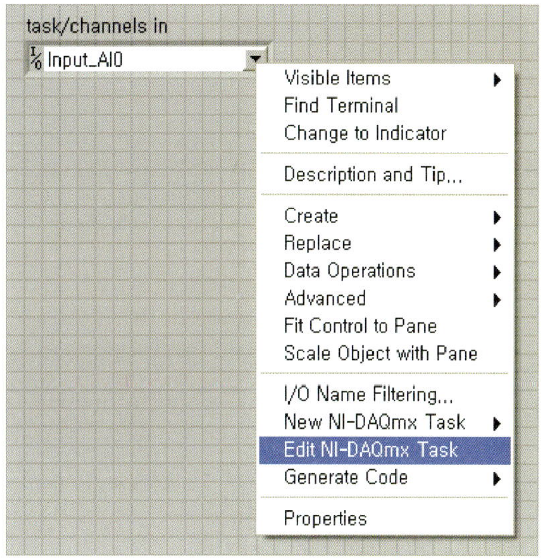

Fig. 7-30 태스크 조건 변경 1

Configuration 탭 〉 Acquisition Mode ⟶ N Sample
Samples to Read ⟶ 100
Rate (Hz) ⟶ 1k

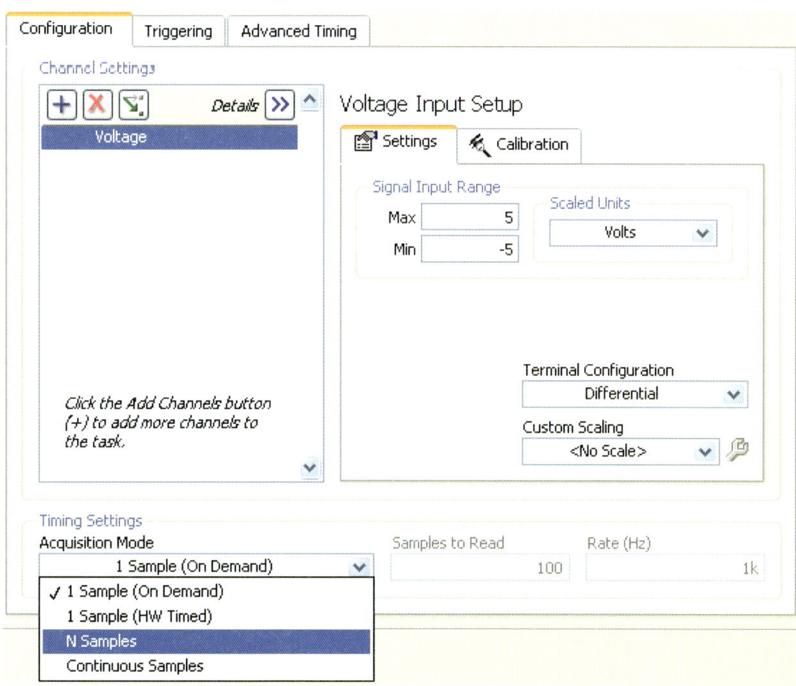

Fig. 7-31 태스크 조건 변경 2

DAQmx Read.vi 인스턴스의 커넥터 팬 〈data〉에서 바로가기 메뉴 〉 Create 〉 Indicator 〉 DBL 숫자형 인디케이터 생성 (data3)

1개 채널 멀티 샘플링으로 설정하였기 때문에, 생성된 data3은 1차원 배열 (1-D Array) 타입이다.

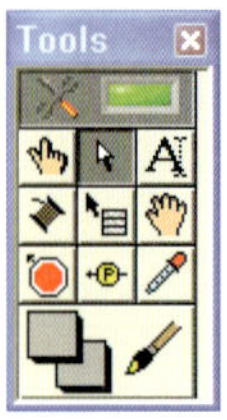

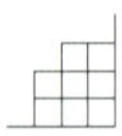

툴 팔레트의 자동모드에서 원소 끝부분 (주로, 사각 모양의 오른쪽 아랫부분)에 마우스 포인터를 위치하면 커서가 Grid Cursor로 바뀌며, 이때 드래그하여 배열의 원소를 확장 디스플레이 한다.

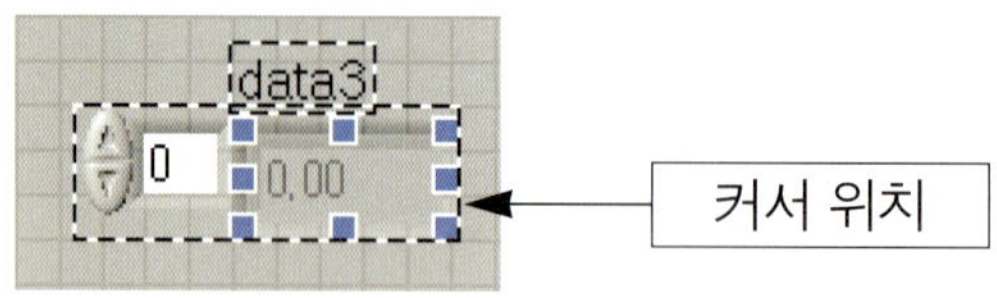

Fig. 7-32 Array 인디케이터 원소 확장 1

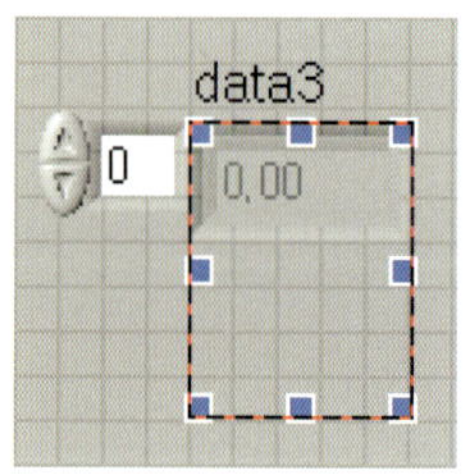

Fig. 7-33 Array 인디케이터 원소 확장 2

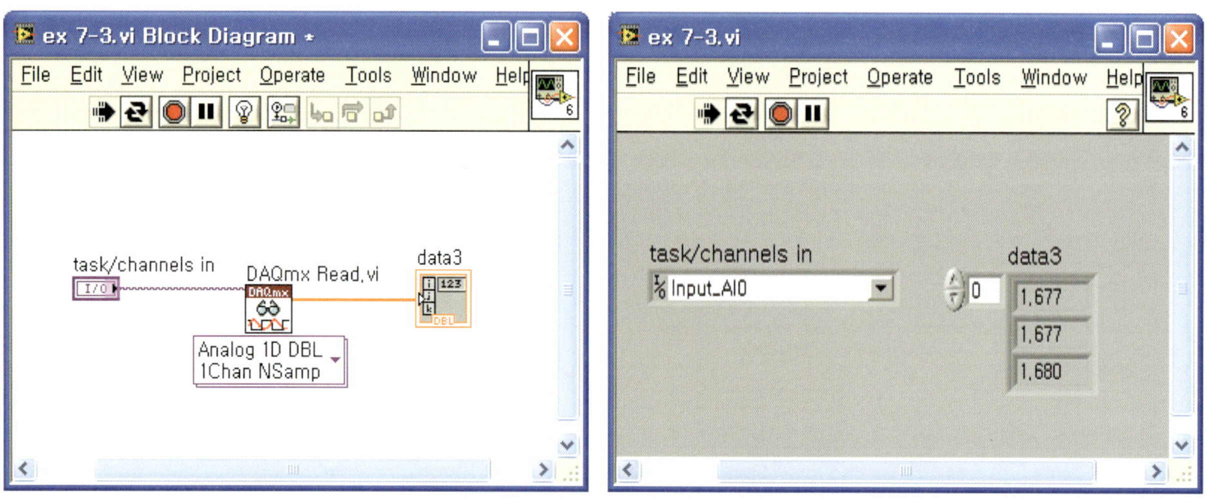

Fig. 7-33 Multiple Samples 아날로그 DAQ, 1D DBL 포맷 예제

D. Multiple Samples 아날로그 DAQ, Waveform 포맷 :

선택 옵션 : Analog 〉 Single Channel 〉 Multiple Samples 〉 Waveform

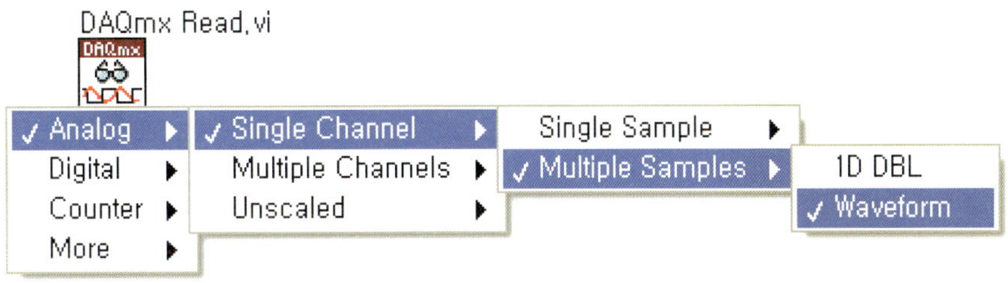

Fig. 7-34 Multiple Samples 아날로그 DAQ, Waveform 포맷

DAQmx Read.vi 인스턴스의 커넥터 팬 〈data〉 에서 바로가기 메뉴 〉 Create 〉 Indicator 〉 Waveform 인디케이터 생성 (data4)

프론트 패널 〉 Modern 〉 Graph 〉 Waveform Graph 생성 후 와이어링

Fig. 7-35 Timing Setting

1회 수집할 때마다 100개씩 데이터를 수집하므로 (Samples to Read → 100), Waveform Chart를 사용할시 데이터를 정확하게 표시할 수 없다. 이런 경우 반드시 Waveform Graph를 사용해야 한다.

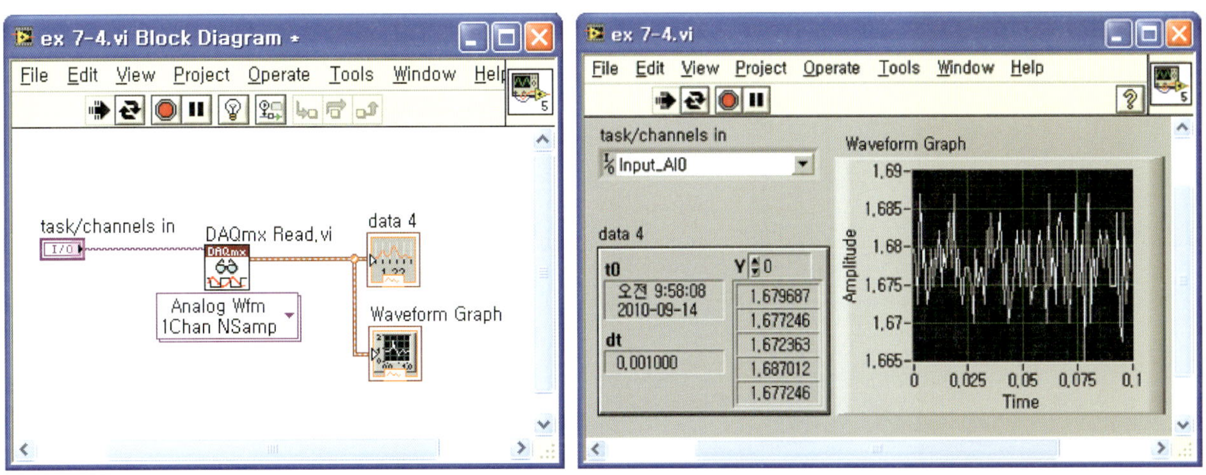

Fig. 7-36 Multiple Samples 아날로그 DAQ, Waveform 포맷 예제

Multiple Channels 아날로그 입력

DAQmx Read.vi 인스턴스는 DAQ 디바이스가 가지는 멀티채널에서 샘플(아날로그, 디지털, 카운터) 데이터를 읽어온다.
인스턴스 풀다운 메뉴의 멀티채널에서 하나의 데이터 또는 다수의 데이터를 샘플링 할지를 지정하고, 웨이브폼 인지 배정도 타입인지를 세부 메뉴로 설정한다.

DAQmx Read.vi 인스턴스 위치는 블록 다이어그램 〉 Measurement I/O 〉 DAQmx-Data Acquisition 〉 DAQmx Read.vi 에 있다.

멀티 채널 데이터 DAQ를 실습하기 위하여 아래와 같이 터미널 블록 해당 핀 번호에 외부 센서 또는 신호발생기를 연결한다.
아래의 터미널 블록 핀번호는 PCI-6040E 것이고, NI DAQ 디바이스에 따라 약간의 차이가 있으니 주의가 요망된다.

▶ 터미널 블럭 설정 (차동 측정 유형) ;

#68 (AI0) ←< 외부 신호 (Ch#0) +
#34 (AI8) ←< 외부 신호 (Ch#0) –
#33 (AI1) ←< 외부 신호 (Ch#1) +
#66 (AI9) ←< 외부 신호 (Ch#1) –
#65 (AI2) ←< 외부 신호 (Ch#2) +
#31 (AI10) ←< 외부 신호 (Ch#2) –

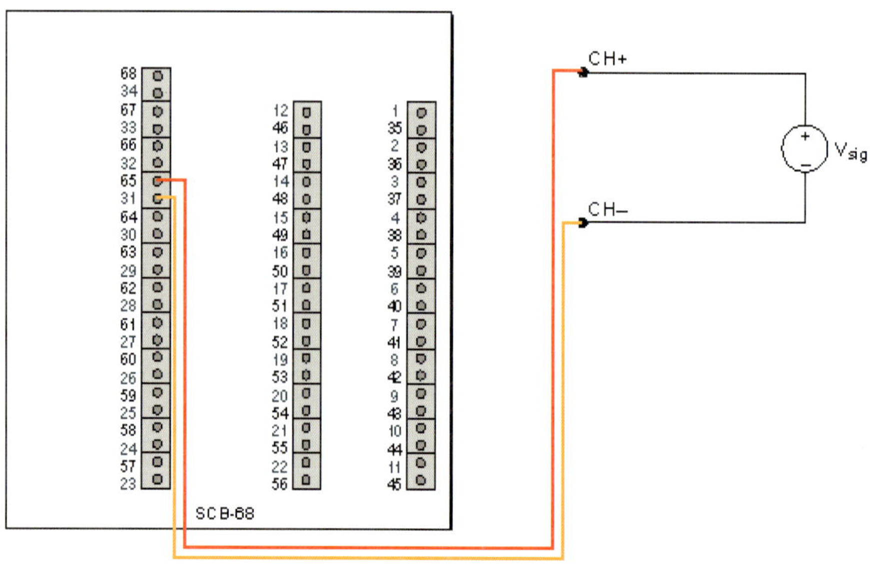

Fig. 7-37 외부 신호 입력(Ch#2)을 위한 터미널 블록 설정

A. Single Sample 아날로그 DAQ, 1D DBL 포맷 :

선택 옵션 : Analog 〉 Multiple Channels 〉 Single Sample 〉 1D DBL

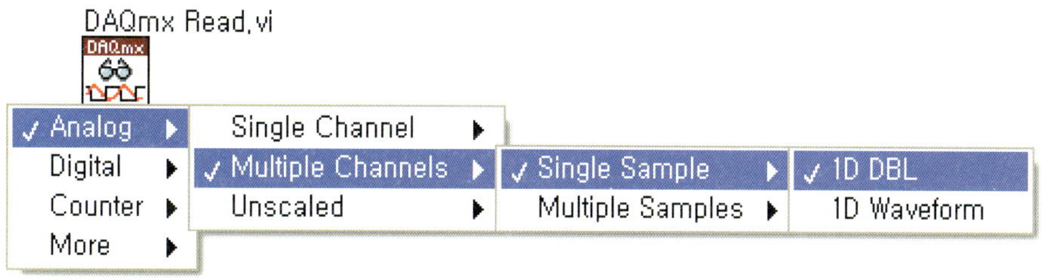

Fig. 7-38 Single Sample 아날로그 DAQ, 1D DBL 포맷

물리적 채널을 설정하는 방법은 입력 커넥터 팬 〈task/channels in〉의 접속 방법에 따라 결정된다.

▶ 입력 커넥터 팬 〈task/channels in〉 생성 및 구성 ;

프론트 패널 〉 task/channels in 컨트롤 창에서 〉 Browse... 선택

아이템 선택 윈도우 팝업 〉 새로 생성... 〉 MAX 태스크

Create New NI-DAQmx Task... 윈도우 팝업 〉 Acquire Signals 〉 Analog Input 〉 Voltage

Physical 탭 〉 Dev1 〉 ai0 ~ ai2

(멀티채널을 선택할 때 Ctrl +마우스 클릭하면, 멀티로 선택됨)

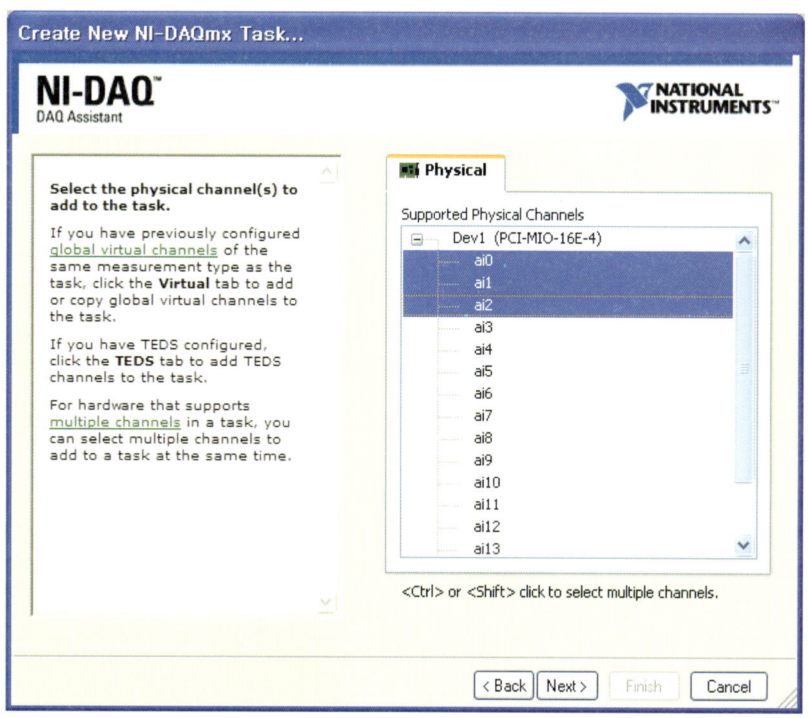

Fig. 7-39 멀티채널 설정 (ai0 ~ ai2)

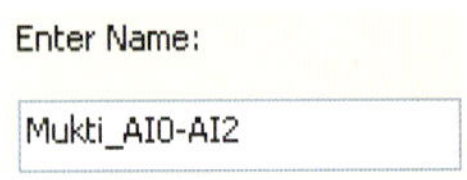

Enter Name 창 ⟶ 임의 이름 지정 (Multi_AI0-AI2)

Configuration 탭 에서 〉 Acquisition Mode ⟶ 1 Sample (On Demand)

Terminal Configuration ⟶ Differential

OK

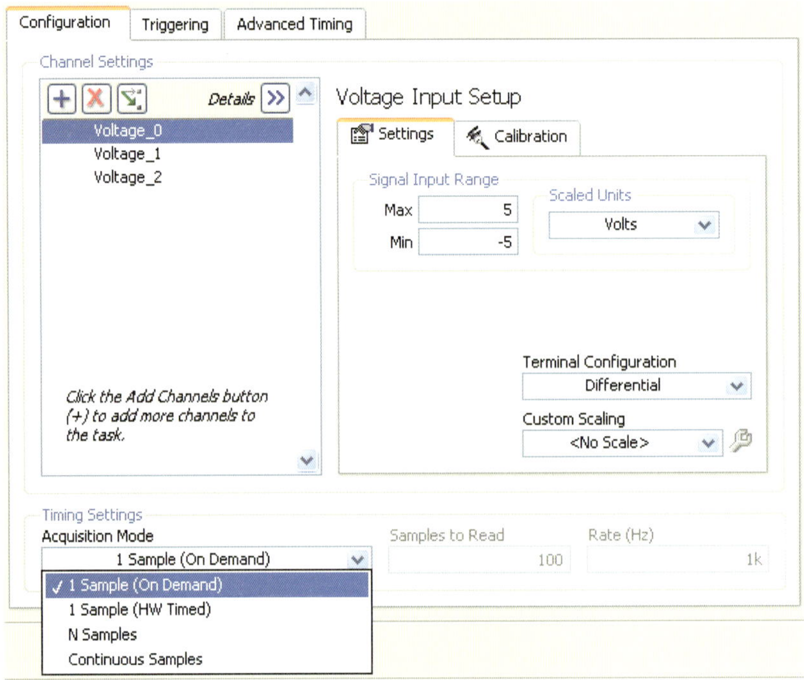

Fig. 7-40 태스크 조건 변경

▶ 아이템 선택 윈도우 팝업 〉 Multi_AI0-AI2 태스크 생성 확인 후 선택

▶ 프론트 패널 〉 task/channels in 컨트롤 창 〉 Multi_AI0-AI2 태스크 확인

DAQmx Read.vi 인스턴스 커넥터 팬 〈data〉 에서 바로가기 메뉴 〉 Create 〉 Indicator 〉 DBL 숫자형 인디케이터 생성 (data)

생성된 data는 1차원 배열 데이터이고, 첫 번째 원소는 채널 0번, 두 번째 원소는 채널 1번, 세 번째 원소는 채널 2번에서 수집한 1개(Single Sample)의 데이터이다.

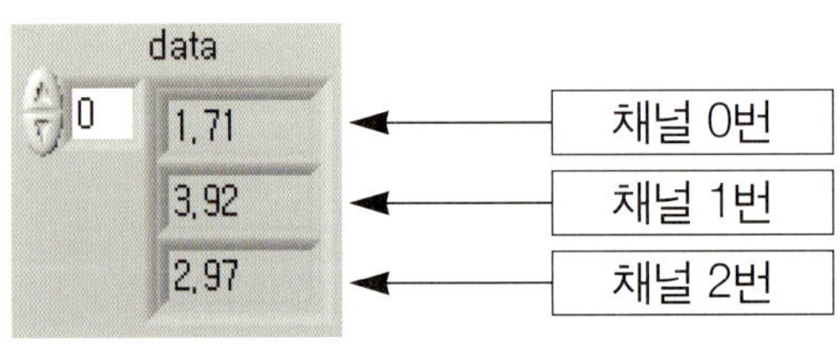

Fig. 7-41 Array 인디케이터 원소 의미

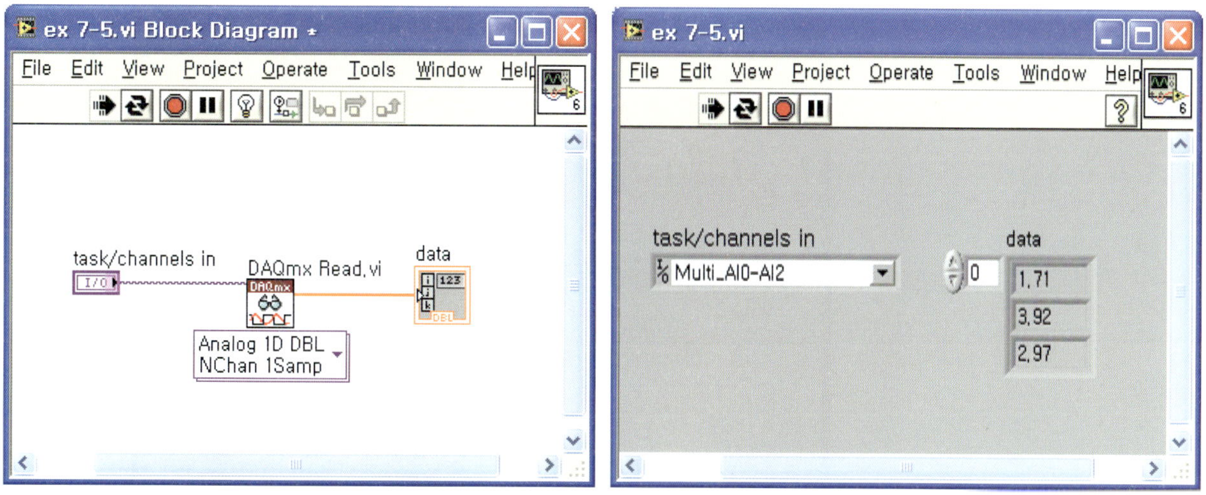

Fig. 7-42 Single Sample 아날로그 DAQ, 1D DBL 포맷 예제

B. Single Sample 아날로그 DAQ, 1D Waveform 포맷 :

선택 옵션 : Analog 〉 Multiple Channels 〉 Single Sample 〉 1D Waveform

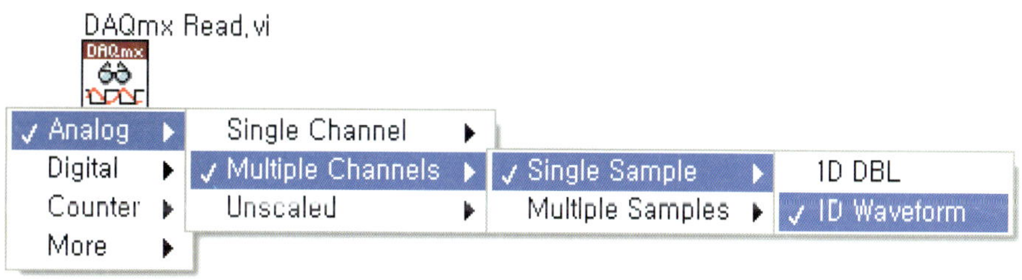

Fig. 7-43 Single Sample 아날로그 DAQ, 1D Waveform 포맷

DAQmx Read.vi 인스턴스의 출력으로 생성된 data2 인디케이터는 Waveform 형식의 1차원 배열이다.

data2에 Index(0,1,2)가 존재하고, Y값에도 Index(0,1,2)가 존재함으로 Single Channel 수집과는 구별이 된다.

Waveform 출력 유형은 t0, dt, Y 같은 기타 정보를 하나로 묶어서 내보내는 문자열 출력 방식으로, Waveform Chart 그래프에 직접 연결하여 손쉽게 그래픽 출력이 가능하다.

그림 7-44의 Waveform Chart 그래프에서, 흰색 라인은 채널 0번, 빨강색 라인은 채널 1번, 녹색 라인은 채널 2번의 결과를 수집한 시간에 대하여 도시되었다.

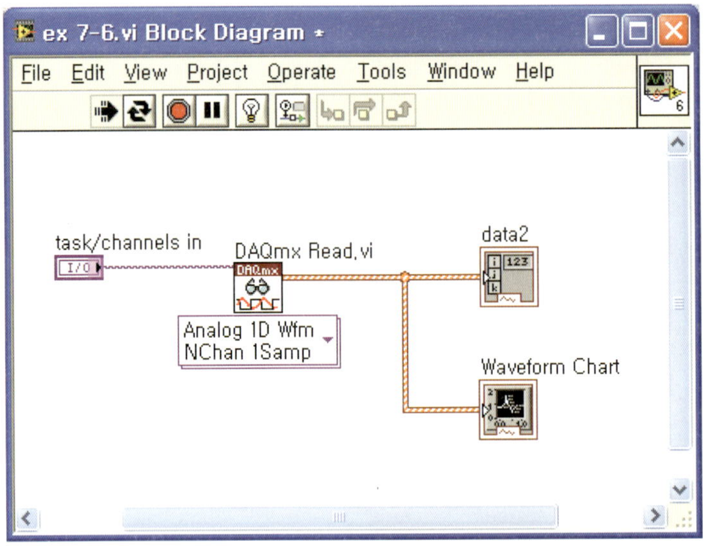

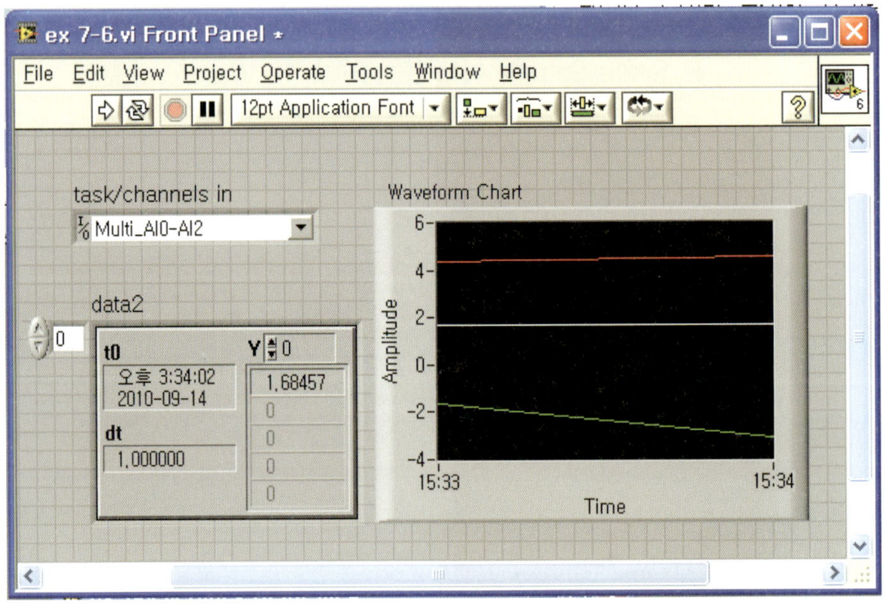

Fig. 7-44 Single Sample 아날로그 DAQ, 1D Waveform 포맷 예제

C. Multiple Samples 아날로그 DAQ, 2D DBL 포맷 :

선택 옵션 : Analog 〉 Multiple Channels 〉 Multiple Samples 〉 2D DBL

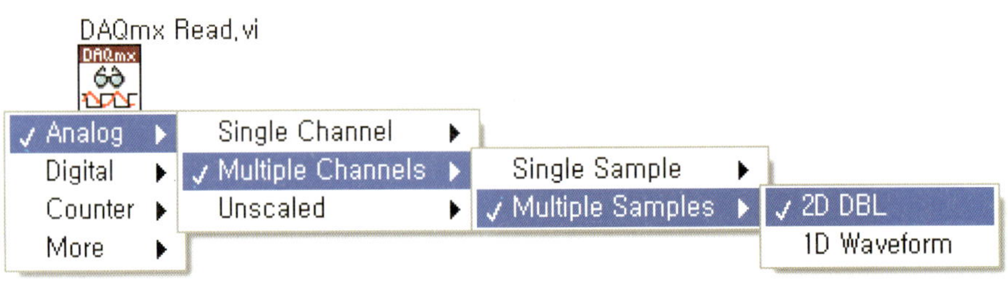

Fig. 7-45 Multiple Samples 아날로그 DAQ, 2D DBL 포맷

▶ Multiple Samples 이므로 MAX를 통해서 태스크 세팅을 변경해야 함.
프론트 패널 〉 태스크 창 〉 바로가기 메뉴 〉 Edit NI-DAQmx Task

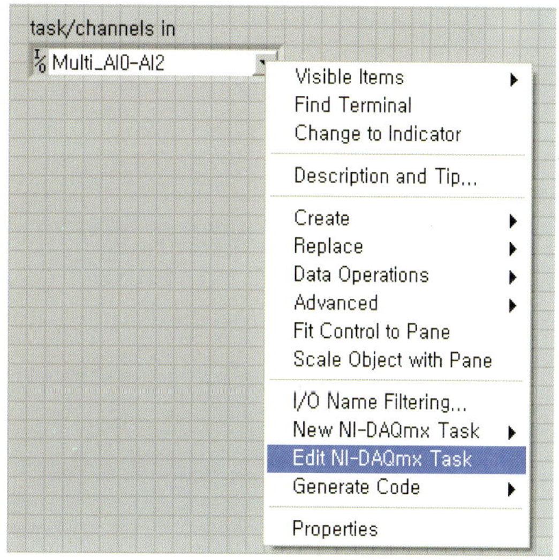

Fig. 7-46 태스크 조건 변경 1

Configuration 탭 〉 Acquisition Mode ⟶ N Sample
Samples to Read ⟶ 100
Rate (Hz) ⟶ 1k

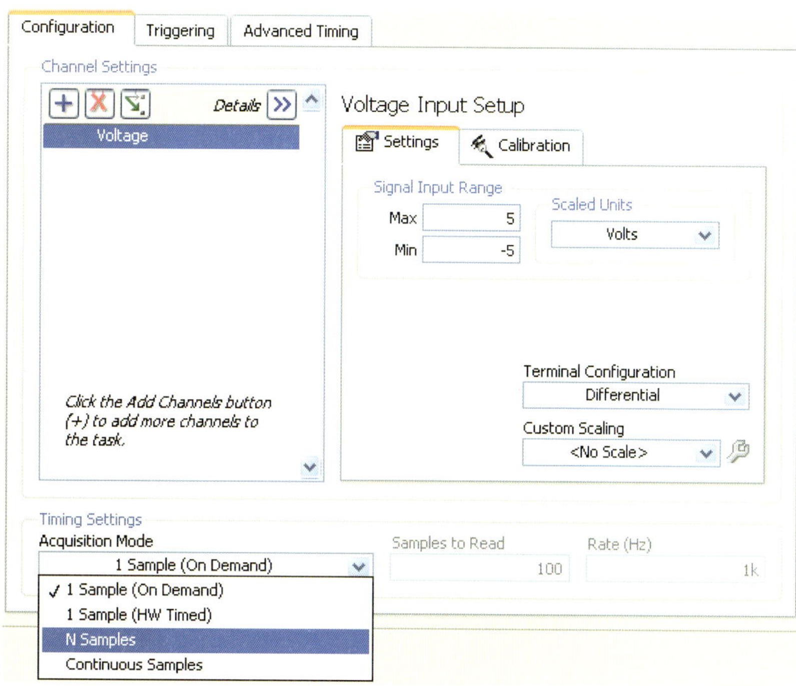

Fig. 7-47 태스크 조건 변경 2

DAQmx Read.vi 인스턴스의 커넥터 팬 〈data〉 에서 바로가기 메뉴 〉 Create 〉 Indicator 〉 DBL 숫자형 인디케이터 생성 (data3)

3개 채널 멀티 샘플링으로 설정하였기 때문에, 생성된 data3은 DBL 숫자형 2차원 배열 (2-D Array) 타입이다.

2-D Array 숫자형 배열 data3을 Grid Cursor를 이용해서 row와 column을 확장하여 보면, 첫 번째 row는 채널 0번(흰색), 두 번째 row는 채널 1번(빨강색), 세 번째 row는 채널 2번(녹색) 출력을 의미한다.

▶ Ch#0, Ch#1, Ch#2에 신호발생기로 임의파형 인가

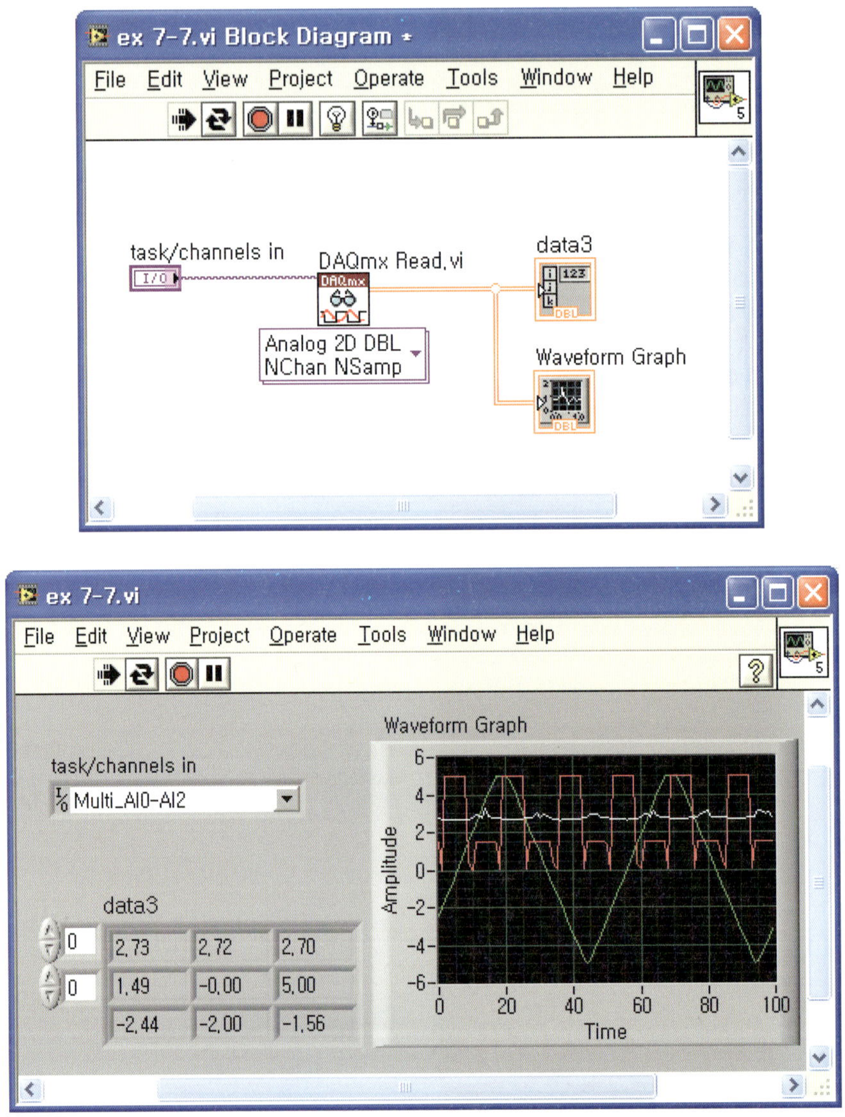

Fig. 7-48 Multiple Samples 아날로그 DAQ, 2D DBL 포맷 예제

D. Multiple Samples 아날로그 DAQ, 1D Waveform 포맷 :

선택 옵션 : Analog 〉 Multiple Channels 〉 Multiple Samples 〉 1D Waveform

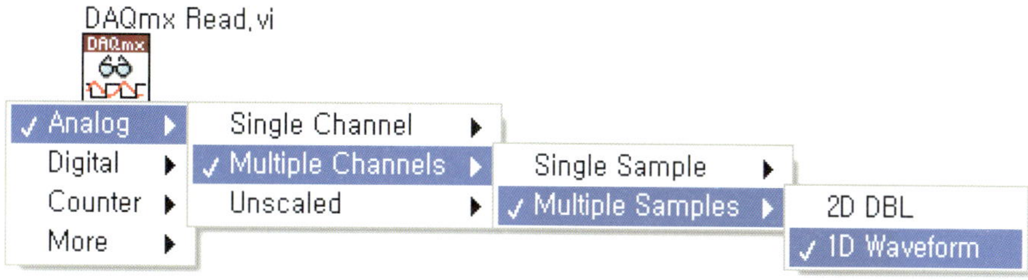

Fig. 7-49 Multiple Samples 아날로그 DAQ, 1D Waveform 포맷

DAQmx Read.vi 인스턴스의 data 커넥터 팬에서 바로가기 메뉴 〉 Create 〉Indicator 〉 Wavcform 인디케이터 생성 (data4)

1회 수집할 때마다 100개씩 데이터를 수집하므로 (Samples to Read ⟶ 100), Waveform Chart를 사용할시 데이터를 정확하게 표시할 수 없다. 이런 경우 반드시 Waveform Graph를 사용해야한다.

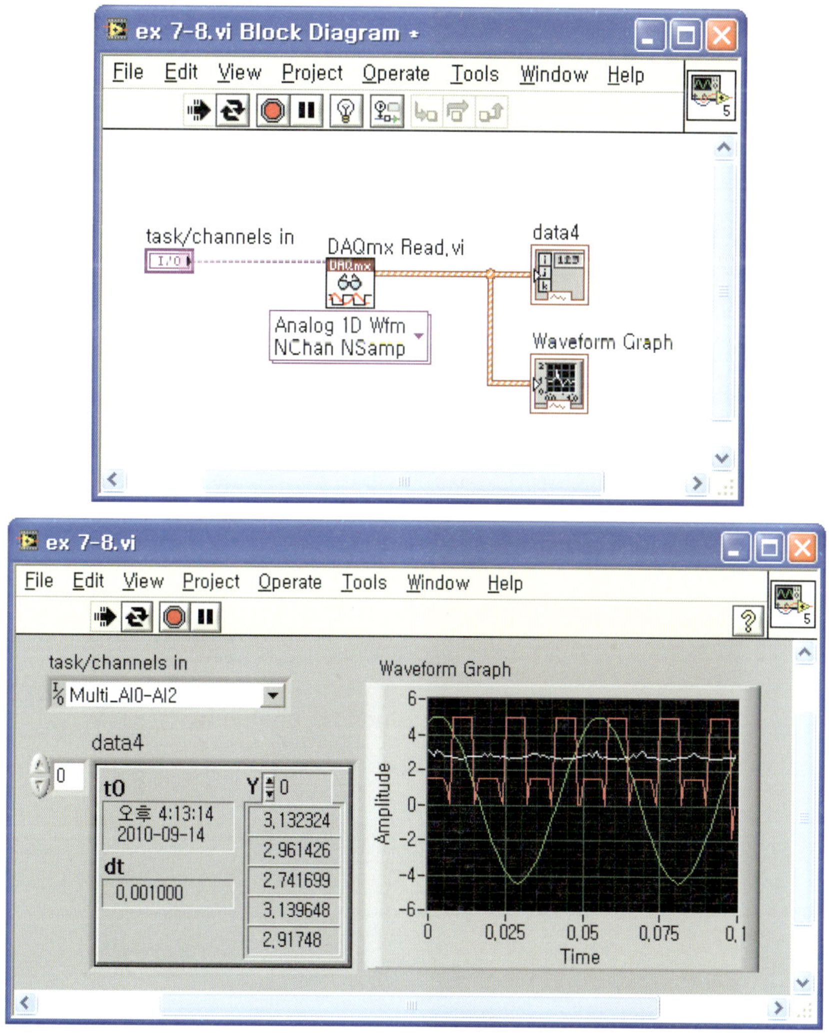

Fig. 7-50 Multiple Samples 아날로그 DAQ, 1D Waveform 포맷 예제

물리적 채널 직접 입력방법

외부 신호를 수집하기 위하여 물리적 채널을 설정하는 방법에는 크게 2가지 방법이 있다.

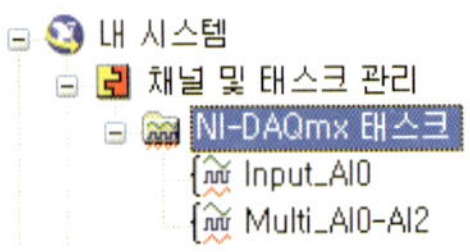

▶ Task (태스크) 명명법 : MAX에서 NI-DAQmx 태스크 채널을 설정하고, 해당 태스크 이름을 불러다 사용하는 방법 (상기 예제와 같은 방법). 멀티채널이거나 채널당 할당된 조건이 다른 경우 유리함.

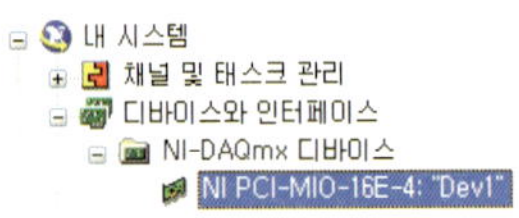

▶ 직접 (Dev_) 명명법 : DAQmx Create Channel.vi 를 사용하여 직접 설정. 채널 조건이 일정하고 소수 몇 개의 채널을 설정할 경우 유리함.

DAQmx Create Channel.vi 함수는 풀다운 메뉴를 제공한다. 즉, Analog Input 을 선택하면 세부 항목 Voltage, Voltage RMS, Temperature, Current 등이 표시되고, 그 중에서 하나를 지정하면 된다.

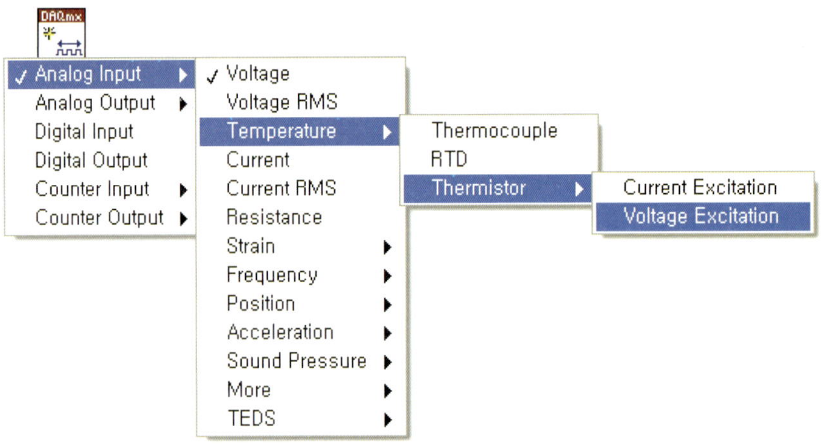

Fig. 7-51 DAQmx Create Channel.vi 함수의 풀다운 메뉴

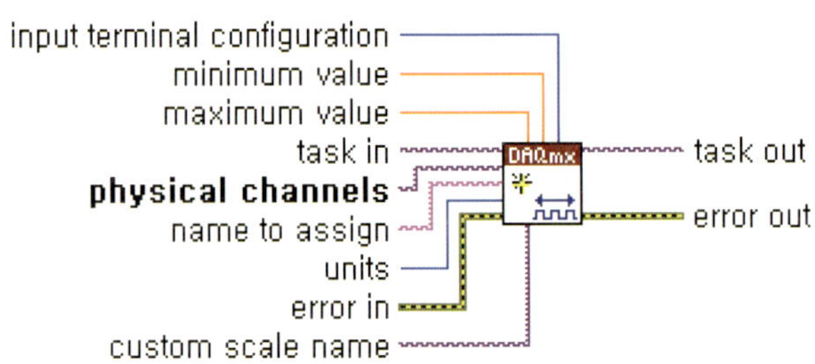

Fig. 7-52 DAQmx Create Channel.vi 커넥터 팬

그림 7-26에 소개한 VI를 예를 들어 채널 입력 방법을 수정하면,

▶ 〈task/channels in〉을 Control로 생성하면, 프론트 패널에서 태스크 이름을 지정해야 한다. (현재까지 예제에서 소개한 방법)

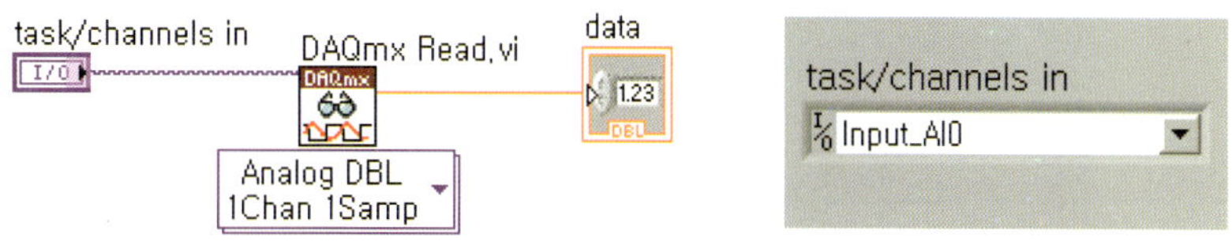

(a) 태스크 명명 / Control 지정

▶ 상기 방법에서 Control을 Constant로 수정하고, 태스크 이름을 지정.
프론트 패널에서 태스크 이름을 지정할 필요는 없고, 블록 다이어그램에서 상수로 직접 지정한다.

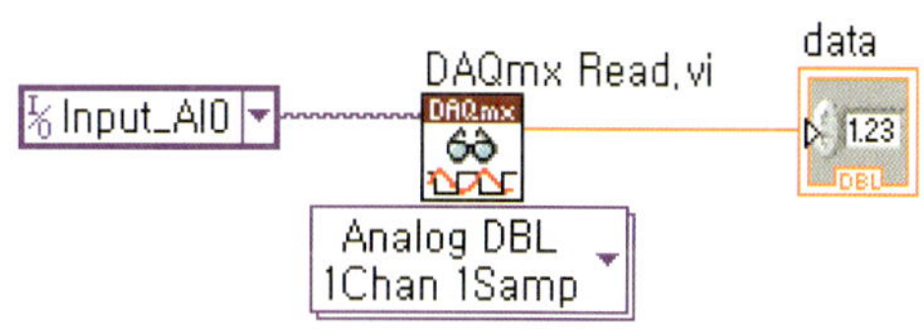

(b) 태스크 명명 / Constant 지정

▶ DAQmx Create Channel.vi 함수를 사용한 직접 입력 방법

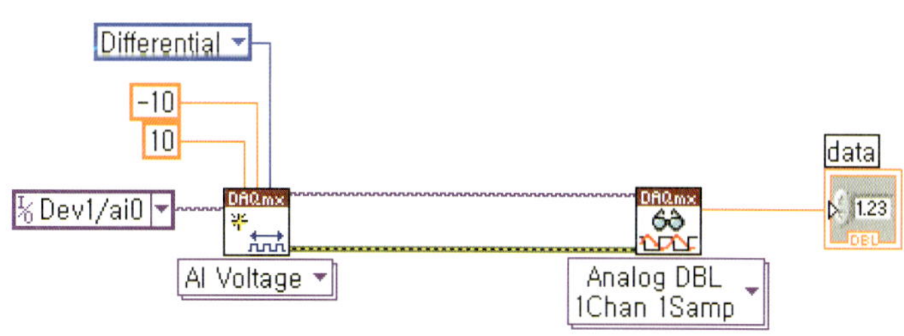

(c) 직접 명명

▶ 상기 방법에 액세서리를 첨부하여 보다 안정적인 입력 방법

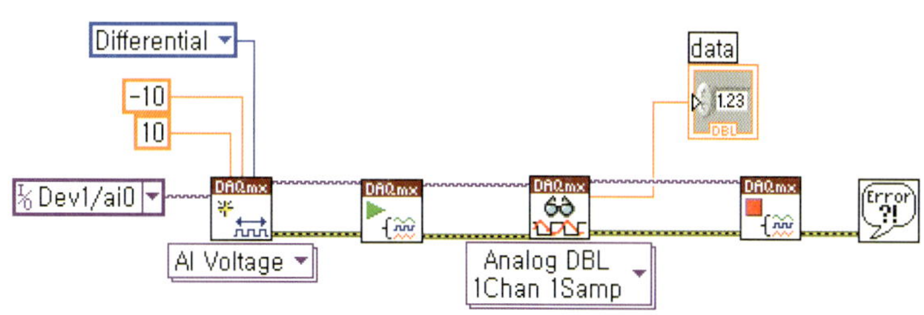

(d) 직접 명명 / 부가기능 첨부

Fig. 7-53 물리적 채널 지정 방법들

4. 아날로그 입력 / 싱글 채널 싱글 샘플링 예제 (#7-1)

DAQmx-Data Acquisition 팔레트 함수들을 사용해서, 어떤 센서가 -5~5[V] 범위영역 안에서 출력을 내보낼 때 한 포인트씩 DAQ 한다.
이 신호를 초당 100개를 수집하여 출력 인디케이터 (숫자형, 미터, 차트 그래프)에 디스플레이하는 VI를 프로그래밍 한다.

문제

Single 채널 / Single 샘플링 방법으로 센서의 아날로그 신호를 수집한다.
샘플링 속도는 초당 100개 (100Hz)를 정확하게 유지한다.
Express VI 함수는 사용하지 않고, DAQmx-Data Acquisition 관련 함수들만 사용한다.

하드웨어 설정

DAQ 디바이스 설치 확인 : PCI-6040E (PCI-MIO-16E-4)

- ▶ 센서 출력의 디바이스 접속 : Differential 방법
- ▶ 디바이스 사용 채널 : AI2
- ▶ 터미널 블록 핀 번호 : #65(AI2) ⟵ 외부 신호(센서 +)
  #31(AI10) ⟵ 외부 신호(센서 –)
- ▶ 채널 아날로그 신호 입력 범위 : maximum (+5V), minimum (-5V)
- ▶ 터미널 블록의 신호 접속도 (AI2)

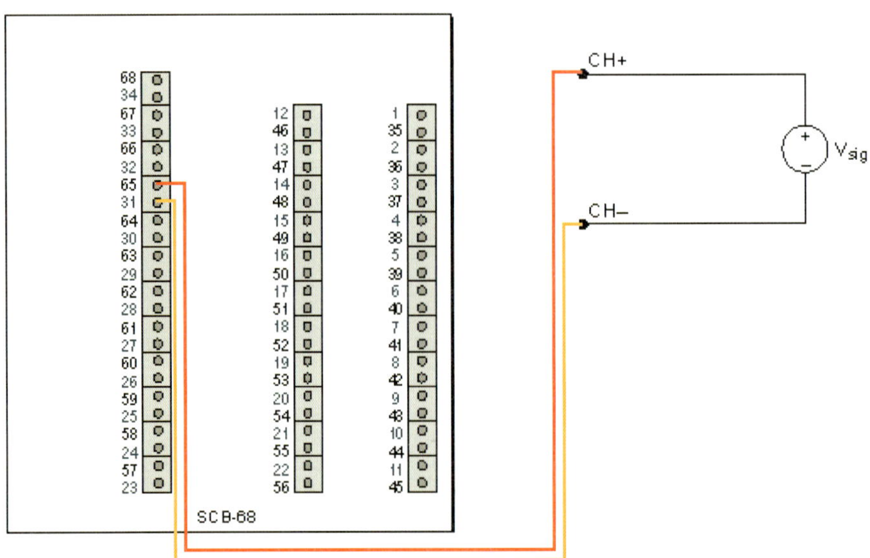

프론트 패널 프로그래밍

A. 새로운 VI를 생성한다.

- ▶ LabVIEW를 실행하여 Getting Started 창을 연다.
- ▶ File 〉 New VI 를 선택 또는 Files Tab 〉 Blank VI 를 클릭.
- ▶ File 〉 Save As 〉 c:₩temp₩Example #7-1.vi 선택하여 저장.

B. 출력 인디케이터 (Volts, Meter, Waveform Chart) 생성

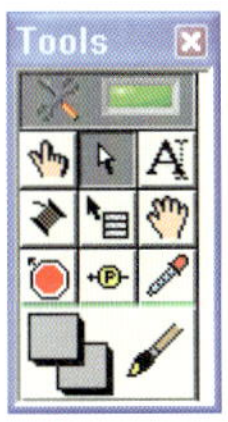

- ▶ Tool Palette를 오픈하여 자동으로 전환한 후 닫는다.
  프론트 패널 〉 윈도우 메뉴 View 〉 Tools Palette
- ▶ 프론트 패널에서 마우스 오른쪽 버튼을 클릭하여 Controls 팔레트를 팝업 한다.
- ▶ Controls Palette 〉 Modern 〉 Numeric 〉 Numeric Indicator

  라벨명 변경 ⟶ Volts

- ▶ Controls Palette 〉 Modern 〉 Numeric 〉 Meter
  라벨명 변경 ⟶ Meter
- ▶ Meter의 디지털 표시기 보이기
  마우스 오른쪽 버튼으로 바로가기 메뉴 〉 Visible Items 〉 Digital Display

- ▶ Controls Palette 〉 Modern 〉 Graph 〉 Waveform Chart
  라벨명 변경 ⟶ Waveform Chart
- ▶ Controls Palette 〉 Modern 〉 Boolean 〉 Stop
- ▶ 마우스로 드래그하여 아이템 크기를 재조정 한다.
- ▶ VI를 저장한다.

블록 다이어그램 프로그래밍

A. DAQmx Create Channel.vi 함수 생성

위치 : 블록 다이어그램 〉 Measurement I/O 〉 DAQmx-Data Acquisition 〉 DAQmx Create Channel.vi

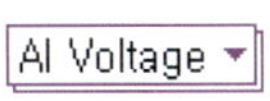

- ▶ 풀다운 메뉴에서 〉 Analog Input 〉 Voltage (AI Voltage) 선택
- ▶ 물리적 채널 지정 방법 : 직접 명명법

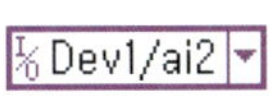

- ▶ physical channels : Dev1/ai2
  입력 커넥터 팬 〈physical channels〉 위치에서,
  바로가기 메뉴 〉 Create 〉 Constant 생성 〉 Dev1/ai2 선택

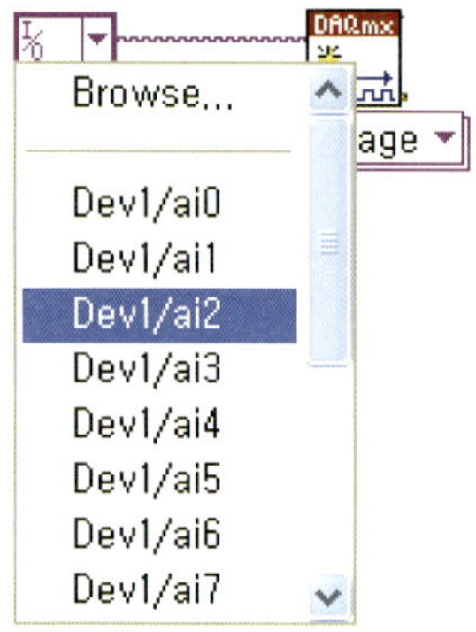

▶ maximum value : 5

minimum value : -5

▶ input terminal configuration : Differential

B. DAQmx Start Task.vi 함수 생성

위치 : 블록 다이어그램 〉 Measurement I/O 〉 DAQmx-Data Acquisition 팔레트

▶ DAQ 시작 함수

C. DAQmx Read.vi 함수 생성

위치 : 블록 다이어그램 〉 Measurement I/O 〉 DAQmx-Data Acquisition 팔레트

▶ 선택 옵션 : Analog 〉 Single Channel 〉 Single Sample 〉 DBL

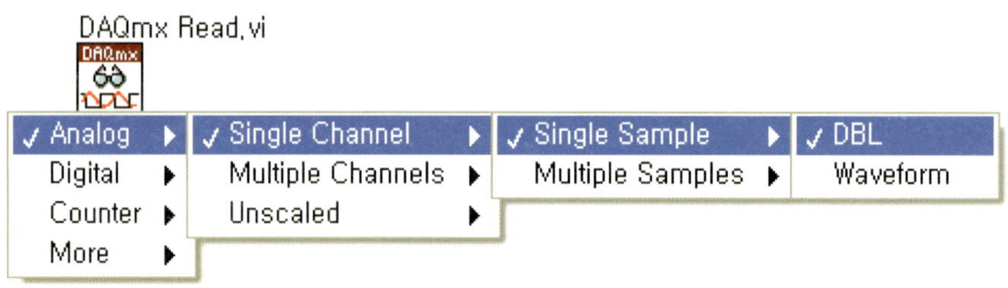

▶ 출력 커넥터 팬 〈data〉을 출력 인디케이터 (Volts, Meter, Waveform Chart)에 연결

▶ 실제적으로 DAQ 작업을 수행하는 함수

D. DAQmx Stop.vi 함수 생성

위치 : 블록 다이어그램 〉 Measurement I/O 〉 DAQmx-Data Acquisition 팔레트

▶ DAQ 정지 함수

E. Simple Error Handler.vi 함수 생성

위치 : Functions 팔레트 〉 Programming 〉 Dialog & User Interface 〉 Simple Error Handler.vi

▶ 에라 발생시 안내문을 디스플레이 한다.

F. 와이어링 연결

▶ 함수들의 task out과 task/channels in 들을 상호 연결

▶ 함수들의 error out과 error in 들을 상호 연결

G. While loop 삽입

위치 : Functions 팔레트 〉 Programming 〉 Structures 〉 While Loop

▶ While loop 안쪽으로 DAQmx Read.vi 함수와 출력 인디케이터가 놓이도록 루프를 설정한다.

▶ Functions 팔레트 〉 Programming 〉 Cluster & Variant 〉 Unbundle By Name error out 연결라인과 연결하면, status로 변경됨.
에라가 발생하면 status 출력이 TRUE 가 됨

▶ Stop 버튼과 status 출력을 로직 OR에 입력
에러 발생시 또는 stop 버튼이 동작하면 While 루프를 정지시킨다.

▶ 단순 에러 핸들러(Simple Error Handler)를 While 루프 밖에 놓고, DAQmx Stop.vi 함수의 error out과 연결

H. 루프 Timing 관리 함수 삽입

▶ While 루프 안에 Loop Timing 함수 중 〈Wait Until Next ms Multiple〉선택

▶ 상수 10을 입력, 단위는 밀리초 이다.
10ms 마다 루프가 1회 수행한다.

▶ 이 함수는 루프 시간 제어에 가장 많이 사용되며, 밀리초 카운터를 모니터링하고 밀리초 카운터가 지정한 수의 배수에 도달할 때까지 기다린다.
또한, 여러 작업을 동기화(Synchronize)할 수 있으며, 루프의 실행속도를 제어할 수 있다.

I. VI를 저장한다.

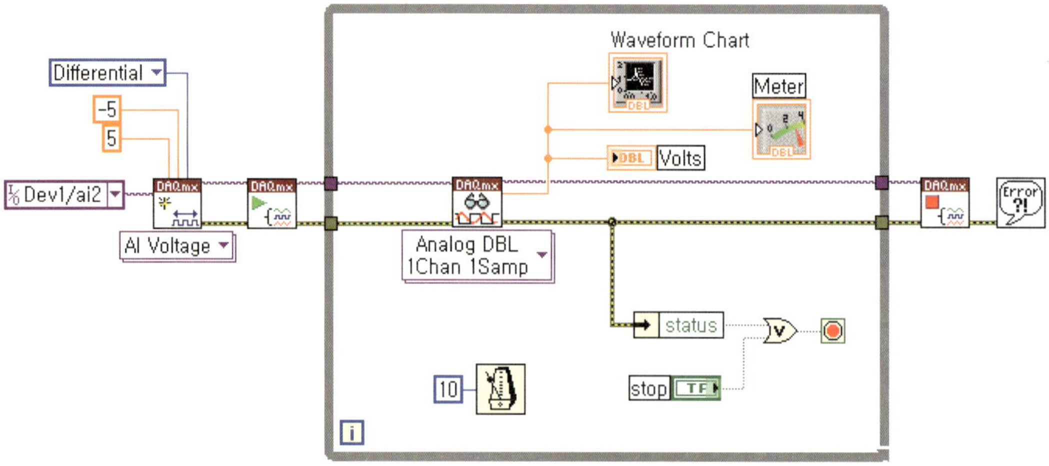

VI 실행

A. 프론트 패널 또는 블록 다이어그램 윈도우 메뉴에 있는 실행 버튼을 누르면 VI는 실행된다.

▶ 터미널 블록 입력단에 센서 또는 신호발생기를 연결하여 신호를 인가

▶ 실행하면서 인디케이터 디스플레이 확인

▶ 프론트 패널에 있는 stop 컨트롤 버튼으로 실행중인 VI를 정지

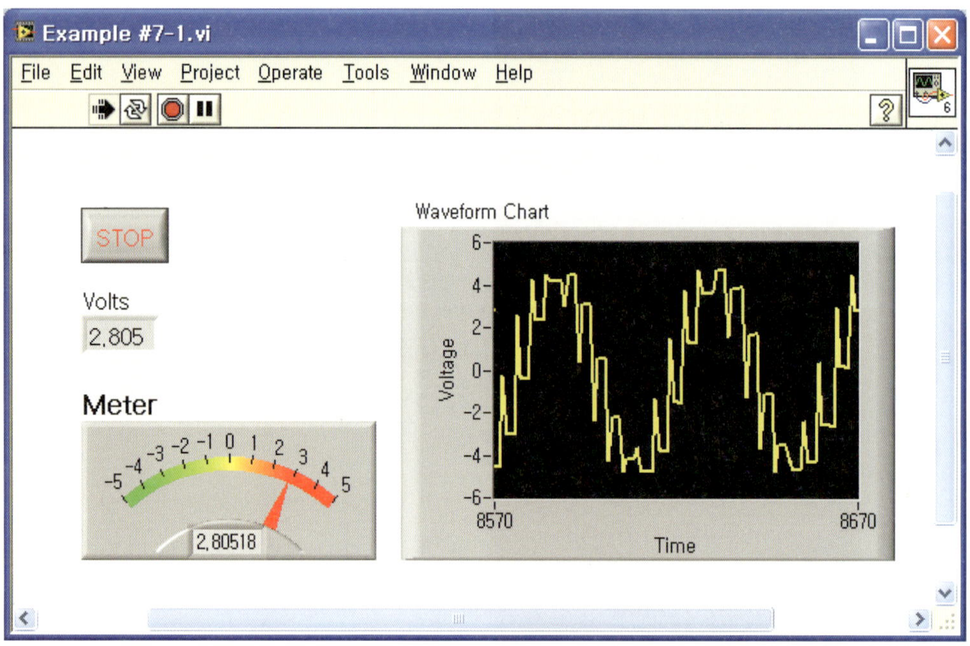

5. 아날로그 입력 / 싱글 채널 싱글 샘플링 / 시작 트리거 예제 (#7-2)

아날로그 싱글 채널 싱글 샘플링 데이터 수집용 예제 (#7-2) Example #7-2.vi 에, 외부 트리거 신호(TTL 레벨)를 적용한 VI를 프로그래밍 한다.

문제

외부 트리거 신호(TTL 레벨)가 입력되기 전까지는 DAQ 대상 아날로그 신호를 수집하지 않고 대기하다가, 트리거 신호가 Low(0V)에서 High(5V)로 인가될 때부터 데이터 DAQ를 시작시킨다.

- ▶ DAQmx Trigger.vi 트리거링 함수를 사용
- ▶ 데이터 수집 주기를 100 Hz (초당 100개) 수집
- ▶ 디지털 트리거 레벨 적용

하드웨어 설정

DAQ 디바이스 설치 확인 : PCI-6040E (PCI-MIO-16E-4)

- ▶ 센서 출력의 디바이스 접속 : Differential 방법
- ▶ 디바이스 사용 채널 : AI2
- ▶ 터미널 블록 핀 번호 : #65(AI2) ←< 외부 신호(센서 +)
  #31(AI10) ←< 외부 신호(센서 –)
- ▶ 채널 아날로그 신호 입력 범위 : maximum (+5V), minimum (-5V)
- ▶ 트리거 신호 : #11(PFI 0/AI START TRIG) ←< 트리거링 디지털 신호(+)
  #9(D GND) ←< 트리거링 디지털 신호(-)
- ▶ 트리거 신호 인가 : Low(0V) → High(5V)

프론트 패널 프로그래밍

A. 기존 VI를 오픈하고, 재 저장한다.

- ▶ LabVIEW를 실행하여 Getting Started 창을 연다.
- ▶ Open 〉 c:₩temp₩Example #7-1.vi
- ▶ File 〉 Save As 〉 c:₩temp₩Example #7-2.vi

블록 다이어그램 프로그래밍

A. 루프 Timing 관리 함수를 제거한다.

▶ While 루프 안에 〈Wait Until Next ms Multiple〉 함수를 제거

B. DAQmx Timing.vi 함수를 삽입한다.

위치 : Functions 팔레트 〉 Measurement I/O 〉 DAQmx-Data Acquisition 〉 DAQmx Timing

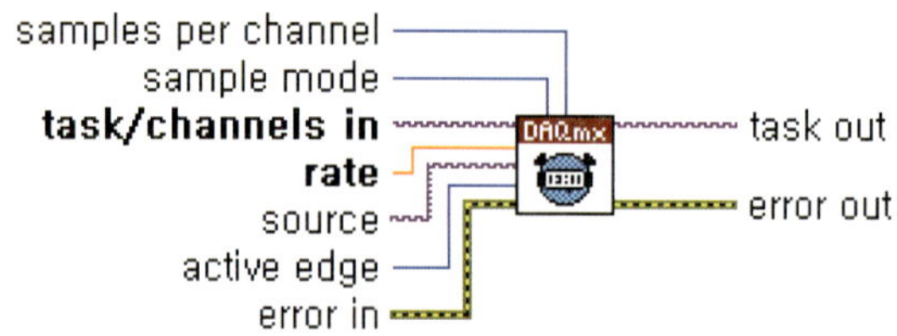

▶ 커넥터 팬 〈rate〉 에서 바로가기 메뉴 〉 Create 〉 Control 생성

라벨명 변경 ⟶ rate (Hz)

디폴트 값 변경 ⟶ 100

100Hz 샘플링 주파수와 싱글 채널 싱글 샘플링으로 DAQ하면, 초당 100개의 스칼라 타입의 데이터를 수집할 수 있다.
최고의 샘플링 주파수의 한계는 해당 하드웨어 디바이스의 규격에 따라 종속된다.

본 교재에 사용되는 PCI-6040E의 경우, 싱글 채널에서 최대 샘플링 속도는 500KS/s (초당 50만개)이고, 멀티 채널에서는 250KS/s로 줄어든다.
멀티플렉스 없이 모든 아날로그 입력단에 각각 ADC를 적용한 S-시리즈는 싱글 채널 일 때와 멀티 채널 일 때의 샘플링 주파수가 동일하다.
(S-시리즈 DAQ 디바이스는 성능은 우수하나 가격이 비싼 단점이 있다)

	Maximum Sampling Rate
607xE	1.25 MS/s
6062E	500 kS/s
6040E	500 kS/s single-channel scanning 250 kS/s multichannel scanning
6023E	200 kS/s
6024E	
6025E	
6020E	100 kS/s

▶ sample mode 커넥터 팬에서 바로가기 메뉴 〉 Create 〉 Control 생성 디폴트 값 변경 ⟶ Continuous Samples

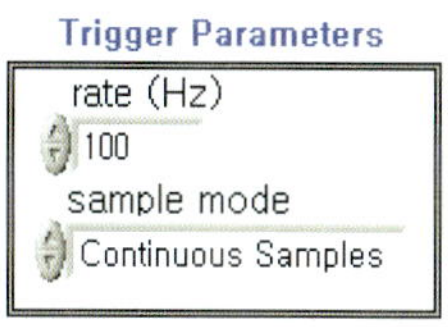

C. 프론트 패널 윈도우의 컨트롤 터미널들을 정리한다.

▶ 바로가기 메뉴 〉 Decorations 〉 Flat Flame 생성한 후, 적당한 크기로 변경하고, 그 안에 컨트롤 (rate (Hz), sample mode) 을 재배치한다.

▶ 터미널 위에 주석(Trigger Parameters)을 단다.

D. DAQmx Trigger.vi 함수를 삽입한다.

위치 : Functions 팔레트 〉 Measurement I/O 〉 DAQmx-Data Acquisition 〉 DAQmx Trigger

▶ 풀다운 메뉴에서 트리거 유형 및 방법을 선택

유형 ⟶ Start

방법 ⟶ Digital Edge

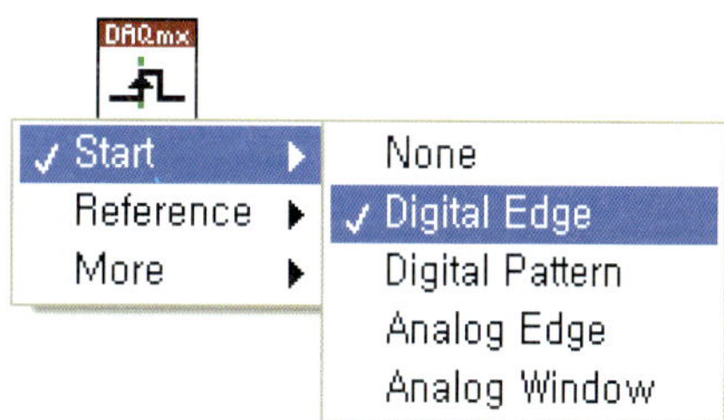

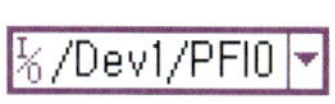

▶ source 커넥터 팬에서 바로가기 메뉴 〉 Create 〉 Constant 생성 후, /Dev1/PFI 0 을 선택 (트리거 신호가 PFI 0 을 통하여 입력된다)

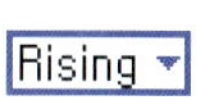

▶ edge 커넥터 팬에서 바로가기 메뉴 〉 Create 〉 Constant 생성 후, Rising을 선택 (트리거 신호가 Low에서 High가 될 때 트리거 시작)

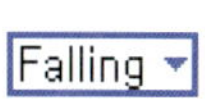

▶ 만약, 트리거 신호가 High에서 Low로 떨어질 때 트리거를 작동하려면, Falling 으로 설정하면 된다.

E. 와이어링 연결

▶ 함수들의 task out과 task/channels in 들을 상호 연결

▶ 함수들의 error out과 error in 들을 상호 연결

F. VI를 저장한다.

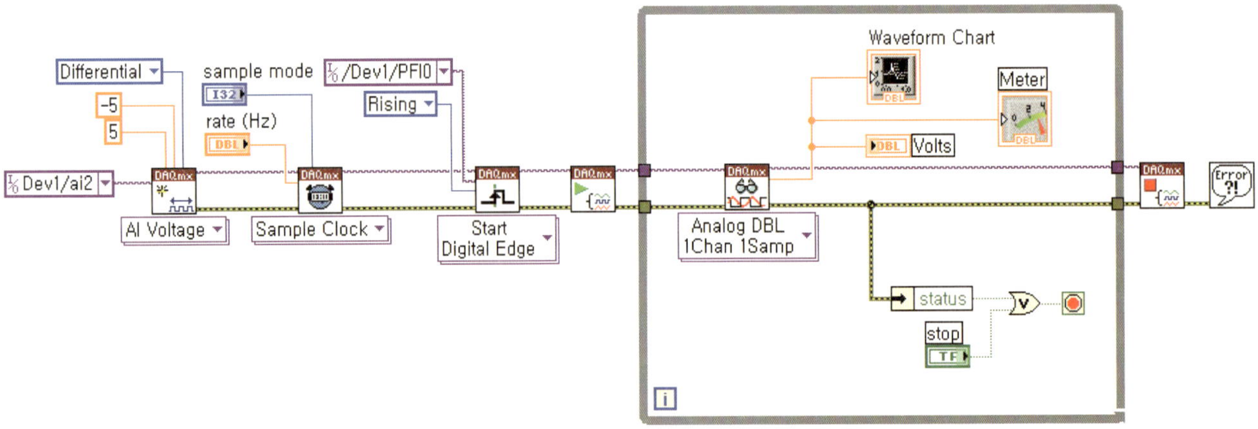

VI 실행

A. 프론트 패널 또는 블록 다이어그램 윈도우 메뉴에 있는 실행 버튼을 누르면 VI는 실행된다.

- ▶ 터미널 블록 입력단에 센서 또는 신호발생기를 연결하여 신호를 인가
- ▶ 실행하면서 인디케이터 디스플레이 확인
- ▶ 프론트 패널에 있는 stop 컨트롤 버튼으로 실행중인 VI를 정지
- ▶ Sampling Rate를 바꿔가면서 결과를 비교

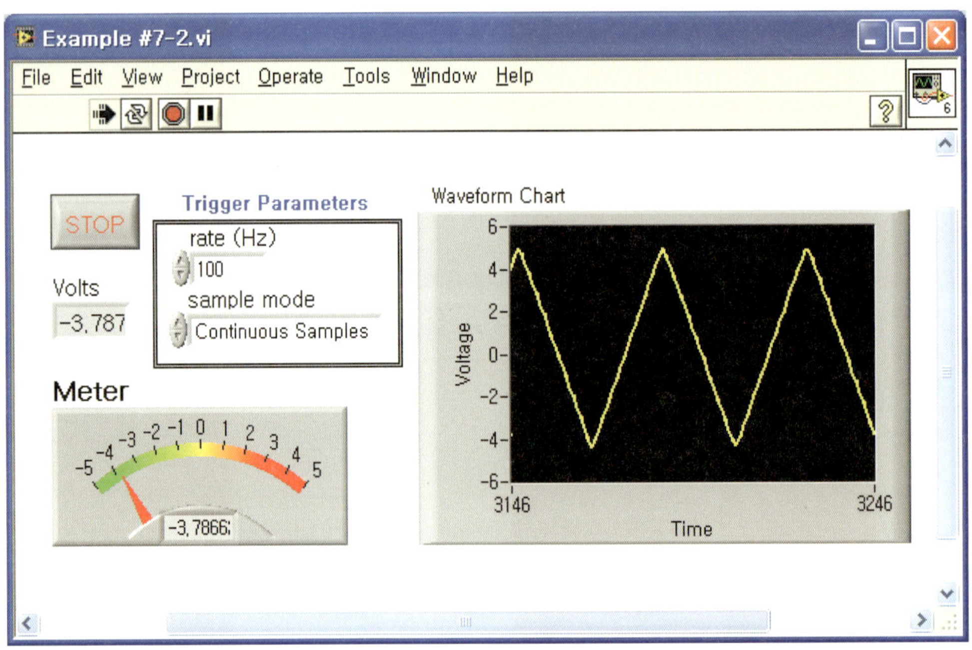

6. 아날로그 입력 / 싱글 채널 멀티 샘플링 예제 (#7-3)

어떤 센서의 출력이 -5~5[V] 범위일 때, 1회 트리거 또는 1회 루프 수행과정에서 다수의 데이터를 수집하는 VI를 프로그래밍 한다.

문제

Single 채널 / Multiple 샘플링 방법으로 센서의 아날로그 신호를 수집한다.
멀티 샘플링된 데이터를 디스플레이하고, 데이터 포인트 사이의 간격 시간(dt)을 제어할 수 있는 방법을 생각한다.

- ▶ 데이터 포인트 사이의 간격 시간(dt)을 가변할 수 있는 컨트롤
- ▶ 채널당 수집하는 데이터 개수를 가변할 수 있는 컨트롤

하드웨어 설정

DAQ 디바이스 설치 확인 : PCI-6040E (PCI-MIO-16E-4)

- ▶ 센서 출력의 디바이스 접속 : Differential 방법
- ▶ 디바이스 사용 채널 : AI2
- ▶ 터미널 블록 핀 번호 : #65(AI2) ⟵ 외부 신호(센서 +)
#31(AI10) ⟵ 외부 신호(센서 –)
- ▶ 채널 아날로그 신호 입력 범위 : maximum (+5V), minimum (-5V)

프론트 패널 프로그래밍

A. 기존 VI를 오픈하고, 재 저장한다.

- ▶ LabVIEW를 실행하여 Getting Started 창을 연다.
- ▶ Open 〉 c:₩temp₩Example #7-1.vi
- ▶ File 〉 Save As 〉 c:₩temp₩Example #7-3.vi

B. 출력 인디케이터(Volts, Meter, Waveform Chart)를 제거한다.

- ▶ 블록 다이어그램에서 Ctrl+B 눌러 깨진 와이어를 제거

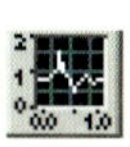

C. Waveform Graph를 생성한다.

- ▶ Y축 이름 변경 ⟶ Voltage

블록 다이어그램 프로그래밍

A. 루프 Timing 관리 함수를 제거한다.

▶ While 루프 안에 〈Wait Until Next ms Multiple〉 함수를 제거

B. DAQmx Read.vi 함수

▶ 선택 옵션 : Analog 〉 Single Channel 〉 Multiple Samples 〉 1D DBL

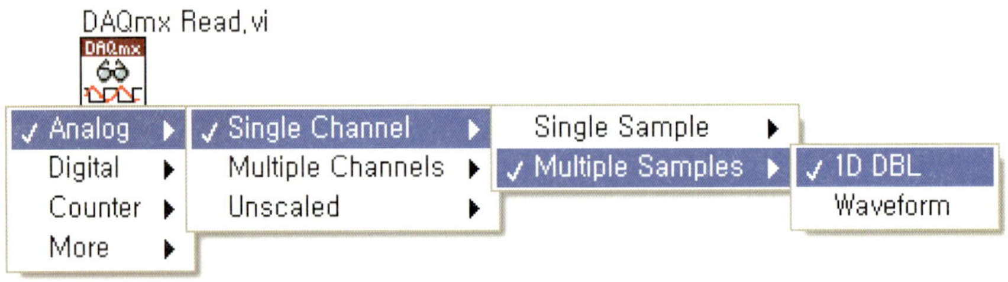

▶ 출력 커넥터 팬 〈data〉 에서 바로가기 메뉴 〉 Create 〉 Indicator 생성

▶ Waveform Graph와 와이어링

▶ 입력 커넥터 팬 〈number of samples per channel〉 에서 바로가기 메뉴 〉 Create 〉 Control 생성

▶ number of samples per channel 값 ⟶ 1500

1500이란 1회 루프 수행 때마다 1500개의 데이터를 연속적으로 수집함을 의미한다.

▶ 입력 커넥터 팬 〈timeout〉 에서 바로가기 메뉴 〉 Create 〉 Constant 생성

timeout은 DAQ 실행될 때 까지 기다리는 시간[초]이다.

-1이면 무한대로 기다림

C. VI를 저장하고 실행한다.

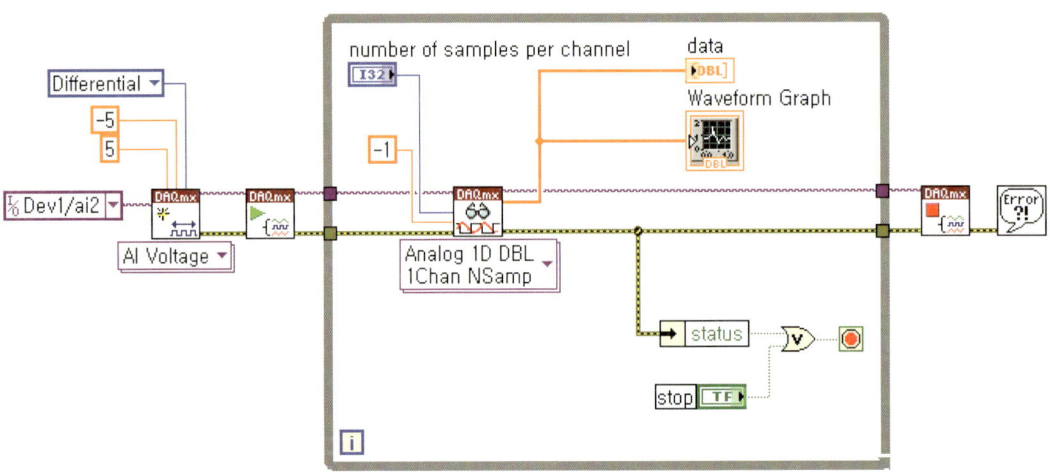

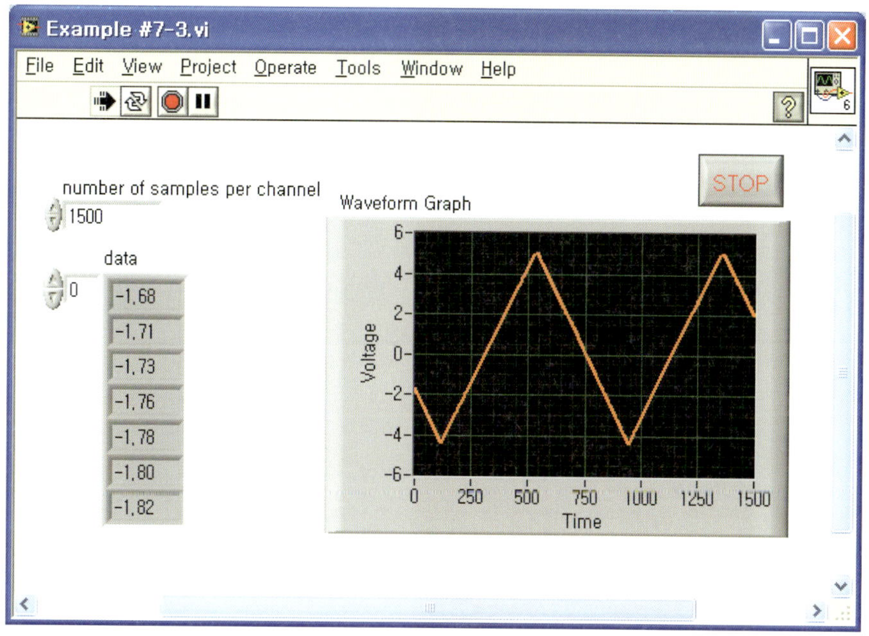

문제점

상기 Waveform Graph과 data 배열 데이터를 자세히 관찰해보면, 데이터 포인트 사이의 간격 시간(dt)이 얼마인지를 알 수가 없다.

즉, 1500개의 데이터를 연속적으로 수집은 했으나 데이터 포인트 사이의 간격 시간(dt)을 알 수 없으므로, X축의 스케일을 물리적인 시간으로 표현하지 못한다. (현재 X축은 수집된 데이터 개수를 표기)

개선할 사항 :

▶ 데이터 포인트 사이의 간격 시간(dt)을 임의로 구현 가능해야 한다.

블록 다이어그램 프로그래밍 수정

A. DAQmx Timing.vi 함수를 삽입한다.

위치 : Functions 팔레트 〉 Measurement I/O 〉 DAQmx-Data Acquisition 〉 DAQmx Timing

▶ 커넥터 팬 〈rate〉 에서 바로가기 메뉴 〉 Create 〉 Control 생성

라벨명 변경 ⟶ rate (Hz)

디폴트 값 변경 ⟶ 100

100Hz 샘플링 주파수로 멀티 샘플링하면, 초당 100개의 스칼라 타입의 데이터를 수집한다.

즉, 데이터 포인트 사이의 간격 시간(dt)는 0.01초가 된다.

▶ sample mode 커넥터 팬에서 바로가기 메뉴 〉 Create 〉 Control 생성
디폴트 값 변경 ⟶ Continuous Samples

C. 데이터 포인트 사이의 간격 시간(dt) 인디케이터 생성한다.

▶ Reciprocal 연산 노드 삽입
위치 : Programming 〉 Numeric 〉 Reciprocal

▶ 주기는 주파수의 역수

$$T[\text{sec}] = \frac{1}{f\,[\text{Hz}]}$$

D. VI를 저장한다.

File 〉 Save As 〉 c:₩temp₩Example #7-3B.vi

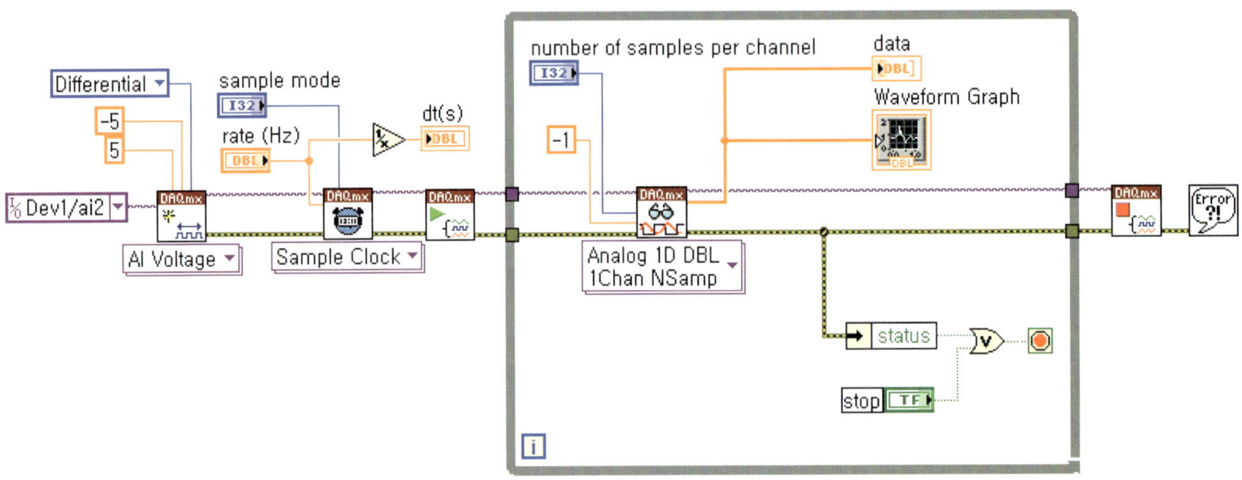

VI 실행

A. 프론트 패널 또는 블록 다이어그램 윈도우 메뉴에 있는 실행 버튼을 누르면 VI는 실행 된다.

▶ 터미널 블록 입력단에 센서 또는 신호발생기를 연결하여 신호를 인가

▶ Sampling Rate ⟶ 100

▶ number of samples per channel ⟶ 80

▶ Sampling Rate 및 number of samples per channel 들을 바꿔가면서 결과를 비교한다.

▶ 명확한 데이터 포인트 사이의 간격 시간(dt)으로 X축을 시간 단위로 변환할 수 있다.

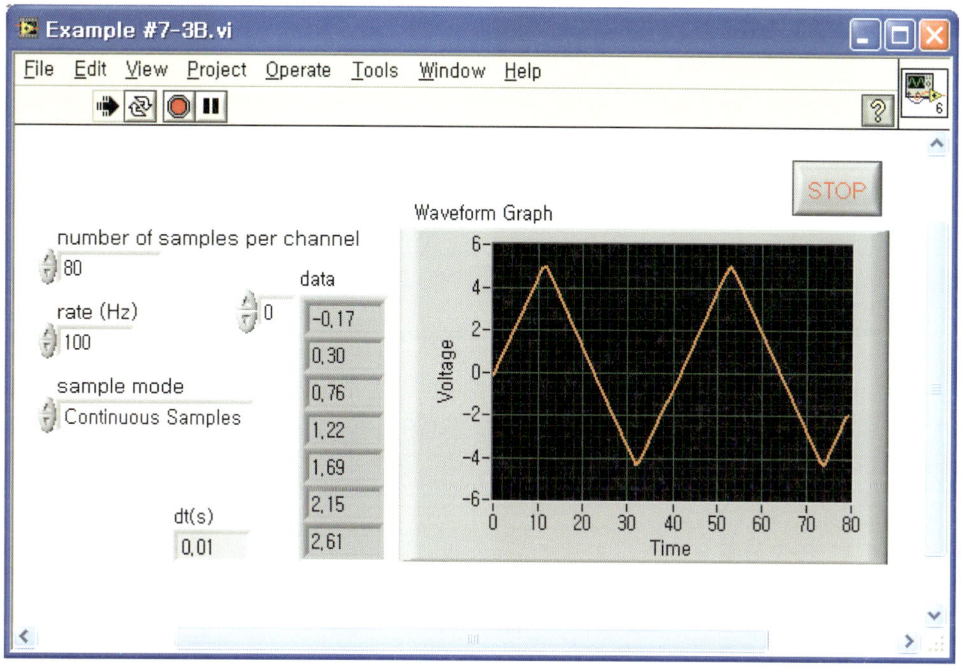
Example #7-3B.vi
File Edit View Project Operate Tools Window Help
STOP
Waveform Graph
number of samples per channel
80
data
rate (Hz)
0
100
-0.17
0.30
sample mode
0.76
Continuous Samples
1.22
1.69
2.15
dt(s)
0.01
2.61
Voltage
Time

7. 아날로그 입력 / 싱글 채널 멀티 샘플링 / 리퍼런스 트리거 예제 (#7-4)

아날로그 싱글 채널 멀티 샘플링 데이터 수집용 예제 (#7-3) Example #7-3B.vi 에, 외부 리퍼런스 트리거 신호(TTL 레벨)를 적용한 VI를 프로그래밍 한다.

문제

Single 채널 / Multiple 샘플링 방법으로 센서의 아날로그 신호를 수집한다.
외부 트리거 신호(TTL 레벨)가 입력되기 전까지는 DAQ 대상 아날로그 신호를 수집하지 않고 대기하다가, 트리거 신호가 Low(0V)에서 High(5V)로 인가될 때 리퍼런스 트리거링 하여 설정된 프리 트리거(Pre-Trigger)와 포스트 트리거(Post-Trigger)를 수행한다.

- ▶ DAQmx Trigger.vi 트리거 함수를 사용 (리퍼런스 트리거)
- ▶ 디지털 트리거 레벨 적용
- ▶ 데이터 수집 주기를 100 Hz (초당 100개) 수집 : dt=0.01second
- ▶ number of samples per channel : 80
- ▶ 프리 트리거(Pre-Trigger) 데이터 개수 : 30
- ▶ 포스트 트리거(Post-Trigger) 데이터 개수 : 50

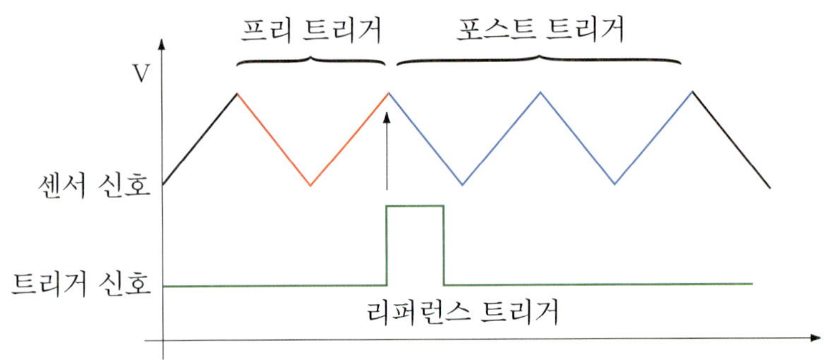

하드웨어 설정

DAQ 디바이스 설치 확인 : PCI-6040E (PCI-MIO-16E-4)

- ▶ 센서 출력의 디바이스 접속 : Differential 방법
- ▶ 디바이스 사용 채널 : AI2
- ▶ 터미널 블록 핀 번호 : #65(AI2) ⟵ 외부 신호(센서 +)
  #31(AI10) ⟵ 외부 신호(센서 –)
- ▶ 채널 아날로그 신호 입력 범위 : maximum (+5V), minimum (-5V)

▶ 트리거 신호 : #10(PFI 1/AI REF TRIG) ⟵ 리퍼런스 트리거 디지털 신호(+)
#9(D GND) ⟵ 리퍼런스 트리거 디지털 신호(–)

▶ 트리거 신호 인가 : Low(0V) ⟶ High(5V)

프론트 패널 프로그래밍

A. 기존 VI를 오픈하고, 재 저장한다.

▶ LabVIEW를 실행하여 Getting Started 창을 연다.

▶ Open 〉 c:₩temp₩Example #7-3B.vi

▶ File 〉 Save As 〉 c:₩temp₩Example #7-4.vi

블록 다이어그램 프로그래밍

A. DAQmx Trigger.vi 함수를 DAQmx Start Task 전에 삽입한다.

위치 : Functions 팔레트 〉 Measurement I/O 〉 DAQmx-Data Acquisition 〉 DAQmx Trigger

▶ 풀다운 메뉴에서 트리거 유형 및 방법을 선택

유형 ⟶ Reference

방법 ⟶ Digital Edge

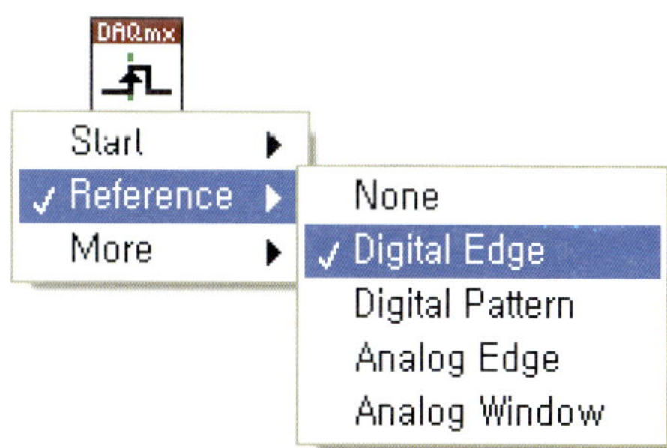

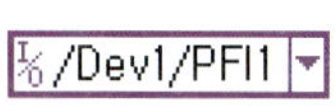

▶ source 커넥터 팬에서 바로가기 메뉴 〉 Create 〉 Constant 생성 후, /Dev1/PFI 1을 선택 (리퍼런스 트리거 신호가 PFI 1을 통하여 입력된다)

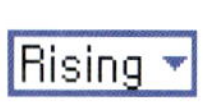

▶ edge 커넥터 팬에서 바로가기 메뉴 〉 Create 〉 Constant 생성 후, Rising을 선택 (트리거 신호가 Low에서 High가 될 때 트리거 시작)

▶ pretrigger samples per channel 커넥터 팬에서 바로가기 메뉴 〉 Create 〉 Control 생성 pretrigger samples per channel 값 ⟶ 30

B. 프론트 패널 윈도우에서 입출력 컨트롤 위치를 재배치한다.

C. DAQmx Timing.vi 함수를 수정한다.

▶ 커넥터 팬 〈samples per channel〉에서 바로가기 메뉴 〉 Create 〉 Control 생성

samples per channel ⟶ 80

채널당 샘플수(samples per channel)은 프리 트리거(Pre-Trigger)와 포스트 트리거(Post-Trigger) 데이터 개수를 합한 전체 데이터 개수이다.
DAQmx Trigger 함수에서 프리 트리거(Pre-Trigger)를 지정하므로, 포스트 트리거 데이터 개수는 채널당 샘플수에서 프리 트리거 개수를 뺀 것으로 자동적으로 설정된다.

▶ sample mode 변경 ⟶ Finite Samples

리퍼런스 트리거를 적용하면 sample mode는 반드시 Finite Samples 이어야 한다.

D. 1회만 리퍼런스 트리거링하는 VI를 구현해본다.

▶ While loop를 제거한다.

루프 경계에 마우스 포인터를 위치하고, 마우스 오른쪽 버튼으로 바로가기 메뉴 〉 Remove While Loop

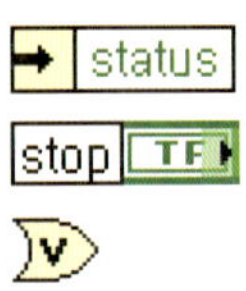

▶ Unbundle By Name인 status를 제거

▶ stop 버튼 / Or 불리언 제거

E. VI를 저장하고 실행한다.

▶ 1회 트리거링이 되면 채널당 샘플수(프리 트리거+포스트 트리거)를 수집하고 VI는 종료된다 (1회 DAQ 수집). VI가 종료되었기 때문에 연속적으로 다음 트리거 신호가 인가되어도 DAQ를 수행하지 못한다.

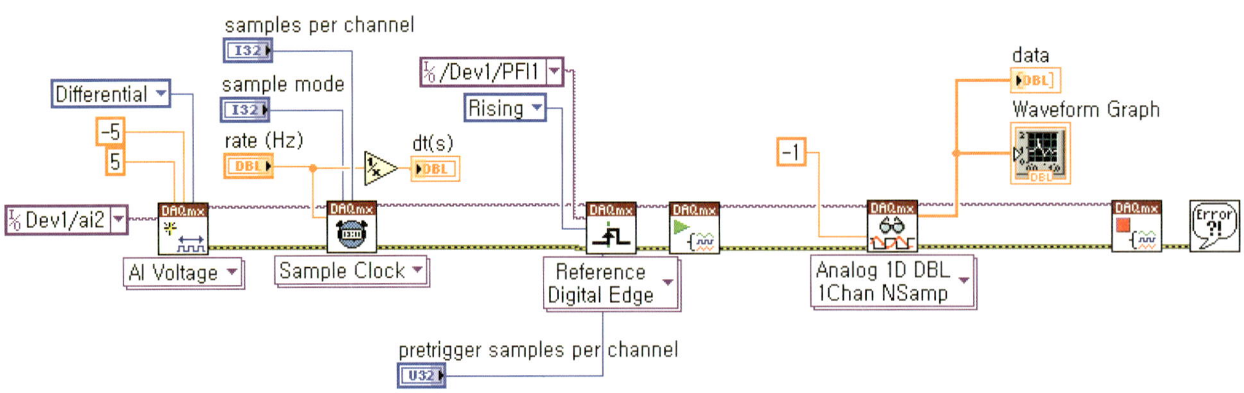

▶ 1회만 DAQ하고 정지하는 VI

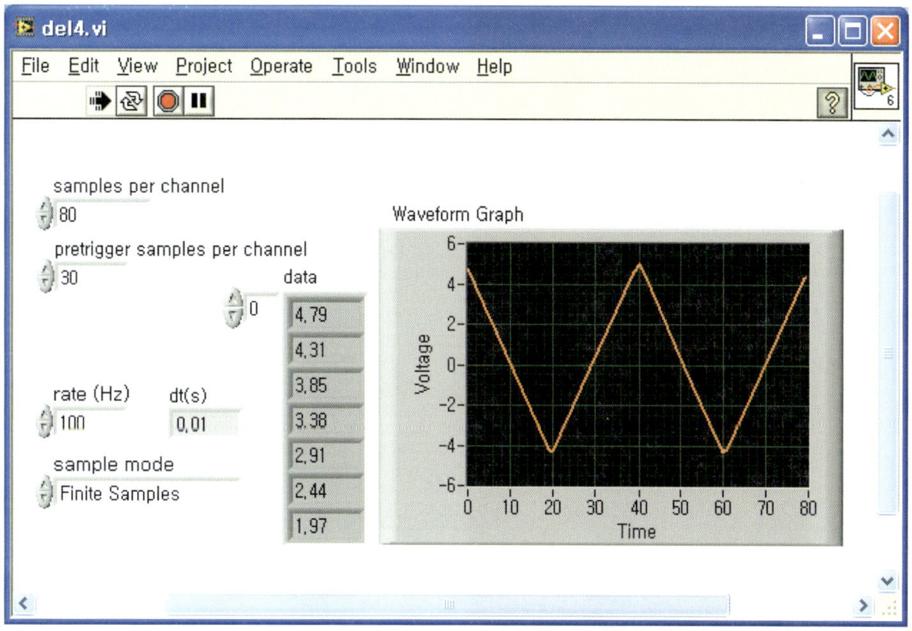

블록 다이어그램 프로그래밍 수정

A. 연속적으로 인가되는 리퍼런스 트리거 신호 때마다 멀티 샘플링을 연속적으로 수집하고 디스플레이 하는 VI를 구현한다.

▶ While loop를 생성
(주의 : DAQmx Stop Task 함수를 While 루프 안쪽에 위치시킨다.)

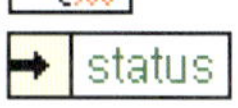

▶ Functions 팔레트 〉 Programming 〉 Cluster & Variant 〉 Unbundle By Name error out 연결라인과 연결하면, status로 변경됨.
에라가 발생하면 status 출력이 TRUE 가 됨

▶ 로직 OR 연산 노드 삽입

▶ Stop 버튼과 status 출력을 로직 OR에 입력

▶ 단순 에러 핸들러(Simple Error Handler)를 While 루프 밖에 놓고, DAQmx Stop.vi 함수의 error out과 연결
위치 : Functions 팔레트 〉 Programming 〉 Dialog & User Interface 〉 Simple Error Handler.vi

▶ 함수들의 task out과 task/channels in 들을 상호 연결

▶ 함수들의 error out과 error in 들을 상호 연결

B. VI를 저장하고 실행한다.

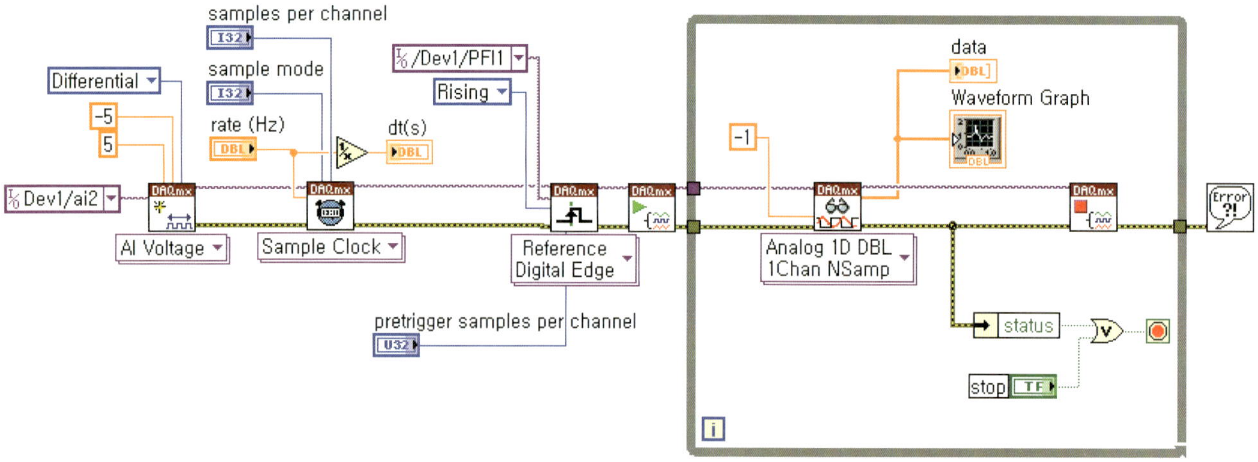

VI 실행

A. 실행 버튼을 눌러 실행시킨다.

- ▶ 터미널 블록 입력단에 센서 또는 신호발생기를 연결하여 신호를 인가
- ▶ Sampling Rate ⟶ 100
- ▶ samples per channel ⟶ 80
- ▶ pretrigger samples per channel 값 ⟶ 30
- ▶ 연속적으로 트리거 신호가 인가될 때마다 채널당 샘플수 만큼 데이터를 수집하고 디스플레이 한다.
- ▶ 1회만 DAQ하고 정지하는 전 단계 VI와 비교해본다.

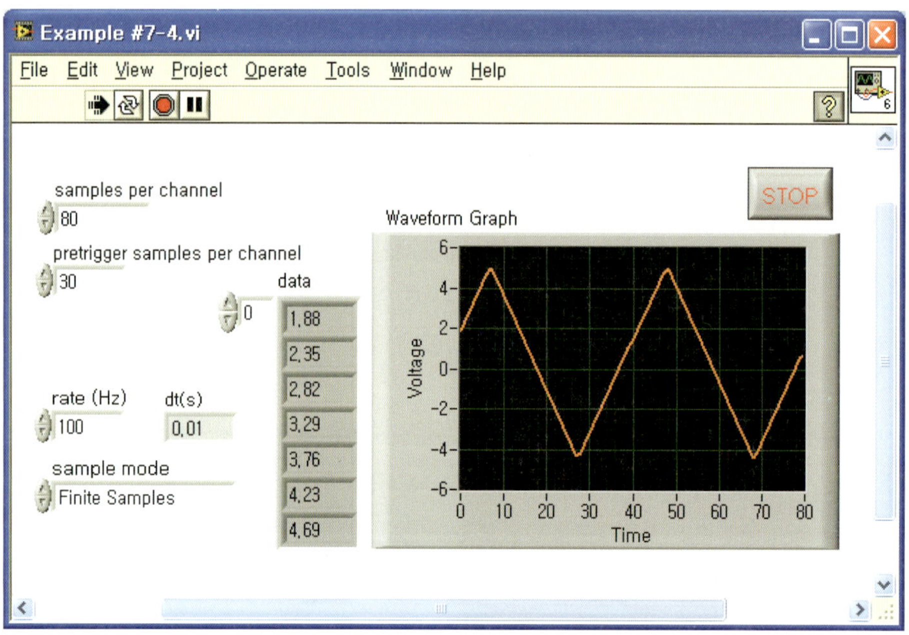

8. 아날로그 입력 / 싱글 채널 멀티 샘플링 / 리퍼런스 트리거 / 저장 예제 (#7-5)

아날로그 싱글 채널 멀티 샘플링, 리퍼런스 트리거 데이터 수집용 예제 (#7-4) Example #7-4.vi 로부터 수집한 데이터 배열을 엑셀 포맷으로 저장하는 VI를 프로그래밍 한다.

문제

반복되는 디지털 트리거(주기적 펄스 신호)로 획득한 데이터들을 가장 단순한 엑셀 포맷으로 저장한다.

- ▶ 하드 디스크에 저장
- ▶ 스프레이드 시트 타입으로 저장

하드웨어 설정

DAQ 디바이스 설치 확인 : PCI-6040E (PCI-MIO-16E-4)

- ▶ 센서 출력의 디바이스 접속 : Differential 방법
- ▶ 디바이스 사용 채널 : AI2
- ▶ 터미널 블록 핀 번호 : #65(AI2) ⟵ 외부 신호(센서 +)
  #31(AI10) ⟵ 외부 신호(센서 –)
- ▶ 채널 아날로그 신호 입력 범위 : maximum (+5V), minimum (-5V)
- ▶ 트리거 신호 : #10(PFI 1/AI REF TRIG) ⟵ 리퍼런스 트리거 디지털 신호(+)
  #9(D GND) ⟵ 리퍼런스 트리거 디지털 신호(–)

- ▶ 트리거 신호 인가 : Low(0V) ⟶ High(5V)

프론트 패널 프로그래밍

A. 기존 VI를 오픈하고, 재 저장한다.

- ▶ LabVIEW를 실행하여 Getting Started 창을 연다.
- ▶ Open 〉 c:₩temp₩Example #7-4.vi
- ▶ File 〉 Save As 〉 c:₩temp₩Example #7-5.vi

B. Save 동작 버튼 생성

- ▶ Controls 팔레트 〉 Modern 〉 Boolean 〉 OK Button
- ▶ 바로가기 메뉴 〉 Properties 오픈
  On text ⟶ collecting
  Off test ⟶ SAVE
  크기 재조정 및 라벨명 변경 ⟶ Save File

블록 다이어그램 프로그래밍

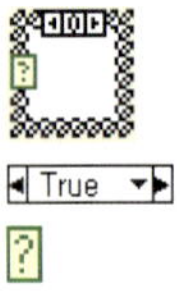

A. Case 구조문을 While loop 내부에 삽입

- ▶ True selector Label 윈도우에서만 VI 프로그래밍 한다.
- ▶ Save File 불리언 출력을 Selector Terminal에 연결

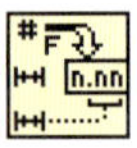

B. Number To Fractional String 함수를 Case 구조문 안에 놓는다.

- ▶ 위치 : Functions 팔레트 〉 Programming 〉 String 〉 String/Number Conversion 〉 Number To Fractional String
- ▶ 숫자 데이터를 F-포맷 문자열로 변환
- ▶ DAQmx Read 함수의 결과를 Case 구조문 경계를 통해서 입력 커넥터 팬 〈number〉에 연결

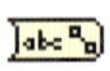

C. String To Path 함수를 Case 구조문 안에 놓는다.

- ▶ 위치 : Functions 팔레트 〉 Programming 〉 String 〉 String/Array/Path Conversion 〉 String To Path

D:₩temp₩ex7-5.xls

- ▶ 문자열 상수를 생성하고, 문자열 D:₩temp₩ex7-5.xls 을 입력(임의의 파일 경로와 파일명 지정)
- ▶ 생성된 문자열 상수를 String To Path 함수에 입력

D. Write To Spreadsheet File 함수를 Case 구조문 안에 놓는다.

- ▶ 위치 : Functions 팔레트 〉 Programming 〉 File I/O 〉 Write To Spreadsheet File

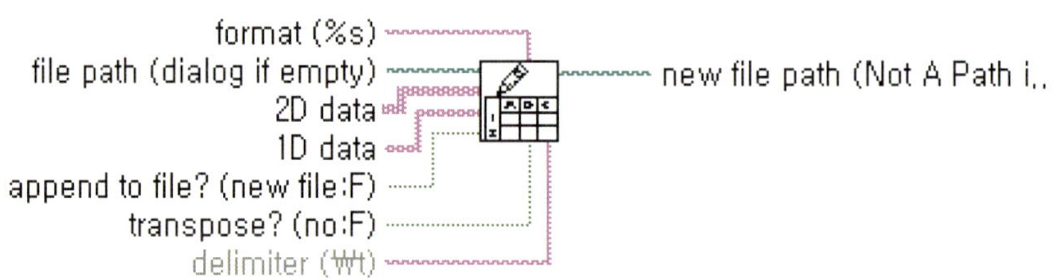

- ▶ String To Path 함수의 출력을 입력 커넥터 팬 〈file path〉 에 연결
- ▶ Number To Fractional String 함수의 출력을 입력 커넥터 팬 〈1D data〉 에 연결

- ▶ True 불리언 상수를 생성하여, 입력 커넥터 팬 〈append to file〉 및 〈transpose〉 에 연결

- ▶ 탭 상수를 생성하여 입력 커넥터 팬 〈delimiter〉 에 연결

E. VI를 저장한다.

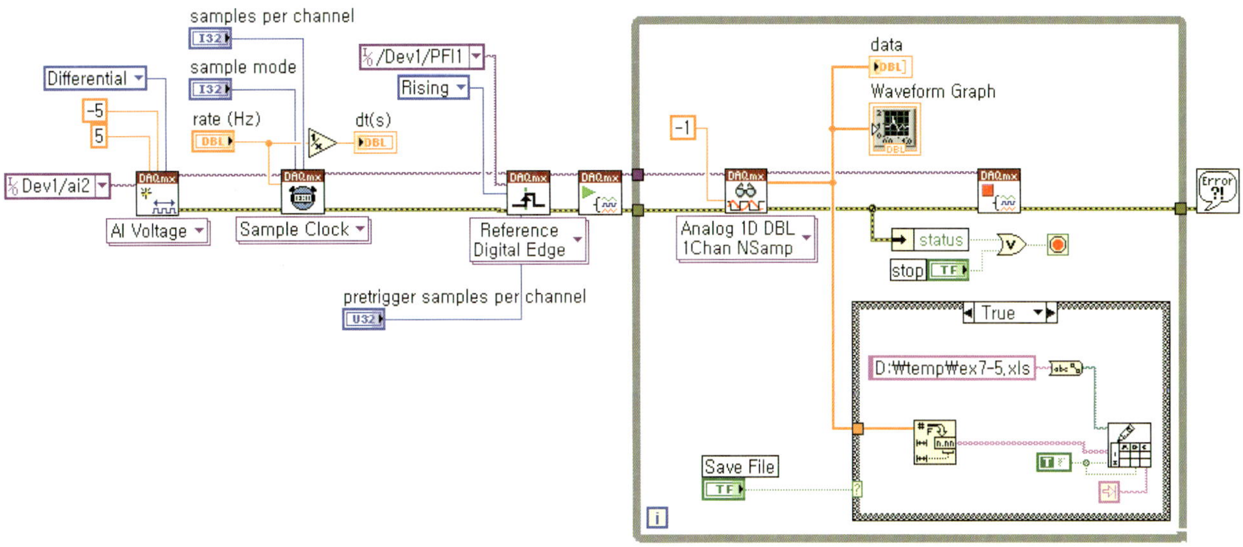

VI 실행

A. 실행 버튼을 눌러 실행시킨다.

- ▶ 터미널 블록 입력단에 센서 또는 신호발생기를 연결하여 신호를 인가
- ▶ Sampling Rate ⟶ 100
- ▶ samples per channel ⟶ 80
- ▶ pretrigger samples per channel 값 ⟶ 30
- ▶ 트리거 신호를 연속적으로 인가

단, 샘플링 주파수를 100Hz로 설정하였으므로, 반복되는 트리거 신호는 이 주파수보다 작아야 한다.
즉, 1회 트리거 발생 후 지정한 채널당 샘플개수를 모두 수집할 때까지는 다음 트리거가 발생하면 안 된다. 만약, DAQ 수집이 완료되기 전에 트리거가 다시 발생하는 경우, Sampling Rate를 상향 조정하면 된다.

- ▶ 연속적으로 트리거 신호가 인가될 때마다 채널당 샘플수 만큼 데이터를 수집하고 디스플레이 한다.
- ▶ SAVE 버튼을 토글온하면 다음 루프실행 때 데이터가 저장된다.
- ▶ SAVE 버튼을 토글오프할 때까지 새로운 데이터가 파일 뒤쪽에 연속적으로 붙어 저장된다.

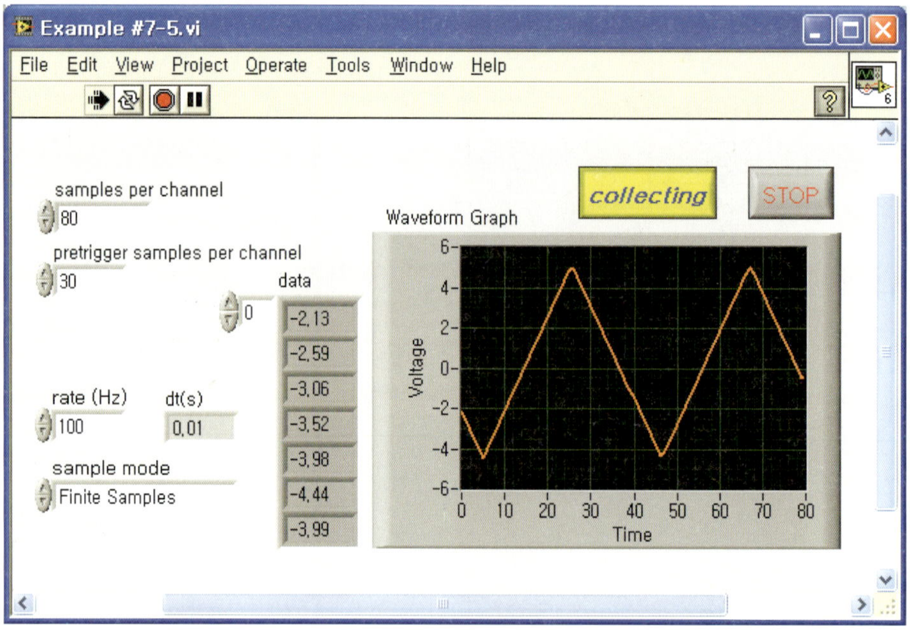

B. 저장된 파일을 엑셀 프로그램을 이용하여 오픈하고, 데이터를 차트 그래프로 그려보면, LabVIEW에서 디스플레이한 것과 동일함을 알 수 있다.

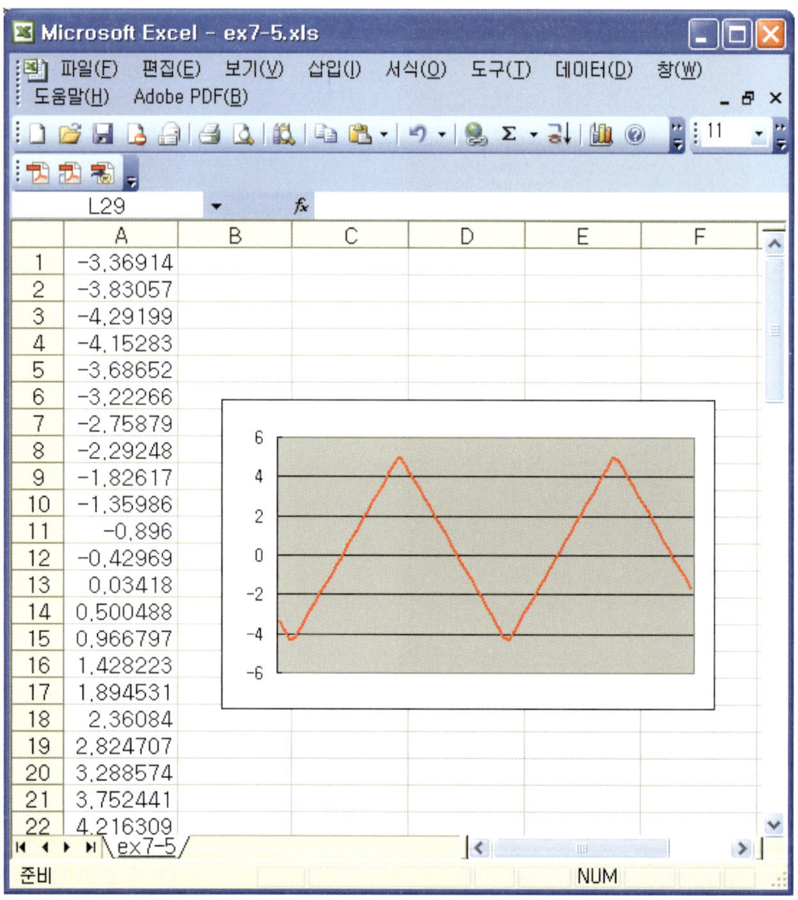

9. 아날로그 출력

아날로그 출력에 사용되는 DAQmx 함수들은 아날로그 입력에 사용되는 DAQmx-Data Acquisition 함수와 유사하다.

아날로그 출력 구조

아날로그 출력 방식은 디지털-아날로그 변환기(DAC)의 전기적 업데이트 클럭이다. DAC는 ADC와 반대로 작동되는 회로이며, 디지털 데이터를 아날로그 전압 신호로 출력한다.

DAC는 하나의 샘플 데이터 출력 또는 멀티 데이터 출력을 통하여, DC 레벨 신호 출력, 주파수 출력, 임의파형 출력을 생성할 수 있다. 자동제어에 많이 사용되는 PID 제어 출력, 액추에이터 동작 등에 많이 사용된다.

대부분의 NI 디바이스에는 DAC가 내장되어있고, 업데이트 클럭에 의해 생성된 아날로그 출력 레벨은 다음 업데이트 클럭이 전송될 때까지 현제의 레벨(전압, 전류, 함수 등)을 유지(hold)한다.
DAC의 업데이트 클럭이란 새로운 데이터 값으로 고치는 시간적 동작단계이다.

본 교재의 예제에 사용되는 PCI-6040E 디바이스는 2개의 아날로그 출력 채널을 내장하고 있다.

- ▶ 터미널 블록 핀 번호 : #22(AO0)
- ▶ 터미널 블록 핀 번호 : #21(AO1)
- ▶ 터미널 블록 핀 번호 : #54(AO GND), #55(AO GND)
- ▶ 터미널 접속 방법 : RSE (Referenced Single-Ended)

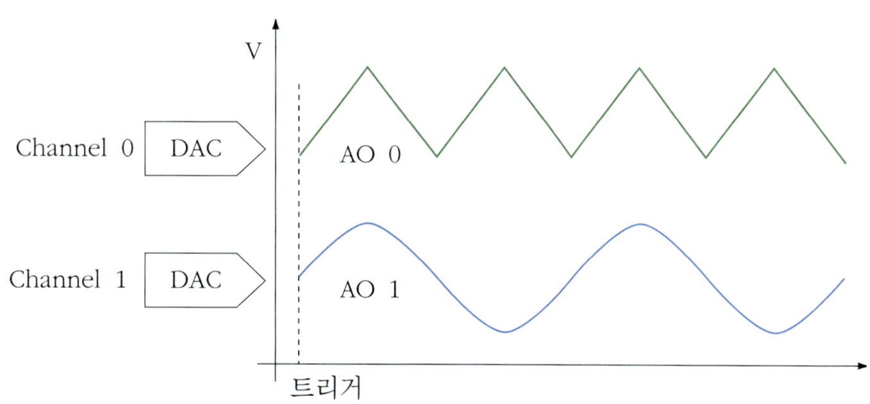

Fig. 7-54 PCI-6040E의 DAC 2채널 동기

DAQmx Write.vi 함수

DAQmx Write.vi 함수는 샘플(아날로그, 디지털, 카운터) 데이터를 지정한 태스크 또는 물리적 채널로 전기적 출력 신호를 내보낸다. DAQmx Write 같은 멀티선택 VI 인스턴스들은 다수의 선택 메뉴를 통해서 출력 유형을 설정한다.

DAQmx Write.vi 인스턴스 위치는 블록 다이어그램 〉 Measurement I/O 〉 DAQmx-Data Acquisition 〉 DAQmx Write.vi 에 있다.

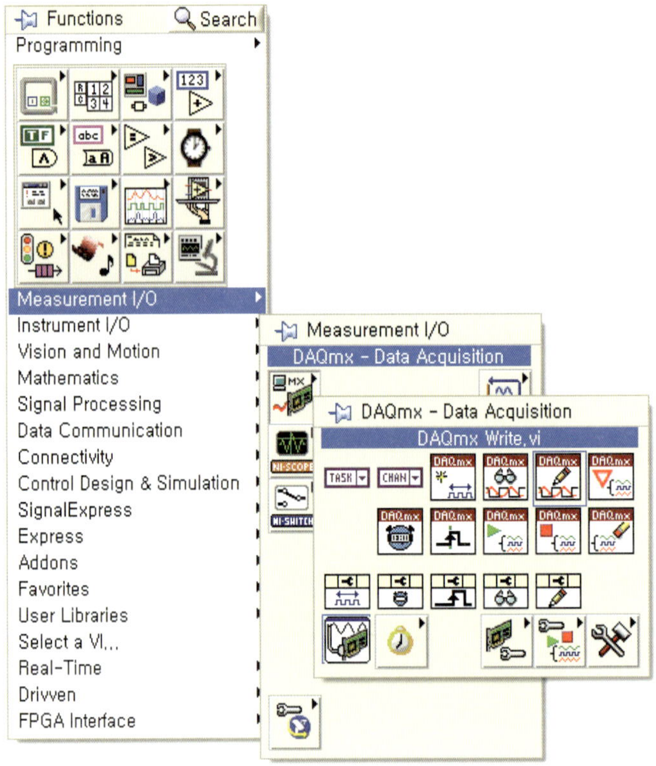

Fig. 7-55 DAQmx Write.vi 인스턴스 위치

다음의 그림처럼 풀다운 메뉴를 이용하여 멀티선택 VI 인스턴스를 설정한다.

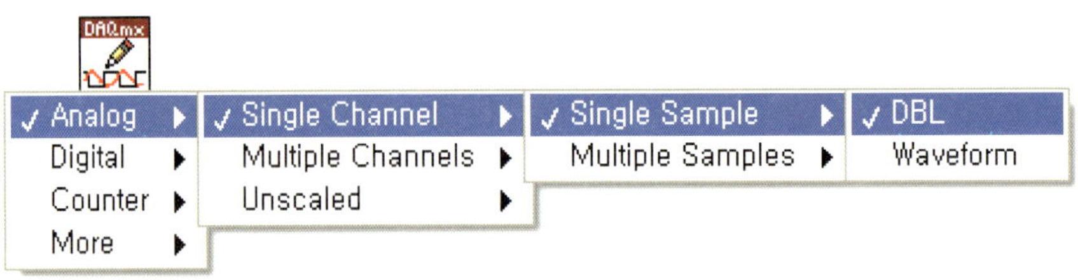

Fig. 7-56 DAQmx Write.vi 인스턴스 풀다운 메뉴

(a) 첫 번째 선택 : 출력 신호 유형

▶ Analog

- ▶ Digital
- ▶ Counter
- ▶ More

(b) 두 번째 선택 : 출력 채널 개수

- ▶ Single Channel ⟶ 하나의 채널에 출력
- ▶ Multiple Channels ⟶ 다수의 채널에 출력
- ▶ Unscaled ⟶ 스케일 조정안함

(c) 세 번째 선택 : 샘플링(업데이트) 방법

- ▶ Single Sample ⟶ 하나의 샘플을 출력
- ▶ Multiple Samples ⟶ 다수의 샘플을 출력

(d) 네 번째 선택 : 출력 데이터 포맷

- ▶ DBL (1D DBL, 2D DBL)
- ▶ Waveform (1D Waveform)

DAQmx Write 함수의 커넥터 팬은 아래와 같다.
〈auto start〉 입력 설정 : 싱글 데이터 출력 ⟶ True 불리언
멀티 데이터 출력 ⟶ False 불리언

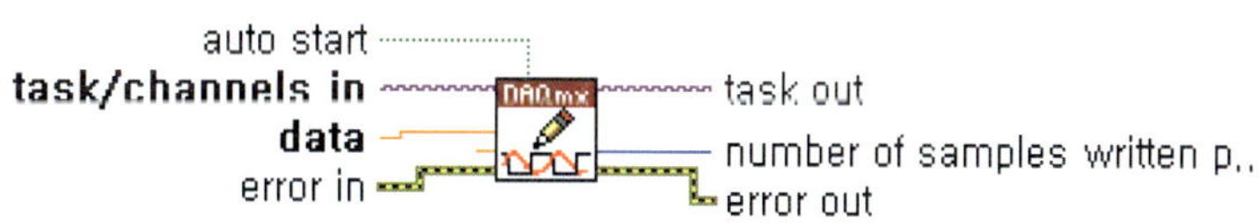

Fig. 7-57 DAQmx Write.vi 커넥터 팬 설명

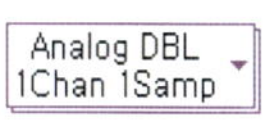

싱글 데이터 출력 :

- ▶ 데이터 생성 속도보다 신호 레벨이 더 중요한 경우에 사용
- ▶ 상수 또는 DC 신호를 생성하는 경우
- ▶ 한 번에 하나의 샘플을 생성하는 경우
- ▶ 다음 업데이트 클럭 때까지 현재 출력중인 신호 레벨 유지(hold)

멀티 데이터 출력 :

- ▶ 싱글 데이터를 반복적으로 생성하여 임의 파형 같은 것을 생성하는 방법은 비효율적이다.

▶ 또한 데이터 사이의 시간간격(dt)을 정확하게 제어할 수 없다.
이러한 경우 멀티 데이터 출력 방법을 적용한다.

싱글 데이터 출력

아날로그 싱글 채널 싱글 샘플 DBL 포맷을 사용하여, 아날로그 출력 VI 프로그램을 구현한다.

A. 터미널 블럭 설정 (RSE) ;

▶ #21 (AO 1) ⟼ 오실로 스코프 + / 멀티메타 +

▶ #54 (AO GND) ⟼ 오실로 스코프 – / 멀티메타 –

B. DAQmx Create Channel.vi 함수 ;

▶ 물리적 채널을 설정하기 위하여 사용
(태스크 명명법을 사용하지 않고 직접 명명법을 사용하기 위함)

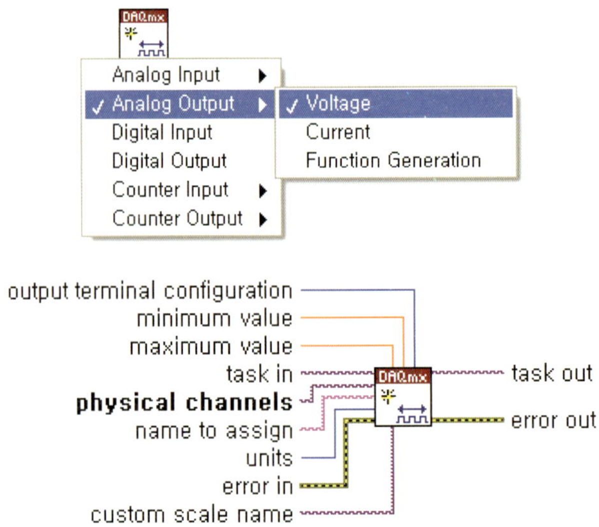

Fig. 7-58 DAQmx Create Channel.vi 커넥터 팬 설명

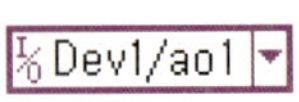

▶ 물리적 채널 ⟶ /Dev1/ao1

▶ output terminal configuration ⟶ RSE (Referenced Single-Ended)

▶ minimum value ⟶ -10 Volts

▶ maximum value ⟶ 10 Volts

C. DAQmx Write.vi 함수 ;

- auto start ⟶ 싱글 데이터 출력이므로 True 불리언으로 지정
- timeout ⟶ -1 (무한대로 기다림)
- data ⟶ 프론트 패널 윈도우에서 slide 컨트롤 생성한 후 연결
  slide 위치 : Controls 팔레트 〉 Modern 〉 Numeric 〉 Horizontal Pointer Slide

D. Simple Error Handler.vi 함수 ;

- 위치 : Functions 팔레트 〉 Programming 〉 Dialog & User Interface 〉 Simple Error Handler.vi
- 에러 발생시 안내문을 디스플레이 한다.

E. 와이어링 연결 ;

- 함수들의 task out과 task/channels in 들을 상호 연결
- 함수들의 error out과 error in 들을 상호 연결

F. VI 저장 및 실행, 출력 전압 확인 ;

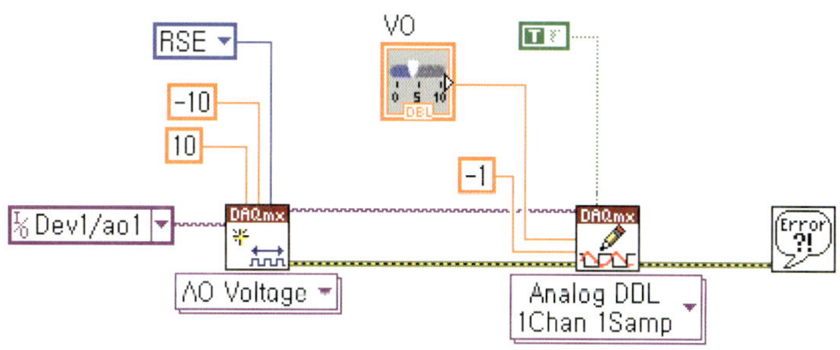

Fig. 7-59 아날로그 싱글채널 출력 예

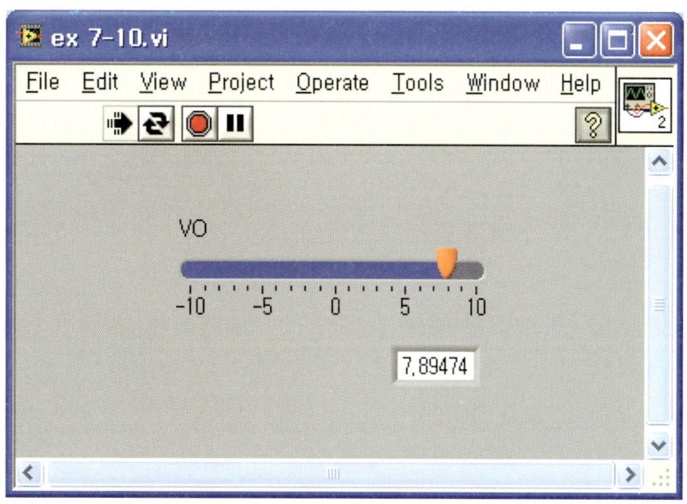

Fig. 7-60 아날로그 싱글채널 출력 예

10. 아날로그 출력 / 싱글 채널 싱글 데이터 / 연속 출력 예제 (#7-6)

아날로그 싱글 채널 싱글 데이터를 연속적으로 출력하는 VI 프로그램을 구현한다.

문제

Single 채널 / Single 데이터 업데이트 클럭 방법으로 디지털 입력 값을 아날로그 신호로 출력한다. 업데이트 클럭은 디폴트를 사용한다.
또한, Express VI 함수는 사용하지 않고, DAQmx-Data Acquisition 함수들만 사용한다.

하드웨어 설정

DAQ 디바이스 설치 확인 : PCI-6040E (PCI-MIO-16E-4)
터미널 블럭 설정 (RSE) ;

- #21 (AO 1) ⟶ 오실로 스코프 + / 멀티메타 +
- #54 (AO GND) ⟶ 오실로 스코프 – / 멀티메타 –

프론트 패널 프로그래밍

A. 새로운 VI를 생성한다.

- LabVIEW를 실행하여 Getting Started 창을 연다.
- File 〉 New VI 를 선택 또는 Files Tab 〉 Blank VI 를 클릭.
- File 〉 Save As 〉 c:₩temp₩Example #7-6.vi 선택하여 저장.

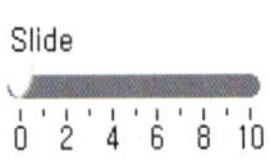

B. 입력 컨트롤 생성

- 프론트 패널 윈도우에서 slide 컨트롤 생성한 후 연결
  slide 위치 : Controls 팔레트 〉 Modern 〉 Numeric 〉 Horizontal Pointer Slide
- 바로가기 메뉴 〉 Visible Items 〉 Digital Display
- 바로가기 메뉴 〉 Properties 〉 색상 변경
- 라벨명 변경 ⟶ VO

C. Stop 버튼 생성

D. VI를 저장한다.

블록 다이어그램 프로그래밍

A. DAQmx Create Channel.vi 함수 생성

위치 : 블록 다이어그램 〉 Measurement I/O 〉 DAQmx-Data Acquisition 〉 DAQmx Create Channel.vi

- ▶ 풀다운 메뉴에서 〉 Analog Output 〉 Voltage (AO Voltage) 선택
- ▶ physical channels : Dev1/ao1
- ▶ output terminal configuration ⟶ RSE (Referenced Single-Ended)
- ▶ minimum value ⟶ -10 Volts
- ▶ maximum value ⟶ 10 Volts

B. DAQmx Start Task.vi 함수 생성

위치 : 블록 다이어그램 〉 Measurement I/O 〉 DAQmx-Data Acquisition 팔레트

- ▶ DAQ 시작 함수

C. DAQmx Write.vi 함수 생성

- ▶ auto start ⟶ 멀티 데이터 출력이므로 False 불리언으로 지정
- ▶ timeout ⟶ -1 (무한대로 기다림)
- ▶ data ⟶ 프론트 패널 윈도우에서 생성된 slide 컨트롤과 연결

  slide 위치 : Controls 팔레트 〉 Modern 〉 Numeric 〉 Horizontal Pointer Slide

D. DAQmx Stop.vi 함수 생성

위치 : 블록 다이어그램 〉 Measurement I/O 〉 DAQmx-Data Acquisition 팔레트

- ▶ DAQ 정지 함수

E. Simple Error Handler.vi 함수 ;

위치 : Functions 팔레트 〉 Programming 〉 Dialog & User Interface 〉 Simple Error Handler.vi

- ▶ 에러 발생시 안내문을 디스플레이 한다.

F. While loop 생성

- ▶ DAQmx Write 함수 주변으로만 루프를 씌운다.

G. 와이어링 완성

- ▶ Stop 터미널과 While 루프의 conditional terminal 연결
- ▶ 함수들의 task out과 task/channels in 들을 상호 연결
- ▶ 함수들의 error out과 error in 들을 상호 연결

H. VI를 저장한다.

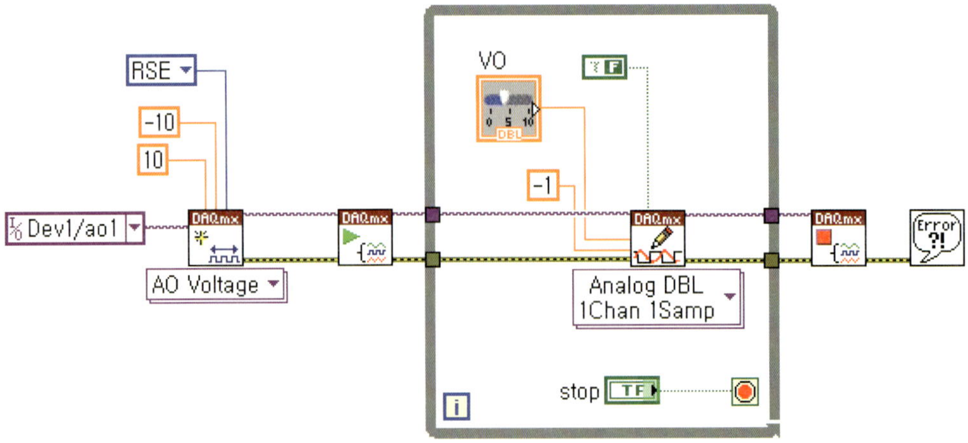

VI 실행

A. 실행 버튼을 눌러 실행시킨다.

▶ 터미널 블록 출력단 (#21, #54)에 오실로스코프 또는 멀티메타를 연결하여, 아날로그 출력 전압이 정확하게 출력되는지 확인한다.

▶ Slide를 가변하면서 출력이 업데이트 되는지 확인한다.

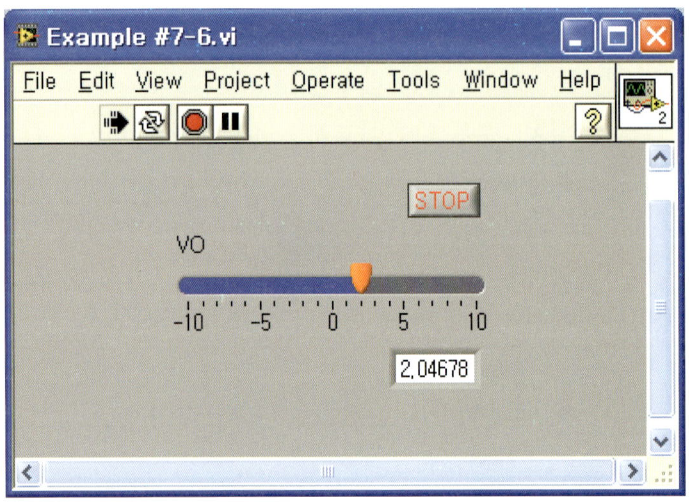

11. 디지털 I/O

디지털 신호는 와이어를 통해 디지털 데이터(High 상태 또는 Low 상태)를 전달하는 낮은 전류의 전압 신호이다. 이러한 디지털 신호 입출력(I/O)은 표시장치 (LED), 파워 릴레이 게이트 신호, 다른 장비의 트리거 또는 동기 신호, 스위치 입력상태 파악 등에 널리 쓰이고 있다.

NI DAQ 디바이스의 디지털 라인은 외부 TTL 신호와 호환된다. 일반적인 TTL 레벨은 아래의 그림과 같다.

TTL 로직 레벨			
입력 논리 레벨		출력 논리 레벨	
HIGH	LOW	HIGH	LOW
5 ~ 2 V	0.8 ~ 0 V	5 ~ 2.5 V	0.4 ~ 0 V

TTL 입력의 경우, 0.8~2V 사이의 전압영역은 Low 또는 High로 명확하게 인식되지 않으므로, 이러한 입력레벨이 되지 않도록 풀업 또는 풀다운 저항을 사용해야 한다.

디지털 용어 :

- Bit : 데이터의 최소 단위, 0 또는 1
- Line : 비트가 전송되는 하드웨어 라인
- Port : 디지털 라인의 그룹, E시리즈 디바이스는 8Bit로 구성된 1개 포트가 있다.

DAQmx 디지털 표기 :

- Port : Dev X/Port Y
- Single Line : Dev X/Port Y/Line A
- Multiple Line : Dev X/Port Y/Line A:B
  Dev X/Port Y/Line A, Dev X/Port Y/Line B

디지털 입력

DAQmx Read.vi 함수 :

DAQmx Read.vi 함수는 사용자가 지정한 태스크 또는 물리적 채널에서 샘플을 수집한다.

DAQmx Read.vi 인스턴스는 하나의 채널 또는 멀티 채널들을 읽을지를 지정하고, 하나의 데이터 또는 다수의 데이터를 샘플링 할지를 지정하고, 웨이브폼 인지 불리언 타입인지를 세부 메뉴로 설정한다.

DAQmx Read.vi 인스턴스 위치는 블록 다이어그램 〉 Measurement I/O 〉 DAQmx-Data Acquisition 〉 DAQmx Read.vi 에 있다.

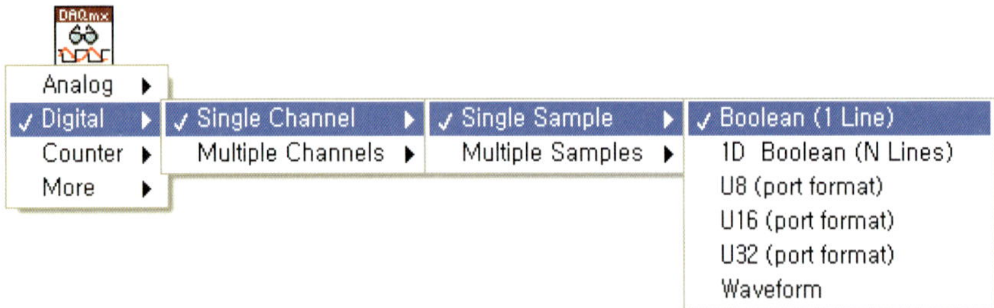

Fig. 7-61 DAQmx Read.vi 인스턴스 풀다운 메뉴

DAQmx Create Channel.vi 함수 :

풀다운 메뉴에서 Digital Input를 선택한다.
입력 커넥터 팬 〈lines〉에 읽어올 디지털 라인을 지정한다.
예, Dev1/port0/line0

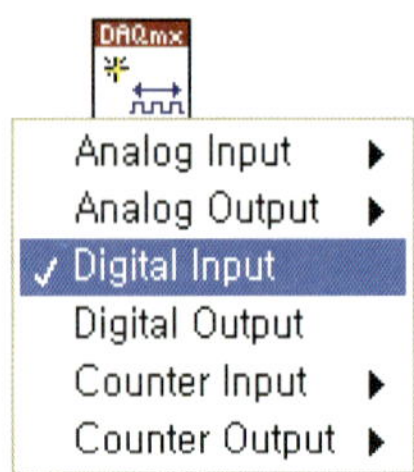

Fig. 7-62 DAQmx Create Channel.vi 인스턴스의 풀다운 메뉴

DAQmx Read.vi와 DAQmx Create Channel.vi 함수만으로 디지털 입력 작업을 구성할 수 있다.

- 사용 라인 : Dev1/port0/line0
- 터미널 블록 핀 번호 : #52(P0.0) ⟵ TTL +
  #50(D GND) ⟵ TTL –

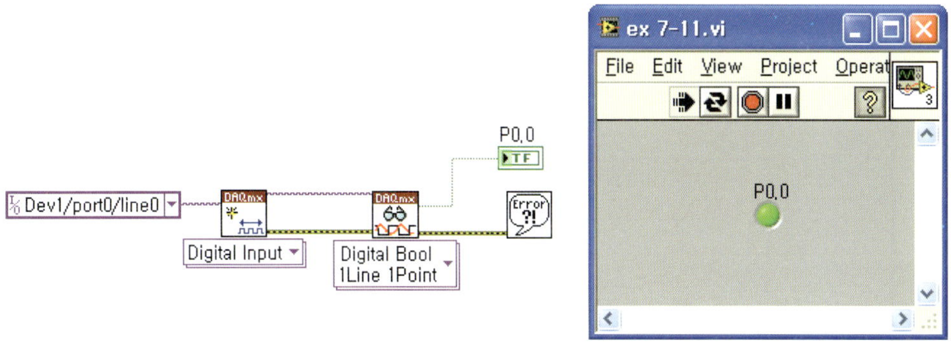

Fig. 7-61 디지털 싱글라인 입력 예

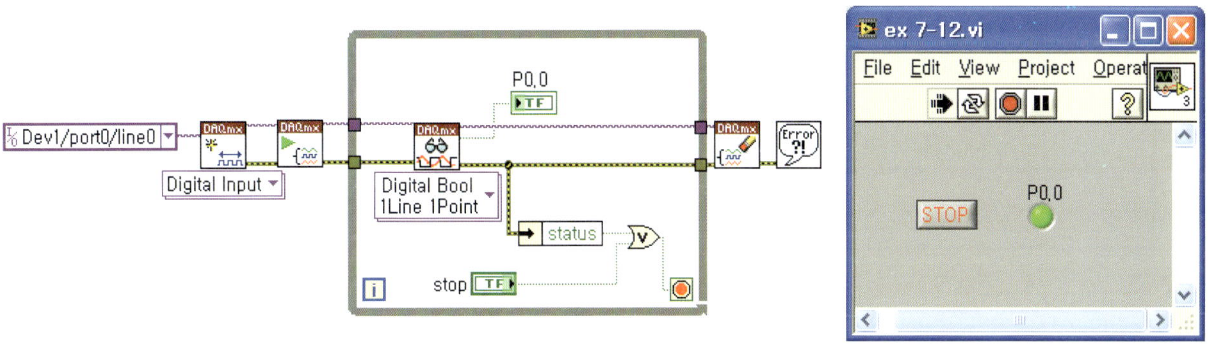

Fig. 7-62 연속적 디지털 싱글라인 입력 예

디지털 출력

DAQmx Write.vi 함수 :

DAQmx Write.vi 함수는 사용자가 지정한 태스크 또는 물리적 채널로 샘플을 출력한다.

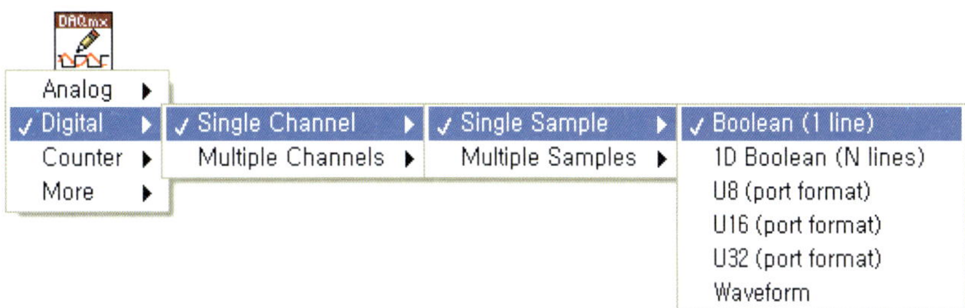

Fig. 7-63 DAQmx Write.vi 인스턴스 풀다운 메뉴

DAQmx Create Channel.vi 함수 :

풀다운 메뉴에서 Digital Output를 선택한다.

입력 커넥터 팬 〈lines〉에 출력할 디지털 라인을 지정한다.

예, Dev1/port0/line4

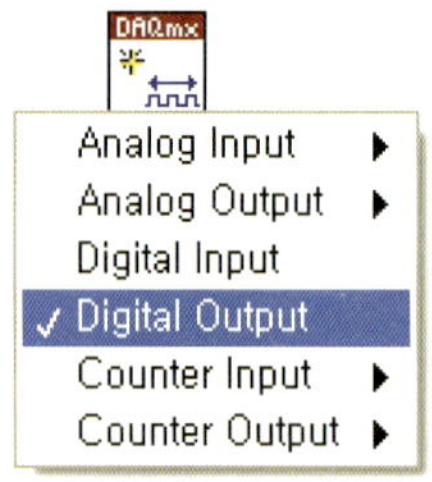

Fig. 7-64 DAQmx Create Channel.vi 인스턴스의 풀다운 메뉴

DAQmx Write.vi와 DAQmx Create Channel.vi 함수만으로 디지털 출력 작업을 구성할 수 있다.

▶ 사용 라인 : Dev1/port0/line4

▶ 터미널 블록 핀 번호 : #19(P0.4) ⟩⟶ TTL +
#18(D GND) ⟩⟶ TTL –

▶ 입력 커넥터 팬 〈auto start〉 : 하나의 샘플을 쓸 때 ⟶ True 상수
다수의 샘플을 쓸 때 ⟶ False 상수

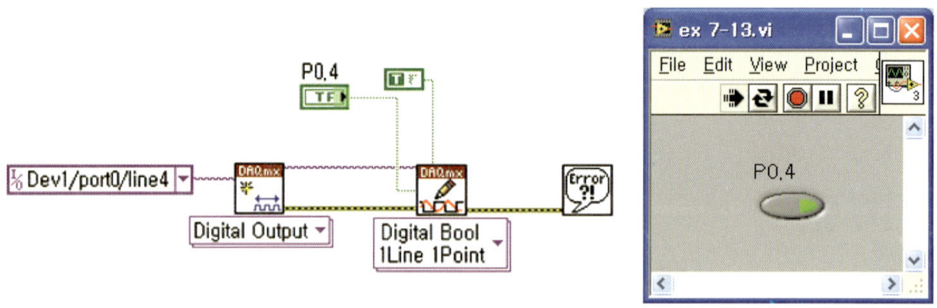

Fig. 7-65 디지털 싱글라인 출력 예

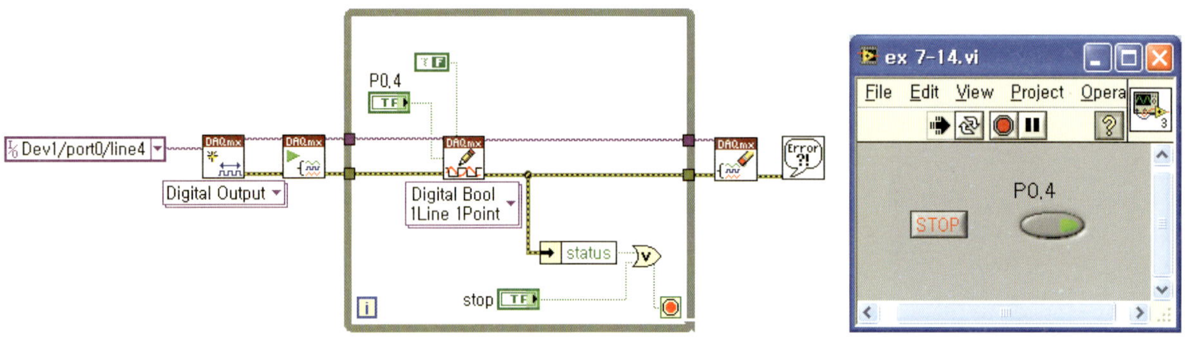

Fig. 7-66 연속적 디지털 싱글라인 출력 예

공학도가 알아야할 LabVIEW 입문

초판 1쇄 인쇄 2010년 11월 1일
초판 1쇄 발행 2010년 11월 5일

지은이 성 기 안

펴낸이 임 영 철

펴낸곳 도서출판 신화전산기획
서울특별시 성동구 행당동 19-55
전화 (02) 833-5145~6
팩스 (02) 848-2498
등록 301-2010-034
www.SHJ.co.kr

ISBN 978-89-5534-109-6

값 25,000원